化学工业出版社“十四五”普通高等教育规划教材

普通高等教育一流本科专业建设成果教材

工程测量

GONGCHENG CELIANG

朱广山　刘茂华　主编

化学工业出版社

·北京·

内容简介

《工程测量》按照高等学校土木类“工程测量”课程教学大纲的要求编写而成，全书共16章，分为四大部分：第一部分（第1~5章）主要介绍了测量学的基本知识、基本理论、测量仪器的构造和使用方法以及误差分析；第二部分（第6~9章）介绍了小地区控制测量和大比例尺地形图的测图、识图和用图以及测设内容、方法；第三部分（第10~15章）为施工测量部分，详细介绍了建筑施工测量及路桥和隧道施工测量、管线施工测量、地质工程以及地籍测量等内容，各专业可根据需要选用；第四部分（第16章）简要介绍了当前的测绘新仪器和新技术——GNSS测量技术，包括全球卫星定位系统（GPS）、多系统定位测量及CORS技术等。本书力求做到简明、扼要、实用，并融入当前的测绘新技术。

本书可作为土木工程、城市地下空间工程、采矿工程、给排水科学与工程、地质工程、交通工程等专业本科生教材，也可作为研究生教材使用，还可作为相关专业的高等学校教师、科研院所及工程设计与施工单位技术人员的参考用书。

图书在版编目（CIP）数据

工程测量/朱广山，刘茂华主编．—北京：化学工业出版社，2024.3

化学工业出版社“十四五”普通高等教育规划教材 普通高等教育一流本科专业建设成果教材

ISBN 978-7-122-44842-2

Ⅰ.①工… Ⅱ.①朱…②刘… Ⅲ.①工程测量-高等学校-教材 Ⅳ.①TB22

中国国家版本馆CIP数据核字（2024）第023689号

责任编辑：刘丽菲　　文字编辑：罗　锦　师明远
责任校对：宋　夏　　装帧设计：刘丽华

出版发行：化学工业出版社
（北京市东城区青年湖南街13号　邮政编码100011）
印　　刷：北京云浩印刷有限责任公司
装　　订：三河市振勇印装有限公司
787mm×1092mm　1/16　印张18½　字数451千字
2024年7月北京第1版第1次印刷

购书咨询：010-64518888　售后服务：010-64518899
网　　址：http://www.cip.com.cn
凡购买本书，如有缺损质量问题，本社销售中心负责调换。

定　　价：59.80元　

前言

本教材按照高等学校土木类“工程测量”课程教学大纲的要求编写而成，编者在总结多年教学经验的基础上，广泛征求同行的意见和建议，并根据当今测绘技术的进展，增添了高精度测量仪、GNSS和多系统定位测量等内容。工程测量是土木类、水利类、矿业类、环境科学与工程类、交通运输类、建筑学、城市规划、农业和林业等专业的必修课，是一门理论性与实践性均很强的专业基础课。为了适应新时代国家对人才培养和新工科建设的要求，培养基础扎实、知识面宽、综合素质高、实践能力强的应用型复合人才，本教材以全面推进素质教育为理念，注重理论知识与工程实践相结合，在阐述工程测量领域的新理论、新技术、新方法的同时，还介绍了大量最新工程实践成果，使学生在工程范例的解析中提高分析问题、解决问题的能力。

为了适应目前短学时的教学情况，满足一流本科专业学生的培养要求，我们对教材体系进行了调整，强调理论与实践并重，内容以“必需、够用”为度。为使本教材具有较强的实用性和通用性，突出“以能力为本位”的指导思想，编者在编写时力求做到：基本概念准确，各部分内容紧扣培养目标，文字简练、相互协调、通顺易懂、减少不必要的重复；强调知识的系统性，但努力避免贪多求全或高度浓缩的现象；教材内容理论联系实际，结合现行测量规范。为了提高学生的动手能力，书中还配有许多例题，以利于学生学习、实践和提高解决工程中实际问题的能力。

辽宁石油化工大学土木工程专业于2021年获批辽宁省一流本科专业建设点。按照一流专业建设任务，学院组织师资团队编写了本教材，本教材为一流本科专业建设成果教材。

本教材由辽宁石油化工大学朱广山、沈阳建筑大学刘茂华主编，郑州大学李瑞鑫、中冶沈勘工程技术有限公司于大鹏和厦门工学院李晓瑾担任副主编，辽宁石油化工大学刘松阳和赵莹莹、南宁职业技术学院高云河和徐运广参与编写，全书由朱广山统稿。具体分工为朱广山和刘茂华共同编写第1章、第5章，朱广山编写第2～4章，朱广山、李晓瑾和徐运广共同编写第13、15、16章，刘松阳和高云河共同编写6～9章，刘松阳和赵莹莹共同编写第10章，朱广山和李瑞鑫共同编写第11章，朱广山和赵莹莹共同编写第12章，朱广山、刘松阳和于大鹏共同编写第14章。

由于编者水平有限，教材尚存不足之处，恳请读者批评指正。

编者

2023年12月

目录

第1章
绪论

本章导读

本章主要介绍了测量学的内容、任务、分类以及测量学在工程中的应用；地球的形状和尺寸，测量坐标系如地理坐标系、平面直角坐标系、高斯-克吕格平面直角坐标，高程系及相关基本概念（扫码阅读）；地球曲率对测量工作（距离、角度、高程）的影响；测量工作应遵循的原则以及测量工作的任务；常用计量单位的换算关系。

1.1 测量学的内容与任务

1.1.1 测量学概述

1990年，国际测绘联合会（IUSM）把测绘学定义为：采集、量测、处理、分析、解释、描述、利用和评价与地理和空间分布有关数据的一门科学、工艺、技术和经济实体。它的主要内容包括确定地球的形状和尺寸，地理信息采集、应用和各种工程设计的施工放样、竣工测量以及变形观测。测量学是测绘学科中的一门基础技术学科，也是土木工程、城市地下空间工程、采矿工程、地质工程、给排水科学与工程、交通工程、测绘工程和土地管理等专业的一门必修课。学习本课程的目的是掌握地形图测绘、地形图应用和矿产资源开发建设工程、基础建设工程等的施工放样的基本理论和方法。

信息采集（测定）就是使用测量仪器和工具，应用测量技术和测量软件，通过测量和计算，确定地球表面的地物（指地面上天然或人工形成的物体，它包括平原、湖泊、河流、海洋、房屋、道路、桥梁等）和地貌（指地表高低起伏的形态，它包括山地、丘陵和平原等）的位置，求得点在规定坐标系中的坐标值，按一定比例缩绘成地形图，为各种工程的规划、设计提供图纸和资料，供科学研究、经济建设和国防建设使用。

施工放样（测设）就是将图纸上已设计好的建筑物或构筑物的平面和高程位置标定到实地，以便施工，为各种工程提供“眼睛”服务，严把质量关，保证施工符合设计要求。

竣工测量，就是为工程竣工验收、以后扩建和维修提供测绘资料。

变形观测，对于一些重要的建（构）筑物，在施工和运营期间，定期进行变形观测，以了解其变形规律，确保工程的安全施工和运营。

测量学的历史久远，是一门古老的科学，早在大禹治水时就有了“左准绳，右规矩”测量技术。随着社会的发展和科学的进步，测量学应用范围越来越广泛，测绘技术也得以飞速发展，并派生出许多分支学科。

1.1.2 测量学分类

测量学的研究对象非常广泛，从地球的形状、大小甚至地球以外的空间，到地面上局部的面积和点位等的有关数据及信息，按照研究范围、对象以及测量手段的不同可将其分为如下几类。

（1）大地测量学

大地测量学是通过建立区域和全球的三维控制网、重力网及利用卫星测量等方法测定地球各种动态包括地球的形状、大小、重力场及其变化的理论和技术学科。其基本任务是建立地面控制网、重力网，精确测定控制点的空间三维位置，为地形测量提供控制基础，为各类工程建设施工测量提供依据，为研究地球形状大小、重力场及其变化、地壳变形及地震预报提供信息。

（2）摄影测量与遥感学

摄影测量与遥感学是一门研究利用摄影和遥感的手段获取研究目标的影像数据，从中提取几何或物理信息，并用图形、图像和数字形式表达的理论和方法的学科。它主要包括航空摄影测量、航天摄影测量、地面摄影测量等。航空摄影测量是根据在航空飞行器上拍摄的像片读取地面信息，测绘地形图的技术。航天摄影是在航天飞行器（卫星、航天飞机、宇宙飞船）中利用摄影机或其他遥感探测器（传感器）获取地球的图像资料和有关数据的技术，是航空摄影的发展。地面摄影测量是利用安置在地面基线两端点处的专用摄影机拍摄的立体像对对所摄目标物进行测绘的技术。

（3）工程测量学

工程测量学是研究在工程建设、工业和城市建设以及资源开发中，在规划、勘测设计、施工建设和运营管理各个阶段所进行的控制测量、地形和有关信息的采集和处理（即大比例尺地形图测绘）、地籍测绘、施工放样、设备安装、变形监测及分析和预报等问题的理论、技术和方法，以及研究对测量和工程建设有关的信息进行管理和使用的学科。

一般的工程建设分为规划设计、施工建设和运营管理三个阶段。工程测量学研究这三阶段所进行的各种测量工作。

工程测量学按其研究对象可分为：建筑工程测量、铁路工程测量、公路工程测量、桥梁工程测量、隧道工程测量、水利工程测量、地下工程测量、管线（输电线、输油管）工程测量、矿山测量、军事工程测量、城市建设测量以及三维工业测量、精密工程测量、工程摄影测量等。

（4）地图制图学

地图制图学是研究数字地图的基础理论、设计、编绘、复制的技术、方法以及应用的学科。它的基本任务是利用各种测量成果编制各类地图，其内容一般包括地图投影、地图编制、地图整饰和地图制印等分支。

地图是测绘工作的重要产品形式。该学科的发展促使地图产品从传统的模拟地图向数字地图转变，从二维静态向三维立体、四维动态（增加了时间维度）转变。计算机制图技术和地图数据库的发展，促使地理信息系统（GIS）产生。数字地图的发展及宽广的应用领域为地图制图学的发展和地图的应用展现出无限的前景，使数字地图成为21世纪测绘工作的基础和支柱。

（5）海洋测量学

海洋测量学是一门研究以海洋水体和海底为对象进行测量的理论和方法的学科。其主要成果为航海图、海底地形图、各种海洋专题图和海洋重力、磁力数据等。与陆地测量相比，海洋测量的基本理论、技术方法和测量仪器设备等有许多独特的特点，主要是测区条件复杂，海水受潮汐、气象等影响而变化不定，透明度差；大多数为动态作业，综合性强，需多种仪器配合，共同完成多项观测项目。一般需采用无线电卫星组合导航系统、惯性组合导航系统、天文测量、电磁波测距、水声定位系统等方法进行控制点的测定；采用水声仪器、激光仪器以及水下摄影测量方法等进行水深和海底地形测量；采用卫星技术、航空测量、海洋重力测量和磁力测量等进行海洋地球物理测量。

（6）地球空间信息学

当代由于空间技术、计算机技术、通信技术和地理信息技术的发展，使测量学的理论基础、工程技术体系、研究领域和科学目标正在适应新形势的需要而发生着深刻的变化。由“3S”技术（GPS、RS、GIS）支撑的测量学技术在信息采集、数据处理和成果应用等方面也在进入数字化、网络化、智能化、实时化和可视化的新阶段。测量学已经成为研究对地球和其他实体的、与空间分布有关的信息进行采集、量测、分析、显示、管理和利用的一门科学技术。它的服务对象远远超出传统测绘学比较狭窄的应用领域，扩大到国民经济和国防建设中与地理空间信息有关的各个领域，成为当代兴起的一门新兴学科——地球空间信息学。

1.1.3 测量学的发展方向及应用

随着传统测绘技术走向数字化测绘技术，工程测量的服务领域不断拓宽，与其他学科的互相渗透和交叉不断加强，新技术、新理论的引进和应用不断深入，因此可以看到，工程测量学科的发展方向应是测量数据采集和处理向一体化、实时化和数字化方向发展；测量仪器向精密化、自动化、信息化、智能化方向发展；工程测量产品向多样化、网络化和社会化方向发展，具体体现在以下几个方面：

（1）大比例尺工程测图数字化

大比例尺地形图和工程图的测绘是工程测量的重要内容和任务之一。工程建设规模扩大，城市迅速扩展以及土地利用、地籍图应用，都需要缩短成图周期和实现成图的数字化。

国内大比例尺工程测图数字化在近几年得到迅速发展，测绘仪器不断推出新的品种，如苏州一光仪器有限公司、北京博飞仪器有限责任公司、广州南方测绘科技服务有限公司都推出了价廉物美的全站型速测仪和GPS全球定位系统。测图软件方面也趋于成熟，如南方测绘公司的CASS测图软件，北京中翰仪器有限公司的CSC测图软件，北京山维-科技股份有限公司推出的测图软件。各测绘单位也自主开发了测图软件，使中国的数字化测图取代传统的测图方法发展成为测图的主流方法，为推动中国测绘走向数字化、信息化做出了重要贡献。

（2）测量系统的发展简介

① 电子经纬仪测量系统

电子经纬仪测量系统（MTS）是由多台高精度电子经纬仪构成的空间角度前方交会测量系统，如徕卡（Leica）在1995年推出的MANTCA系统与ECDS系统，最多可接洽8台电子经纬仪。经纬仪测量系统的硬件设备主要由高精度的电子经纬仪、基准尺、接口和联机电缆及微机等组成。采用手动照准目标、经纬仪自动读数、逐点观测的方法。该测量系统在几米至几十米的测量范围内的精度可达到0.22～0.05mm。

② 全站仪极坐标测量系统

全站仪极坐标测量系统是由一台高精度的测角、测距全站仪构成的单台仪器三维坐标测量系统（STS）。全站仪极坐标测量系统在近距离测量时采用免棱镜测量，为特殊环境下的距离测量提供了方便。

③ 激光跟踪测量系统

激光跟踪测量系统的代表产品为SMART310，与常规经纬仪测量系统不同的是，SMART310激光跟踪测量系统可全自动地跟踪反射装置，只要将反射装置在被测物的表面移动，就可实现该表面的快速数字化，由于干涉测量的速度极快，其坐标重复测量精度高达5×10^{-6}，因此它特别适用于动态目标的监测。

④ 数字摄影测量系统

数字摄影测量系统采用数字近景摄影测量原理，通过2台高分辨率的数码相机同时拍摄被测物，得到物体的数字影像，经计算机图像处理后得到其精确的x、y、z坐标。美国大地测量服务公司（GSI）生产的V-SIARS是数字摄影测量系统的典型产品。数字摄影测量系统的最新进展是采用更高分辨率的数码相机来提高测量精度。另外，利用条码测量标志可以实现控制编号的自动识别，采用专用纹理投影可代替物体表面的标志设置，这些新技术也正促使数字摄影测量向完全自动化方向发展。

（3）施工测量仪器和专用仪器向自动化、智能化方向发展

施工测量的工作量大，现场条件复杂，施工测量仪器的自动化、智能化是施工测量仪器今后发展的方向。具体体现在以下几个方面：

① 精密角度测量仪器发展到用光电测角代替光学测角。光电测角能够实现数据的自动获取、改正、显示、存储和传输，测角精度与光学仪器相当甚至更高。如T2000、T3000电子经纬仪利用动态测量原理，测角精度达到0.5″。马达驱动的电子经纬仪和目标识别功能实现了目标的自动照准。

② 精密工程安装、放样仪器以全站型速测仪发展最为迅速。全站仪不仅能自动测角、测距、记录、计算、存储等，还可以在完善的硬件条件下进行软件开发，实现控制测量、施工测量、地形测量一体化及中文显示的人机对话功能。

③ 精密距离测量仪器，其精度与自动化程度愈来愈高。

④ 高精度定向仪器，如陀螺仪采用电子计时法，定向精度从＋20″提高到＋4″。目前陀螺仪正向全自动激光陀螺定向发展。

⑤ 精密高程测量仪器，采用数字水准仪实现了高程测量的自动化。例如：徕卡NA3003和拓普康DL101全自动数字式水准仪的条码水准标尺，利用图像匹配原理实现自动读取视线高和距离，测量精度达到每千米往返测高差均值的标准差为0.4mm，测量速度比常规水准仪快30%。而德国REAN002A记录式精密补偿器水准仪和TELAMAT激光扫平仪实现了几何水准测量的自动安平、自动读数和记录、自动检核，为高程测量和放样提供了极大的方便。

⑥ 工程测量专用仪器，主要指用于应变测量、准直测量和倾斜测量等的专用仪器。

(4) 特种精密工程测量的发展

为满足大型精密工程施工的需要，往往要进行精密工程测量。大型精密工程不仅施工复杂、难度大，而且对测量精度要求高，需要将大地测量学和计量学结合起来，使用精密测量计量仪器，在超出计量的条件下，达到 10^{-6} 以上的相对精度。

(5) 测量学的任务及应用

测量学在国民经济和社会发展规划中应用很广，测绘信息是最重要的基础信息之一。在城市规划、市政工程、工业厂房与民用建筑等工作中有着广泛的应用。例如：在工程勘测设计的各个阶段，要求有各种比例尺的地形图，供城镇规划、厂址选择、管道和交通线路选线以及总平面图设计和竖向设计之用。在施工阶段，要将设计的建筑物、构筑物的平面位置和高程测设于实地，以便进行施工。施工结束后，还要进行竣工测量，绘制竣工图，供日后扩建和维修之用。即使是竣工以后，对某些大型及重要的建筑物和构筑物还要进行变形观测，以保证建筑物的安全使用。

在铁路、公路、桥梁和隧道建设中，要确定一条经济合理的线路和地址，需要预先测绘选址线路上的条带状地形图，接着在地形图上进行线路设计，然后将设计好的线路位置标定在实际地面上，用以指导工程施工。当线路跨越河流时，需建设桥梁，对建设桥梁的河流区域需要测绘地形图，供桥位选择、桥台和桥墩位置确定使用。当线路穿过山岭时需要开挖隧道，开挖前，应在地形图上确定开挖隧道的位置，根据设计和测量数据确定其开挖的长度和方向，保证正确贯通。

另外，在国土资源和地籍调查中，在各项工农业基本建设中，从勘测设计阶段到施工、竣工阶段，都需要进行大量的测绘工作。

知识拓展

地面点位的确定。

地球曲率对测量工作的影响。

1.2 测量工作的内容与任务

1.2.1 测量工作的基本内容

测量工作的实质就是确定地面点的位置，地面点位可以用它在投影面上的坐标和高程来确定，但在实际工作中一般不是直接测量坐标和高程，而是通过测量地面点与已知坐标和高程的点之间的几何关系，经过计算间接地得到坐标和高程。因此，测量角度、距离、高差就是测量工作的基本内容，也称为测量工作的三要素，所以高程测量、角度测量、距离测量是测量的三项基本工作。从事测绘工作的基本步骤是：

(1) 收集资料，根据测区的具体情况制订合理的观测方案；

（2）布设控制网，进行控制测量；

（3）碎部测量；

（4）测绘成果的检查与验收。

1.2.2 测量的基本原则

测量工作必须遵循两项原则。一是“由整体到局部、从高级到低级、先控制后碎部”，二是“步步要检核”。

在测绘地形图时要在地面上选定许多安置仪器的点，这些点称为测站点，并以此为依据测定地物和地貌。由于测量工作不可避免地存在误差，如果测量工作从一个测站点开始逐点进行施测，最后虽可得到待测各点的位置，但由于前一点的误差会传递到下一点，这样误差迅速累积起来，最后可能达到不可容许的程度；另一方面，由于我国幅员辽阔，经济发展不平衡，测绘工作必须分期分批进行。为此，必须首先建立全国统一的坐标系统和高程系统，才能保证全国测绘资料的统一性。

测量工作的第一项原则是说，对任何测绘工作均应先总体布置，而后分区分期实施，这就是“由整体到局部”；在施测步骤上，总是先布设首级平面和高程控制网，然后再逐级加密低级控制网，最后以此为基础进行测图或施工放样，这就是“先控制后碎部”；从测量精度来看，控制测量精度较高，测图精度相对于控制测量来说要低一些，这就是“从高级到低级”。总之，只有遵循这一原则，才能保证全国统一的坐标系统，才能控制测量误差的累积，保证成果的精度，使测绘成果全国共享。第二项原则是说，测绘工作的每项成果必须检核保证无误后才能进行下一步工作，中间环节只要有一步出错，以后的工作就徒劳无益。只有坚持这项原则，才能保证测绘成果合乎技术规范的要求。

1.2.3 测量工作的任务

（1）控制测量

测量工作的原则是“从整体到局部”“先控制后碎部”，也就是说先要在测区内选择一些有控制意义的地面点，用精确的方法测定它们的平面位置和高程，然后再根据它们测定其他地面点的位置。在测量工作中，将这些有控制意义的地面点称为控制点，由控制点所构成的几何图形称为控制网，而将精确测定控制点点位的工作称为控制测量。控制测量包括平面控制测量和高程控制测量。平面控制测量常采用三角测量、三边测量、导线测量、GPS 测量等方法，高程控制测量常采用水准测量方法。

（2）碎部测量

图 1-1(a) 所示为一幢房屋，其平面位置图由一些折线组成，如能确定 1～4 各点的平面位置，则这幢房屋的位置就确定了。图 1-1(b) 所示是一个池塘，只要能确定 5～16 各点的平面位置，则这个池塘的位置和形状也就确定了。一般将表示地物形态变化的 1～16 点称为地物特征点，也叫碎部点。至于地貌，虽然其地势起伏变化较大，但仍然可以根据其方向和坡度的变化，确定它们的碎部点，并据此把握地貌的形状和大小。因此，不论是地物还是地貌，它们的形状和大小都是由一系列特征点（或碎部点）的位置所决定的。测图工作主要就是测定这些特征点（或碎部点）的平面位置和高程。

如图 1-1 所示，设 A、B、C、D、E 点为控制点，其坐标已用控制测量方法得到，测图时，在 A 点架设仪器，测出1点与 AB 边的夹角 β_1 和1点到 A 点的距离，则根据 A、B 两点的坐标就可求出1点的坐标。同理，可求出2，3，…，16各点的坐标。有了这些坐标，就可以在图纸上绘制地形图了。测量工作中将测定碎部点的工作，称为碎部测量。因此，测定碎部点的位置通常分两步进行：先进行控制测量，再进行碎部测量。

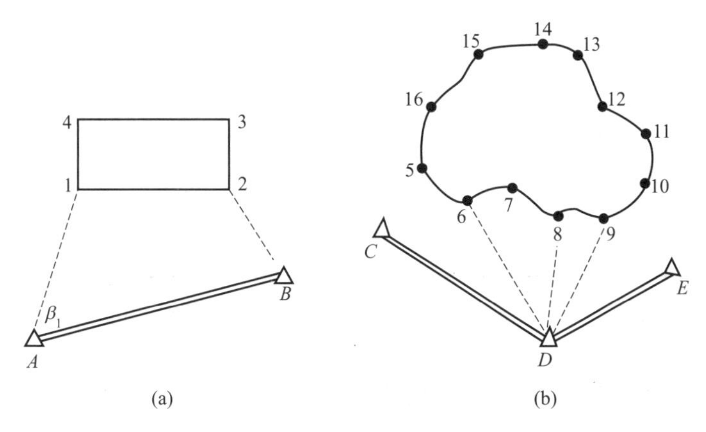

图1-1 碎部测量

综上所述，无论是控制测量还是碎部测量，其实质都是确定地面点的位置，也就是先测定三个元素：水平角 α、水平距离 S 和高差 h。所以说，水平角测量、距离测量和高差测量是测量的基本工作，观测、计算和绘图是测量工作者的基本技能。

上面所述的测量工作，有些是在野外进行的，如测量点与点之间的距离、边与边之间的水平夹角等，称为外业。外业工作主要是获得必要的数据。有些工作是在室内进行的，如计算与绘图等，称为内业。无论哪种工作都必须认真地进行，绝不容许存在错误。

知识拓展

常用计量单位及其换算。

习题

1. 测量学的研究对象是什么？目前测量学分成了哪些独立学科，它们的研究对象分别是什么？

2. 测量工作遵循的原则是什么？按照这个原则地形测量工作分为哪几个步骤？

3. 测量学的任务是什么？

第2章
水准测量

本章导读

测量地面上各点高程的工作，称为高程测量（Leveling）。根据所使用的测量方法及仪器，高程测量分为水准测量（Direct Leveling）、三角高程测量（Trigonometric Leveling）、气压高程测量（Barometric Leveling）。水准测量是高程测量中最基本并且精度较高的一种方法，用于建立国家高程控制网，并在工程勘测和施工测量中被广泛采用。本章主要介绍了水准测量的原理，水准仪的基本构造和使用，普通水准测量的实施方法和成果计算、检核，水准仪的检验与校正方法，水准测量误差的主要来源及消除方法，自动安平水准仪、数字水准仪的使用。

2.1 水准测量的概述

2.1.1 水准测量基本原理

水准测量的基本原理是利用水准仪给出的一条水平视线，并借助水准尺来测定两点间的高差，然后由已知点的高程推算出未知点的高程。如图 2-1 所示，已知高程点 A 的高程为 H_A，欲求待定点 B 的高程 H_B。当两点相距较近时，在 A、B 两点中间安置一台水准仪，在 A、B 两点分别铅直竖立底部为零的水准尺，利用水准仪提供的水平视线在两尺上分别读得视线截尺读数 a 和 b，由图 2-1 可知 A、B 两点间的高差 h_{AB} 为：

$$h_{AB}=a-b \tag{2-1}$$

式中 a——已知高程点 A 上的水准尺读数，称为后视读数；

b——待求高程点 B 上的水准尺读数，称为前视读数；

A——为已知点，称为后视点；

B——为待测高程点，称为前视点。

高差计算规定是后视读数减前视读数，因此高差有正负之分，高差为正（$a>b$）时，即前视读数小，表示前视点比后视点高；高差为负（$a<b$）时，即前视读数大，表示前视点比后视点低。

以上安置一次仪器测定两点高差的施测过程称为水准测量的基本原理。

2.1.2 高程计算方法

测量工作中，根据不同的需要，高程的计算一般有两种方法，高差法和视线高法。

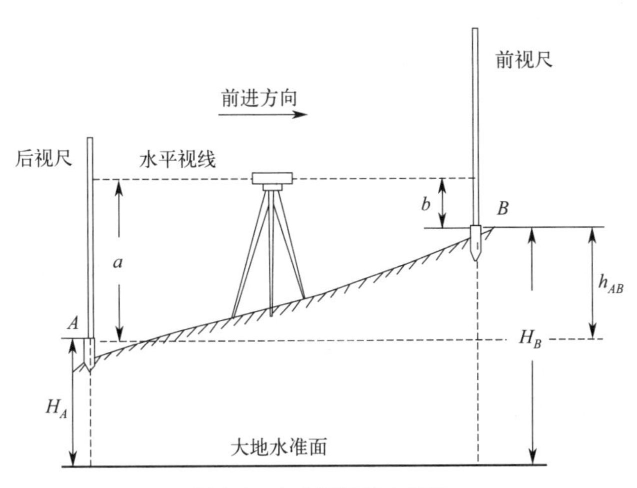

图 2-1 水准测量基本原理

(1) 高差法

利用两点间的高差计算未知点高程的方法，称为高差法。从图 2-1 中可以得出计算公式：

$$H_B = H_A + h_{AB} \text{ 或 } H_B = H_A + (a - b) \tag{2-2}$$

(2) 视线高法

当安置一次仪器，根据一个后视点的高程，需要测定多个前视点的高程时，利用仪器高程来计算多个未知点高程的方法，称为视线高法，也称为仪器高法。从图 2-2 中可以得出计算公式。

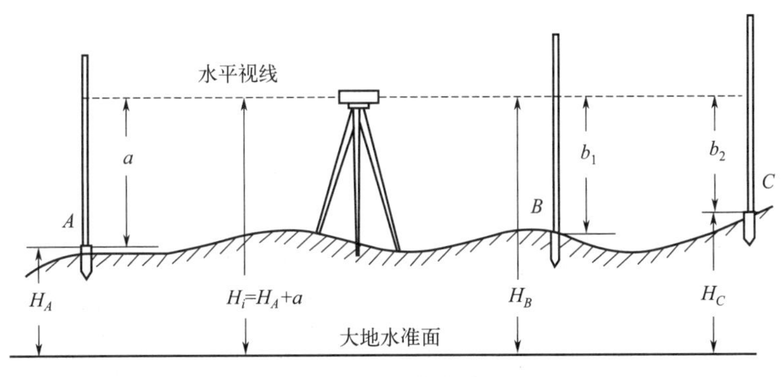

图 2-2 视线高法

视线高程 $$H_i = H_A + a \tag{2-3}$$

B 点高程 $$H_B = H_i - b_1 \tag{2-4}$$

2.1.3 水准测量的测段

当两点间距离较远或高差较大，安置一次仪器不可能测得其高差时，可以在两点间连续设置若干次仪器，加设若干个过渡性立尺点（称为转点），然后分段设站进行观测。

如图 2-3 中，若已知 A 点高程为 H_A，欲求 B 点高程 H_B，必须把 AB 路线分成若干段，由 A 向 B 测定各段的高差。首先将水准仪安置在 A 点与 1 点中间，照准 A 点水准尺，

读得后视读数 a_1，接着照准 1 点的水准尺读得前视读数 b_1。然后将水准仪迁至 1 点与 2 点之间，此时 1 点水准尺作为后视尺不动，仅须将尺面转向仪器，将原立于 A 点的水准尺移至 2 点作为前视，以同样方法读取后视读数 a_2 和前视读数 b_2。以此类推，直到测完最末一站为止。

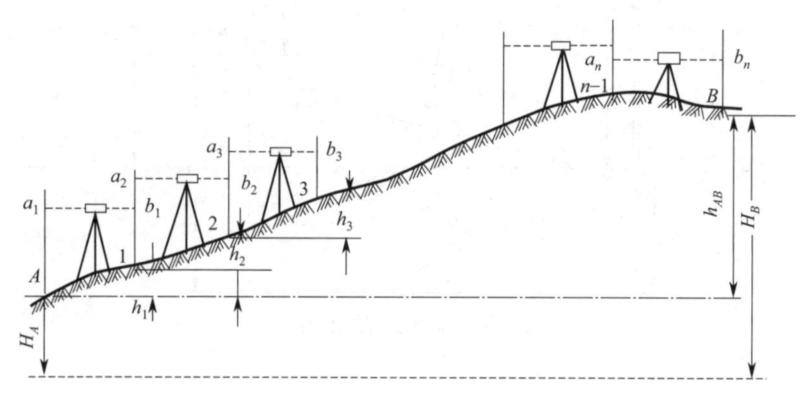

图 2-3 水准测量的基本方法

假设在 AB 路线内依次安置 n 次水准仪，根据式（2-1)，则有：

$$h_1 = a_1 - b_1$$
$$h_2 = a_2 - b_2$$
$$\cdots$$
$$h_n = a_n - b_n$$

上列各式相加，得 A 至 B 点的高差 h_{AB} 为：

$$h_{AB} = \sum_1^n h = \sum_1^n a - \sum_1^n b \tag{2-5}$$

则 B 点的高程为：

$$H_B = H_A + h_{AB}$$

由式(2-5) 可看出，A 至 B 点的高差等于各段高差的代数和，也等于后视读数总和减去前视读数总和。

图 2-3 中的 1,2,…,n 点称为转点，它们起传递高程的作用。转点必须选在稳定的石头尖上，如遇土质松软或没有稳定石头的地方，应放置尺垫并踩实，然后将标尺立于尺垫上。在仪器由一测站迁至下一测站时，前视点的尺垫位置不能移动，否则水准测量成果将产生错误。观测时，每安置一次仪器，叫作一个测站。

2.2 水准仪及使用

水准测量所使用的仪器和工具有水准仪、水准尺和尺垫。

我国对大地测量仪器规定的总代号为“D”，水准仪的代号为“S”，即取汉语拼音的首字母，连接起来即为“DS”，通常可省略“D”而只写“S”。水准仪按其结构可分为水准管式微倾水准仪、具有补偿器的“自动安平”水准仪和电子水准仪三种。微倾式水准仪是用微倾螺旋手动精平；自动安平水准仪是利用补偿器自动精平；电子水准仪，也称数字水准仪，是一种高科技数字化水准仪，配合条纹编码实现自动识别、自动记录并显示高程和高差，实现了高程测量外业完全自动化。工程常见的水准仪有：DS_{05}、DS_1、DS_3 和 DS_{10}。下标代表仪器的测量精度，表示仪器每公里往返测量平均高差中误差。DS_{05} 及 DS_1 型水准仪属于精密水准仪，DS_3 和 DS_{10} 型水准仪属于普通水准仪。工程测量中广泛使用的是 DS_3 级水准仪。

2.2.1　DS_3 型微倾式水准仪的构造

（1）水准仪的各部位名称

图 2-4 为 DS_3 型微倾式水准仪的构造。

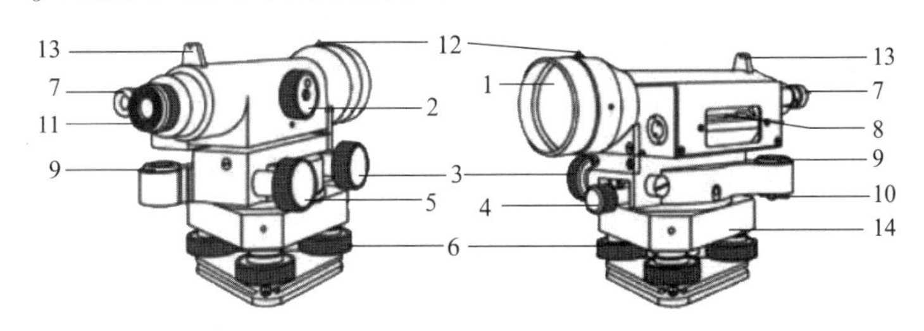

图 2-4　DS_3 型微倾式水准仪

1—物镜；2—物镜对光螺旋；3—微动螺旋；4—制动螺旋；5—微倾螺旋；6—脚螺旋；7—管水准器气泡观测窗；8—符合水准管；9—圆水准器；10—圆水准器校正螺旋；11—目镜；12—准星；13—照门；14—基座

（2）水准仪的构造及作用

根据水准测量的原理，水准仪的主要作用是提供一条水平视线，并能够瞄准水准尺读数。那么，要能提供一条水平视线，就要求水准仪有一个指示是否水平的水准器，并且还要有一个能够将水准器调节至水平状态的部件。要能够瞄准远处的水准尺，就要求水准仪有一个望远镜。因此，水准仪的构造主要由三个部分组成：望远镜、水准器、基座。

① 望远镜

如图 2-5 所示，望远镜由物镜、目镜和十字丝分划板三个主要部件组成。

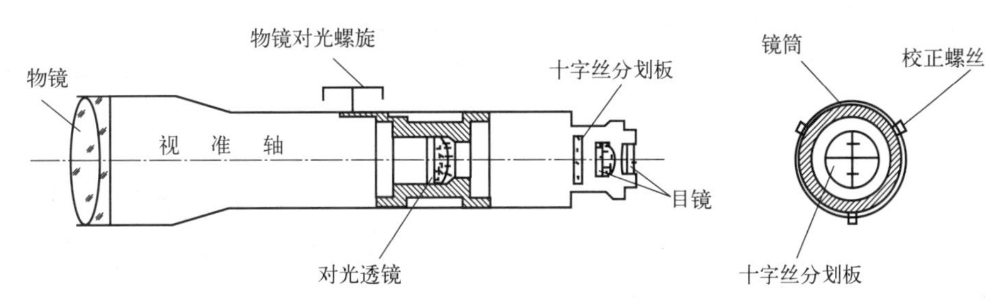

图 2-5　望远镜构造

物镜的作用是将远处的目标在望远镜内成像，转动物镜对光螺旋能使远近水准尺上的分划成像清晰。目镜是一个放大镜，能将物像和十字丝同时放大，转动目镜可使十字丝清晰。十字丝分划板是刻有十字丝的透明玻璃板，安装在目镜前端，由水平丝（横丝）和纵丝组成，且相互垂直。十字丝的作用是瞄准目标，横丝用于读取水准尺读数。十字丝分划板上下两根短丝称为视距丝，用于测量距离。物镜光心与十字丝交点的连线称为望远镜的视准轴，即视线。

图 2-6 为望远镜成像原理图。目标 AB 经过物镜后形成一个倒立且缩小的实像 ab，移动对光透镜可使不同距离的目标均能成像在十字丝分划板上。再通过目镜的作用，便可看到同时放大了的十字丝和目标影像 $a'b'$。

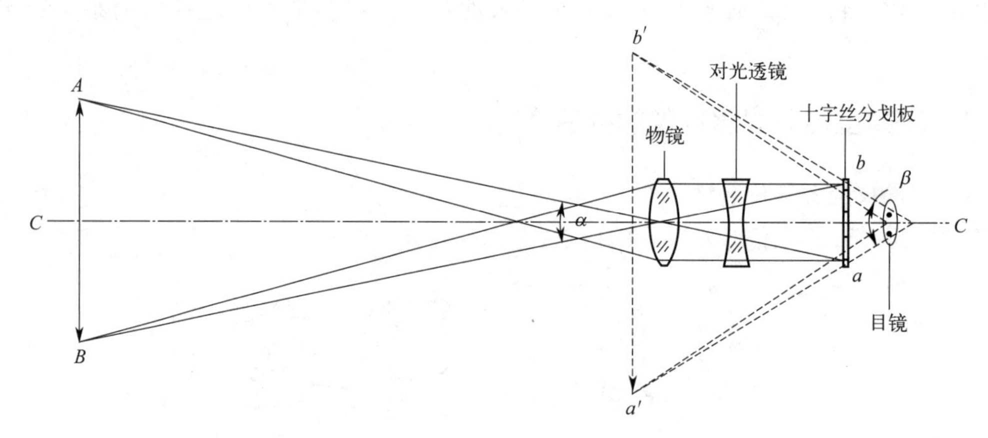

图 2-6 望远镜的成像原理

其放大的虚像 $a'b'$，对眼睛的张角 β 与 AB 对眼睛的直接张角 α 的比值，称为望远镜的放大率，用 ν 表示，即：$\nu=\beta/\alpha$。DS_3 型水准仪一般放大 28 倍。

② 水准器

水准器是用来查看视线是否水平、仪器竖轴是否铅直的一种装置。水准器有管状水准器和圆水准器两种。

a. 管状水准器

管状水准器结构如图 2-7 所示。管状水准器也叫水准管，上面刻有分划线，分划线的中点 M，称为水准管零点。过零点与内壁圆弧相切的切线 LL，称为水准管轴。通过制造工艺使水准管内形成一个气泡，当水准管的气泡中点与水准管零点重合时，称水准管气泡居中，此时水准管轴水平，如图 2-8 所示。为了提高目估水准管气泡的居中精度，现代水准仪安装了符合水准器，它是将一棱镜组安装在水准管的上方如图 2-9(a) 所示。借助棱镜的折射作用，把气泡两端的各半边影像反映在望远镜目镜旁的观察镜内，如图 2-9(b) 则表示气泡不居中。转动微倾螺旋可看到两半圆形影像移动，当直线两侧半圆形气泡影像完全吻合时，表示气泡居中，如图 2-9(c) 所示。

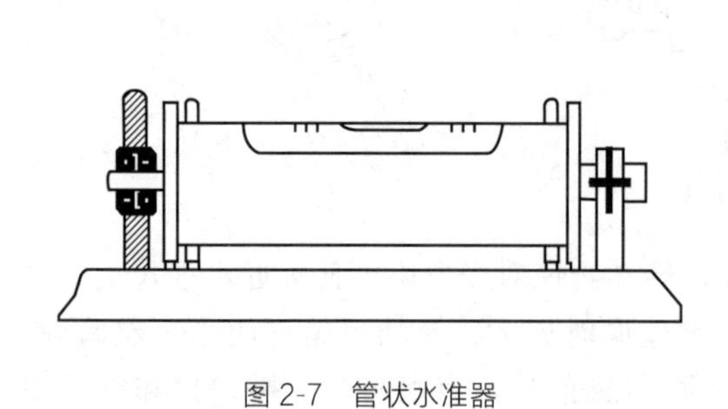

图 2-7 管状水准器

图 2-8 水准管轴、水准管气泡

b. 圆水准器

圆水准器结构如图 2-10 所示，球面中心刻有一个圆圈，其圆圈中心称为圆水准器零点，过零点的球面法线称为圆水准器轴线。当气泡居中时，圆水准器轴线处于铅垂位置。由于它的灵敏度较水准管低，因此只能用于粗略整平仪器。圆水准盒的底部有三个校正螺丝，用于校正仪器。使用仪器时勿要碰动校正螺丝，以免破坏仪器轴线关系。

根据仪器构造原理，仪器旋转轴与圆水准轴平行，当圆水准气泡居中时，圆水准轴处于铅垂位置，达到粗略整平仪器的目的；水准管轴与视准轴平行，当管水准气泡居中时，视准轴水平，即视线水平。

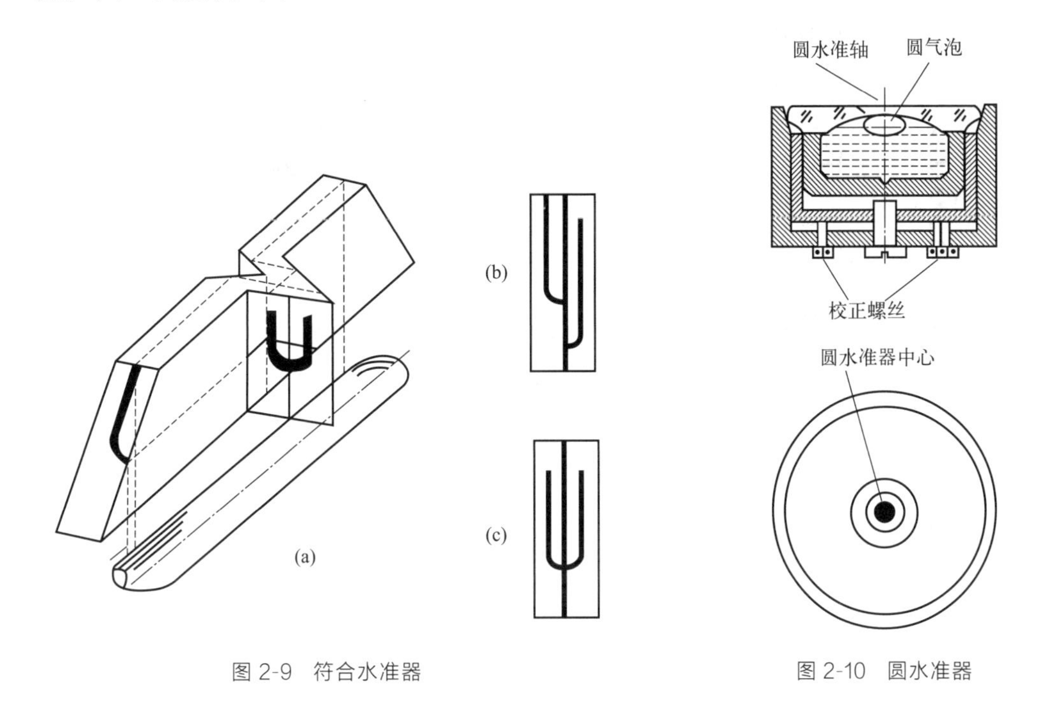

图 2-9　符合水准器

图 2-10　圆水准器

③ 基座

基座由轴座、脚螺旋和连接板三部分组成。圆水准器与基座为一体。基座的作用是承托仪器上部，整个仪器用连接螺旋与三脚架连接。三个脚螺旋用于粗略整平仪器。水准仪旋转轴插在基座内，可使仪器在水平方向旋转，为控制仪器水平旋转，仪器装有水平制动螺旋、水平微动螺旋，其作用是旋紧制动螺旋时，限制望远镜转动，此时旋转微动螺旋，可使望远镜在水平方向做微小的转动。仪器做大的转动时，需放松制动螺旋。

2.2.2　水准尺、尺垫

水准尺也称为标尺，如图 2-11 所示，目前常用的普通水准尺有塔尺和直尺两种尺型。塔尺也称为箱尺，是用多节箱型尺套接在一起的标尺，这种尺携带方便，但容易产生接头误差，使用不当会产生下滑，因此要经常检查接头衔接及卡簧。直尺也称双面尺，整体性好，主要应用于三、四等水准测量。

水准尺通常采用铝合金、玻璃钢、优质木材制成，常用的塔尺一般为 3m 三节套、5m 五节套，直尺为 2m、3m。

水准尺的分划在塔尺的底部为零，尺上黑（红）白格相间，每格分划值为 1cm 或 5mm，毫米是估读数。在每 1m 都有注字，每 5cm 都有注记，超过 1m 的注记加红点，一个红点表示 1m；两个红点表示 2m。注字有倒写和正写两种，分米的注字位置也有所不同，使用前一定要熟悉水准尺分划和注记。

尺垫是用生铁铸成的，如图 2-12 所示，作用是提供可靠的转点，安放标尺。在地面松软或无突出稳固点可选时，放置尺垫避免尺子下沉，土地上要将尺垫踩入地面。其中间凸起的圆顶为立尺点，立尺时，尺底的前沿应立在圆顶上。三个尖脚能使尺垫稳固于地面上。

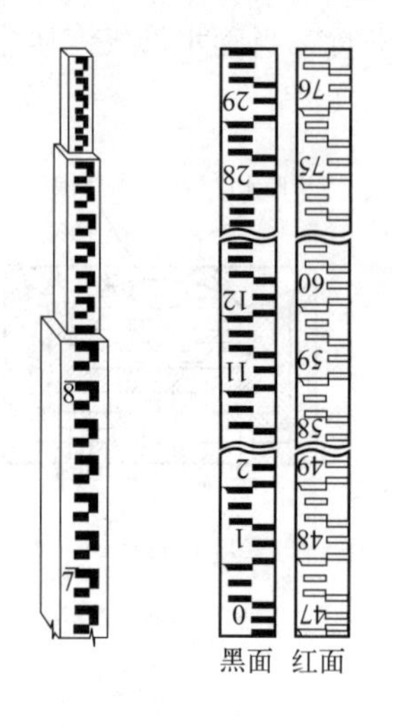

图 2-11 水准尺

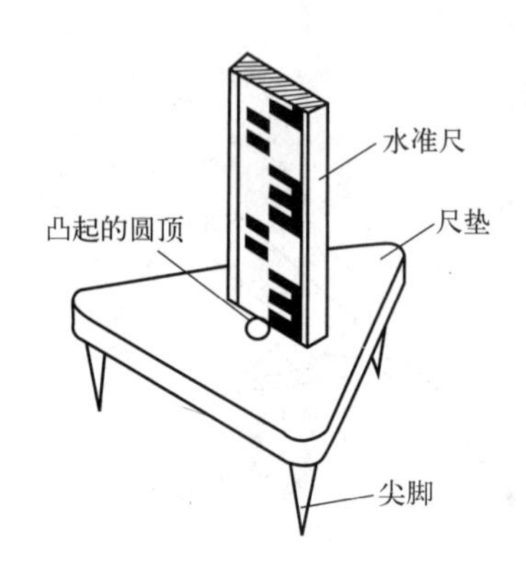

图 2-12 尺垫

2.2.3 DS_3 水准仪的技术操作

使用水准仪时，先打开三脚架安放在测站上（两立尺点之间），使其高度适中，架头大致水平，然后将三脚架踩入土中，再安上仪器，仪器的各种螺旋都调整到中间位置，以便螺旋能向两个方向（左右或上下）移动。下面以 DS_3 微倾水准仪为例，介绍其使用方法。

水准仪的正确操作程序是：安置仪器、粗略整平→照准标尺、望远镜调焦→精确整平、标尺读数。

（1）安置仪器、粗略整平

松开架腿锁紧螺旋，伸开三脚架并安放在测站上，使架腿高度适中，架头大致保持水平，将架腿踩入土中。从箱中取出仪器，将仪器安放在架头上并立即旋紧中心螺旋。粗平是利用脚螺旋的转动将圆水准器的气泡居中。如图 2-13(a) 所示，先将望远镜视准轴置于与脚螺旋 1、2 的连线相平行的方向，然后两手以相反方向旋转脚螺旋 1 和 2，则气泡就向左手大拇指旋转的方向移动，待气泡移到中间位置时，如图 2-13(b) 所示，再转动脚螺旋 3，使气泡移至正中央。在操作熟练以后，不需再将气泡的移动分解为两步，而是双手同时转动三个脚螺旋使气泡居中。操作中视气泡的具体位置适当控制两手的动作。

（2）照准标尺、望远镜调焦

① 在瞄准水准尺前，先进行目镜对光，使十字丝成像清晰。

② 松开制动螺旋，转动望远镜，利用粗瞄器（照门和准星）粗略照准水准尺并旋紧制动螺旋。

③ 转动物镜对光螺旋进行对光，使尺子的影像清晰，并转动微动螺旋，使尺子的影像靠近十字丝的一侧，以便于读数（如图 2-14 所示）。

④ 检查消除视差。产生视差的原因是目标成像的平面和十字丝平面不重合。视差对观

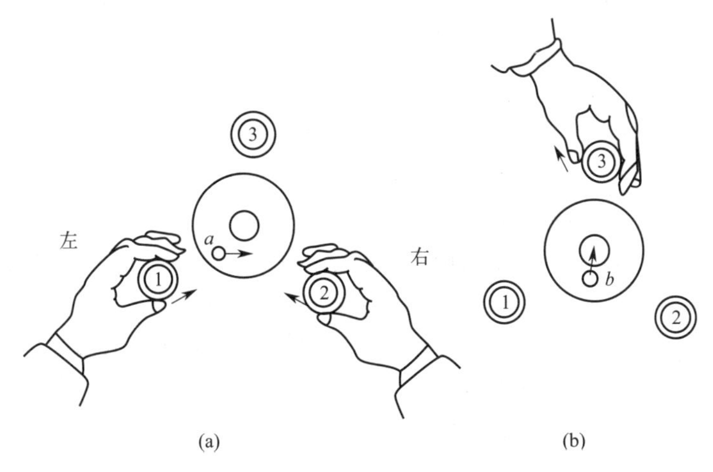

图 2-13 水准仪粗略整平

测成果的精度影响很大，必须加以消除。重新进行物镜对光，直到眼睛上下移动，读数不变为止。

（3）精确整平、标尺读数

照准水准尺后，不能立即读数，先从观察窗查看符合水准器的气泡是否居中。若不居中，应转动微倾螺旋使气泡符合，只有在气泡符合时，水准仪的视准轴才精确水平。由于气泡比较灵敏，移动时有一个惯性，所以，转动微倾螺旋的速度不能过快，特别是在符合水准器的两端气泡将要对齐时应特别注意。

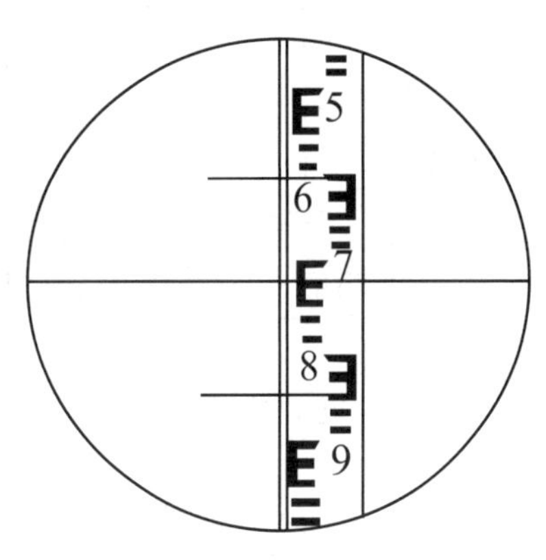

图 2-14 瞄准与读数

在符合气泡完全符合的瞬间，应立即在水准尺上读数。用望远镜在尺上读数，是读取十字丝横丝与尺子相截处的分划值，由于尺子在望远镜中的成像通常是倒像，其分米注记数字是由上往下逐渐增大，所以应从上往下读数，读数时先默估出毫米读数，再依次读出米、分米、厘米读数。如图 2-14 中的读数为 0.720m。在尺子上的读数一般习惯以毫米为单位报四位数字，例如 1.425m 读作 1425 四位数字，0.048m 读作 0048，同时记录员在记录前应复述一遍读数，经观测员默认后方可记录。这对于观测、记录及计算工作都有一定好处，可以防止不必要的错误。

在水准尺上读数，是水准测量的基本操作之一，读数速度越快越好，否则气泡可能偏离中心，影响观测精度。因此，测前观测员应熟悉标尺分划和注记数字的特点，尤其要掌握厘米分划的黑、白格和红、白格的奇、偶数读数交替规律，同时熟悉每 5cm 一个“E”字分区的特点，便于从望远镜中快速读取读数。

2.2.4 自动安平水准仪

近年来，各种型号的自动安平水准仪有了很大的发展。此类仪器可以在仪器粗略整平后，即视准轴在没有处于精确水平位置的情况下，通过补偿器的作用，得到相当于视线水平时的标尺读数。图 2-15 为北京测绘仪器厂生产的 DS_3 型自动安平水准仪外貌。

自动安平水准仪不需要设置水准管和微倾螺旋，操作简便，能大大提高工效，已被广泛应用于水准测量中。自动安平水准仪与微倾式水准仪的区别在于：自动安平水准仪没有水准管和微倾螺旋，而是在望远镜的光学系统中装置了补偿器。

（1）视线自动安平的原理

当圆水准器气泡居中后，视准轴仍存在一个微小倾角 δ，在望远镜的光路上安置一补偿器，使通过物镜光心的水平光线经过补偿器后偏转一个 β 角，仍能通过十字丝交点，这样十字丝交点上读出的水准尺读数，即为视线水平时应该读出的水准尺读数。

自动补偿器的种类很多，无论采用哪种方式，由于仪器的倾角是变化的，所以要求自动安平装置的补偿量也必须随仪器的倾角变化而变化。一般采用悬挂式，靠重力作用与望远镜倾斜方向作相对偏转。为了使悬挂的棱镜尽快停止摆动，还设有阻尼装置。图 2-16 为德国蔡司生产的 Koni007 自动安平水准仪，其补偿器的主要部件是一块等腰直角三角形棱镜，用弹性薄簧片（吊带）把棱镜悬挂成重力摆。摆动范围为 10′，摆静止后摆轴方向与重力方向一致。

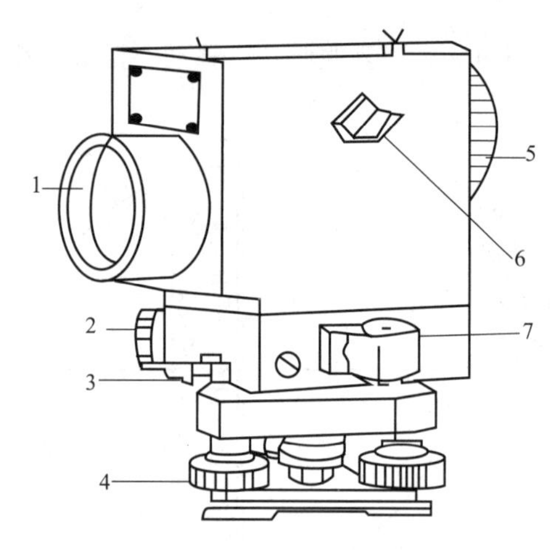

图 2-15　DS_3 型自动安平水准仪

1—物镜；2—水平微动螺旋；3—水平制动螺旋；4—脚螺旋；5—目镜；6—反光镜；7—圆水准器

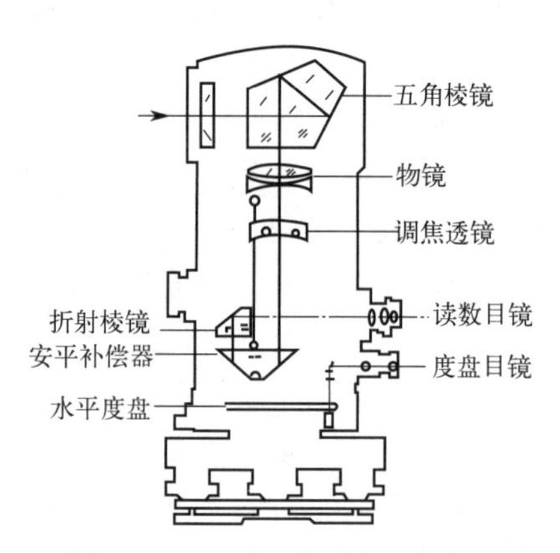

图 2-16　Koni007 自动安平水准仪

由于无须精平，不仅缩短了水准测量的观测时间，而且对于施工场地地面的微小震动、松软土地的仪器下沉以及大风吹刮等原因引起的视线微小倾斜，能迅速自动安平仪器，提高了水准测量的观测精度。

（2）自动安平水准仪的使用

使用自动安平水准仪时，首先将圆水准器气泡居中，然后瞄准水准尺，等待 2～4 秒后，即可进行读数。有的自动安平水准仪配有一个补偿器检查按钮，每次读数前按一下该按钮，确认补偿器能正常工作后再读数。

2.2.5　电子水准仪

电子水准仪于 20 世纪 90 年代初推出，对传统的水准测量起到了革新作用。电子水准仪利用条形码水准标尺得到的光学图像转换成数字电子图像并且进行数字处理，从而减少了作业人员目估分划的误差，大大提高了测量的精度和工作效率。

（1）电子水准仪的主要优点

① 操作简捷，自动观测和记录，并立即用数字显示测量结果。

② 整个观测过程在几秒钟内即可完成，大大减少了观测错误和误差。

③ 仪器还附有数据处理器及与之配套的软件，从而可将观测结果输入计算机进行后处理，实现测量工作自动化和内外业一体化流水作业，大大提高效率，同时可避免传统方法中数据处理时可能出现的错误。

（2）电子水准仪的观测精度

电子水准仪的观测精度高，如瑞士徕卡公司开发的DNA03型电子水准仪（图2-17）的分辨率为0.01mm，每千米往返测得的高差中数的偶然中误差为0.3mm；蔡司DNA10型电子水准仪（图2-18）的分辨率为0.9mm，每千米往返测得的高差中数的偶然中误差为0.1mm。

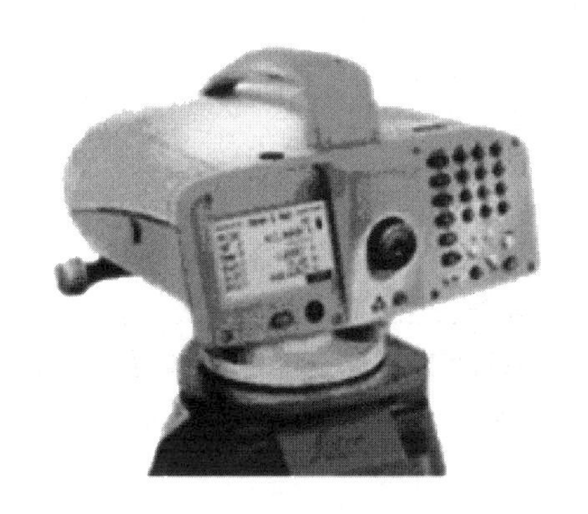

图2-17　徕卡DNA03型电子水准仪

图2-18　蔡司DNA10型电子水准仪

（3）电子水准仪测量原理简述

与电子水准仪配套使用的水准尺为条形编码尺，通常由玻璃纤维或钢制成，如图2-19。在电子水准仪中装置有行阵传感器，它可识别水准标尺上的条形编码。电子水准仪摄入条形编码后，经处理器转变为相应的数字，再通过信号转换和数据化，在显示屏上直接显示中丝读数和视距。

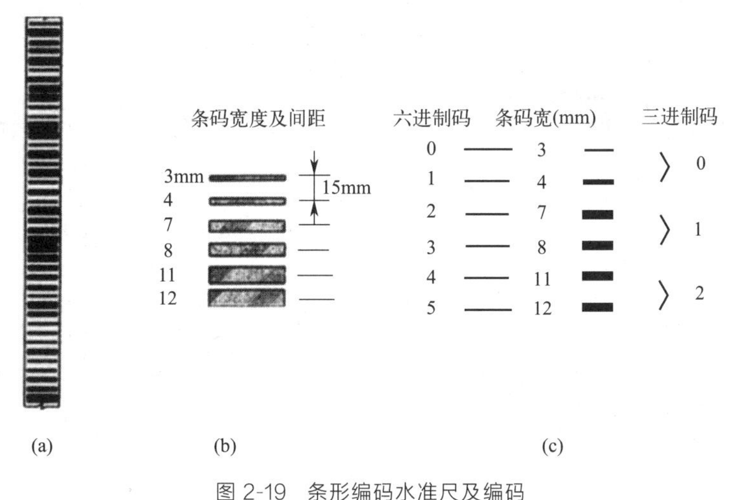

图2-19　条形编码水准尺及编码

（4）电子水准仪的使用及性能指标

观测时，电子水准仪在人工完成安置与粗平、瞄准目标（条形编码水准尺）后，按下测量键后3～4秒出测量结果。其测量结果可贮存在电子水准仪内或通过电缆连接存入机内记录器中。

以图2-18蔡司DNA10型电子水准仪为例。其每公里往返水准观测精度达0.3mm，最小显示0.01mm；测距范围为1.5～100m，精度20mm；能自动进行地球曲率及气象改正；具有附合水准导线自动平差、快速高程放样、单点高程测量、水准导线自动平差功能。测量快捷键设置在微动螺旋旁边，在瞄准测尺后，轻轻触摸即可测量。

2.3 水准测量的方法

2.3.1 水准点和水准路线

（1）水准点

为了统一全国的高程系统和满足各种测量的需要，测绘部门在全国各地埋设并测定了很多高程点，这些点称为水准点（Bench Mark），简记为BM。水准测量通常从水准点引测其他点的高程。水准点有永久性和临时性两种，如图2-20与图2-21。国家等级水准点一般用石料或钢筋混凝土制成，深埋到地面冻结线以下。在标石的顶面设有用不锈钢或其他不易锈蚀材料制成的半球状标志。有些水准点也可设置在稳定的墙脚上，称为墙上水准点。

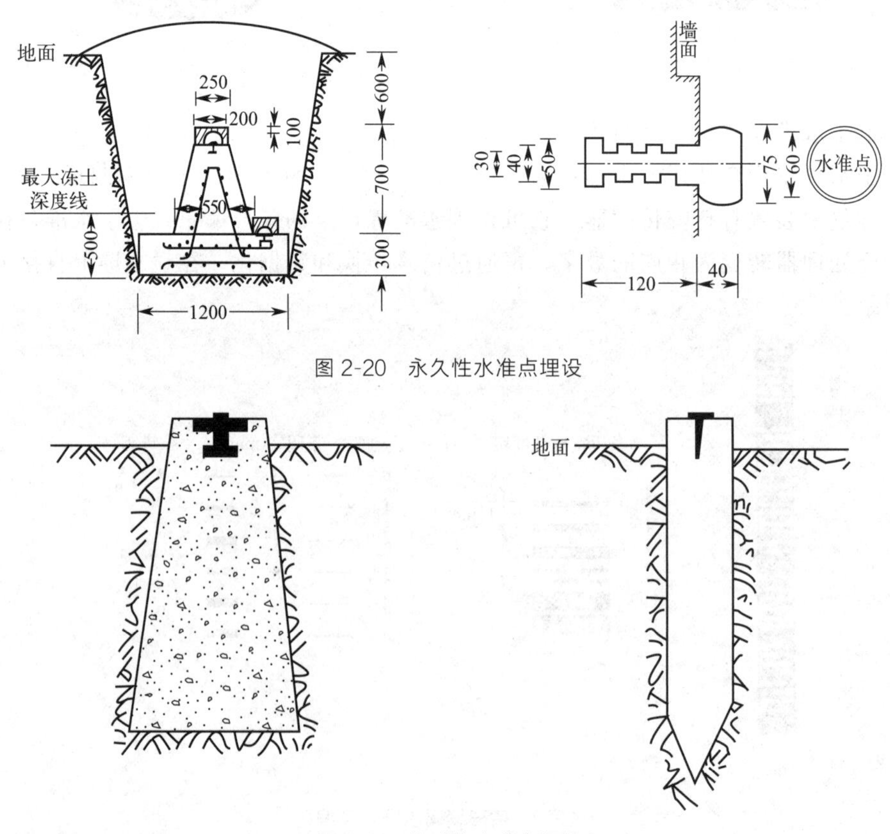

图2-20 永久性水准点埋设

图2-21 临时性水准点埋设

建筑工地上的永久性水准点一般用混凝土或钢筋混凝土制成，临时性水准点可用地面上突出的坚硬岩石或用大木桩打入地下，顶部用半球形铁钉。埋设水准点后，应绘出水准点与附近固定建筑物或其他地物的关系图，在图上还要写明水准点的编号和高程，称为点之记，以便日后寻找水准点位置。水准点编号前通常加 BM 字样，作为水准点的代号。

（2）水准路线

在一系列水准点间进行水准测量所经过的路线，称为水准路线，形式主要有闭合水准路线、附合水准路线和支水准路线。为了避免在测量成果中存在错误，保证测量成果能达到一定精度要求，布设时要根据测区的实际情况和作业要求，布设成某种形式的水准路线。

① 闭合水准路线

如图 2-22(a) 所示，从水准点 BMA 出发，沿各待定高程点 1、2、3 进行水准测量，最后又回到原出发水准点，这种形成环形的路线，称为闭合水准路线。

② 附合水准路线

如图 2-22(b) 所示，从水准点 BMA 出发，沿各待定高程点 1、2、3 进行水准测量，最后又附合到另一个水准点 BM*B*。这种在两个已知水准点之间布设的路线，称为附合水准路线。

③ 支水准路线

如图 2-22(c) 所示，从水准点 BMA 出发，沿各待定高程点 1、2 进行水准测量。这种从一个已知水准点出发，而另一端为未知点，既不自行闭合，也不附合到其他水准点上的路线，称为支水准路线。

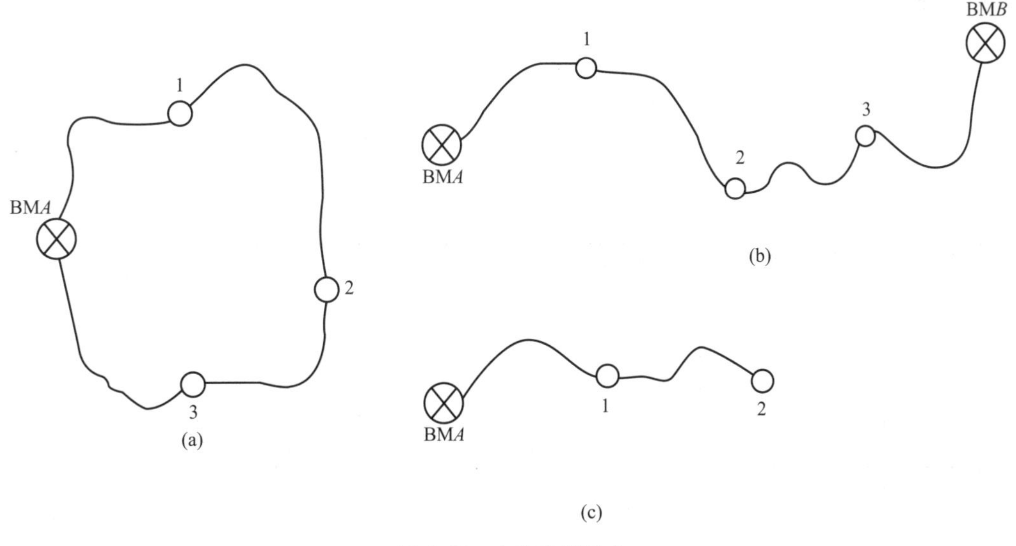

图 2-22 水准路线形式

2.3.2 水准测量的实施

（1）高差法

当欲测的高程点距水准点较远或高差很大时，就需要连续多次安置仪器以测出两点的高差。

如图 2-23 所示，已知 BMA 点的高程 $H_{BMA}=43.150$m，欲测 B 点高程 H_B，在 BMA*B*

线路上增加 1、2、3、4 等中间点，将 BMAB 高差分成若干个水准测站。其中间点仅起传递高程的作用，称为转点（Turning Point），简写为 TP。转点无固定标志，无须算出高程。每安置一次仪器，便可测得一个高差，即

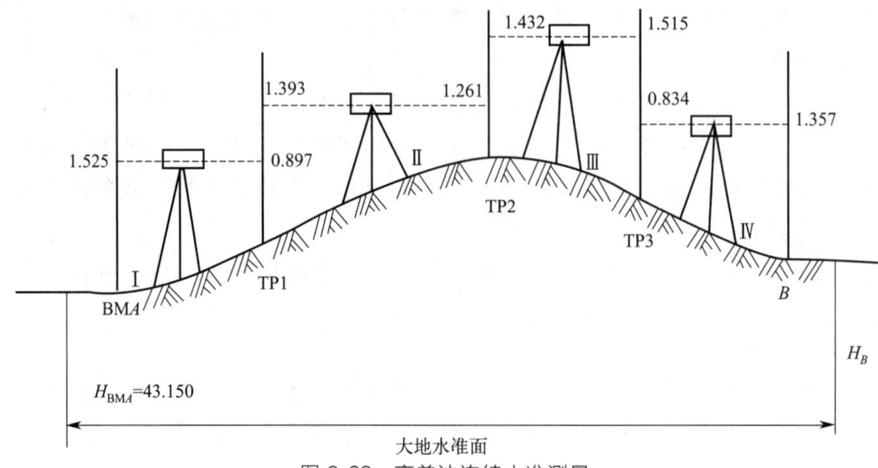

图 2-23　高差法连续水准测量

$$h_1=a_1-b_1$$
$$h_2=a_2-b_2$$
$$\cdots$$
$$h_n=a_n-b_n$$

将各式相加，得

$$\sum h=\sum a-\sum b$$

则 B 点的高程为

$$H_B=H_{BMA}+\sum h \tag{2-6}$$

观测、记录与计算见表 2-1。

表 2-1　高差法水准测量手簿

测点	后视读数/m	前视读数/m	高差/m	高程/m	备注
BMA	1.525			43.150	已知水准点
			0.628		
TP1	1.393	0.897		43.778	
			0.132		
TP2	1.432	1.261		43.910	
			−0.083		
TP3	0.834	1.515		43.827	
			−0.541		
B		1.375		43.286	
计算校核	$\sum_{后}=5.184$	$\sum_{前}=5.048$	$\sum_h=0.136$	$H_{终}-H_{始}=0.136$	计算无误
	$\sum_{后}-\sum_{前}=0.136$				

（2）仪高法

仪高法测高程的施测与高差法基本相同。如图 2-24 所示，在相邻两测站之间有了中间点 1、2、3 与 4、5，它们是待测的高程点，而不是转点。在测站Ⅰ，除了读出 TP1 点上的前视读数，还要读出中间点 1、2、3 的读数；在测站Ⅱ，要读出 TP1 点上的后视读数，以及读出中间点 4、5 的读数。

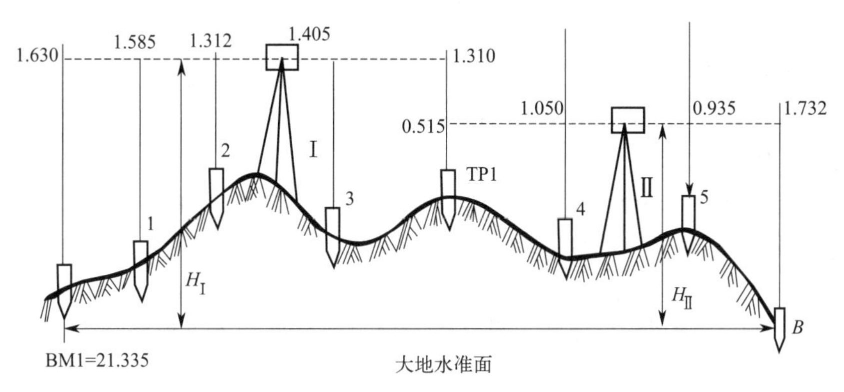

图 2-24　仪高法连续水准测量

仪高法的计算方法与高差法不同，须先计算仪器视线高程 H_i，再推算前视点和中间点高程。记录与计算见表 2-2 相应栏。

表 2-2　仪高法水准测量手簿

测站	测点	后视读数/m	视线高/m	前视读数/m		高程/m	备注
				转点	中间点		
Ⅰ	BM1	1.630	22.965			21.335	
	1				1.585	21.380	
	2				1.312	21.653	
	3				1.405	21.560	
Ⅱ	TP1	0.515	22.170	1.310		21.655	
	4				1.050	21.120	
	5				0.935	21.235	
	B			1.732		20.438	
计算检核	$\sum_{后}=2.145$ $\sum_{后}-\sum_{前}=-0.897$			$\sum_{前}=3.042$（不包括中间点） $H_{终}-H_{始}=20.438-21.335=-0.897$			

为了减少高程传递误差，观测时应先观测转点，后观测中间点。

2.3.3　水准测量的检核

（1）计算检核

B 点对 A 点的高差等于各转点之间高差的代数和，也等于后视读数之和减去前视读数之和，因此，此式可用来作为计算的检核。但计算检核只能检查计算是否正确，不能检核观测和记录时是否产生错误。

（2）测站检核

B 点的高程是根据 A 点的已知高程和转点之间的高差计算出来的。若其中测错任何一个高差，B 点高程就不会正确。因此，对每一站的高差，都必须采取措施进行检核测量。

① 双仪器高法

同一测站用两次不同的仪器高度（两次不同的仪器高度相差 10cm 以上）测得两次高差，以相互比较进行检核。两次所测高差之差对于等外水准测量容许值为±6mm，对于四等水准测量容许值为±5mm。超出此限差，必须重测，在此限差内，可取两次所测高差之和的平均值作为该站的观测高差。

② 双面尺法

仪器高度不变，立在前视点和后视点上的水准尺分别用黑面和红面各进行一次读数，测得两次高差，相互进行检核。两次所测高差之差的限差同双仪器高法。

(3) 成果检核

测站检核只能检核一个测站上是否存在错误或误差超限。由于温度、风力、大气折光、尺垫下沉和仪器下沉等外界条件引起的误差，尺子倾斜和估读的误差，以及水准仪本身的误差等，虽然在一个测站上反映不很明显，但随着测站数的增多使误差积累，有时也会超过规定的限差。因此为了正确评定一条水准路线的测量成果精度，应进行整个水准路线的成果检核。成果检核的方法，因水准路线布设形式的不同而不同，主要有：

① 闭合水准路线检核

理论上闭合水准路线各段实测高差代数和值应等于零，即$\sum h_{理}=0$。

② 附合水准路线检核

理论上附合水准路线各段实测高差代数和值应等于两端已知高程的差值，即$\sum h_{理}=H_{终}-H_{始}$。

③ 支水准路线检核

支水准路线本身没有检核条件，通常是用往、返水准路线测量方法进行路线检核。理论上往测高差与返测高差大小应相等，方向相反，即$|\sum h_{往}|=|\sum h_{返}|$。

上述三种路线成果检核的具体计算方法在下节水准测量的内业计算中详述。

2.4 水准测量的内业

水准测量外业工作结束后，要检查手簿，再计算各点间的高差，经检核无误后，才能进行计算和调整高差闭合差，最后计算各点的高程。否则应查找原因予以纠正，必要时应返工重测。下面将根据水准路线布设的不同形式，举例说明计算的方法、步骤。

2.4.1 闭合水准路线成果计算

如图 2-25 所示，闭合水准路线 BMA、1、2、3、4，各段观测数据及起点高程均注于图中，现以该闭合水准路线为例，将成果计算的步骤介绍如下，并将计算结果列入表 2-3 中。

(1) 高差闭合差

闭合水准路线各段高差的代数和理论上应等于零，即

$$\sum h_{理}=0$$

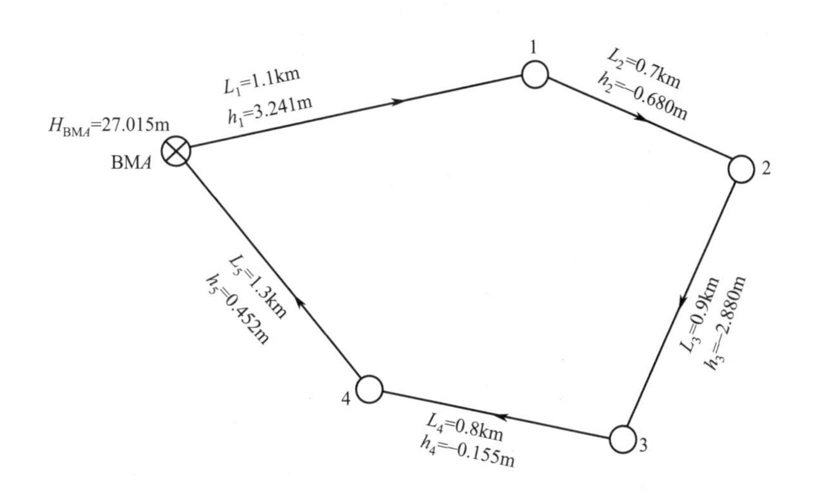

图 2-25 闭合水准测量

由于存在着测量误差，必然产生高差闭合差

$$f_h = \sum h_{测} \tag{2-7}$$

(2) 高差闭合差容许值

高差闭合差可用来衡量测量成果的精度，等外水准测量的高差闭合差容许值规定为

$$f_{h容} = \begin{cases} \pm 40\sqrt{L} & (平地) \\ \pm 12\sqrt{n} & (山地) \end{cases}$$

式中 L——水准路线长度，km；

$f_{h容}$——高差闭合差容许值，mm；

n——测站数。

本例中，由于，$|f_h| < |f_{h容}|$，则精度合格，可进行高差闭合差的调整。

(3) 闭合差的调整

在同一条水准路线上，假设观测条件是相同的，可认为各站产生的误差机会是相同的，故闭合差的调整按与测站数（或距离）成正比反符号分配的原则进行即

$$v_i = -\frac{f_h}{n} n_i \text{ 或 } v_i = -\frac{f_h}{L} L_i \tag{2-8}$$

式中，L 为水准路线总长度；L_i 为表示第 i 测段的路线长；n 为水准路线总测站数；n_i 为表示第 i 测段路线测站数；v_i 为分配给第 i 测段观测的改正数；f_h 为水准路线高差闭合差。

高差闭合差的调整原则是：

① 调整数的符号与高差闭合差 f_h 符号相反；

② 调整数值的大小是按测段长度或测站数成正比例的分配；

③ 调整数最小单位为 0.001m。

(4) 高程计算

各测段实测高差加上相应的改正数，便得到改正后的高差。以上计算过程，见表 2-3。

表 2-3 闭合水准路线成果计算

编号	测点	距离/km	实测高差/m	高差改正数/m	改正后高差/m	高程/m	备注
	BMA					27.015	与已知高程相符
1		1.1	+3.241	0.005	+3.246		
	1					30.261	
2		0.7	−0.680	0.003	−0.677		
	2					29.584	
3		0.9	−2.880	0.004	−2.876		
	3					26.708	
4		0.8	−0.155	0.004	−0.151		
	4					26.557	
5		1.3	+0.452	0.006	+0.458		
	BMA					27.015	
Σ		4.8	−0.022	+0.022	0		
辅助计算	$f_h=\sum h_{测}==-0.022\text{m}$ $f_{h容}=\pm40\sqrt{L}\text{mm}=40\times\sqrt{4.8}\text{mm}=87\text{mm}$ $\lvert f_h\rvert<\lvert f_{h容}\rvert$ 精度合格						

2.4.2 附合水准路线成果计算

如图 2-26 所示，附合水准路线 BM1、A、B、C、D、BM2，各段观测数据及起点高程均注于图中，现以该附合水准路线为例，将成果计算的步骤介绍如下，并将计算结果列入表 2-4 中。

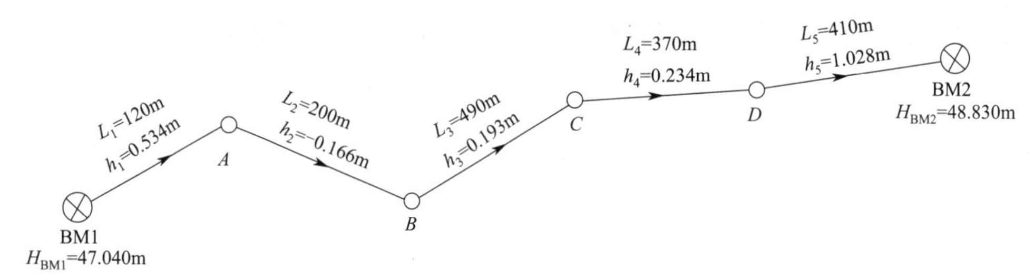

图 2-26 附合水准测量

高差闭合差的计算

$$f_h=\sum h-(H_B-H_A)$$

高差闭合差容许值，同闭合水准路线。闭合差的调整，同闭合水准路线。高程计算，同闭合水准路线。计算结果见表 2-4。

表 2-4 附合水准路线成果计算

编号	测点	距离/m	实测高差/m	高差改正数/m	改正后高差/m	高程/m	备注
	BM1					47.040	已知高程相符
1		120	+0.534	−0.002	0.532		
	A					47.572	
2		200	−0.166	−0.004	−0.170		
	B					47.402	
3		490	+0.193	−0.010	+0.183		
	C					47.585	
4		370	+0.234	−0.008	0.226		
	D					47.811	
5		410	+1.028	−0.009	1.019		
	BM2					48.830	
Σ		1590	1.823	−0.033	1.790		
辅助计算	$f_h=\sum h_{测}-\sum h_{理}=\sum h_{测}-(H_{终}-H_{始})=1.823-1.790=+0.033\text{m}$ $f_{h容}=\pm40\sqrt{L}\text{mm}=40\times\sqrt{1.59}\text{mm}=50\text{mm}$ $\lvert f_h\rvert<\lvert f_{h容}\rvert$ 精度合格						

2.4.3 支线水准路线成果计算

（1）高差闭合差

如图 2-27 所示，已知水准点 BMA 的高程为 45.396m，往、返测站各为 15 站，图中箭头表示水准测量往返测方向。理论上往测高差 $|\sum h_{往}|$ 与返测高差 $|\sum h_{返}|$ 应大小相等，方向相反。

图 2-27 支线水准测量

由于存在着测量误差，必然产生高差闭合差，即

$$f_h = h_{往} + h_{返}$$

本例中 $f_h = h_{往} + h_{返} = 1.332 + (-1.350) = -0.018\text{m}$。

（2）高差闭合差容许值

$$f_{h容} = \pm 12\sqrt{n} = 12 \times \sqrt{15} = 46\text{mm}$$

由于，$|f_h| < |f_{h容}|$，则精度合格，可进行高差闭合差的调整。

（3）改正后高差计算

支水准路线，取各测段往测和返测高差绝对值的平均值即为改正后高差，其符号以往测高差符号为准。即：

$$h_{A1(改)} = \frac{|h_{往}| + |h_{返}|}{2} = \frac{1.332 + 1.350}{2} = 1.341\text{m}$$

（4）计算待定点高程

$$H_1 = H_A + h_{A1(改)} = 45.396 + 1.341 = 46.737\text{m}$$

注意：支水准路线在计算闭合差容许值时，路线总长度 L 或测站总数 n 只按单程计算。

2.5 水准仪的检验与校正

如图 2-28 所示，微倾水准仪有四条轴线，望远镜的视准轴 CC、水准管轴 LL、圆水准器轴 $L'L'$ 和仪器竖轴 VV。

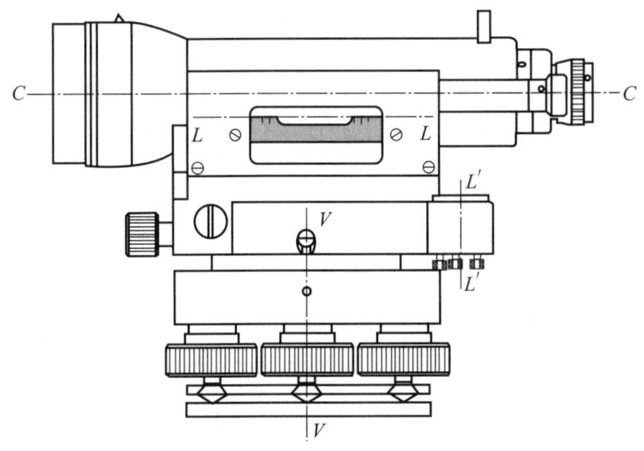

图 2-28 微倾式水准仪轴线

根据水准测量原理，水准仪必须提供一条水平视线，才能正确地测定地面点间的高差。视线是否水平，是根据水准管的气泡是否居中来判断的。因此，水准仪必须满足视准轴平行于水准管轴这个主要条件。其次，为了加快用微倾螺旋精确整平仪器的速度，精确整平前则要求仪器竖轴处于竖直位置。竖轴的竖直是借助圆水准器气泡居中来完成的，即圆水准器轴竖直来实现。所以水准仪还应满足

圆水准器轴平行于仪器竖轴。此外当仪器整平后，十字丝横丝应水平，这样横丝的任一部位在水准尺上的读数都是正确的。因此还要求十字丝横丝应与仪器竖轴垂直。这些条件在仪器出厂时经检验都是符合要求的。但由于长期使用和运输中的震动等影响，使仪器各部分螺丝松动，各轴线间的关系产生变化。因此在正式作业前，必须对仪器进行检验与校正，以保证水准仪满足上述三个几何关系。

装有微倾螺旋的普通水准仪，其检验校正的项目和方法如下。

2.5.1　圆水准器轴平行于竖轴的检验和校正

检验：仪器安置后，转动脚螺旋，使圆水准器气泡居中。然后将仪器绕竖轴转动 180°，如果水准气泡仍居中，则圆水准器轴平行于仪器竖轴。如气泡偏离圆水准器的中心，则表明上述条件未满足，应该校正。

校正：首先用校正针拨动圆水准器底座上的三个校正螺钉，使水准气泡向中央移动偏离值的一半，另一半则用脚螺旋调整。圆水准器装置如图 2-29 所示，先松开固定螺钉，再调节校正螺钉，使气泡居中。这样重复校正几次，直至仪器旋转至任何位置气泡均居中为止。

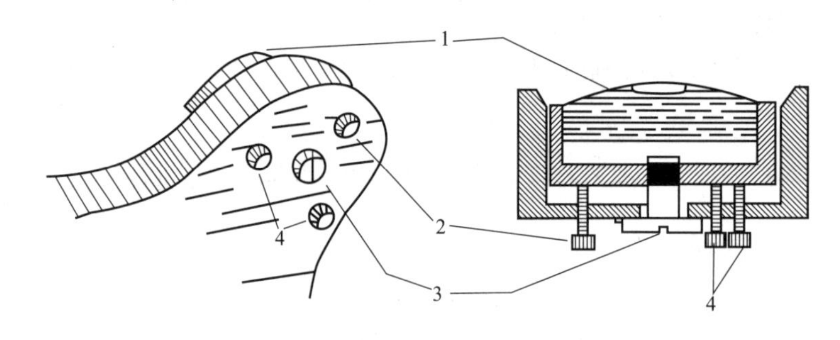

图 2-29　圆水准器装置

1—圆水准器；2,4—校正螺钉；3—固定螺钉

2.5.2　十字丝横丝垂直于仪器竖轴的检验和校正

检验：仪器安平后，将横丝的一端对准离仪器约 30m 处的一个固定点（点尽量要小）。旋紧制动螺旋，转动水平微动螺旋，在镜内观察此点。如果该点始终在横丝上移动，则表示此项条件满足，否则应该校正。

校正：如图 2-30 所示，卸下望远镜筒上的十字丝保护罩，用螺丝刀（螺钉旋具）松开十字丝环的四个固定螺钉，按十字丝倾斜的相反方向转动十字丝环，直到望远镜左右微动时目标始终在横丝上移动为止，最后旋紧十字丝环的固定螺钉，拧好十字丝保护罩。

2.5.3　望远镜视准轴平行于管水准轴的检验和校正

望远镜视准轴平行于管水准轴是水准仪需满足的主要几何关系。如果视准轴与水准管轴在铅垂面的投影不平行，二者之间所形成的夹角称为 i 角。i 角的检校有许多方法，但其检校的基本原理是一致的。即在不同的测站上测定两固定点间的高差，若两次高差相等，则 i 角为零；两次高差不相等，则需计算 i 角。若超过限度，则应校正。

检验：选取相距约 80m 的 A、B 两点，在 A、B 点的中点（$D_1=D_2=D$）C 处安置水

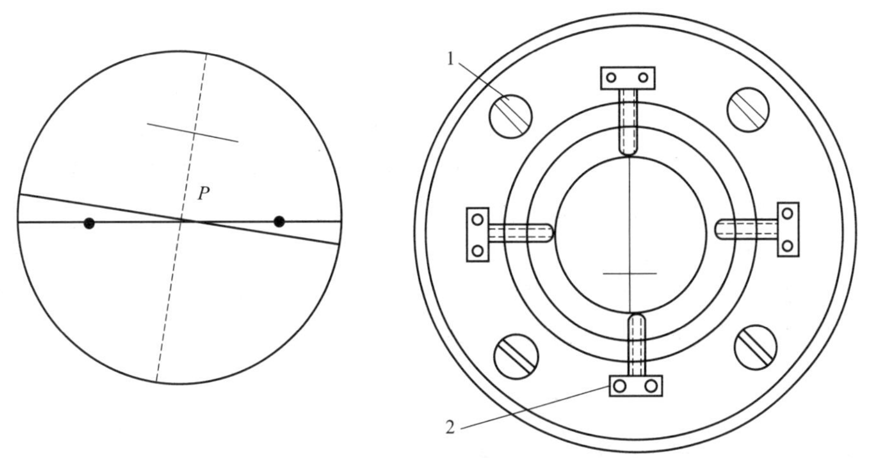

图 2-30　十字丝校正

1—固定螺钉；2—校正螺钉

准仪，如图 2-31 所示，并按中丝读取后、前视读数。如仪器不满足上述条件时，则在所读取的两读数中都含有因视准轴不水平引起的读数误差 x。又因水准仪距 A、B 点的距离相等，所以引起的读数误差 x 大小也相等。在计算高差时即可消去，而求得正确的高差 h_{AB}。图 2-31 中，后视正确读数为（a_1-x），前视正确读数为(b_1-x)，则：

$$h_{AB}=(a_1-x)-(b_1-x)=a_1-b_1$$

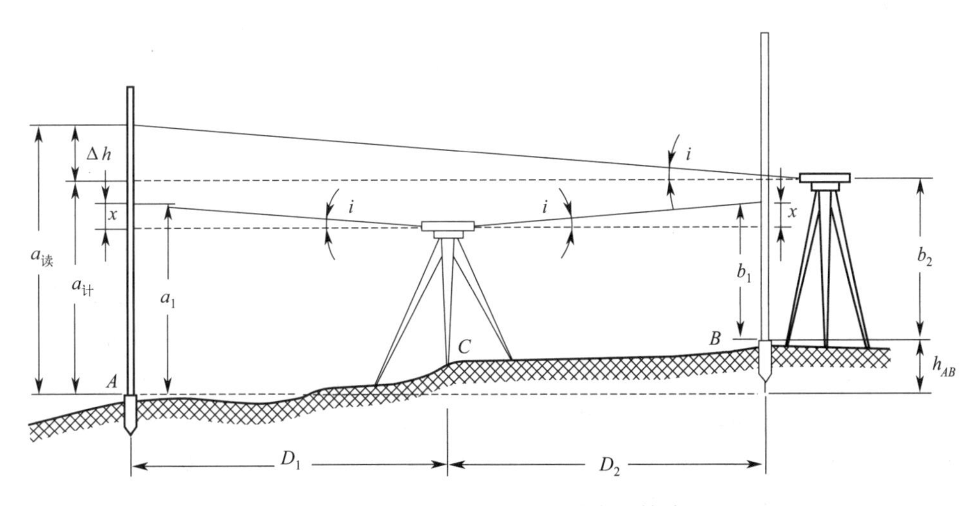

图 2-31　水准管轴平行于视准轴的检验

求出两点间的正确高差 h_{AB} 之后，把仪器搬到 B 点附近（相距 2～3m）处，整平仪器，直接从 B 点标尺上读取前视读数 b_2，因为仪器位置接近 B 点，可以忽略 x 对 b_2 的影响，即认为 b_2 是视线水平时的读数，由此计算出视线水平时的后视读数 $a_{计}=b_2+h_{AB}$。如果实际读得的后视读数 $a_{读}$ 和计算值 $a_{计}$ 相等，则说明水准管轴平行于视准轴。否则，可计算得读数误差 $\Delta h=a_{计}-a_{读}$。因 i 角很小，故 i 角可按下式计算：

$$i''=\frac{\Delta h}{2D}\cdot\rho'' \tag{2-9}$$

式中，ρ''等于 206265″。

若 Δh 以毫米为单位，D 以米为单位，上式可近似为：$i''\approx\dfrac{103\Delta h}{D}$。对于 DS_3 水准仪当 i 超过 20″时，则需校正。

校正：先转动微倾螺旋使望远镜的十字丝横丝对准计算出的正确后视读数 $a_{计}$，这时视准轴就处于水平位置了。但符合水准管气泡必然偏离中央，用校正针拨动水准管一端上下两个校正螺钉，使气泡符合，水准管轴也就处于水平位置了。拨动水准管上下校正螺钉时，必须先松开一个，再旋紧另一个，用力不可过猛，校正结束后适当旋紧被松动过的螺钉。

校正后，重新观测 A、B 两点的高差。如果计算的 i 角不超过 20″，则认为已经满足条件。否则，还应重复进行校正，直到满足上述要求为止。

2.6 水准测量误差及注意事项

测量工作中，由于环境、仪器、人等各种因素的影响，测量成果中不可避免地带有误差，这些误差会影响到测量成果的精度，因此，需要分析误差产生的原因，并采取相应的措施消除或减少误差的影响。

水准误差包括仪器误差、观测误差和外界环境的影响三个方面。

2.6.1 仪器误差

（1）仪器校正误差

水准仪使用前，应按规定进行水准仪的检验和校正，以保证各轴线满足条件。但由于仪器检验与校正不太完善以及其他方面的影响，使仪器存在一些残余误差，其中最主要的是水准管轴不完全平行于视准轴的误差（又称 i 角残余误差）。这种误差的影响与距离成正比，只要观测时注意使前、后视距的距离相等，便可消除或减少误差的影响。

在水准测量的每站观测中，使前、后视距完全相等是不容易做到的，因此对于四等水准测量，每一站的前、后视距差应小于等于 5m。任意测站的前、后视距累计差应小于等于 10m。同时，在四等水准观测中，要求把 i 角校正到 20″之内。当因某种原因某一测站前视（或后视）的距离较大，那么就在下一测站使后视（或前视）距离较大，使误差得到补偿。

当管水准轴水平时，残余的 i 角将使视准轴倾斜，从而产生前、后视标尺读数误差 $D_{前}\ i''/\rho''$和 $D_{后}\ i''/\rho''$，如图 2-32 所示。于是，测站高差的误差为：

$$\delta_{h_i}=\frac{D_{后}}{\rho''}i''-\frac{D_{前}}{\rho''}i''=\frac{i''}{\rho''}(D_{后}-D_{前})=\frac{i''}{\rho''}d \tag{2-10}$$

式中，d 为测站的前后视距差。

由上式可知，各测站前后视距差积累值引起的测段高差误差为：

$$\sum_{i=1}^{n}\delta_{h_i}=\frac{i''}{\rho''}\sum_{i=1}^{n}d_i \tag{2-11}$$

根据式(2-10)、式(2-11) 不难看出，要减弱 i 角误差引起的高差误差，首先应定期检校 i 角，以减小 i 角的数值；其次，在外业观测时，要做到测站前、后视距完全相等是困难的，但可以将各测站的前后视距差和前后视距累积差限制在一定的范围内。所以在作业中，要注意及时调整前、后视视线长度，以使 $\sum d$ 不超过限差。

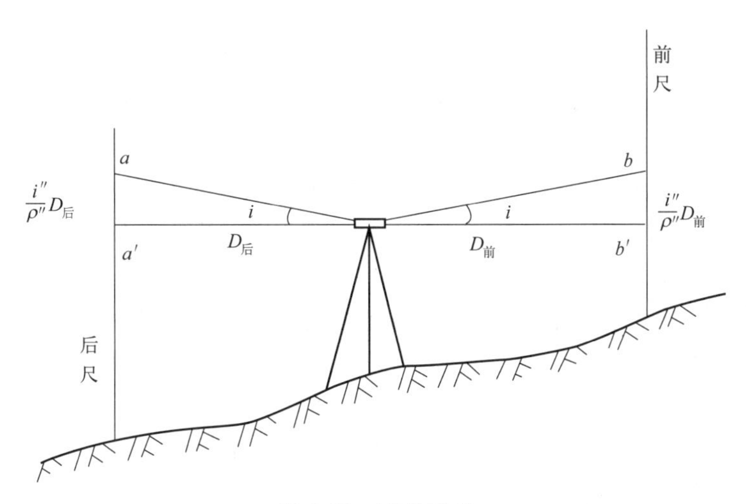

图 2-32　*i* 角的影响

（2）水准尺的误差

① 标尺每米真长的误差

水准标尺分划的正确程度将直接影响观测成果的精度。尤其是由于刻划制作不正确引起的系统误差，是难于在观测中发现、避免或抵消的。因为它在往返测闭合差或环线闭合差中反映不出来，只有水准路线附合在两个已知高级点上时才可发现。所以，观测（四等以上）前必须做好“水准标尺分划线每米分划间隔真长的测定”。当一对标尺一米间隔平均真长与一米之差大于 0.02mm 时，必须对观测成果施加水准标尺一米间隔真长的改正。

② 标尺零点不等的误差

水准尺出厂时，标尺底面与标尺第一个分格的起始线（黑面为零，红面为 4687 或 4787）应当一致。但由于磨损等原因，有时不能完全一致。水准标尺的底面与第一分格的差数，叫作标尺零点差。标尺零点差还包括黑、红面零点差及一对水准尺的零点差。此时在所测两点高差中，就包含了两水准标尺零点差的影响。

然而，在两个测站的情况下，甲标尺在第一站时为后视尺，第二站时转为前视尺，而乙标尺（即第一站时的前视标尺，也就是第二站时的后视标尺）的位置却没有变动，这时求两站的高差和，就可以消除两标尺零点差不相等的影响。这和两点间高差不受中间转点位置高低的影响是同一个道理。即标尺零点差的影响对于测站数为偶数站的水准路线，可以自行抵消。但若测站数为奇数时，则高差中将含有这种误差的影响。因此，规范要求每一测段的往测或返测，其测站数均应为偶数，否则应加入标尺零点差改正（四等以上）。

2.6.2　观测误差

（1）读数误差

普通水准测量中，在水准尺上所读数值的毫米是估读得到的，这样观测者的视觉误差和估读时的判断误差，就会反映到读数中。估读误差的大小与厘米分格影像的宽度及十字丝的粗细有关。而这两者又与望远镜的放大率及观测视线的长度有关。所以，为削弱估读误差影响，在各级水准测量中，要求望远镜具有一定的分辨率，并规定视线长度不超过一定限值，以保证估读的正确性。此外，在观测中要仔细进行物镜和目镜对光，以便消除视差给读数带来的影响。

(2) 水准尺倾斜误差

在水准测量中，竖立水准尺时常常出现前、后或左、右倾斜的现象，使横丝在水准尺上截取的数值总是与水准尺竖直时的读数存在误差，而且视线越高，水准尺倾斜引起的读数误差就越大。所以，在进行水准测量时，立尺员应将水准尺扶直。有的水准尺上装有水准器，在立尺时应使水准器气泡居中，这样可以使标尺倾斜误差的影响十分微小。

(3) 水准器气泡不居中的误差

在水准测量时，视线水平是通过气泡居中来实现的，而气泡居中又是由观测者目估判断的。一般认为，气泡居中的最大误差为 $0.1\tau''$～$0.15\tau''$（τ''为水准管的分划值）。当使用符合水准器时，气泡居中的精度可提高到 $0.15\tau''/2$。例如 DS_3 型水准管的分划值 $\tau''=20''$，则 $0.15\tau''/2=1.5''$；当视线长 100m 时，由气泡居中误差引起的最大读数误差为：

$$x=\frac{1.5''}{\rho''}\times 100\text{m}=\frac{1.5''}{206265''}\times 10^5\text{mm}=0.73\text{mm}$$

实际观测时，要求在标尺前、后视读数时，注意观测气泡居中的情况，及时加以调整，同时注意避免强烈太阳光直射仪器，必要时给仪器打伞。这样就可以减弱气泡居中误差的影响。

2.6.3 大气垂直折光的影响

由于近地面大气层的密度分布一般随高度而变化，所以视线通过时就会在垂直方向上产生弯曲，并且弯向密度大的一方，这种现象叫作大气垂直折光。如果在平坦地区进行水准测量，前后视距相等，则前后视线弯曲的程度相同，折光影响即相同，在高差计算中就可以消除这种影响。

但是，如果前后视线距离地面的高度不同，则视线所经大气层的密度也不相同，其弯曲程度也就不同，所以前后视相减所得高差就要受到垂直折光的影响。尤其是当水准路线经过一个较长的斜坡时，前视超出地面的高度总是大于（或小于）后视超出地面的高度，这时折光误差影响就呈现出系统性。

为减弱垂直折光的影响，视线离开地面应有一定的高度，一般要求三丝均能读数，同时前后视距尽量相等，在坡度较大的地段可以适当缩短视线。此外，应尽量选择大气密度较稳定的时间段观测，每一测段的往测和返测分别在上午与下午进行，以便在往返高差的平均值中减弱垂直折光的影响。

另外水准测量误差来源还有水准尺、水准仪受自身重量影响引起标尺及仪器升降的误差。在此就不再叙述了。

2.6.4 水准测量注意事项

水准测量是一项集观测、记录及扶尺于一体的测量工作，只有全体参加人员认真负责，按规定要求仔细观测与操作，才能取得良好的成果。归纳起来应注意如下几点：

(1) 观测

① 观测前应认真按要求检校水准仪，检视水准尺；

② 仪器应安置在土质坚实处，并踩实三脚架；

③ 水准仪至前、后视水准尺的视距应尽可能相等；

④ 每次读数前，注意消除视差，只有当符合水准气泡居中后，才能读数，读数应迅速、果断、准确，特别应认真估读毫米数；

⑤ 晴好天气，仪器应打伞防晒，操作时应细心认真，做到“人不离开仪器”，使之安全；

⑥ 只有当一测站记录计算合格后方能搬站，搬站时先检查仪器连接螺旋是否固紧，一手扶托仪器，一手握住脚架稳步前进。

（2）记录

① 认真记录，边记边复报数字，准确无误地记入记录手簿相应栏内，严禁伪造和转抄；

② 字体要端正、清楚，不准连环涂改，不准用橡皮擦改，如按规定可以改正时，应在原数字上画线后再在上方重写；

③ 每站应当场计算，检查符合要求后，才能通知观测者搬站。

（3）扶尺

① 扶尺员应认真竖立水准尺，注意保持尺上圆气泡居中；

② 转点应选择土质坚实处，并将尺垫踩实；

③ 水准仪搬站时，应注意保护好原前视点尺垫位置不受碰动。

习题

1. 设 A 点为后视点，B 点为前视点，A 点高程为 87.215m。当后视读数为 1.158m，前视读数为 1.526m 时，求 A、B 两点的高差，并绘图说明。

2. 水准测量的原理是什么？待求点的高程如何计算？

3. 什么叫高程控制点？什么叫水准点？

4. 水准仪上圆水准器和水准管的作用是什么？什么叫圆水准器轴、管水准轴？

5. 电子水准仪主要有哪些优点？

6. 水准仪有哪些轴线？它们之间应满足哪些几何关系？

7. 水准测量有哪两种检核？如何进行检核？

8. 与普通水准仪比较，精密水准仪有何特点？

9. 用微倾螺旋整平符合气泡和用脚螺旋整平圆水准器气泡，其作用有何不同？

10. 水准测量中，在固定点上为什么不可使用尺垫？倘若一对尺垫高度不等，会影响水准路线高差吗？尺垫和转点各有什么作用？

11. 为什么在观测过程中尺垫和仪器不得碰动？若在测站观测过程中，前视尺垫或仪器被碰动，会产生什么影响？应如何处理？若后尺垫被碰动呢？

12. 水准测量误差的主要来源有哪些？作业时如何消除或减弱这些误差对观测成果的影响？

13. 设 A，B 两点相距 80m，水准仪安置于中点 C，测得 A 点尺上读数 $a_1=1.321$m，B 点尺上的读数 $b_1=1.117$m；仪器搬至 B 点附近，又测得 B 点尺上的读数 $b_2=1.466$m，A 点尺上读数 $a_2=1.695$m。试问该仪器水准管轴是否平行于视准轴？如不平行，应如何校正。

14. 有一闭合水准路线，已知点 1 高程为 27.361m，观测结果如图 2-33 所示。试求 101、102、103 的高程。

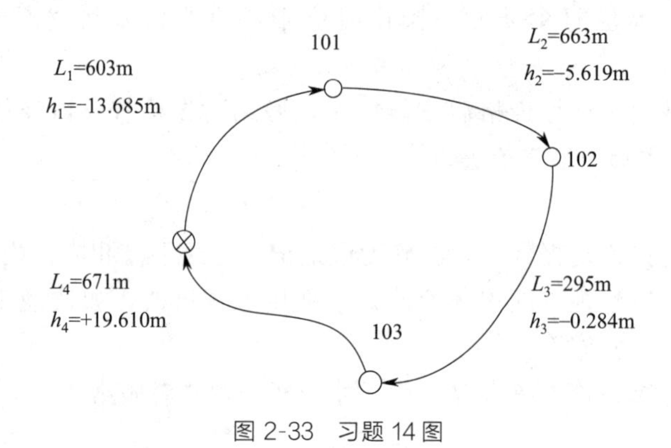

图 2-33 习题 14 图

15. 表 2-5 中为闭合路线等外水准测量观测成果，试计算 1，2，3，4 各点高程。

表 2-5 闭合路线等外水准测量计算表

点号	测站数	实测高差/m	改正数/mm	改正后高差/m	高程/m	备注
A					30.666	
	2	−2.687				
1						
	1	+0.426				
2						
	3	+3.121				
3						
	1	+0.919				
4						
	2	−1.760				
A					30.666	
检核						

第3章
角度测量

本章导读

主要介绍水平角、竖直角的概念及其测量原理； DJ_6 经纬仪读数及各部件的使用方法；水平角观测的两种常用方法——测回法、方向观测法；竖直角观测、计算的方法；全站仪的测角原理与方法；经纬仪及全站仪的几项基本项目检校；角度观测的误差及注意事项。

3.1 角度测量的概述

3.1.1 角度的分类

角度测量包括水平角测量和竖直角测量，它是确定地面点位的基本测量工作之一。常用的角度测量仪器是光学经纬仪，另外还有电子经纬仪和全站型电子速测仪。经纬仪既能测量水平角，又能测量竖直角，水平角用于求算地面点的平面位置（坐标），竖直角用于求算高差或将倾斜距离换算成水平距离。

3.1.2 水平角测量原理

地面上任一点到两目标的方向线垂直投影在水平面上所组成的角即为水平角，它也是过两条方向线的铅垂面所夹的二面角，用 β 表示。如图 3-1 所示，O、A、B 为地面上任意三个点，沿铅垂线方向投影到水平面 P 上，得到相应 A_1、O_1、B_1 点，则水平投影线 O_1A_1 与 O_1B_1 构成的夹角 β 即为方向线 OA 与 OB 所夹的水平角，其取值范围是 0°～360°。为了测定水平角的大小，假想能在过 O 点的铅垂线上安置一个按顺时针注记的全圆量角器（称为水平度盘），并置成水平状态。此外，仪器上应有一个照准设备，通过照准设备视线 OA 和 OB 的竖直面与水平度盘平面相交，在度盘上截取相应的读数为 a 和 b，则水平角 β 为两个读数之差，即

$$\beta = a - b \tag{3-1}$$

3.1.3 竖直角测量原理

同一竖直面内，地面某点至目标的方向线与水平视线间的夹角称为竖直角，或称为倾斜角，用 δ 表示。如图 3-2 所示，目标 A 的方向线在水平视线的上方，此时竖直角为正

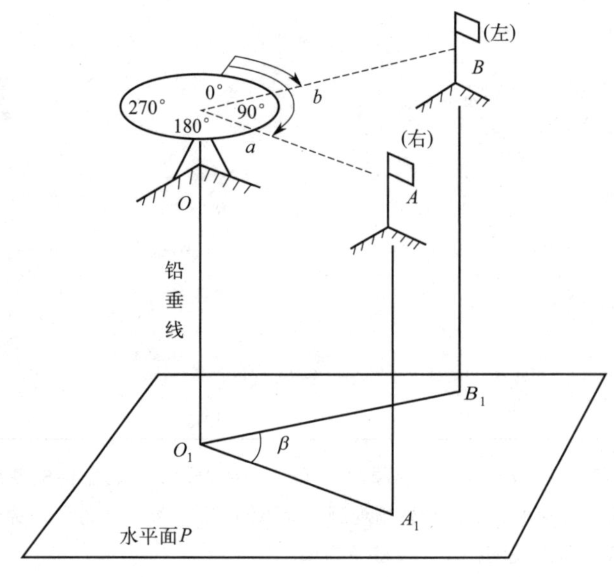

图 3-1　水平角观测原理

（$+\delta$），称为仰角，取值范围为 0°～+90°；当目标的方向线在水平视线的下方时，竖直角为负（$-\delta$），称为俯角，取值范围是 0°～−90°。同一竖直面内由天顶方向（即铅垂线的反方向）转向目标方向的夹角则称为天顶距，其取值范围为 0°～+180°（无负值）。全站仪的角度测量中常以天顶距测量代替竖直角测量。

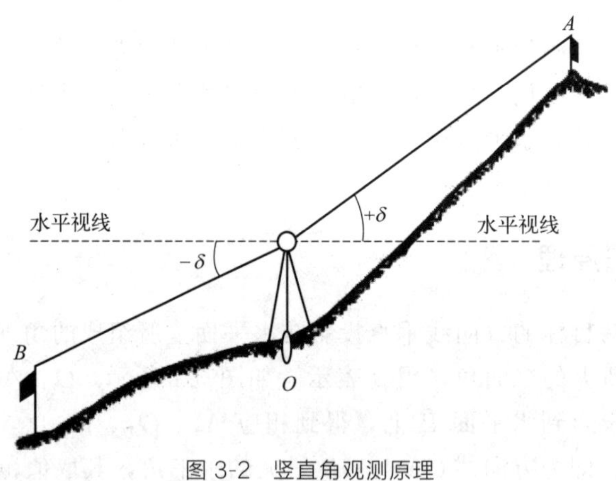

图 3-2　竖直角观测原理

竖直角与水平角一样，其角值也是度盘上两个方向读数之差。不同的是竖直角的两个方向中必有一个是水平方向。水平方向的读数可以通过竖盘指标管水准器或竖盘指标自动装置来确定，对经纬仪而言，水平视线方向的竖直度盘读数通常设置为 90°或 90°的整倍数。因此，在测量竖直角时，只要瞄准目标读取竖直度盘读数就可以计算出视线方向的竖直角。

3.2　光学经纬仪及使用

目前，我国把经纬仪按精度不同分为 DJ_{07}、DJ_1、DJ_2、DJ_6 等几种类型。D，J 分别是

“大地测量”和“经纬仪”汉语拼音的第一个字母，数字1、2、6等表示该类仪器的精度，即一测回水平方向观测中误差的秒数。DJ_{07}、DJ_1 及 DJ_2 型光学经纬仪属于精密光学经纬仪，DJ_6 型光学经纬仪属于普通光学经纬仪。国外的某些光学经纬仪（如瑞士徕卡公司）的型号有 T_3、T_2 和 T_1，其中字母T为Theodolite（经纬仪）的第一个字母，仪器一测回水平方向观测中误差的秒数分别为±1″，±2″，±6″。尽管仪器的精度等级或生产厂家不同，但它们的基本结构是大致相同的。本节介绍最常用的 DJ_6 型光学经纬仪的基本构造及其使用方法。

3.2.1 DJ_6 型光学经纬仪的构造

图3-3为 DJ_6 型光学经纬仪的外观，它的样式具有代表性；DJ_6 型光学经纬仪由照准部、水平度盘和基座三个主要部分组成，如图3-4所示。

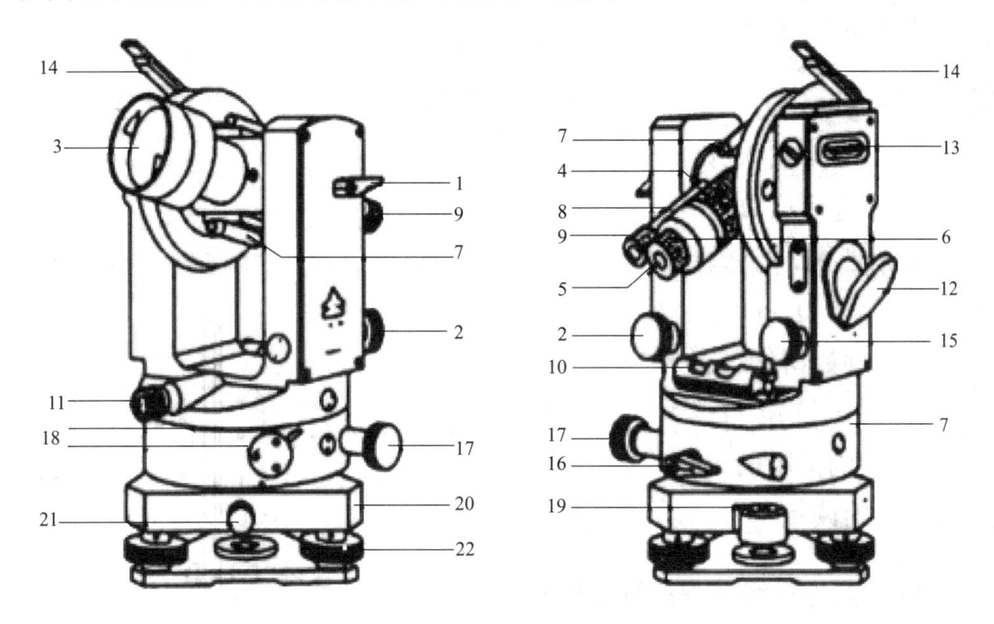

图3-3 DJ_6 型光学经纬仪

1—望远镜制动螺旋；2—望远镜微动螺旋；3—物镜；4—物镜调焦螺旋；5—目镜；6—目镜调焦螺旋；7—粗瞄准器；8—度盘读数显微镜；9—度盘读数显微镜调焦螺旋；10—照准部管水准器；11—光学对中器；12—度盘照明反光镜；13—竖盘指标管水准器；14—竖盘指标管水准器观察反射镜；15—竖盘指标管水准器微动螺旋；16—水平方向制动螺旋；17—水平方向微动螺旋；18—水平度盘变换手轮与保护盖；19—圆水准器；20—基座；21—轴套固定螺旋；22—脚螺旋

（1）照准部

照准部是光学经纬仪的重要组成部分，主要由望远镜、照准部水准管、竖直度盘（简称竖盘）、光学对中器、读数显微镜及竖轴等各部分组成。照准部可绕竖轴在水平面内转动，由水平制动螺旋和水平微动螺旋控制。

① 望远镜：它固定在仪器横轴（又称水平轴）上，可绕横轴俯仰转动而照准高低不同的目标，并由望远镜制动螺旋和微动螺旋控制。

② 照准部水准管：用来精确整平仪器。

③ 光学对中器：用来进行仪器对中，即使仪器中心位于测站点的铅垂线上。

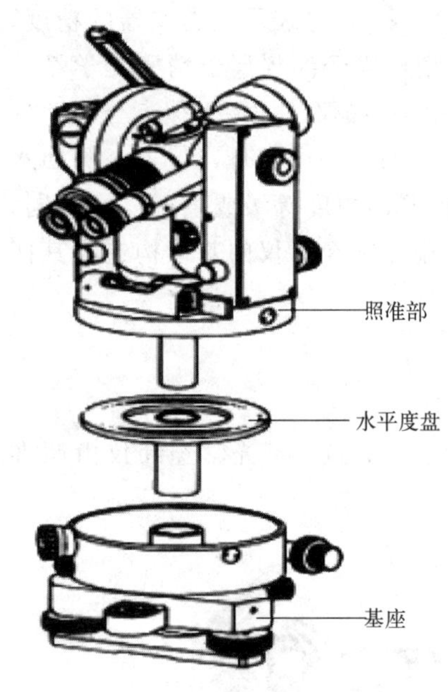

图 3-4 DJ_6 型光学经纬仪分解图

④ 读数显微镜：用来精确读取水平度盘和竖直度盘读数。

⑤ 竖直度盘：用光学玻璃制成，可随望远镜一起转动，用来测量竖直角。

⑥ 竖盘指标水准管：在竖直角测量中，利用竖盘指标水准管微动螺旋使气泡居中，保证竖盘读数指标线位于正确位置。

⑦ 仪器横轴：安装在 U 形支架上，望远镜可绕仪器横轴俯仰转动。

⑧ 仪器竖轴：又称为照准部的旋转轴，竖轴插入基座内的竖轴轴套中旋转。

（2）水平度盘

水平度盘是由光学玻璃制成的带有刻划和注记的圆盘，顺时针方向在 0°～360°间每隔 1°刻划并注记度数。测角过程中，水平度盘和照准部是分离的，不随照准部一起转动，当转动照准部照准不同方向的目标时，移动的读数指标线便可在固定不动的度盘上读得不同的度盘读数，即方向值。如需要变换度盘位置时，可利用仪器上的度盘变换手轮，把度盘变换到需要的读数上。

（3）基座

基座即仪器的底座，由轴座、轴座固定螺旋、脚螺旋、底板和三角压板等组成。其中三个脚螺旋用于仪器整平；基座借助中心连接螺旋将经纬仪与三脚架相连接。仪器的旋转轴即为仪器的竖轴，竖轴插入竖轴轴套中，该轴套下端与轴座固连，置于基座内，并用轴座固定螺旋固紧，使用仪器时切勿松动该螺旋，以防仪器分离坠落。

3.2.2 DJ_6 型光学经纬仪的基本操作

经纬仪的基本操作包括仪器安置、瞄准目标和读数。

（1）仪器安置

经纬仪安置包括对中和整平。对中的目的是使仪器的水平度盘中心与测站点标志中心处于同一铅垂线上；对中的方法有垂球对中和光学对中两种，目前较多采用光学对中。整平的目的是使仪器的竖轴铅垂，使水平度盘处于水平位置。整平分粗平和精平两部分。具体操作方法如下：

打开三脚架，将其安置在测站点上，并使架头大致水平，架头的中心大致对准测站标志，注意使脚架高度适中。踩紧三脚架，安上仪器，旋上中心连接螺旋。然后旋转光学对中器的目镜，使对中标志的分划板清晰，再转动物镜调焦螺旋使测站标志的影像清晰（有的仪器的物镜调焦是拉伸结构）。

① 粗略对中。三脚架一腿支在地面上，双手握紧另外两根，一边移动一边通过光学对中器的目镜观察，当对中标志的分划板和测站点标志中心基本对准时，将脚架的脚尖踩紧。

② 精确对中。转动脚螺旋，使标志中心影像位于对中器分划线中心，对中误差应该小

于 1mm。

③ 粗略整平。伸缩脚架使圆气泡居中，但要注意脚架尖位置不得移动。

④ 精确整平。先转动照准部，使照准部水准管大致平行于基座上任意两个脚螺旋的连线，转动这两个脚螺旋使水准管气泡精确居中。然后再使照准部转动 90°，转动第三个脚螺旋使水准管气泡精确居中，如图 3-5 所示。

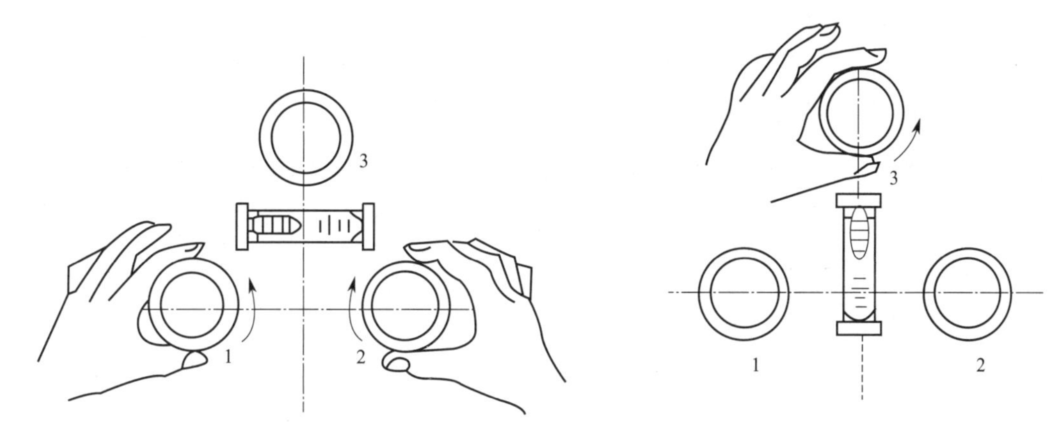

图 3-5　照准部水准管精确整平方法

⑤ 再次精确对中，精确整平。精平的操作可能会破坏前面的精确对中成果，因此最后还要检查一下标志中心是否仍位于光学对中器的中心，若有很小偏差可稍松中心连接螺旋，在架头上移动仪器，使其精确对中。再重复精平的操作，如此重复进行直到完全精确对中和精确整平为止，最后旋紧连接螺旋。

（2）瞄准目标

角度测量时瞄准的目标一般是竖立在地面点上的测钎、标杆、觇牌或垂线球等，如图 3-6 所示。测水平角时，要用望远镜十字丝分划板的竖丝对准标志，并尽量瞄准标志底部；而测量竖直角时一般以望远镜的十字丝横丝横切标志的顶部。望远镜瞄准目标的操作步骤如下：

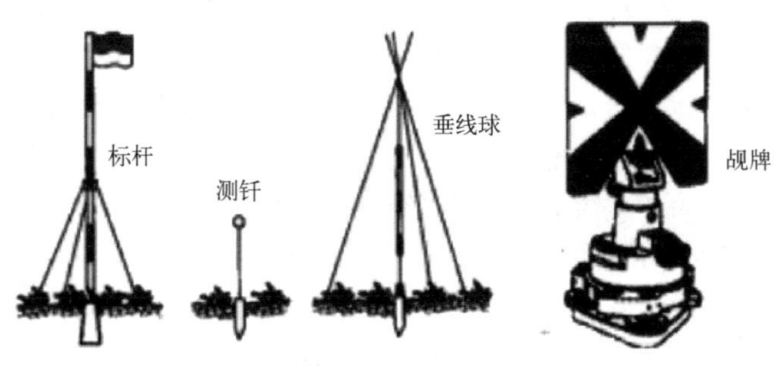

图 3-6　照准标志

① 目镜调焦：松开望远镜和照准部的制动螺旋，将望远镜对向明亮背景（如天空、白墙等），调节目镜调焦螺旋使十字丝清晰。

② 粗瞄目标：通过望远镜镜筒上的瞄准器（缺口和准星或光学瞄准器）粗略瞄准目标，旋紧制动螺旋。

③ 物镜调焦：转动物镜调焦环，再旋转望远镜微动螺旋和水平微动螺旋，使目标像靠

近十字丝，如图 3-7(a) 所示。

④ 消除视差：左、右或上、下微移眼睛，观察目标像与十字丝之间是否有相对移动，如果存在视差，则需要重新进行物镜和目镜调焦，直至消除视差为止。

⑤ 精确瞄准：用水平微动螺旋，使十字丝纵丝对准目标，如图 3-7(b) 所示。

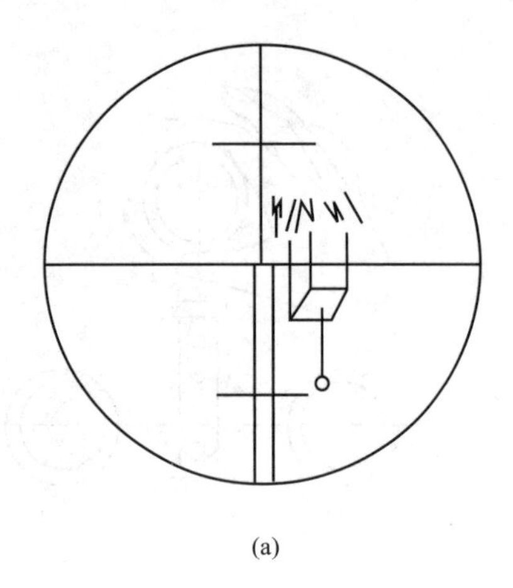
(a)

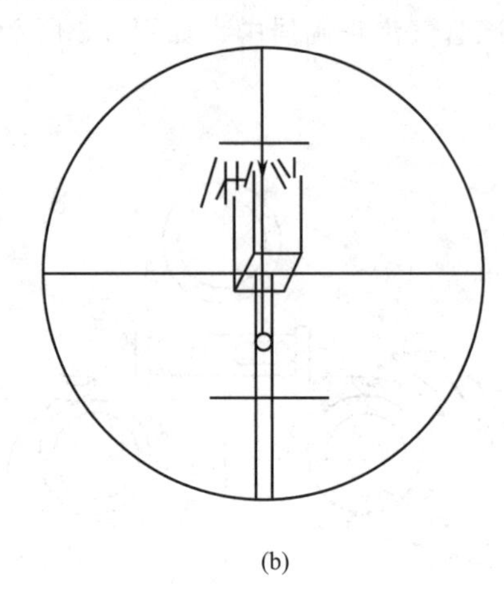
(b)

图 3-7 目标照准

(3) 读数

读数前，应先打开并调整反光镜的位置，使读数窗亮度适中，然后转动读数显微镜的目镜，使读数窗内的分微尺分划和度盘分划影像同时清晰，然后再进行读数。

DJ_6 型光学经纬仪的读数装置可分为测微尺读数和单平板玻璃测微尺读数两种。

① 测微尺读数装置

测微尺读数装置是显微镜读数窗与物镜上设置一个带有测微尺的分划板，度盘上的分划线经读数显微镜物镜放大后成像于测微尺上。测微尺 1°的分划间隔长度正好等于度盘的一格，即 1°的宽度。如图 3-8 所示是读数显微镜内看到的度盘和测微尺的影像，上面注有“水平”（或 H）的窗口为水平度盘读数窗，下面注有“竖直”（或 V）的窗口为竖直度盘读数窗，其中长线和大号数字为度盘上分划线及其注记，短线和小号数字为测微尺分划及其注记，每个读数窗内的测微尺分成 60 格，每小格代表 1′(每 10′作一注记)，可以估读至 0.1′(即 6″)。读数时以测微尺上的“0”分划线为读数指标线，“度”由度盘分划线在测微尺上的影像注记直接读出，不足整度数可以在测微尺上读出。图 3-8 中水平度盘整个读数为：208°05.6′，在记录和计算时写为 208°05′36″。同理，竖直度盘整个读数为 85°56.3′，记录和计算时写为 85°56′18″。实际读数时，只要看哪根度盘分划线位于测微尺刻划线内，则读数中的度数就是此度盘分划线的注记数（如图 3-8 中，度数应读 208°，而不是 207°)，读数中的分数就是这根分划线所指的测微尺上的数值。可见测微尺读数装置的作用就是读出小于度盘最小分划值的尾数值，它的读数精度受显微镜放大率与测微尺长度的限制。

② 单平板玻璃测微尺读数装置

单平板玻璃测微尺读数装置主要由平板玻璃、测微尺、测微轮及传动装置组成。单平板玻璃与测微尺用金属机构连在一起，当转动测微轮时，单平板玻璃与测微尺一起绕同一轴转动。从读数显微镜中看到，当单平板玻璃转动时，度盘分划线的影像也随之移动，当读数窗

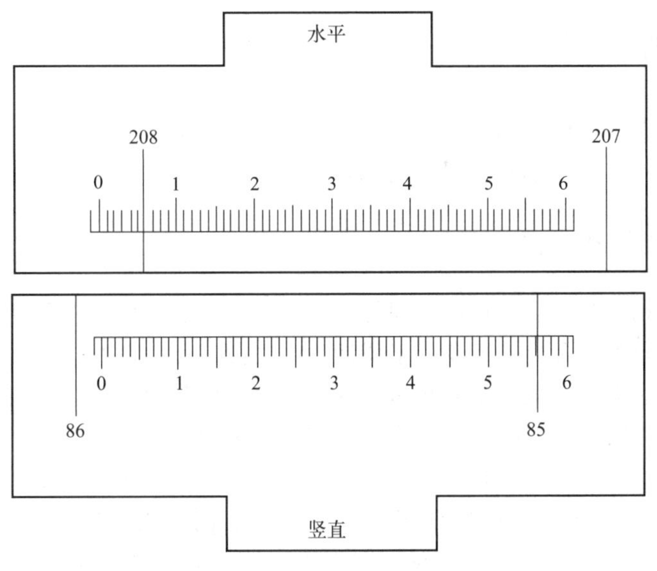

图 3-8　测微尺读数装置

上的双指标线精确地夹准度盘某分划线像时，其分划线移动的角值可在测微尺上根据单指标线读出，如图 3-9 所示的读数窗，上部为测微尺像，中部为竖直度盘分划像，下部为水平度盘分划像。读数窗中单指标线为测微器指标线，双指标线为度盘指标线。度盘最小分划值为 30′，测微尺共有 30 大格，一大格分划值为 1′，一大格又分为 3 小分格，则一小格分划值为 20″。

读数时先转动测微轮，使度盘双指标线夹准（平分）某一度盘分划线，读出度数和整 30′的分数。如在图 3-9(a) 中，双指标线夹准水平度盘 312.5°的分划线像，读出 312°30′，再读出测微尺窗中单指标线所指出的测微尺上的读数为 16′48″，两者合起来就是整个水平度盘读数为 312°30′＋16′48″＝312°46′48″。同理，在图 3-9(b) 中，读出竖直度盘读数为 85°00′＋12′50″＝85°12′50″。

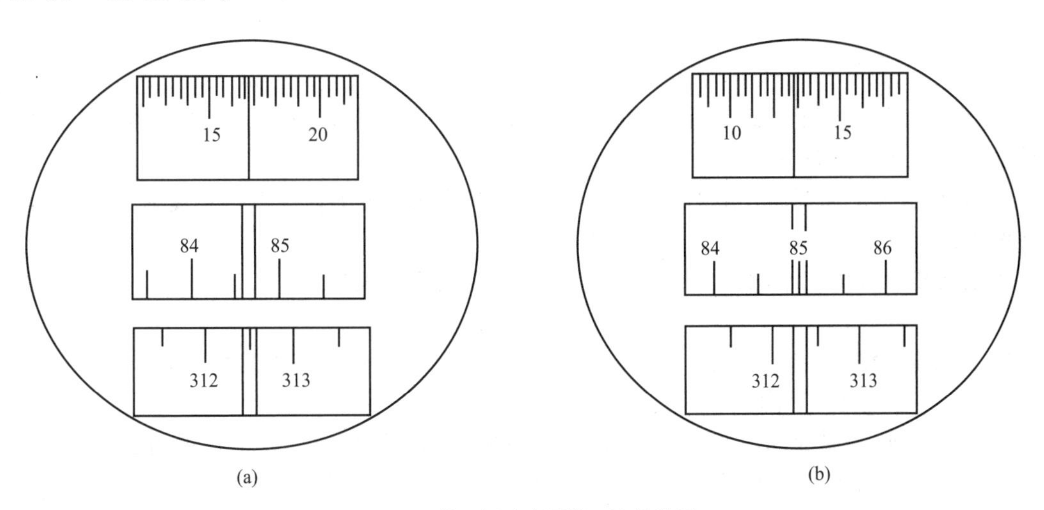

图 3-9　单平板玻璃测微尺读数装置

3.3 水平角观测

水平角的测量方法，根据测角的精度要求、观测目标的多少以及所使用的仪器而定，常用的水平角观测方法有测回法和全圆方向观测法。

3.3.1 测回法测量水平角

测回法适用于观测两个照准目标之间的单角。这种方法要用盘左和盘右两个位置进行观测。观测时目镜朝向观测者，若竖盘位于望远镜的左侧，称为盘左；若竖盘位于望远镜的右侧，则称为盘右。通常先以盘左位置测角，称为上半测回；然后用盘右位置测角，称为下半测回。上下两个半测回合在一起称为一测回。有时水平角需观测多个测回。

如图 3-10 所示，测量 OA、OB 两方向之间的水平角 β，先将经纬仪安置在测站点 O 上，并在 A、B 两点上分别设置照准标志（竖立标杆、测钎或觇牌），因为水平度盘是顺时针注记，故选取起始方向（零方向）时，应将度盘起始读数配置在 0°00′或稍大的读数处（如 0°05′）。其观测方法和步骤如下：

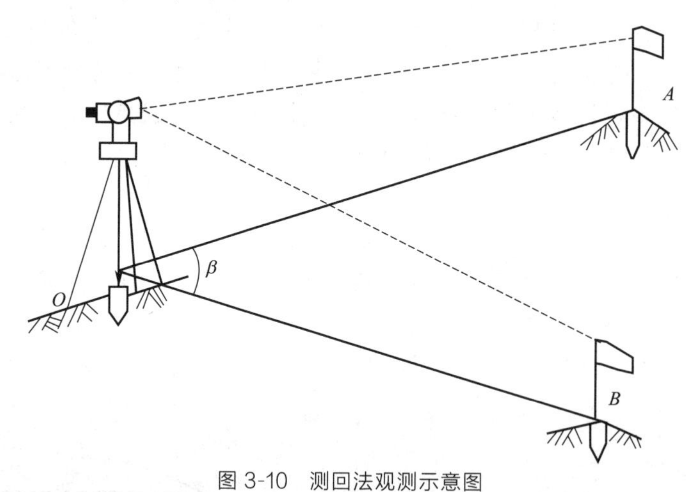

图 3-10 测回法观测示意图

① 使仪器竖盘位于望远镜左边（称盘左或正镜），照准起始目标 A，按置数方法配置起始读数，读取水平度盘读数为 $a_{左}$，记入观测手簿。

② 松开水平制动螺旋，顺时针方向转动照准部照准目标 B，读取水平度盘读数 $b_{左}$，记入观测手簿。

以上两步骤称为上半测回（或盘左半测回），测得水平角值为

$$\beta_{左}=b_{左}-a_{左} \tag{3-2}$$

③ 纵转望远镜，使竖盘处于望远镜右边（称盘右或倒镜），照准目标 B，读取水平度盘读数为 $b_{右}$，记入观测手簿。

④ 逆时针转动照准部，照准目标 A，读取水平度盘读数为 $a_{右}$，记入观测手簿。

以上③、④两步骤称为下半测回（或称盘右半测回），测得角值为

$$\beta_{右}=b_{右}-a_{右} \tag{3-3}$$

上、下两个半测回合称为一个测回。计算角值时，均用右边目标读数 b 减去左边目标读数 a，若为负值，则应加上 360°。用 DJ_6 型光学经纬仪测量水平角时，上、下两个半测回所

测角值之差不超过±40″时，则取其平均值作为一测回观测成果，即

$$\beta=\frac{1}{2}(\beta_{左}+\beta_{右}) \tag{3-4}$$

为了提高观测精度，常需要观测多个测回；为了减弱度盘分划误差的影响，各测回应均匀分配在度盘的不同位置进行观测。若要观测多个测回，则每测回起始方向读数应递增$\frac{180°}{n}$（n 为测回数）。例如当需要观测 3 个测回时，每测回应递增$\frac{180°}{3}=60°$，即每测回起始方向读数应依次配置在 00°00′、60°00′、120°00′或稍大的读数处（如 00°05′、60°05′、120°05′左右）。各测回角值之差称为“测回差”，用 DJ_6 型光学经纬仪测量水平角时，各测回角值之差不应超过±24″。当测回差满足限差要求时，取各测回平均值作为本测站水平角观测成果。表 3-1 为测回法两个测回的记录、计算格式。

表 3-1　水平角（测回法）观测手簿

测站	测回	竖盘位置	目标	水平度盘读数 /(° ′ ″)	半测回角值 /(° ′ ″)	一测回角值 /(° ′ ″)	各测回平均角值 /(° ′ ″)	备注
0	1	左	A	0　01　30	98　05　36	98　05　39	98　05　38	
			B	98　07　06				
		右	A	180　01　42	98　05　42			
			B	278　07　24				
0	2	左	A	90　02　36	98　05　30	98　05　36		
			B	188　08　06				
		右	A	270　02　48	98　05　42			
			B	8　08　30				

注：表中两个半测回角值之差及各测回角值之差均不超过限差。

3.3.2　全圆方向法测量水平角

（1）全圆方向观测法及其观测步骤

当一个测站上有三个或三个以上方向，需要观测多个角度时，通常采用方向观测法。方向观测法是以任一目标为起始方向（又称零方向），依次观测出其余各个方向相对于起始方向的方向值，则任意两个方向的方向值之差即为该两方向线之间的水平角。当方向数超过三个时，须在每个半测回末尾再观测一次零方向（称归零），两次观测零方向的读数应相等或差值不超过规定要求，其差值称“归零差”。由于重新照准零方向时，照准部已旋转了360°，故又称这种方向观测法为全圆方向法或全圆测回法。

如图 3-11 所示，OA 为起始方向，也称零方向。观测步骤如下：

① 将经纬仪安置于测站点 O 上，对中、整平后，选择一通视良好、成像清晰的目标 A 作为起始方向（又称零方向），用盘左位置瞄准 A，将水平度盘读数调至大于 0°的读数 a_1 处，如 0°03′06″位置。

② 松开水平制动螺旋，顺时针方向转动仪器，依次照准目标 B、C、D 各点，分别读取水平盘读数，分别为 b_1、c_1、d_1；继续顺时针旋转仪器，再次瞄准起始方向 A 并读数，读数为 $a_1{}'$，这步观测称为“归零”。归零的目的是检查在观测过程中，水平度盘是否发生变动。两次瞄准零方向的读数之差，称为“半测回归零差”，DJ_6 型光学经纬仪半测回归零差限差为±18″。如果归零差超限，则说明在观测过程中，仪器度盘位置有变动，此半测回

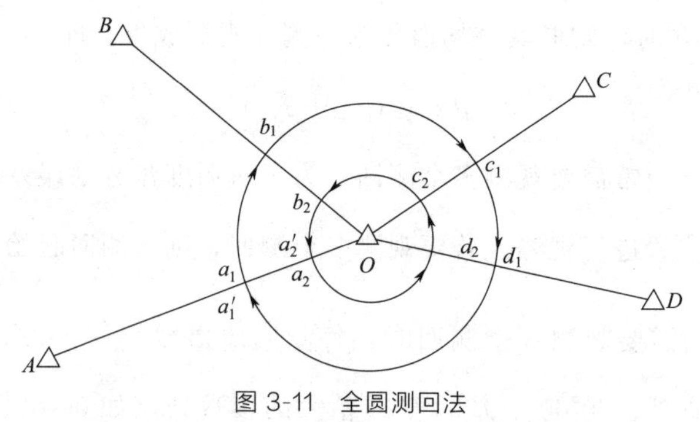

图 3-11 全圆测回法

应该重测。

③ 纵转望远镜成盘右位置，瞄准起始方向目标 A，读取水平度盘读数 a_2；然后逆时针方向旋转仪器，依次观测 D、C、B 各方向，最后回到 A 点方向并依次读数 d_2、c_2、b_2、a_2'，记入观测手簿。

①、②为全圆方向法的上半个测回，③为下半个测回，上、下两个半测回合起来称为一测回。当精度要求较高时，可观测 n 个测回，每测回也要按 $180°/n$（n 为测回数）的差值变换度盘的起始位置。

(2) 全圆方向观测法的计算与限差

① 计算上、下半测回归零差（两次瞄准零方向 A 的读数之差）

上、下半测回归零差应符合表 3-2 中规定的限差要求。表 3-3 中第 1 测回上、下半测回归零差分别为 $+6''$ 和 $+6''$，符合要求。

② 计算两倍照准误差 $2C$ 值

理论上同一目标盘左读数和盘右读数应该相差 180°，如果不是，其偏差值称为 $2C$ 值。

$$2C = \text{盘左读数} - (\text{盘右读数} \pm 180°) \tag{3-5}$$

式中，当盘右读数大于 180°时取“－”号，反之取“＋”号。

③ 计算各方向的平均读数

$$\text{平均读数} = \frac{1}{2}[\text{盘左读数} + (\text{盘右读数} \pm 180°)] \tag{3-6}$$

由于零方向 A 有两个平均读数，故应再取平均值，填入表 3-3 第 7 栏上方小括号内。

④ 计算各方向归零后的方向值

将各方向的平均读数减去零方向最后平均值（括号内数值），即得各方向归零后的方向值，填入表 3-3 第 8 栏。

⑤ 计算各测回归零方向值的平均值

取各个测回归零后方向值的平均值作为各方向最后成果，填入表 3-3 第 9 栏。

⑥ 方向观测法的限差要求

参照《工程测量标准》(GB 50026—2000) 的规定，水平角方向观测法的技术要求见表 3-2。

表 3-2 水平角方向观测法的技术要求

等级	仪器精度等级	半测回归零差（″）限差	一测回内 2C 互差（″）限差	同一方向值各测回较差（″）限差
四等及以上	0.5″级	≤3	≤5	≤3
	1″级	≤6	≤9	≤6
	2″级	≤8	≤13	≤9
一级及以下	2″级	≤12	≤18	≤12
	6″级	≤18	—	≤24

表 3-3　水平角（全圆方向法）观测手簿

测站	测回	目标	水平度盘读数		2C	平均读数	一测回归零方向值	各测回平均方向值	备注
			盘左（L）	盘右（R）					
			° ′ ″	° ′ ″	″	° ′ ″	° ′ ″	° ′ ″	
1	2	3	4	5	6	7	8	9	10
O	1	A	0 01 00	180 01 12	−12	(0 01 09) 0 01 06	0 00 00	0 00 00	
		B	77 22 36	252 22 48	−12	72 22 42	72 21 33	72 21 23	
		C	184 35 48	4 35 54	−6	184 35 51	184 34 42	184 34 38	
		D	246 46 24	66 46 24	0	246 46 24	246 45 15	246 45 26	
		A	0 01 06	180 01 18	−12	0 01 12			
			Δ左＝＋6″	Δ右＝＋6″					
O	2	A	90 01 00	270 01 06	−6	(90 01 09) 90 01 03	0 00 00		
		B	162 22 24	342 22 18	＋6	162 22 21	72 21 12		
		C	274 35 48	94 35 36	＋12	274 35 42	184 34 33		
		D	336 46 42	156 46 48	−6	336 46 45	246 45 36		
		A	90 01 12	270 01 18	−6	90 01 15			
			Δ左＝＋12	Δ右＝＋12					

3.4　竖直角观测

竖直角多用于将倾斜距离（简称斜距）化成水平距离及测算两点间的高差（即三角高程测量方法）。

3.4.1　竖直度盘的构造

经纬仪的竖盘装置包括竖直度盘、竖盘指标水准管和竖盘指标水准管微动螺旋。竖直度盘固定在横轴一端，随望远镜一起在竖直面内转动。测微尺的零刻划线是竖盘读数的指标线，可看成与竖盘指标水准管固连在一起，指标水准管气泡居中时，指标就处于正确位置。此时，如望远镜视准轴水平，竖盘读数则应为 90°或 90°的整倍数。当望远镜上下转动以瞄准不同高度目标时，竖盘随之转动而指标线不动，因而可读得不同位置的竖盘读数，用以计算不同高度目标的竖直角。

竖直度盘同样由光学玻璃制成，其刻划注记一般为 0°～360°全圆式注记。竖盘刻划注记方向有顺时针和逆时针两种形式（如图 3-12 所示），逆时针注记方式已不多见。

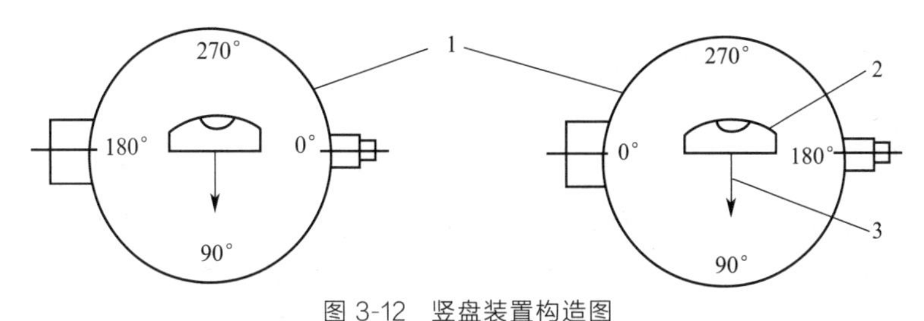

图 3-12　竖盘装置构造图

1—竖盘；2—竖盘指标水准管；3—竖盘读数指标线

现在经纬仪取消了竖盘指标水准管和竖盘指标水准管微动螺旋，而增加了一个补偿器，设计制成竖盘指标自动归零，简化了垂直角观测的操作，使用极为方便。

3.4.2　竖直角的计算

因竖盘的注记形式不同，由竖盘读数计算竖直角的公式也不一样，但其计算的规律是相同的，竖直角都是倾斜方向的竖盘读数与水平方向的竖盘读数之差，即：

当望远镜上倾竖盘读数减小时，竖直角＝(视线水平时的读数)－(瞄准目标时的读数)；

当望远镜上倾竖盘读数增加时，竖直角＝(瞄准目标时的读数)－(视线水平时的读数)。

图 3-13 所示为 DJ_6 型光学经纬仪最常见的竖盘注记形式，由图可知，在盘左位置，视线水平时的读数为 90°，当望远镜上倾时读数减小；在盘右位置，视线水平时的读数为 270°，当望远镜上倾时读数增加。若以“L”表示盘左位置瞄准目标时的读数，“R”表示盘右位置瞄准目标时的读数，则竖直角的计算公式为

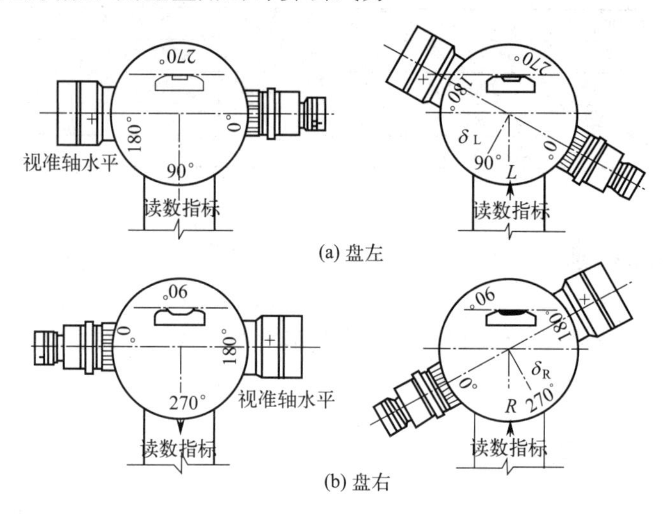

图 3-13　竖直角计算

$$\delta_L = 90° - L \tag{3-7}$$

$$\delta_R = R - 270° \tag{3-8}$$

对于同一目标，由于观测中存在误差，盘左、盘右所测得的竖直角 δ_L 和 δ_R 不完全相等，此时，取盘左、盘右的竖直角平均值作为观测结果，即

$$\delta = \frac{1}{2}(\delta_L + \delta_R) = \frac{1}{2}[(R - L) - 180°] \tag{3-9}$$

计算结果为“＋”时，δ 为仰角；为“－”时，δ 为俯角。

3.4.3　竖盘指标差

上述竖直角计算公式的推导条件，是假定视线水平、竖盘指标水准管气泡居中，读数指标线位置正确的情况下得出的。实际工作中，读数指标线往往偏离正确位置，与正确位置相差一小角值，该角值称为指标差，如图 3-14 所示。也就是说，竖盘指标偏离正确位置而产生的读数误差称为指标差，以 x 表示。竖盘指标差有正、负之分，当指标线沿度盘注记增大的方向偏移，使读数增大，则 x 为正；反之 x 为负。

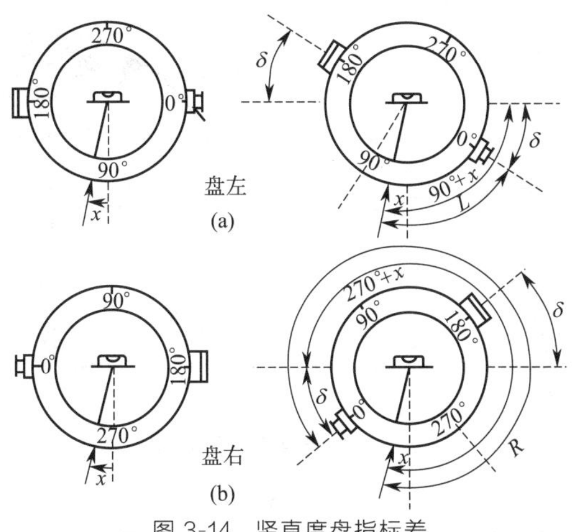

图 3-14 竖直度盘指标差

从图 3-14 可以看出盘左时，竖盘角为

$$\delta_L = 90° - (L - x) = 90° - L + x \tag{3-10}$$

盘右时，竖盘角为

$$\delta_R = (R - x) - 270° = R - 270° - x \tag{3-11}$$

盘左、盘右测得的竖直角相减，则

$$x = \frac{1}{2}(R + L - 360°) \tag{3-12}$$

盘左、盘右测得的竖直角相加，则

$$\delta = \frac{1}{2}(R - L - 180°) \tag{3-13}$$

从上式可以看出，利用盘左、盘右两次读数求算竖直角，可以消除竖盘指标差对竖直角测量的影响。

在测量竖直角时，虽然利用盘左、盘右两次观测能消除竖盘指标差的影响，但求出指标差的大小可以检查观测成果的质量。一般同一仪器在同一测站上观测不同的目标时，在某段时间内其指标差应为固定值，但由于观测误差、仪器误差和外界条件的影响，使实际测定的指标差数值总是在不断地变化，对于 DJ_6 型光学经纬仪来讲，该变化不应超出 $\pm 25''$。

3.4.4 竖直角的观测方法

观测竖直角必须严格用十字丝横丝切准所瞄目标的某固定点（如图 3-15 中横丝切准目标的顶端）。具体操作如下：

（1）将仪器安置在测站上，对中、整平，以盘左位置瞄准目标，固定望远镜，再转动望远镜微动螺旋，使十字丝横丝精确地切准目标顶端；

（2）转动竖盘指标水准管微动螺旋，使指标水准管气泡居中（所用经纬仪如为自动补偿装置，则把启动补偿旋钮置于“ON”的位置），再查看横丝是否仍切准目标，确认切准后即读取竖盘读数，并记入手簿；

（3）倒转望远镜，以盘右位置，切准目标的同一点，与盘左时一样读数和记簿。

这样就完成了一测回的竖直角观测。若需进行多个测回，则只需按上述步骤，重复观测。竖直角观测记录计算示例见表 3-4。

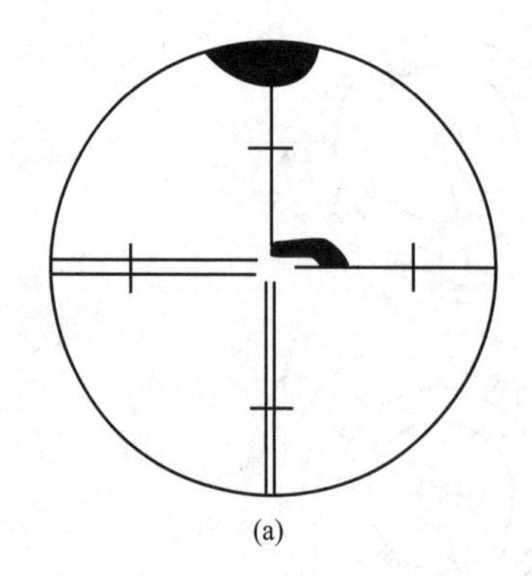

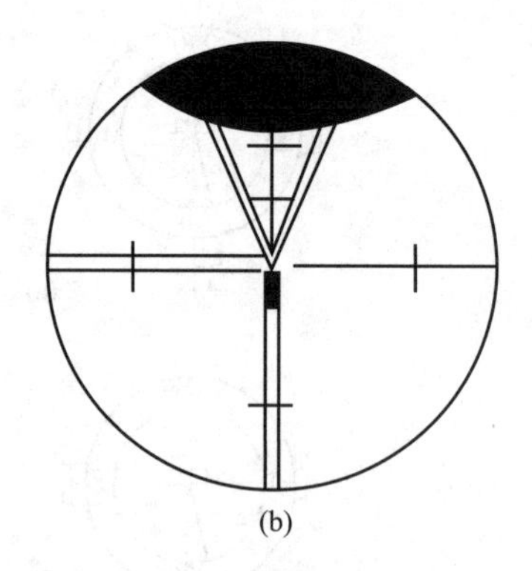

图 3-15 竖直角观测瞄准

表 3-4 竖直角观测手簿

测站	目标	竖盘位置	竖盘读数 /(° ′ ″)	竖直角 /(° ′ ″)	指标差 /(″)	平均竖直角 /(° ′ ″)	备注
O	*A*	左	86 25 18	3 34 42	−6	3 34 36	竖盘为全圆顺时针注记
		右	273 34 30	3 34 30			
O	*B*	左	95 03 12	−5 03 12	−18	−5 03 30	
		右	264 56 12	−5 03 48			

3.5 全站仪的电子测角原理和测量方法

3.5.1 全站仪简介

全站仪是在电子经纬仪和电子测距技术基础上发展起来的一种智能化测量仪器，是由电子测角、电子测距、电子计算机和数据存储单元等组成的三维坐标测量系统，测量结果能自动显示，并能与外围设备交换信息。由于该仪器能较完善地实现测量和处理过程的一体化，所以人们称之为全站型电子速测仪，简称全站仪。全站仪有组合式和整体式两种。组合式全站仪是将电子经纬仪和光电测距仪及电子手簿组合成一体，并通过电子经纬仪两个数据输入、输出接口与测距仪相连接组成的仪器。它也可以将测距部分和测角部分分开使用。整体式全站仪是测距部分和测角部分设计成一体的仪器。它可同时进行水平角、垂直角测量和距离测量，望远镜的视准轴和光波测距部分的光轴是同轴的，并可通过电子处理器进行记录和传输测量数据。整体式全站仪系列型号很多，国内外生产的高、中、低各等级精度的仪器达几十种。普遍使用的较典型的全站仪有：瑞士徕卡的 TC 系列、日本尼康 DTM 系列、日本拓普康 GTS 系列、德国蔡司 Elta 系列、日本索佳的 SET 系列、苏州一光 OTS 系列和南方测绘公司的 NTS 系列。因整体式全站仪有使用方便、功能强大、自动化程度高、兼容性强等诸多优点，已作为常用测量仪器普遍使用。

全站仪是一种多功能仪器，除能自动测距、测角和测高差三个基本要素外，还能直接测定坐标以及放样等。具有高速度、高精度和多功能的特点。因此，它既能完成一般的控制测量，又能进行建筑施工放样和地形图的测绘。

3.5.2 全站仪的结构原理

全站仪的种类很多，由于生产的厂家不同、型号不同，其操作方法有所区别，但是，各类全站仪的基本结构还是大致相同的，酷似光学经纬仪，也有照准部、基座和度盘三大部件。照准部上有望远镜，水平、竖直制动螺旋，水平、竖直微动螺旋，管水准器，圆水准器，光学对中器等。另外，仪器正反两侧大都有液晶显示器和操作键盘。如图3-16为拓普康GTS系列全站仪各部件名称。

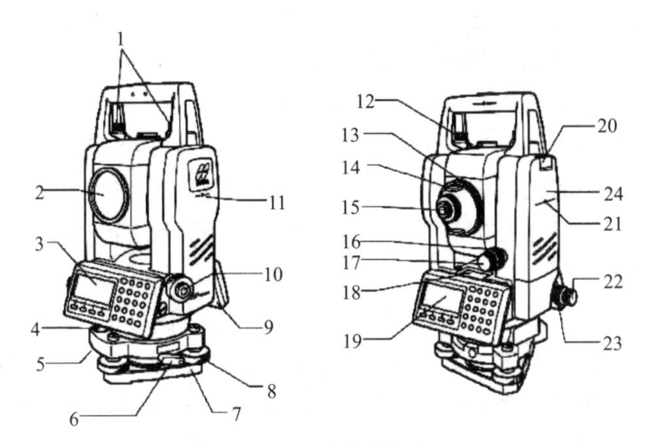

图3-16　全站仪构造

1—提手固定螺旋；2—物镜；3—显示屏；4—圆水准器；5—圆水准器校正螺旋；6—基座固定钮；7—底板；8—整平脚螺旋；9—数据输出插口；10—光学对中器；11—仪器中心标志；12—粗瞄准器；13—望远镜调焦环；14—望远镜操作把手；15—望远镜目镜；16—望远镜制动螺旋；17—望远镜微动螺旋；18—照准部水准管；19—显示屏；20—电池锁紧杆；21—仪器中心标志；22—水平微动螺旋；23—水平制动螺旋；24—电池

全站仪的基本结构如图3-17所示。其基本装备包括光电测角系统、光电测距系统、双轴液体补偿系统和微处理器（测量计算机系统）。有些自动化程度高的全站仪还有自动瞄准和自动跟踪系统。全站仪通过测量计算机有序地实现各专用设备的功能。

（1）光电测量系统

全站仪有两大光电测量系统，即光电测角系统和光电测距系统，它是全站仪的技术核心。电子测角系统的机械转动部分及光学照准部分与一般光学经纬仪基本相同，其主要的不同点在于电子测角采用电子度盘而非光学度盘。光电测距机构与普通电磁波测距仪相同，与望远镜集成在一起。光电测角系统与光电测距系统使用共同的光学望远镜，使得角度和距离测量只需照准一次。光电测量系统通过I/O接口与测量计算机联系起来，由测量计算机控制光电测角、测距，并实时处理数据。

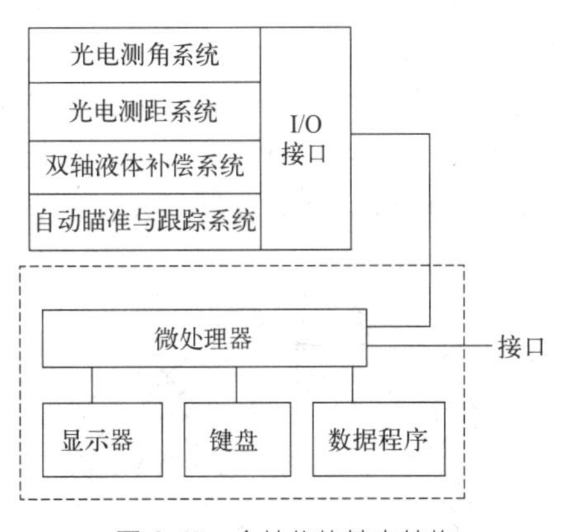

图3-17　全站仪的基本结构

在现代全站仪的光电测距系统中，有的还具有无棱镜激光测距技术（如拓普康GTS系列），它是在测距时将激光（可见或不可见）射向目标，经目标表面漫反射，测距仪接收到漫反射光而实现距离测量。目前，无棱镜测距范围，由于漫反射信号衰减一般在200m以内。

（2）双轴液体补偿系统

由于竖轴不严格在铅垂线方向上，对角度的影响无法通过一测回取平均消除，一些较高精度的全站仪都装有双轴液体补偿器，以补偿竖轴倾斜对观测角度的影响。双轴液体补偿器补偿范围一般在 3′以内。除双轴光电液体补偿之外，有的全站仪还有视准差、横轴误差、指标差等修正，以提高单盘位观测精度。

（3）自动瞄准与跟踪

全站仪正向着测量机器人的方向发展，自动瞄准与跟踪是重要的技术标志。全站仪自动瞄准的原理是用 CCD 摄像机获取棱镜反射器影像与内存的反射器标准图像比较，获取目标影像中心与内存图像中心的差异量，同时启动全站仪内部的伺服电机转动全站仪照准部、望远镜，减少差异量，实现正确瞄准目标。比较与调整是反复的自动过程，同时伴随有自动对光等动作。全站仪自动跟踪是以 CCD 摄像技术和自动寻找瞄准技术为基础，自动进行图像判断，指挥自身照准部和望远镜的转动、寻找、瞄准、测量的全自动的跟踪测量过程。

（4）测量计算机系统

全站仪是测量光电化技术与计算机技术的有机结合，图 3-17 下半部（虚线框内）实际是全站仪配有的测量专用计算机。微处理器是全站仪的核心部件，它如同计算机的 CPU，由它来控制和处理电子测角、测距的信号，控制各项固定参数，如温度、气压等信息的输入、输出，还由它进行安置、观测误差的改正、有关数据的实时处理及自动记录数据或控制电子手簿等。微处理器通过键盘和显示器指挥全站仪有条不紊地进行光电测量工作。

3.5.3 电子测角原理

电子测角仍然采用度盘来进行。与光学测角的根本区别在于：电子测角是利用光电转换原理和微处理器自动测量度盘的读数将测量结果显示在仪器显示窗上，并记入存储器。电子测角度盘根据取得信号方式的不同，可分为编码度盘测角、光栅度盘测角和动态测角等。

（1）编码度盘测角系统

光学编码度盘是在度盘上刻数道同心圆，等间隔地设置透光区和不透光区，用透光和不透光分别代表二进制中的“0”和“1”。如图 3-18 为四位编码度盘，在度盘下方设置数个接收元件。测角时度盘随照准部旋转到某目标不动后，由该处的导电与不导电状态得到其电信号，如图 3-19 得到 1001，然后通过译码器将其转换为角度值，并在显示屏上显示。编码度盘可以在任意位置上直接读取度、分、秒值。编码测角又称为绝对式测角。

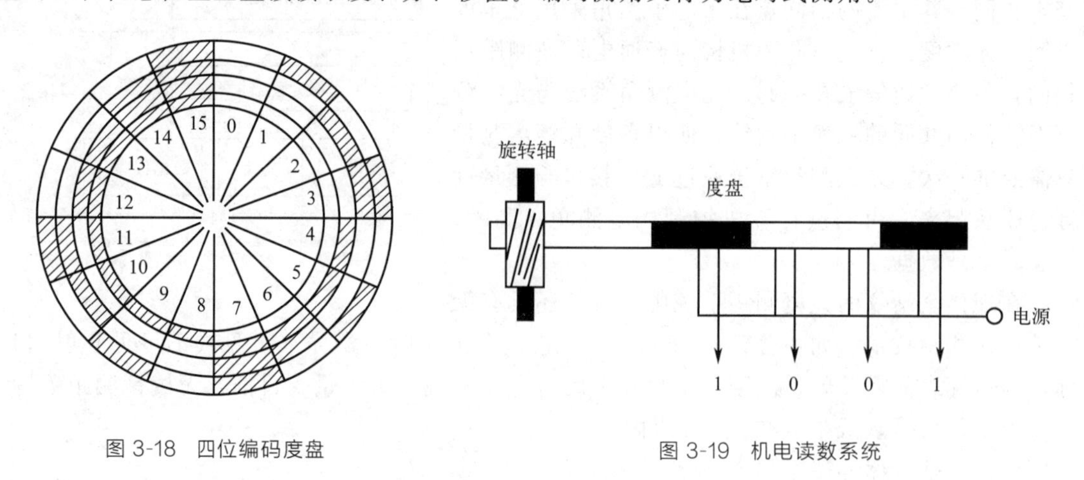

图 3-18 四位编码度盘

图 3-19 机电读数系统

(2) 光栅度盘测角系统

如图 3-20 所示，在玻璃圆盘的径向，均匀地刻有许多等间隔狭缝的圆盘称为光栅度盘。光栅的基本参数是刻线密度（每毫米的刻线条数）与栅距（相邻两栅之间的距离）。光栅的线条处为不透光区，缝隙处为透光区。

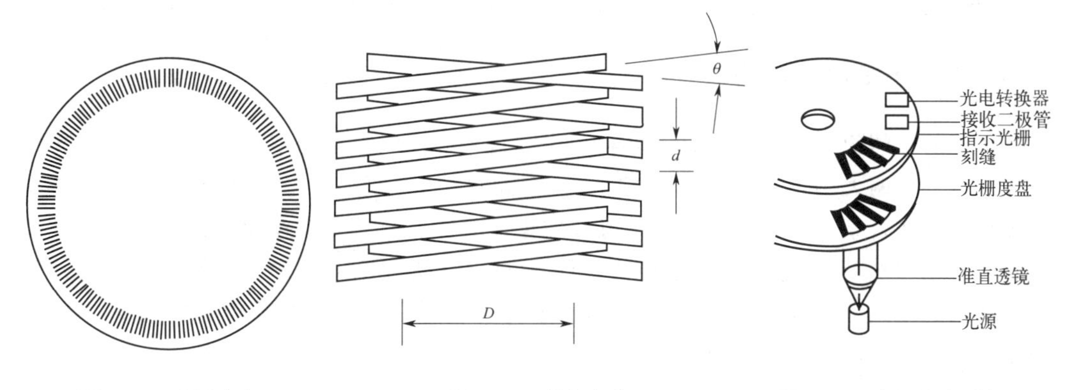

图 3-20　光栅度盘　　图 3-21　莫尔条纹　　图 3-22　光栅度盘测角原理

将两个栅距相同的光栅圆盘重叠起来，并使它们的刻线相互斜交成一小角 θ。光线通过时，将形成明暗相间的莫尔条纹，如图 3-21 中，两个暗条纹的宽度叫作纹距，用 ω 表示。莫尔条纹的纹距与 θ 角有关。

$$\omega=\frac{d}{\theta} \tag{3-14}$$

式中，d 为栅距。

在光栅上下对应位置分别安置一发光二极管和一光电接收传感器，如图 3-22 所示。其指示光栅、发光二极管、光电转换器和接收二极管固定，而光栅度盘随照准部一起旋转。发光管发出的光信号通过莫尔条纹就落在光电接收管上，度盘每转动一栅距（d），莫尔条纹移动一个周期（ω）。所以望远镜从一个方向转到另一个方向时，流过光电管的光信号，就是两方向间的光栅数。由于仪器两方向间的光栅数已知，所以通过自动数据处理，即可求得两方向间的夹角。

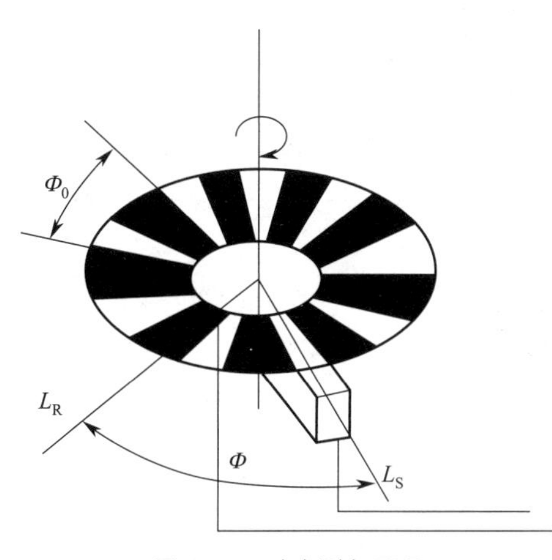

图 3-23　动态测角原理

(3) 动态测角原理

如图 3-23，度盘由等间隔的明暗分划线构成，明的透光，暗的不透光，相当于栅线和缝隙，其间隔角为 Φ_0。在度盘的内外边缘各设一个光栏，设在外边缘的固定，称为固定光栏 L_S，相当于光学度盘 0°刻划线。设在内边缘的随照准部一起转动，称为活动光栏 L_R，相当于光学度盘的读数指标线，它们之间的夹角即为要测的角度值。在光栏上装有发光二极管和光电接收传感器，且分别位于度盘的上、下侧。

测角时，微型马达带动度盘旋转。发光二极管发射红外光线，因度盘上的明暗条纹而导致透光亮度的不断变化，被设在另一侧的光电接收传感器接收。则由计取的两光栏之间的分划数，可求得所测的角度值 Φ。

$$\Phi = n\Phi_0 + \Delta\Phi \tag{3-15}$$

式中，$\Delta\Phi$ 为不足整周期的值。

动态测角包括精测和粗测两部分，粗测求得 Φ_0 的个数 n，精测求得 $\Delta\Phi$ 值。粗测和精测的信号送角度处理器处理并送中央处理器，然后由液晶显示器显示或记录于数据终端。

3.5.4　全站仪的操作方法

全站仪的功能很多，是通过显示屏和操作键盘来实现的。不同型号的全站仪操作键盘不同，大致可分为两大类：一类是操作按键比较多（20 个左右），每个键都有 2～3 个功能，通过按某个键执行某个功能；另一类是操作按键比较少，只有几个作业模式按键和几个软键（功能键），通过选择菜单达到执行某项功能。下面以拓普康 GTS-102N 系列全站仪为例，介绍全站仪的使用。图 3-24 是该系列仪器的操作面板及显示屏，各操作键的名称、功能及屏幕显示符号内容见表 3-5 及表 3-6。

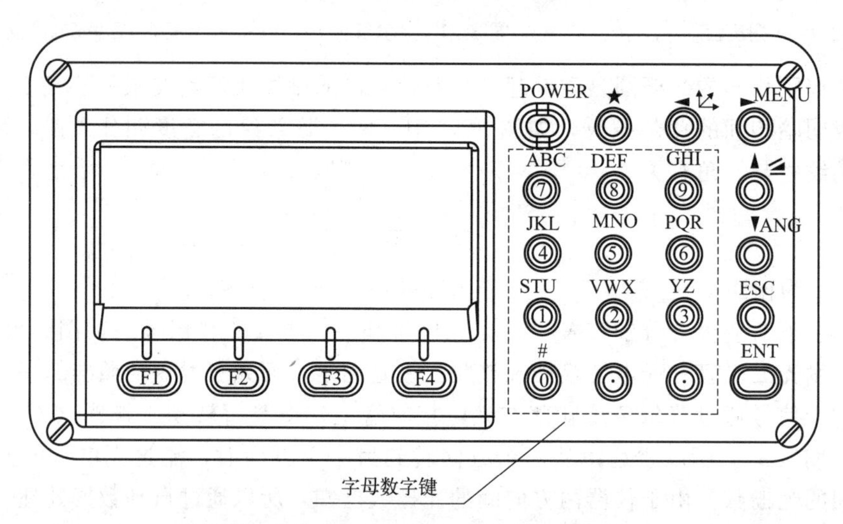

图 3-24　拓普康 GTS-102N 系列全站仪的操作面板

表 3-5　操作面板上各键盘符号及功能

按键	名称	功能
POWER	电源开关键	电源开关
ESC	退出键	用于中断正在进行的操作，退回到上一级菜单
F1、F2、F3、F4	软功能键	对应显示屏上相应位置显示的命令
ANG	角度测量键	进入角度测量模式(▲上移键)
◢	距离测量键	进入距离测量模式(▼下移键)
⇱	坐标测量键	进入坐标测量模式(◀左移键)
MENU	菜单键	进入主菜单(▶右移键)
0～9	数字键	输入数字和字母、小数点、负号
ENT	确认输入键	在输入值末尾按此键
★	星键	进入星键模式

表3-6　屏幕显示符号及表示内容

显示符号	内容	显示符号	内容
V%	垂直角(坡度显示)	N	北坐标，相当于 x
HR	水平度盘读数(右向计数)	E	东坐标，相当于 y
HL	水平度盘读数(左向计数)	Z	天顶方向坐标，相当于高程 H
HD	水平距离	m	以米为单位
VD	仪器望远镜至棱镜间高差	f	以英尺为单位
SD	斜距	i	以英寸为单位
*	EDM(电子测距)正在测距	S/A	设置音响模式

（1）全站仪的主要功能

① 预置功能

按下POWER电源开关键开机，按下操作面板下部的功能键ANG、◢、⌞↗、MENU分别进入角度测量模式、距离测量模式、坐标测量模式和主菜单，根据提示可选择相应的功能，通过输入可预置当前的温度、气压、棱镜常数、目标高等，仪器便可自行对观测结果进行相应的改正和实施有关的测量计算。按ESC键可退出预置状态。

② 测距功能

仪器照准反射棱镜的中心，开机后按下◢键仪器将自动进入测量状态，按F4键进入第二页功能。在仪器开机时，测量模式可设置为 N 次测量模式或者连续测量模式，在光电测距正在工作时，按F2键，可进行 N 次测量模式和连续测量模式之间的转换。在测量模式显示下，按F2键（模式）设置模式的首字（F/T/C）显示，按F1（精测）键精测，F2（跟踪）键跟踪测量或F3（粗测）键粗测，如图3-25所示，按ESC键，可终止测距。

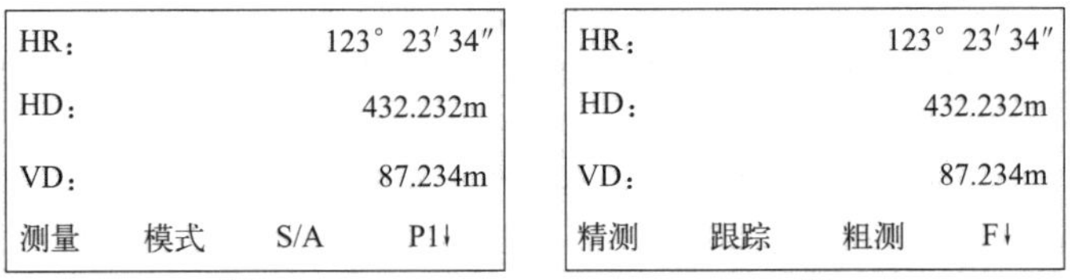

HR:	123° 23′ 34″
HD:	432.232m
VD:	87.234m
测量　模式	S/A　P1↓

(a)

HR:	123° 23′ 34″
HD:	432.232m
VD:	87.234m
精测　跟踪	粗测　F↓

(b)

图3-25　测距功能屏幕显示

③ 测角功能

开机后，屏幕自动显示目标方向的水平角、天顶距。或在其他测量模式下按下ANG键，进入角度测量模式，屏幕显示如图3-26所示，照准起始目标后，可根据屏幕提示进行水平角置零和置盘，屏幕会自动显示观测结果，按ESC键，可退出角度测量。

④ 坐标测量

进行站点设置后，照准目标按下⌞↗键，照准棱镜，按F1（测量）键，开始测量，屏幕自动显示被测量点坐标值。操作显示顺序如图3-27所示。

⑤ 特殊模式

开机后，按下操作面板下部的菜单键MENU，仪器进入主菜单。在此模式下，根据提示可选择悬高测量、偏心测量、对边测量、距离放样、坐标放样、面积计算等专项测量功能，进行相应测量工作。

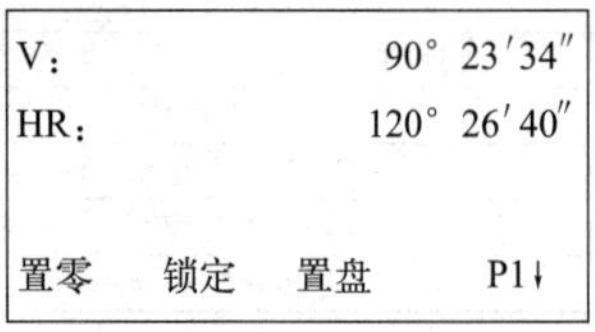

V： 90° 23′34″
HR： 120° 26′40″
置零 锁定 置盘 P1↓

图 3-26 测角功能屏幕显示

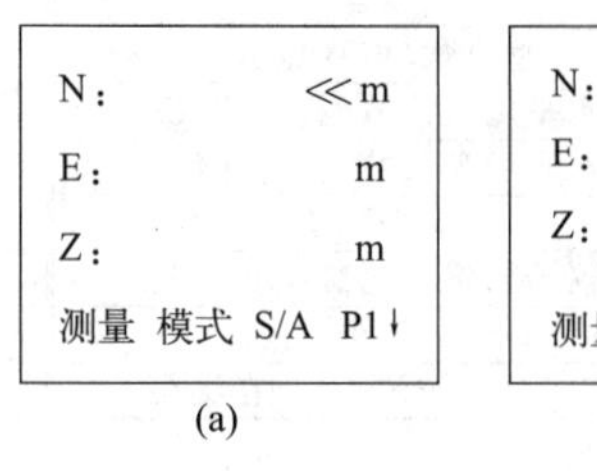

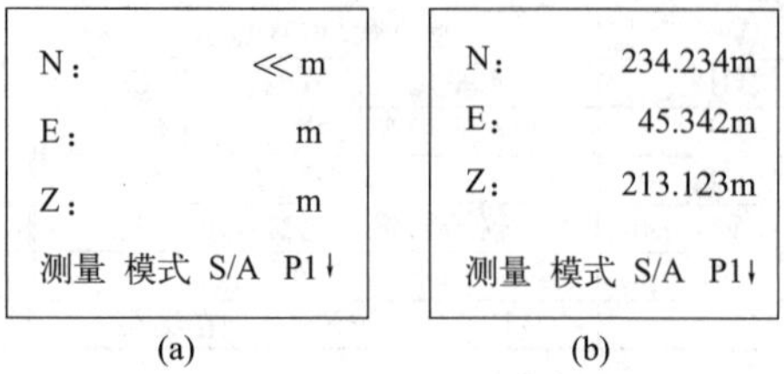

(a)

N： 234.234m
E： 45.342m
Z： 213.123m
测量 模式 S/A P1↓

(b)

图 3-27 坐标测量操作显示

(2) 全站仪使用

① 测前的准备工作

a. 安装内部电池。测前应检查内部电池的充电情况。如电力不足要及时充电，指示灯为绿色充电完毕，不要超出规定时间。观测时装上电池，测量结束后应卸下。注意每次取下电池盒前，必须先关掉仪器电源，否则容易损坏仪器或造成数据丢失。

b. 仪器基本设置。按住POWER键开机，可对仪器做如下基本设置。仪器基本设置项目见表 3-7。

表 3-7 仪器基本设置项目

菜单	项目	选择项	出厂设置
单位设置	角度	360°、4000G、6400M	360°
	距离	m/f/i	m
	温度	温度(单位)：°C/°F	温度(单位)：°C
	气压	气压(单位)：hPa/mmHg/inHg	气压(单位)：hPa
模式设置	开机模式	测角、测距	开机后进入测角模式
	精测/跟踪/粗测	精测/跟踪/粗测	精测
	HD&VD/SD	平距和高差/斜距	平距和高差
	垂直零/水平零	垂直零/水平零	垂直角读数从天顶方向为零
	N 次测量/复测	*N* 次测量/复测	*N* 次测量
	测量次数	0～99	设置为 1 次，即为单次测量
	DEM 关闭时间	1～99	关
	格网因子	使用/不使用	使用
	NEZ/ENZ	NEZ/ENZ	坐标显示顺序为 N/E/Z
其他设置	水平角蜂鸣声	开/关	关
	测距蜂鸣	开/关	开
	两差改正	0.14/0.20/关	0.14

以上具体设置详见仪器使用说明书。

c. 仪器的安置与目标照准。仪器的安置与目标的照准同普通的光学经纬仪（略）。当光照度不足，难以看清十字丝时，按★后，通过按F1选择“照明”，或按MENU键后再按F4（P↓），显示主菜单第 2 页，按F3键，显示原有设置状态，按F1（开）键，将十字丝照明设置为“开”，如图 3-28 所示，按ESC键可返回到先前模式。

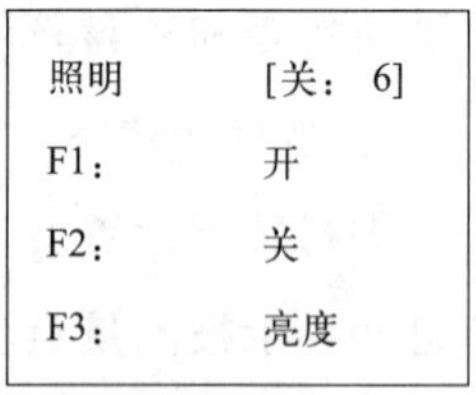

照明 [关： 6]
F1： 开
F2： 关
F3： 亮度

图 3-28 设置十字丝照明为“开”

d. 电源的打开和关闭。确认仪器整平后，按POWER键打开电源开关，确认显示窗显示电池电量充足，若显示“电池电量不足”（电池用完）时，及时更换电池。仪器接通电源后，按MENU键进入选择菜单，通过F4翻页，找到“对比度调节”按F2确认。通过F1（↓）或F2（↑）键可调节对比度，为了在关机后保存设置值，可按F4（回车）键。确认后，按ESC退出。

e. 指示垂直零点与模式转换。进行水平角以外的测角时应先指示垂直零点。开启电源后，将望远镜上下转动，当望远镜通过水平线时，将指示出垂直零点，同时显示垂直角（90°00′00″或0°00′00″）。开机后，望远镜上下转动即可进入测角模式，然后，按◢键，仪器进入测距模式。要从距离测量模式返回到正常的角度测量模式，可按ANG键。

② 角度测量

为了有效地消除仪器系统误差，尽量进行盘左、盘右观测。

a. 水平角置零。在角度测量模式下，将望远镜瞄准目标 A 后，显示窗显示如图3-29(a)。设目标 A 的水平方向值为0°00′00″，按F1（置零）键，显示窗显示如图3-29(b)。按F3（是）键，则目标 A 的水平方向读数为0°00′00″，显示窗显示如图3-29(c)。

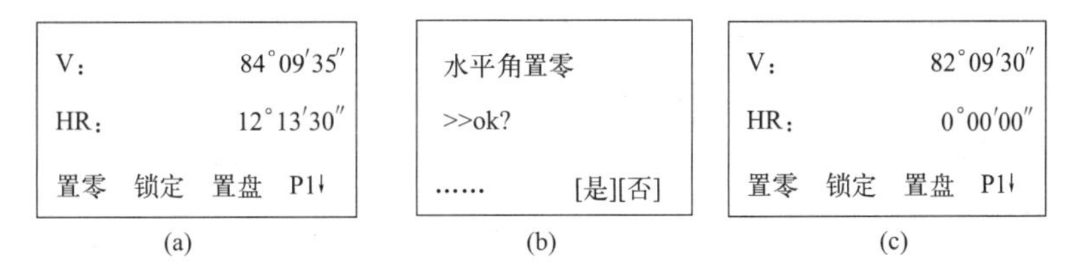

图3-29　水平角置零操作顺序

b. 水平角与垂直角测量（HR、V或HL、V）。欲测 A、B 两目标的水平角与垂直角，在测角模式下，先瞄准第一个目标 A，设置目标 A 的水平方向值为0°00′00″，如图3-30(a)所示，然后顺时针瞄准目标 B，显示目标 B 的V/H，如图3-30(b)所示，即 A、B 间的水平角为17°10′25″，而 A、B 的垂直角分别为82°19′31″、81°05′12″。

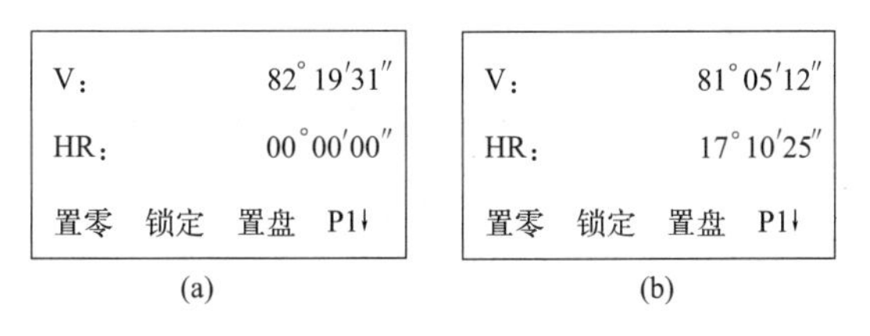

图3-30　水平角与垂直角的测量

要将水平角HR（右旋角）和HL（左旋角）进行切换，可在测角模式下连续按F4（↓）键两次转到第3页功能，显示窗显示如图3-31(a)，按F2（R/L）键，则右旋角模式（HR）切换为左旋角模式（HL），显示窗显示如图3-31，变为以左旋角HL模式进行测量。以左旋角模式测量同一个水平角时，应按上述相反方向瞄准目标观测（若观测目标方向不变，HR测前进方向的左角，HL测前进方向的右角）。注意每次按F2（R/L）键，HR/

HL 两种模式交替切换。

V： 82°09′30″
HR： 90°09′30″
H-蜂鸣 R/L 竖角 P2↓

(a)

V： 82°09′30″
HL： 269°50′30″
H-蜂鸣 R/L 竖角 P2↓

(b)

图 3-31 右旋角与左旋角的切换

c. 水平方向读数保持。测角过程中，若需要保持所测得水平方向读数，按F2（锁定）键，显示窗显示图 3-32 所示对话框，此时再转动仪器，水平角不发生变化。如解除保持功能，则按F3（是），显示窗变为正常的角度测量模式。

水平角锁定
HR： 90°09′30″
>设置?
…… [是][否]

图 3-32 水平角锁定

d. 水平角 90°间隔蜂鸣。当设置水平读数经过 0°、90°、180°、270°时蜂鸣后，可进行水平角为 0°、90°、180°、270°方位点的测设。瞄准第一个目标后，按F4键 2 次，进入第 3 页，如图 3-33(a) 所示，按F1（H-蜂鸣）键，显示上次设置状态，如图 3-33（b）所示，按F1（开）键，选择蜂鸣器开，如图 3-33(c) 所示，按F4（回车）键，回到第 1 页功能。按前面方法将水平角置零，然后缓缓转动照准部，有鸣响时停止转动，此时显示如 89°59′29″，随后锁紧照准部，用水平微动手轮使水平角读数为 90°00′00″。然后用望远镜确定新的目标点。用同法可测设 180°、270°方位点。

V： 82°09′30″
HR： 90°09′30″
H-蜂鸣 R/L 竖角 P3↓

(a)

水平角蜂鸣声 【关】
【开】【关】 …回车

(b)

水平角蜂鸣声 【开】
【开】【关】 …回车

(c)

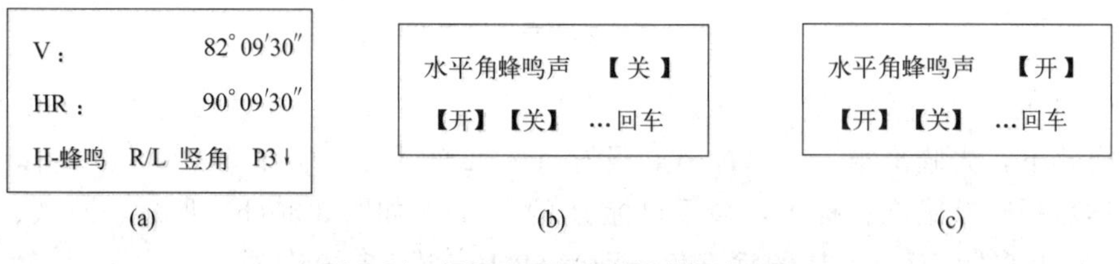

图 3-33 设置水平角蜂鸣操作顺序

③ 水平读数的设置

水平读数的设置有两种方法，可以通过锁定角度值进行设置，也可通过键盘输入进行设置。

a. 通过锁定角度值进行设置。在角度测量模式下，用水平微动螺旋旋转到所需要的水平角，显示窗口显示角度如图 3-34(a) 所示，按F2（锁定）键，显示窗如图 3-34(b) 所示，照准目标，按F3（是）键完成水平方向读数设置，显示窗变为正常的角度测量模式，如图 3-34(c) 所示，照准目标就精确地安置到所需数字上。

b. 通过键盘输入进行设置。在角度测量模式下，照准目标，显示窗如图 3-35(a) 所示，按F3（置盘）键，显示窗变为图 3-35(b)，通过键盘输入所要求的水平角，如 70°40′30″，则需输入 70.4030，然后按F4（ENT）键，此时显示窗显示如图 3-35(c) 所示。随后即可根据所要求的水平角进行正常的测量。

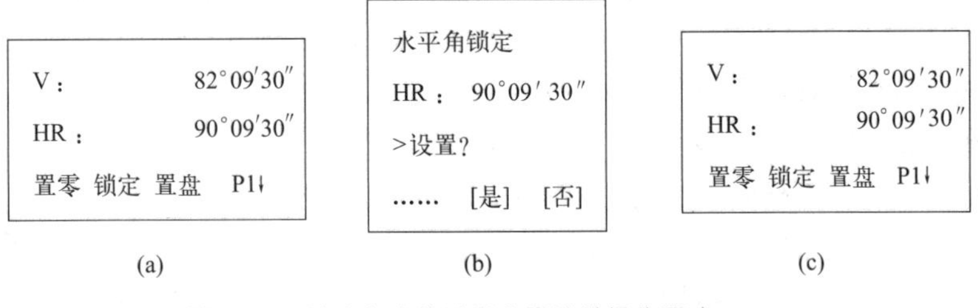

图 3-34 锁定角度值设置水平读数操作顺序

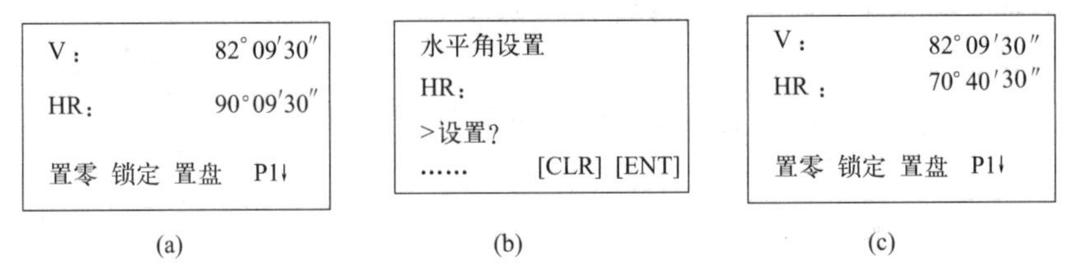

图 3-35 通过键盘输入设置水平读数操作顺序

④ 天顶距、垂直角和斜率测量

仪器指示零点（即望远镜已通过水平线）后，照准目标就可显示垂直角。如垂直角选择天顶为零，则测得的为天顶距。

在角度测量模式下，垂直角可以转换成斜率（斜率＝高差 h/平距 $D\times100\%$）。按F4（↓）键转到第 2 页，如图 3-36(a) 所示，按 F3(V%) 键，显示器显示斜率，如图 3-36(b) 所示。每次按F3（V%）键，垂直角和斜率交替显示。斜率范围从水平方向至±45°，若超过此值则显示窗将出现“超限”或“超出测量范围”的提示。

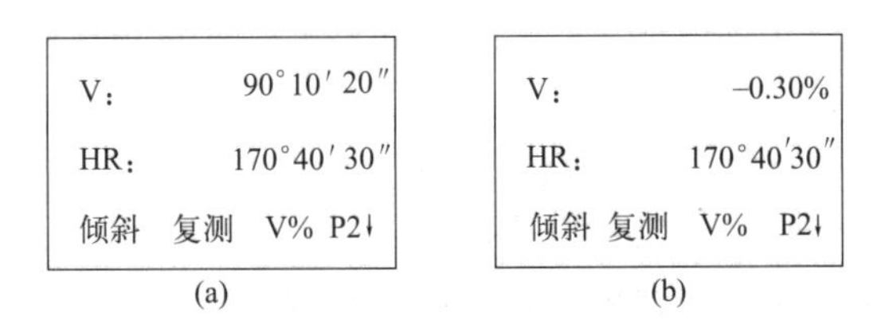

图 3-36 垂直角、斜率转换操作顺序

3.6 经纬仪的检验与校正

仪器的设计和制造不论如何精细，各主要部件之间的关系都不可能完全满足理论要求。另外，在仪器使用过程中，由于震动、磨损和温度变化的影响，也会改变各部件之间的正确关系。为此，应在使用仪器之前，对仪器进行检验和校正。

3.6.1 经纬仪轴线间应满足的几何关系

如图 3-37 所示，经纬仪的主要轴线有：竖轴（VV）、横轴（HH）、望远镜视准轴（CC）、圆水准轴（$L'L'$）和照准部水准管轴（LL）。由测角原理知，观测角度时，经纬仪的水平度盘必须水平，竖盘必须铅直，望远镜上下转动的视准面（视准轴绕横轴的旋转面）

必须为铅垂面。观测竖直角时，竖盘指标还应处于其正确位置。为此，经纬仪应满足下列条件：

(1) 照准部水准管轴垂直于竖轴（$LL \perp VV$）；

(2) 圆水准轴应平行于竖轴（$L'L' // VV$）；

(3) 视准轴垂直于横轴（$CC \perp HH$）；

(4) 横轴垂直于竖轴（$HH \perp VV$）；

(5) 十字丝竖丝垂直于横轴；

(6) 竖盘指标处于正确位置（$x=0$）；

(7) 光学对中器的视准轴经棱镜折射后，应与仪器的竖轴重合。

在经纬仪使用前，必须对以上各项条件按下列顺序进行检验，如不满足，应进行校正。对校正后的残余误差，还应采用正确观测方法消除其影响。

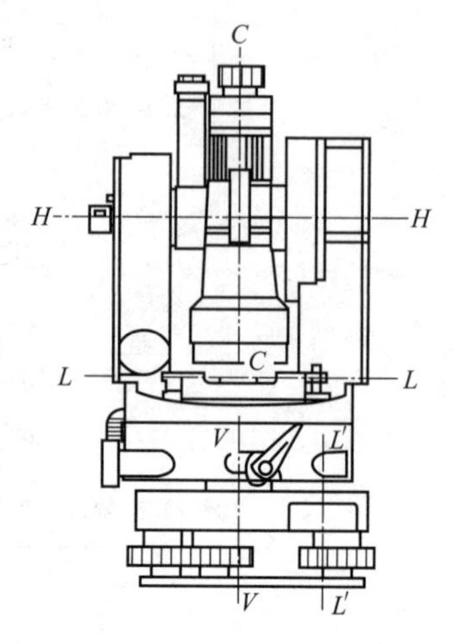

图 3-37 经纬仪的主要轴线

3.6.2 DJ_6 型经纬仪的检验与校正

进行经纬仪的检验与校正工作时，应先做一般性的检查，即安置仪器后，检查仪器与三脚架头的连接是否牢靠，架头有无晃动现象；脚螺旋的转动是否平稳，松紧度是否适中；照准部的旋转是否灵活，制动螺旋、微动螺旋是否有效；望远镜调焦是否正常，成像是否清晰；度盘刻划是否清晰；仪器附件是否齐全等。发现问题，及时请专业人员解决。然后再对主要轴线之间应满足的几何条件逐项进行检验与校正。检验和校正应按一定的顺序进行，确定这些顺序的原则是：

(1) 如果某一项不校正好，会影响其他项目的检验时，则这一项先做。

(2) 如果不同项目要校正同一部位，则会互相影响，在这种情况下，应将重要项目在后边检验，以保证其条件不被破坏。

(3) 有的项目与其他条件无关，则先后均可。

现分别说明各项检验与校正的具体方法：

(1) 照准部水准管轴应垂直于仪器竖轴的检验与校正

① 检验

将仪器大致整平，转动照准部，使其水准管平行于一对脚螺旋的连线。转动脚螺旋使水准管气泡居中。然后将照准部旋转 180°，此时，如果气泡仍居中，则条件满足，否则应进行校正。

② 校正

当气泡不居中时，相对转动脚螺旋，使气泡退回偏离中心的一半，然后用校正针拨动位于水准管一端的校正螺钉，使气泡居中。这项检验校正需反复进行，直至水准管气泡偏离零点不超过半格为止。

③ 校正原理

水准管轴不垂直于竖轴，是由于水准管两端支架不等高。当两端不等高而气泡居中时，如图 3-38(a) 所示，水准管轴虽然水平，但度盘并不水平，水准管轴与度盘相交呈 α 角，当照准部旋转 180°，水准管气泡发生偏移，如图 3-38(b) 所示，此时竖轴方向不变仍偏 α 角，但水准管两端支架却换了位置，水准管轴与度盘仍夹 α 角，但水准管轴与水平线间却夹了 2 倍 α 角。2α 角的大小，表现为照准部旋转 180°后气泡偏离的格数。转动脚螺旋使气泡向中央移动偏离格数的一半，如图 3-38(c) 所示，此时竖轴已竖直，水平度盘已呈水平状态，但水准管轴仍偏离 α 角，它还未与竖轴垂直。用校正针拨动水准管的校正螺钉，使气泡居中，此时水准管两端支架等高，从而满足了要求，如图 3-38(d) 所示。

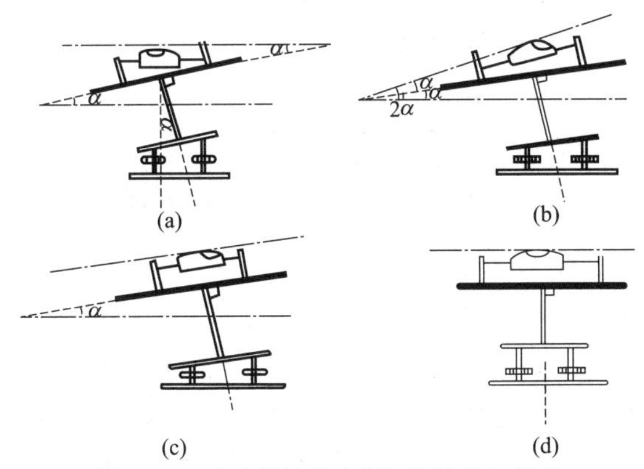

图 3-38　水准管轴垂直竖轴的检验与校正

这项校正比较精细。实际作业中，每次调整气泡的移动量往往难以控制，所以此项检验校正需反复进行，直至满足要求为止。

(2) 圆水准轴应平行于竖轴的检验与校正

① 检验

根据校正后的照准部水准管轴，将经纬仪整平，此时，圆水准器气泡如不居中，则需要校正。

② 校正

用校正针拨动圆水准器下面的校正螺钉，使圆水准器气泡居中。

(3) 十字丝竖丝垂直于横轴的检验与校正

① 检验

整平仪器后，用十字丝中点精确瞄准一个清晰目标点 P，固定水平制动螺旋和望远镜制动螺旋，慢慢转动望远镜微动螺旋，使望远镜上、下移动。如目标点 P 始终沿竖丝移动，则满足条件，否则需校正，见图 3-39。

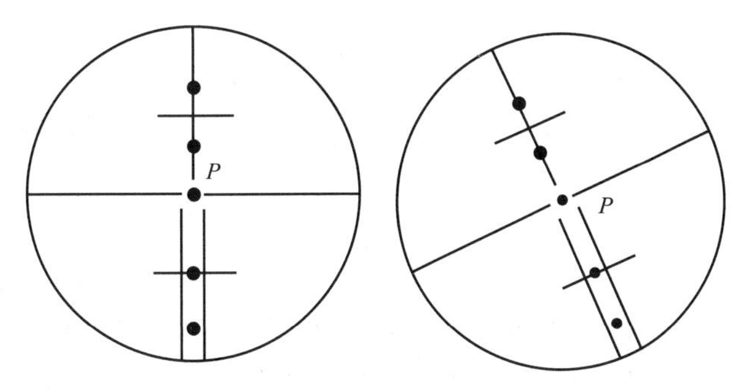

图 3-39　十字丝竖丝检验

② 校正

先打开望远镜目镜端护盖，松开十字丝环的四个固定螺钉（图 3-40），按竖丝偏离的反方向微微转动十字丝环，使目标点 P 在望远镜上下俯仰时始终在十字丝竖丝上移动，最后旋紧固定螺钉，旋上护盖。

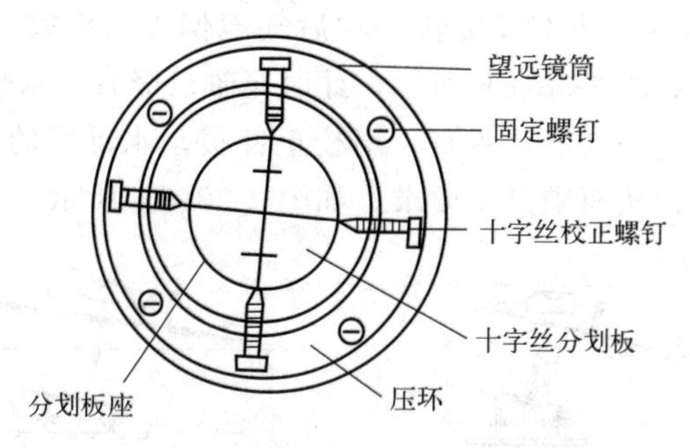

图 3-40 十字丝竖丝及视准轴的校正

（4）望远镜视准轴应垂直于横轴的检验和校正

当横轴处于水平位置时，望远镜视准轴若与横轴垂直，则望远镜绕横轴上下旋转时，视准轴扫过的面应是一个竖直平面，否则，望远镜绕横轴上下旋转时，视准轴扫过的面是一个圆锥面。如果用仪器观测同一竖直面内不同高度的点，则水平度盘的读数各不相同，从而产生测角误差。望远镜视准轴不垂直于横轴所偏离的角度 C 称为视准误差。此误差对水平位置目标的影响 $x_C=C$，且盘左、盘右的 x_C 的绝对值相等而符号相反。此时横轴不水平的影响为零。视准误差对一测回的水平角观测值没有影响，但过大不便于记录、计算，故仍需进行检验和校正。检验的方法通常有以下两种。

① 盘左盘右瞄点法

a. 检验

安置经纬仪后，使望远镜大致水平，盘左瞄准远处一目标点 A，读得水平度盘读数为 α_L，倒转望远镜，盘右位置再瞄准该目标点，得水平度盘读数 α_R。如果 α_L 与 α_R 相差 180°，则条件满足。否则，若 $2C=|\alpha_L-(\alpha_R\pm180°)|>2'$时，需要校正。

b. 校正

旋转水平微动螺旋，使盘右时的水平度盘的读数对准 $A_右$，$A_右=\frac{1}{2}[\alpha_R+(\alpha_L\pm180°)]$。这时，如果十字丝交点偏离目标点，应拨动十字丝左、右两校正螺钉（图 3-40），一松一紧，水平移动十字丝分划板座，使十字丝交点对准目标点 A。如此反复进行，直至 $2C=|\alpha_L-(\alpha_R\pm180°)|\leqslant2'$。

这种检校方法，对于单指标读数的经纬仪，只有在水平度盘偏心差很小时才见效。如果偏心差较大，则计算出的结果包含有偏心差的影响，据此进行校正，将得不到正确的结果。在这种情况下，可用“四分之一法”进行校正。

② 四分之一法

a. 检验

选择一平坦场地，如图 3-41 所示，A、B 两点相距约 60～100m，置仪器于中点 O，在 A 点立一标志，在 B 点与 OB 垂直的方向横置一有毫米分划的尺子，并使 A 点标志和 B 点尺子大致与仪器同高。盘左位置瞄准 A 点，锁定水平制动螺旋，纵转望远镜在 B 点尺子上读数 B_1，如图 3-41(a) 所示。再以盘右瞄准 A 点，锁定水平制动螺旋，纵转望远镜在 B 点尺子上读数 B_2，如图 3-41(b) 所示。如果 B_1 与 B_2 两读数相同，说明视准轴垂直于横轴。否则，应进行校正。

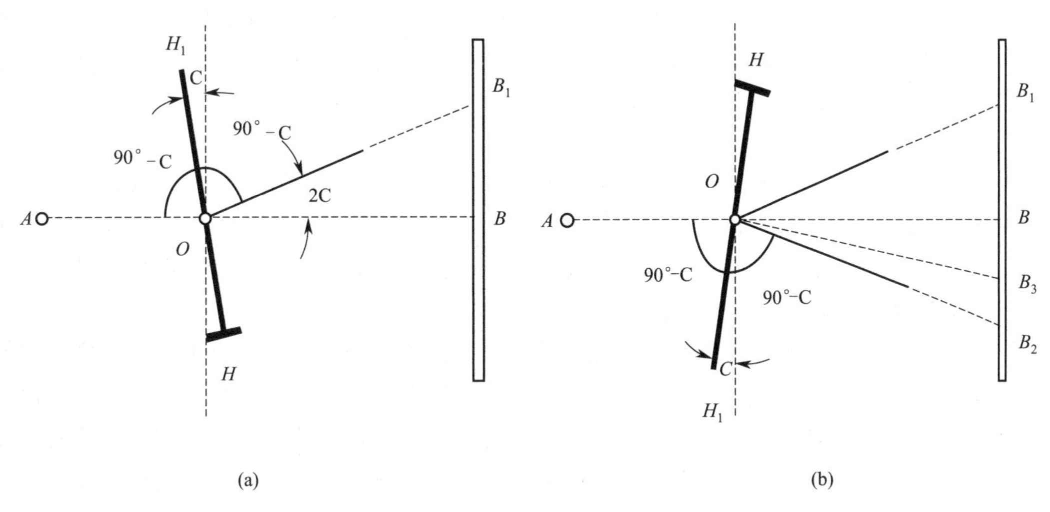

图 3-41 视准轴垂直于横轴的检验与校正

b. 校正

在直尺上由 B_2 点向 B_1 点方向量取$\frac{1}{4}\overline{B_1B_2}$长度，标定出 B_3，此时 OB_3 视线便垂直于横轴。用校正针拨动十字丝环的左、右两校正螺钉，一松一紧地使十字丝交点与 B_3 点重合。完成校正工作后应重复以上步骤，直到满足 $C<60''$为止。

(5) 横轴垂直于竖轴的检验和校正

① 检验

如图 3-42 所示，选择一较高的墙面，在离墙面 20～30m 处安置仪器，盘左位置照准墙上高处一点 P，然后俯下望远镜至水平位置，用十字丝交点在墙上标出一点 A，倒转望远镜成盘右位置，再照准高处点 P，而后再俯下望远镜至水平位置，用十字丝交点在墙上标出一点 B。如果 A 与 B 重合，说明仪器的横轴垂直于竖轴，否则就需要校正。

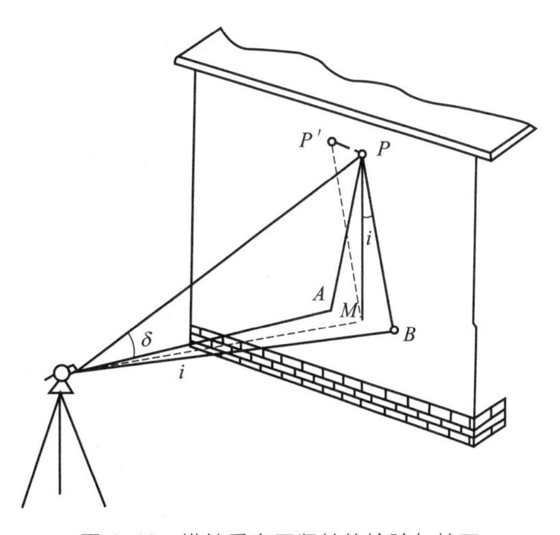

图 3-42 横轴垂直于竖轴的检验与校正

② 校正

如图 3-42 所示，在墙上定出 AB 的中点 M，仍以盘右位置转动水平微动螺旋，用十字丝交点瞄准 M 点，然后固定照准部，将望远镜抬高指向 P 点，此时，十字丝交点偏差 P 而照准在 P'点，校正望远镜横轴一端支架上的偏心轴环，使横轴一端升高或降低，致使十字丝交点移动，并精确照准 P 点为止。

由于近代光学仪器的制造工艺能确保横轴与竖轴垂直，且将横轴密封起来，故使用时，一般只进行检验，如需要校正，应由专业检修人员进行。

(6) 竖盘水准管的检验与校正

① 检验

安置经纬仪，仪器整平后，用盘左、盘右观测同一目标点 A，分别使竖盘指标水准管气泡居中，读取竖盘读数 L 和 R（注意读数前一定先使竖盘指标水准管气泡严密居中），分别计算出垂直角 δ_L 和 δ_R 及指标差 x，若 x 值超过 $1'$时，需要校正。

② 校正

先计算出盘右位置时竖盘的正确读数（$R-x$），原盘右位置瞄准目标 A 不动，然后转动竖盘指标水准管微动螺旋，使竖盘读数为（$R-x$），此时竖盘指标水准管气泡不再居中了，用校正针拨动竖盘指标水准管一端的校正螺钉，使气泡居中。此项检校需反复进行，直至指标差小于规定的限度为止。

上述是微倾式结构竖直度盘指标的校正方法，目前有些型号的经纬仪采用竖直度盘指标自动归零补偿装置，其竖直度盘指标差的检验方法和计算公式与微倾式相同。但校正方法不同，而且采用不同结构自动归零补偿装置的仪器的指标差校正方法也各不相同。校正时首先要弄清仪器采用的是哪种自动补偿装置，再根据其原理，找准校正部位进行校正。

（7）光学对中器的检验和校正

光学对中器由目镜、分划板、物镜和直角棱镜组成，如图 3-43 所示。分划板刻划圈中心与物镜光心的连线是对中器的视准轴。光学对中器的视准轴应与仪器的竖轴重合，否则会产生对中误差。

① 检验

安置仪器，整平，然后在仪器下方地面上放一白纸板，将光学对中器分划圈中心（或十字丝中心）投影到白纸板上，如图 3-43(a) 所示，并绘制中心点 P。转动照准部 180°观察 P 点是否偏离分划圈中心（或十字丝中心），若不偏离，则条件满足，否则需校正。

② 校正

在纸板上确定出分划圈中心（十字丝中心）与 P 点连线的中点 P''。拨动光学对中器校正螺钉，使 P 点移至 P''即可，如图 3-43(b)。

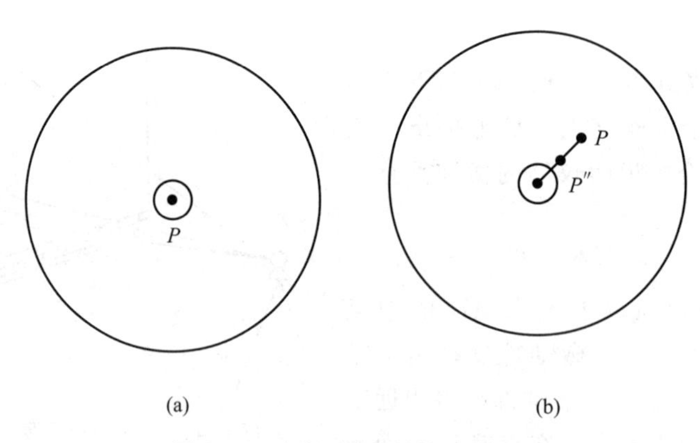

图 3-43 光学对中器的检验和校正

3.7 角度测量的误差及注意事项

3.7.1 角度测量的误差

正如水准测量误差，角度测量的误差也来源于仪器误差、观测误差、外界条件的影响等几方面。由于竖直角主要用于三角高程测量和视距测量，在测量竖直角时，只要严格按照操作规程作业，采用盘左、盘右两次观测消除竖直盘指标差对竖角的影响，测得的竖直角即能满足对高程和水平距离的求算。因此，下面只分析水平角的测量误差。

（1）仪器误差

① 仪器制造加工不完善所引起的误差。

如照准部偏心误差、度盘分划误差等。经纬仪照准部旋转中心应与水平度盘中心重合，如果两者不重合，即存在照准部偏心差，在水平角测量中，此项误差影响也可通过盘左、盘右观测取平均值的方法加以消除。水平度盘分划误差的影响一般较小，当测量精度要求较高时，可采用各测回间变换水平度盘位置的方法进行观测，以减弱这一项误差影响。

② 仪器校正不完善所引起的误差。

如望远镜视准轴不严格垂直于横轴、横轴不严格垂直于竖轴所引起的误差，可以采用盘左、盘右观测取平均的方法来消除，而竖轴不垂直于水准管轴所引起的误差则不能通过盘左、盘右观测取平均或其他观测方法来消除。因此，必须认真做好仪器的检验、校正工作。检验校正后的仪器，应送交国家认可的检定部门检定，并定期送检。

（2）观测误差

① 对中误差

仪器对中不准确，使仪器中心偏离测站中心的位移叫偏心距。对中引起的水平角观测误差与偏心距成正比，并与测站到观测点的距离成反比。因此，在进行水平角观测时，仪器的对中误差不应超出相应规范的要求，特别对于短边的角度进行观测时，精确对中尤为重要。

② 整平误差

若仪器未能精确整平或在观测过程中气泡不再居中，竖轴就会偏离铅直位置。整平误差不能用观测方法来消除，此项误差的影响与观测目标时视线竖直角的大小有关，当观测目标与仪器视线大致同高时，影响较小；当观测目标时，视线竖直角较大，则整平误差的影响明显增大，此时，应特别注意认真整平仪器。当发现水难管气泡偏离零点超过一格时，应重新整平仪器，重新观测。

③ 目标偏心误差

由于测点上的目标倾斜而使照准目标偏离测点中心所产生的偏心差称为目标偏心误差。目标偏心误差是由目标点的标志倾斜引起的。观测点上一般都是竖立标杆，当标杆倾斜而又瞄准其顶部时，标杆越长，瞄准点越高，则产生的方向值误差越大；边长短时误差的影响更大。为了减少目标偏心对水平角观测的影响，观测时，标杆要准确而竖直地立在测点上，且尽量瞄准标杆的底部。

④ 瞄准误差

引起瞄准误差的因素很多，如望远镜的孔径大小、分辨率、放大率、十字丝粗细、清晰度等，人眼的分辨能力，目标的形状、大小、颜色、亮度和背景，以及周围的环境，空气透明度，大气的湍流、温度等。其中与望远镜放大率的关系最大。经计算，DJ_6 型经纬仪的瞄准误差为±2″～±2.4″，观测时应注意消除视差，提高瞄准精度。

⑤ 读数误差

读数误差与读数设备、照明情况和观测者的经验有关。一般来说，主要取决于读数设备。对于6″级光学经纬仪，估读误差一般不超过分划值的0.2倍，即不超过±12″。

（3）外界条件的影响

影响角度测量的外界因素很多：大风、松土会影响仪器的稳定，地面辐射热会影响大气稳定而引起物像的跳动，空气的透明度会影响照准的精度，温度的变化会影响仪器的正常状态等。这些因素都会在不同程度上影响测角的精度，要想完全避免这些影响是不可能的，观测者只能采取措施及选择有利的观测条件和时间，使这些外界因素的影响降低到最小的程度，从而保证测角的精度。例如，观测视线应避免从建筑物旁、冒烟的烟囱上面和近水面的空间通过，这些地方都会因局部气温变化而使光线产生不规则的折射，使观测效果受到影响。

3.7.2 角度测量的注意事项

用经纬仪测角时，往往由于疏忽大意而产生错误。如测角时仪器没有对中整平，望远镜瞄准目标不准确，度盘读数读错，记录记错和拧错制动旋钮等。因此，为了避免错误，提高测量成果精度，角度测量时应注意以下事项：

（1）仪器安置的高度要合适，三脚架要踩牢，仪器与脚架连接要牢固，观测时不能手扶或碰动脚架。

（2）对中、整平要准确，测角精度要求越高或边长越短的，对中要求越严格；如观测的目标之间高低相差较大时，更应注意仪器整平。

（3）在水平角观测过程中，如同一测回内发现照准部水准管气泡偏离中央位置，不允许重新调整水准管使气泡居中；若气泡偏离中央超过一格时，则需重新整平仪器，重新观测。

（4）观测竖直角时，每次读数之前，必须使竖盘指标水准管气泡居中或将自动归零装置设置在“ON”位置。

（5）标杆要立直于测点上，尽可能用十字丝交点瞄准标杆或测杆的底部；竖直角观测时，宜用十字丝中丝切于目标的指定部位。

（6）记录要规范清晰，并当场计算校核，若误差超限应立即查明原因并重测。

（7）观测水平角时，同一个测点不能转动度盘变换手轮或按水平度盘复测扳钮。

习题

1. 什么叫水平角？什么叫垂直角？用经纬仪照准与测站在同一竖直面内的不同高度的目标，水平度盘及竖直度盘的读数是否发生变化？

2. 经纬仪由哪几部分组成？

3. 经纬仪的安置包括哪几个步骤？简述其操作过程。

4. 经纬仪对中、整平的目的是什么？

5. 采用盘左、盘右观测取平均的方法，能消除哪些仪器误差？

6. 在测站点 O 上用 DJ_6 型经纬仪测回法观测了水平角 $\angle AOB$。各方向读数已经记录在表 3-8 中，试在表中计算 $\angle AOB$ 的角度值。

表 3-8　水平角（测回法）观测手簿

测站	测回	竖盘位置	目标	水平度盘读数 /(° ′ ″)	半测回角值 /(° ′ ″)	一测回角值 /(° ′ ″)	各测回平均角值 /(° ′ ″)	备注
O	1	左	*A*	0　01　42				
			B	69　07　24				
		右	*A*	180　01　54				
			B	249　07　42				
O	2	左	*A*	90　02　48				
			B	159　08　24				
		右	*A*	270　02　48				
			B	339　08　36				

7. 经纬仪主要有哪些轴线？各轴线之间应满足怎样的位置关系？

8. 角度观测时有哪些误差？我们在测角时应注意哪些问题？

9. 整理表 3-9 竖直角观测手簿，并分析有无竖盘指标差存在。

表 3-9　竖直角观测手簿

测站	目标	竖盘位置	竖盘读数 /(° ′ ″)	竖直角 /(° ′ ″)	指标差 /(″)	一测回竖直角 /(° ′ ″)	备注
O	*A*	左	71 38 00				270 180　0 90
		右	288 21 54				
O	*B*	左	86 10 36				
		右	273 50 18				

10. 方向观测法观测水平角的数据列于表 3-10 中，试进行各项计算。

表 3-10　水平角（全圆方向法）观测手簿

测站	测回	目标	水平度盘读数		2C	平均读数	一测回归零方向值	各测回平均方向值	备注
			盘左（L）	盘右（R）					
			(° ′ ″)	(° ′ ″)	(″)	(° ′ ″)	(° ′ ″)	(° ′ ″)	
1	2	3	4	5	6	7	8	9	10
O	1	*A*	0 02 00	180 02 06					
		B	78 33 18	258 33 06					
		C	156 15 42	336 15 36					
		D	219 44 24	39 44 12					
		A	0 02 12	180 02 18					
O	2	*A*	90 01 42	270 01 36					
		B	168 32 42	348 32 36					
		C	246 15 00	66 15 06					
		D	309 43 54	129 43 48					
		A	90 01 42	270 01 30					

第 4 章
距离测量与方向测量

本章导读

本章主要介绍了距离的概念，直线定线、钢尺一般量距、普通视距测量的观测、记录、计算及精度要求；光电测距的原理与方法；直线定向与坐标方位角的推算等理论。

4.1 距离测量

距离测量是测量的三项基本工作之一。距离测量的目的就是测量地面两点之间的水平距离。水平距离指的是地面上两点垂直投影到水平面上的直线距离。根据测量时所使用的工具和方法的不同，测定水平距离的方法也很多，目前在地形测量、工程测量中应用较多的有视距测量、钢尺量距、电磁波测距及 GPS 测距等。视距测量是利用经纬仪或水准仪望远镜中的视距丝及视距标尺，按几何光学原理进行测距。这种方法能克服地形障碍，适合于低精度的近距离测量（一般在 200m 以内）。钢尺量距是用钢卷尺沿地面进行距离丈量，其精度在 1/2000～1/10000 之间；该方法适用于平坦地区的短距离量距，易受地形限制。电磁波测距是利用仪器发射并接收电磁波，通过测量电磁波在待测距离上往返传播的时间计算出距离。这种方法测距精度高（可达数万分之一），测程远，又便于自动化操作，因而它和电子经纬仪的结合产生了既能测角、又能测距的“电子全站仪”，（Electronic Total Stations）。一般用于高精度的远距离测量和近距离的细部测量，其测量精度由仪器的出厂精度确定。GPS 测距是利用两台 GPS 接收机接收空间轨道上 4 颗以上 GPS 卫星发射的载波信号，通过一定的测量和计算方法，求出两台 GPS 接收机天线相位中心的距离。

4.1.1 量距工具

钢尺量距是利用经检定合格的钢尺直接量测地面两点之间距离的方法，又称为距离丈量。它使用的工具简单，又能满足工程建设必需的精度，是工程测量中最常用的距离测量方法。钢尺量距按精度要求不同，又分为一般量距和精密量距。其基本步骤有定线、尺段丈量和成果计算。

钢尺是用钢制的带尺，尺的宽度约为 10～15mm，厚度约为 0.3～0.4mm，长度有 20m，30m，50m，100m 等几种。最小刻画到毫米，有的钢尺仅在 0～100mm 之间刻画到毫米，其他部分刻画到厘米。在分米和米的刻画处，标有数字注记。钢尺卷在圆形金属盒中或金属尺架内，便于携带使用，如图 4-1 所示。

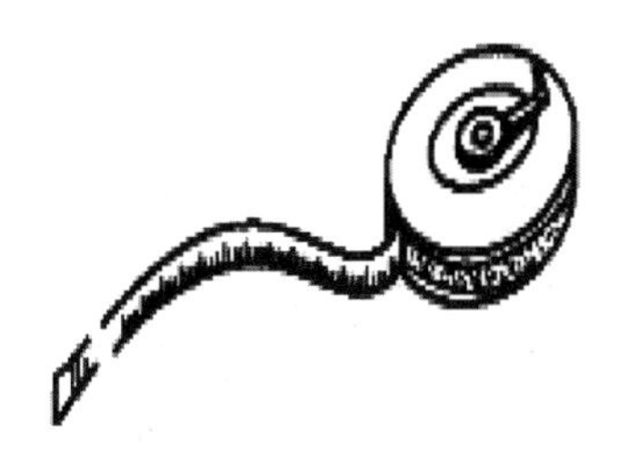

图 4-1　钢卷尺

钢卷尺由于尺的零点位置不同，有刻线尺和端点尺之分，如图 4-2 所示。刻线尺是在尺上刻出零点的位置；端点尺是以尺的端部、金属环的最外端为零点，从建筑物的边缘开始丈量时用端点尺很方便。钢尺一般用于较高精度的距离测量，如控制测量和施工放样的距离丈量等。

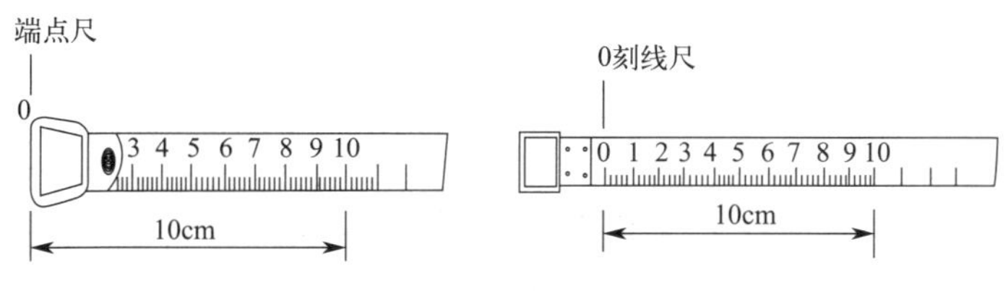

图 4-2　端点尺和刻线尺

丈量距离的其他辅助工具有标杆、测钎和垂球。如图 4-3 所示，测钎亦称测针，用来标志所量尺段的起、终点和计算已量过的整尺段数；标杆又称花杆，直径 3～4cm，长 2～3m，杆身涂以 20cm 间隔的红、白漆，下端装有锥形铁尖，主要用于标定直线方向；垂球用于在不平坦地面丈量时将钢尺的端点垂直投影到地面。此外，在钢尺精密量距中还有弹簧秤、温度计和尺夹，弹簧秤和温度计用于对钢尺施加规定的拉力和测定量距时的温度，以便对钢尺丈量的距离进行温度改正，如图 4-4 所示；尺夹安装在钢尺末端，以方便持尺员稳定钢尺。

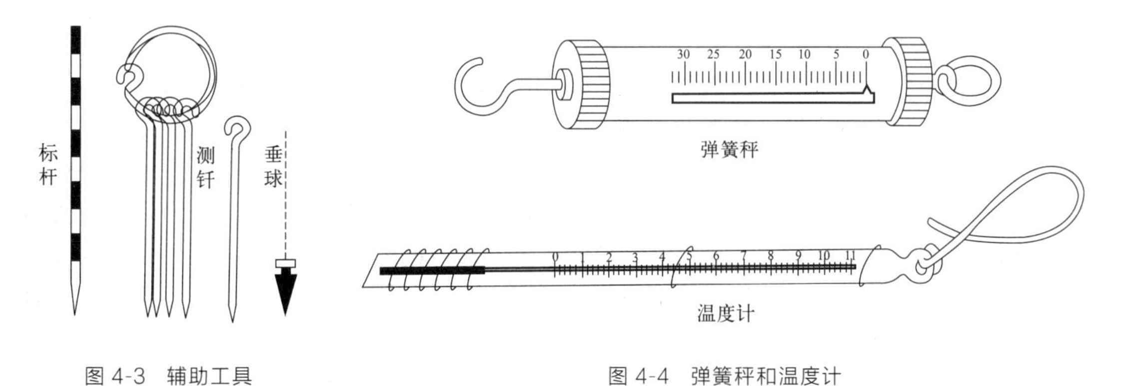

图 4-3　辅助工具

图 4-4　弹簧秤和温度计

4.1.2　直线定线

当地面两点之间的距离大于钢尺的一个尺段或地势起伏较大时，为方便量距工作，需分成若干尺段进行丈量，这就需要在直线的方向上插上一些标杆或测钎。在同一直线上定出若干点，这项工作被称为直线定线。定线方法有目视定线和经纬仪定线，一般量距时用目视定线，精密量距时用经纬仪定线。

（1）目视定线

目视定线又称标杆定线，适用于钢尺量距的一般方法。如图 4-5 所示，设 A 和 B 为地面上相互通视、待测距离的两点。现要在直线 AB 上定出 1、2 等分段点。先在 A、B 两点上竖立花杆，甲站在 A 杆后约 1m 处，指挥乙左右移动花杆，直到甲在 A 点沿标杆的同一侧看见 A、1、B 三点处的花杆在同一直线上。用同样方法可定出 2 点。直线定线一般应由远到近，即先定出 1 点，再定 2 点。

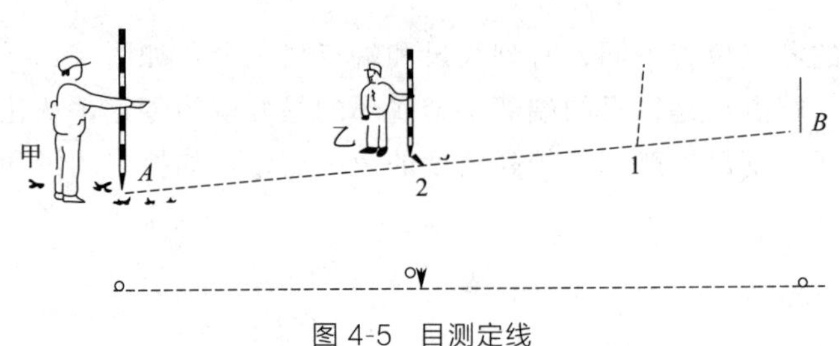

图 4-5 目测定线

（2）经纬仪定线

当直线定线精度要求较高时，可用经纬仪定线。经纬仪定线工作包括清障、定线、概量、钉桩、标线等。如图 4-6 所示，欲在 AB 直线上精确定出 1、2、3 点的位置，可将经纬仪安置于 A 点，用望远镜照准 B 点，固定照准部制动螺旋，然后将望远镜向下俯视，将十字丝交点投测到木桩上，并钉小钉以确定 1 点的位置。同法标定出 2、3 点的位置。

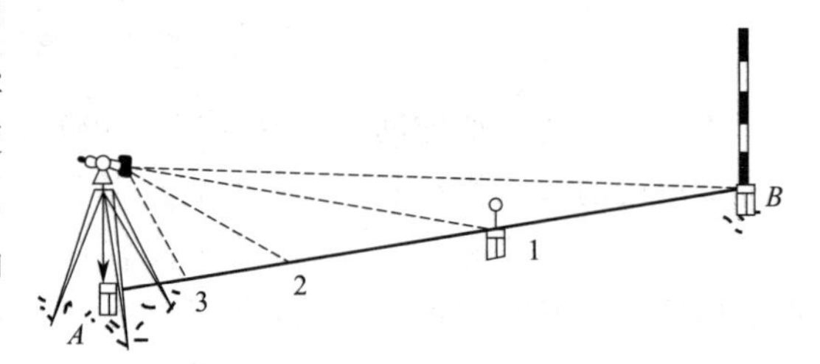

图 4-6 经纬仪定线

4.1.3 一般量距方法

（1）平坦地面的距离丈量

丈量工作一般由两人进行。如图 4-7 所示，沿地面直接丈量水平距离时，可先在地面上定出直线方向，丈量时后尺手持钢尺零点一端，前尺手持钢尺末端和一组测钎沿 A、B 方向前进，行至一尺段处停下，后尺手指挥前尺手将钢尺拉在 A、B 直线上，后尺手将钢尺的零点对准 B 点，当两人同时把钢尺拉紧后，前尺手在钢尺末端的整尺段长分划处竖直插下一根测钎得到 1 点，即量完一个尺段。前、后尺手抬尺前进，当后尺手到达插测钎处时停住，再重复上述操作，量完第二尺段。后尺手拔起地上的测钎，依次前进，直到量完 AB 直线上的最后一段为止。

丈量时应注意沿着直线方向进行，钢尺必须拉紧伸直且无卷曲。直线丈量时尽量以整尺段丈量，最后丈量余长，以方便计算。丈量时应记清楚整尺段数，或用测钎数表示整尺段数。然后逐段丈量，则直线的水平距离 D 按下式计算

$$D=nl+q \tag{4-1}$$

式中 l——钢尺的一整段尺长，m；

n——整尺段数；

q——不足一整尺的零尺段的长，m。

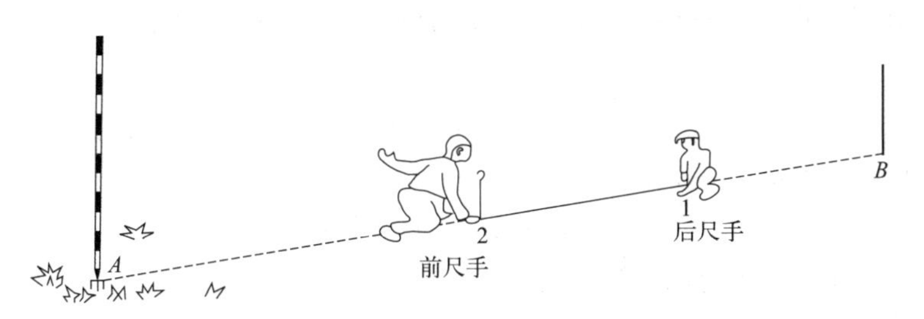

图 4-7　平坦地面的距离丈量

为了防止丈量中发生错误并提高量距精度，需要进行往返丈量。若合乎要求，取往返平均数作为丈量的最后结果。将往返丈量的距离之差与平均距离之比化成分子为 1 的分数，称之为相对误差 K，可用它来衡量丈量结果的精度。即

$$K=\frac{|D_{往}-D_{返}|}{D_{平均}}=\frac{1}{\frac{D_{平均}}{|D_{往}-D_{返}|}} \tag{4-2}$$

相对误差分母越大，则 K 值越小，精度越高；反之，精度越低。量距精度取决于工程要求和地面起伏情况，在平坦地区，钢尺量距的相对误差一般不应大于 1/2000；在量距较困难的地区，其相对误差也不应大于 1/1000。

(2) 倾斜地面的距离丈量

在倾斜地面上丈量距离，视地形情况可用水平量距法或倾斜量距法。

① 水平量距法

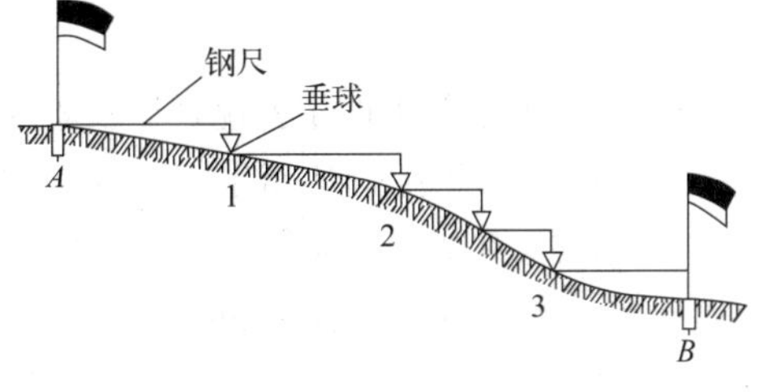

图 4-8　平量法

如图 4-8 所示，当地势起伏不大时，可将钢尺拉平丈量，称为水平量距法。如丈量由 A 向 B 进行，后尺手将尺的零端对准 A 点，前尺手将尺抬高，并且目估使尺子水平，用垂球尖将尺段的末端投于 AB 方向线的地面上，再插以测钎。依次进行，丈量 AB 的水平距离。若地面倾斜较大，将钢尺整尺拉平有困难时，可将一尺段分成几段来丈量。

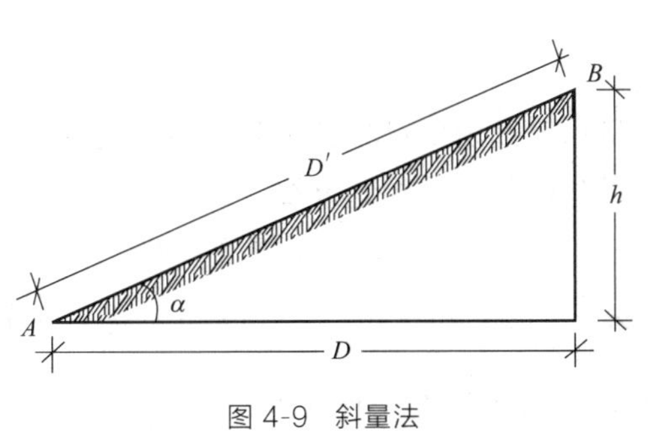

图 4-9　斜量法

② 倾斜量距法

当倾斜地面的坡度比较均匀时，如图 4-9 所示，可沿斜面直接丈量出 AB 的倾斜距离 D'，测出地面倾斜角 α 或 AB 两点间的高差 h，按下式计算 AB 的水平距离 D。

$$D=D'\cos\alpha \tag{4-3}$$

$$D=\sqrt{D'^2-h^2} \tag{4-4}$$

4.1.4　钢尺的检定

钢尺因制造误差、使用中的变形、丈量时的温度变化和拉力等的影响，其实际长度和名义长度（即尺上所注的长度）往往不一样，而且钢尺在长期使用中受外界条件变化的影响也会引起尺长的变化。因此，在精密量距中，距离丈量精度要求达到 1/10000～1/40000 时，

在丈量前必须对所用钢尺进行检定，以便在丈量结果中加入尺长改正。

（1）尺长方程式

所谓尺长方程式即在标准拉力下（30m 钢尺用 100N，50m 钢尺用 150N）钢尺的实际长度与温度的函数关系式。其形式为

$$l_t=l_0+\Delta l+\alpha l_0(t-t_0) \tag{4-5}$$

式中 l_t——钢尺在温度 t 时的实际长度；

l_0——钢尺的名义长度；

Δl——尺长改正数，即钢尺在温度 t_0 时的改正数，等于实际长度减去名义长度；

α——钢尺的线膨胀系数，其值取为 $1.25\times10^{-5}/℃$；

t_0——钢尺检定时的标准温度，20℃；

t——丈量时的温度。

每一根钢尺都有一相应的尺长方程式，以确定其真实长度，从而求得被量距离的真实长度。尺长改正数 Δl 因钢尺使用频率的不同会产生不同的变化。所以作业前必须检定钢尺以确定其尺长方程式。确定尺长方程式的过程就称为钢尺的检定。

（2）钢尺的检定方法

① 比长检定法

钢尺检定最简单的方法就是比长检定法，该法是用一根已有尺长方程式的钢尺作为标准尺，使作业尺与其比较从而求得作业钢尺的尺长方程式的方法。检定时，最好选在阴天或阴凉处，将标准钢尺与作业钢尺并排伸展在平坦的地面上，两钢尺零分划端各连接弹簧秤一支，使两尺末端分划线对齐并在一起，由一人拉着两尺，一人辅助保持对齐状态，喊“预备”，听到口令，零分划端两人各拉一弹簧秤，当钢尺达到标准拉力时在零分划端的观测员将两尺的零分划线之间的差值 δl（$\delta l=l_{作}-l_{标}$）读出，估读至 0.5mm，如此比较 3 次。若互差不超过 2mm，取中数作为最后结果。由于拉力相同，温度相同，若钢尺线膨胀系数也相同，两尺长度之差值就是两尺尺长方程式的差值。这样就能根据标准钢尺的尺长方程式计算出被检定钢尺的尺长方程式。

② 基线检定法

如果检定精度要求得更高一些，可在国家测绘机构已测定的已知精确长度的基线场进行量距，用欲检定的钢尺多次丈量基线长度，推算出尺长改正数及尺长方程式。

设基线长度为 D，丈量结果为 D'，钢尺名义长度为 l_0，则尺长改正数 Δl 为

$$\Delta l=\frac{D-D'}{D'}l_0 \tag{4-6}$$

再将结果改化为标准温度 20℃时的尺长改正数，即得到标准尺长方程式。

4.1.5 成果整理

当用钢尺进行精密量距时，钢尺必须经过检定并得出在检定时拉力与温度的条件下应有的尺长方程式。丈量前应先用经纬仪定线。如地势平坦或坡度均匀，可将测得的直线两端点高差作为倾斜改正的依据；若沿线地面坡度有起伏变化，标定木桩时应注意在坡度变化处两木桩间距离略短于钢尺全长，木桩顶高出地面 2～3cm，桩顶用“+”来标示点的位置，用水准仪测定各坡度变换点木桩桩顶间的高差，作为分段倾斜改正的依据。每尺段丈量三次，

以尺子的不同位置对准端点，其移动量一般在1dm以内。三次读数所得尺段长度之差视不同要求而定，一般不超过2～5mm，若超限，须进行第四次丈量。丈量完成后还须进行成果整理，即改正数计算，最后得到精度较高的丈量成果。

（1）尺长改正 Δl_1

由于钢尺的名义长度和实际长度不一致，丈量时就产生误差。设钢尺在标准温度、标准拉力下的实际长度为 l，名义长度为 l_0，则一整尺的尺长改正数为

$$\Delta l = l - l_0$$

每量一米的尺长改正数为

$$\Delta l_{米} = \frac{l - l_0}{l_0}$$

丈量 D' 距离的尺长改正数为

$$\Delta l_1 = \frac{l - l_0}{l_0} D' \tag{4-7}$$

钢尺的实长大于名义长度时，尺长改正数为正，反之为负。

（2）温度改正 Δl_t

丈量距离都是在一定的环境条件下进行的，温度的变化对距离将产生一定的影响。设钢尺检定时温度为 t_0，丈量时温度为 t，钢尺的线膨胀系数 α 一般为 1.25×10^{-5} m/℃，则丈量一段距离 D' 的温度改正数 Δl_t 为

$$\Delta l_t = \alpha (t - t_0) D' \tag{4-8}$$

若丈量时温度大于检定时温度，改正数 Δl_t 为正，反之为负。

（3）倾斜改正 Δl_h

设量得的倾斜距离为 D'，两点间测得高差为 h，将 D' 改算成水平距离 D 需加倾斜改正 Δl_h，一般用下式计算

$$\Delta l_h = -\frac{h^2}{2D'} \tag{4-9}$$

倾斜改正数 Δl_h 永远为负值。

（4）全长计算

将测得的结果加上上述三项改正值，即得

$$D = D' + \Delta l + \Delta l_t + \Delta l_h \tag{4-10}$$

相对误差在限差范围之内，取平均值为丈量的结果，如相对误差超限，应重测。

钢尺量距记录计算手簿见表4-1。

表4-1 钢尺量距记录计算手簿

钢尺号：No.04　钢尺线膨胀系数：0.0000125m/℃　检定温度：20℃　计算者：×××

名义长度：30m　钢尺检定长度：30.0015m　检定拉力：10kg　日期：××××年××月××日

尺段	丈量次数	前尺读数	后尺读数	尺段长度	温度/℃	高差/m	温度改正/mm	高差改正/mm	尺长改正/mm	改正后尺段长/m
1	2	3	4	5	6	7	8	9	10	11
A-1	1	29.9910	0.0700	29.9210	25.5	−0.152	+2.0	−0.4	+1.5	29.9249
	2	29.9920	0.0695	29.9225						
	3	29.9910	0.0690	29.9220						
	平均			29.9218						

续表

尺段	丈量次数	前尺读数	后尺读数	尺段长度	温度/℃	高差/m	温度改正/mm	高差改正/mm	尺长改正/mm	改正后尺段长/m
1-2	1	29.8710	0.0510	29.8200	25.4	−0.071	+1.9	−0.08	+1.5	29.8228
	2	29.8705	0.0515	29.8190						
	3	29.8715	0.0520	29.8195						
	平均			29.8195						
2-B	1	24.1610	0.0515	24.1095	25.7	−0.210	+1.6	−0.9	+1.2	24.1121
	2	24.1625	0.0505	24.1120						
	3	24.1615	0.0524	24.1091						
	平均			24.1102						

对表 4-1 中 A-1 段距离进行三项改正计算。

尺长改正 $\Delta l_1=\dfrac{30.0015-30}{30}\times 29.9218=0.0015(\mathrm{m})$

温度改正 $\Delta l_t=0.0000125\times(25.5-20)\times 29.9218=0.0020(\mathrm{m})$

倾斜改正 $\Delta l_h=-\dfrac{(-0.152)^2}{2\times 29.9218}=-0.0004(\mathrm{m})$

经上述三项改正后的 A-1 段的水平距离为

$$D_{A\text{-}1}=29.9218+0.0020+(-0.0004)+0.0015=29.9249(\mathrm{m})$$

其余各段改正计算与 A-1 段相同，然后将各段相加为 83.8598m。设返测的总长度为 83.8524m，可以求出相对误差，用来检查量距的精度。

相对误差 $$K=\frac{|D_{往}-D_{返}|}{D_{平均}}=\frac{0.0074}{83.8561}=\frac{1}{11332}$$

若将平均值保留 3 位小数，则最后结果为 83.856m。

4.1.6 钢尺量距的误差分析及注意事项

(1) 钢尺量距的误差分析

影响钢尺量距精度的因素很多，下面简要分析误差的主要来源和注意事项。

① 尺长误差

钢尺的名义长度与实际长度不符，就产生尺长误差，用该钢尺所量距离越长，则误差累积越大。因此，新购的钢尺必须进行检定，以求得尺长改正值。

② 温度误差

钢尺丈量时的温度与钢尺检定时的温度不同，将产生温度误差。尺温每变化 8.5℃，尺长将改变 1/10000，按照钢的线膨胀系数计算，温度每变化 1℃，丈量距离为 30m 时对距离的影响为 0.4mm。在一般量距丈量温度与标准温度之差不超过±8.5℃时，可不考虑温度误差。但精密量距时，必须进行温度改正。

③ 拉力误差

钢尺在丈量时的拉力与检定时的拉力不同会产生拉力误差。拉力变化 68.6N 尺长将改变 1/10000。以 30m 的钢尺来说，当拉力改变 30～50N 时，引起的尺长误差将有 1～1.8mm。如果能保持拉力的变化在 30N 范围之内，这对于一般精度的丈量工作是足够的。对于精确的距离丈量，应使用弹簧秤，以保持钢尺的拉力是检定时的拉力。30m 钢尺施力 100N，50m 钢尺施力 150N。

④ 钢尺倾斜和垂曲误差

量距时钢尺两端不水平或中间下垂成曲线时，都会产生误差。因此丈量时必须注意保持尺子水平，整尺段悬空时，中间应有人托住钢尺，若检定时悬空，则不用托尺。精密量距时须用水准仪测定两端点高差，以便进行高差改正。

⑤ 定线误差

由于定线不准确，所量得的距离是一组折线而产生的误差称为定线误差。丈量 30m 的距离，若要求定线误差不大于 1/2000，则钢尺尺端偏离方向线的距离就不应超过 0.47m，若要求定线误差不大于 1/10000，则钢尺的方向偏差不应超过 0.21m。在一般量距中，用标杆目估定线能满足要求，但精密量距时需用经纬仪定线。

⑥ 丈量误差

丈量时插测钎或垂球落点不准，前、后尺手配合不好以及读数不准等产生的误差均属于丈量误差。这种误差对丈量结果影响可正可负，大小不定。因此，在操作时应认真仔细、配合默契，以尽量减少误差。

（2）量距时的注意事项

① 伸展钢卷尺时，要小心慢拉，钢尺不可卷扭、打结。若发现有扭曲、打结情况，应细心解开，不能用力抖动，否则容易导致钢尺折断。

② 丈量前，应辨认清钢尺的零端和末端。丈量时，钢尺应逐渐用力拉平、拉直、拉紧，不能突然猛拉。丈量过程中，钢尺的拉力应始终保持检定时的拉力。

③ 转移尺段时，前、后尺手应将钢尺提高，不应在地面上拖拉摩擦，以免磨损尺面分划，钢尺伸展开后，不能让车辆从钢尺上通过，否则极易损坏钢尺。

④ 测钎应对准钢尺的分划并插直。如插入土中有困难，可在地面上标志一明显记号，并把测钎尖端对准记号。

⑤ 单程丈量完毕后，前、后尺手应检查各自手中的测钎数目，避免加错或算错整尺段数。一测回丈量完毕，应立即检查限差是否合乎要求。不合乎要求时，应重测。

⑥ 丈量工作结束后，要用软布擦干净尺上的泥和水。然后涂上机油，以防生锈。

4.2　视距测量

视距测量是一种间接的光学测距方法，它是用望远镜内十字丝分划板上的视距丝及刻有厘米分划的视距标尺，根据光学和三角学原理测定两点间的水平距离和高差的一种方法。特点是操作简便、速度快、不受地形的限制，但测距精度较低，一般相对误差为 1/200～1/300，高差测量的精度也低于水准测量和三角高程测量，但由于操作简便迅速，不受地形起伏限制，可同时测定距离和高差，被广泛用于测距精度要求不高的地形测量中。精密视距测量精度可达 1/2000，可用于山地的图根控制点加密。

4.2.1　视距测量原理

在经纬仪、水准仪等仪器的望远镜十字丝分划板上，有两条平行于横丝且与横丝等距的短丝，称为视距丝，也叫上下丝，利用视距丝、视距尺和竖盘可以进行视距测量，如图

4-10 所示。

（1）视线水平时的视距测量

如图 4-11 所示，要测出地面上 A、B 两点间的水平距离及高差，在 A 点安置仪器，在 B 点立视距尺。将望远镜视线调至水平位置并瞄准尺子，这时视线与视距尺垂直。下丝在标尺上的读数为 a，上丝在标尺上的读数为 b（设为倒像望远镜）。上、下丝读数之差称为视距间隔 n，则 $n=a-b$，如图 4-10 所示。

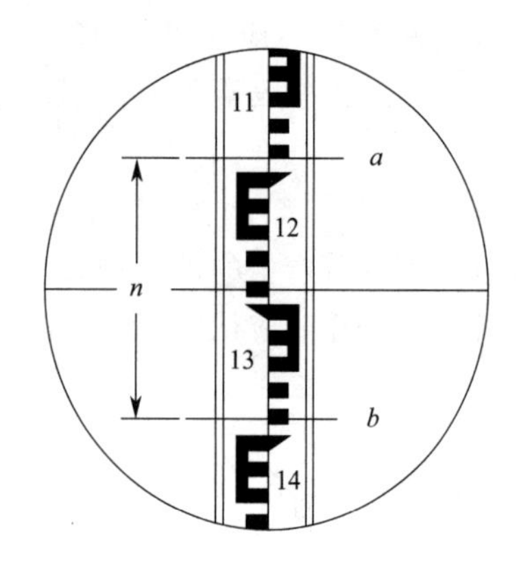

图 4-10 视距丝

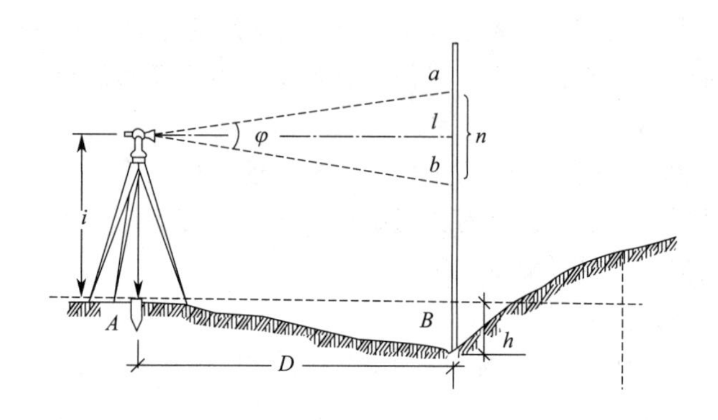

图 4-11 视线水平时的视距测量

由于视距间隔 n 为一定值，因此，从两根视距丝引出去的视线在竖直面内的夹角 φ 也是一个固定的角值，由图 4-11 可知，视距间隔 n 和立尺点离开测站的水平距离 D 呈线性关系，即

$$D=Kn+C \tag{4-11}$$

式中，K 和 C 分别称为视距乘常数和视距加常数，在仪器制造时，使 $K=100$，$C=0$。因此，视线水平时，计算水平距离的公式为

$$D=Kn=100n=100(a-b) \tag{4-12}$$

从图 4-11 中还可看出，量取仪器高 i 之后，便可根据视线水平时的横丝读数或称中丝读数 l，计算两点间的高差

$$h=i-l \tag{4-13}$$

式(4-13) 即为视线水平时高差计算公式。

如果 A 点高程 H_A 为已知，则可求 B 点的高程 H_B 为

$$H_B=H_A+i-l \tag{4-14}$$

（2）视线倾斜时的视距测量

当地面 A，B 两点的高差较大时，必须使视线倾斜一个竖直角 α，才能在标尺上进行视距读数，这时视线不垂直于视距尺，不能用前述公式计算距离和高差。

如图 4-12 所示，设想将标尺以中丝读数 l 这一点为中心，转动一个 α 角，使标尺仍与视准轴垂直，此时上、下视距丝的读数分别为 b' 和 a'，视距间隔 $n'=a'-b'$，则倾斜距离为

$$D'=Kn'=K(a'-b') \tag{4-15}$$

化为水平距离

$$D=D'\cos\alpha=Kn'\cos\alpha \tag{4-16}$$

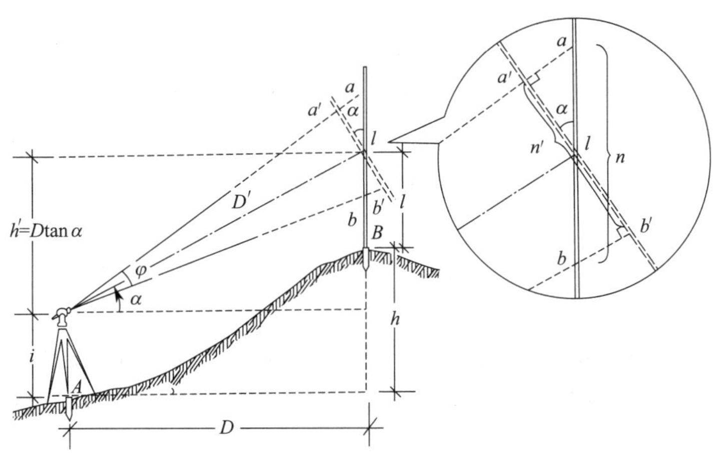

图 4-12　视线倾斜时的视距测量

由于通过视距丝的两条光线的夹角 φ 很小，故 $\angle aa'l$ 和 $\angle bb'l$ 可近似地看成直角，则有

$$n'=n\cos\alpha \tag{4-17}$$

将式(4-17) 代入式(4-16)，得到视准轴倾斜时水平距离的计算公式

$$D=Kn\cos^2\alpha \tag{4-18}$$

同理，由图 4-12 可知，A、B 两点之间的高差为

$$h=h'+i-l=D\tan\alpha+i-l=\frac{1}{2}Kn\sin2\alpha+i-l \tag{4-19}$$

式中　α——垂直角；

i——仪器高；

l——中丝读数。

4.2.2　视距测量的观测和计算

如图 4-12 所示，安置经纬仪于 A 点，量取仪器高 i，在 B 点竖立视距尺。用盘左或盘右，转动照准部瞄准 B 点的视距尺，分别读取上、中、下三丝在标尺上的读数 b、l、a，计算出视距间隔 $n=a-b$。在实际视距测量操作中，为了使计算方便，读取视距时，可使下丝或上丝对准尺上一个整分米处，直接在尺上读出尺间隔 n，或者在瞄准读中丝时，使中丝读数 l 等于仪器高 i。转动竖盘指标水准管微动螺旋，使竖盘指标水准管气泡居中，读取竖盘读数，并计算竖直角 α。再根据视距尺间隔 n、竖直角 α、仪器高 i 及中丝读数 l 按式(4-18) 和式(4-19) 计算出水平距离 D 和高差 h。最后根据 A 点高程 H_A 计算出待测点 B 的高程 H_B。

4.2.3　视距测量的误差来源及消减方法

(1) 视距乘常数 K 的误差

仪器出厂时视距乘常数 $K=100$，但由于视距丝间隔有误差，视距尺有系统性刻画误差，以及仪器检定的各种因素影响，都会使 K 值不一定恰好等于 100。K 值的误差对视距测量的影响较大，不能用相应的观测方法予以消除，故在使用新仪器前，应检定 K 值。

（2）用视距丝读取尺间隔的误差

视距丝的读数是影响视距精度的重要因素，视距丝的读数误差与尺子最小分划的宽度、距离的远近、成像清晰情况有关。在视距测量中一般根据测量精度要求来限制最远视距。

（3）标尺倾斜误差

视距计算的公式是在视距尺严格垂直的条件下得到的。若视距尺发生倾斜，将给测量带来不可忽视的误差影响，因此，测量时立尺要尽量竖直。在山区作业时，由于地表有坡度而给人一种错觉，使视距尺不易竖直，因此，应采用带有水准器装置的视距尺。

（4）外界条件的影响

① 大气竖直折光的影响　大气密度分布是不均匀的，特别在晴天接近地面部分密度变化更大，会使视线弯曲，给视距测量带来误差。根据试验，只有在视线离地面超过 1m 时，折光影响才比较小。

② 空气对流使视距尺的成像不稳定　空气对流的现象在晴天、视线通过水面上空和视线离地表太近时较为突出，成像不稳定造成读数误差增大，对视距精度影响很大。

③ 风力使尺子抖动　风力较大时尺子立不稳而发生抖动，分别在两根视距丝上读数又不可能严格在同一个时刻进行，所以对视距间隔将产生影响。减少外界条件影响的唯一办法是：根据对视距精度的需要而选择合适的天气作业。

4.3 电磁波测距

钢尺量距是一项十分繁重的工作，劳动强度大，工作效率低，尤其在山区或沼泽地区，钢尺量距更为困难。为改变这种状况，随着激光技术和电子技术的发展，电磁波测距仪等应运而生。

以电磁波为载波的测距仪统称为电磁波测距仪。根据载波的不同，它分为以光波为载波的光电测距仪和以微波为载波的微波测距仪。

光电测距仪按光源的不同又分为普通光测距仪、激光测距仪和红外测距仪。其中，普通光测距仪早已淘汰；激光测距仪多用于远程测距；红外测距仪则用于中、短程测距，在工程测量中应用广泛。微波测距仪的精度低于光电测距仪，在工程测量中应用较少。

测距仪除按载波分类外，还可按测程分为短程（3km 以内）、中程（3～15km）和远程（15km 以上）；按精度可分为Ⅰ级、Ⅱ级和Ⅲ级，Ⅰ级 1km 的测距中误差小于±5mm；Ⅱ级±5～±10mm，Ⅲ级大于±10mm。

本节主要介绍红外测距仪的基本原理和测距方法。

4.3.1 测距原理

光电测距是以光波运载测距信号量测两点间距离的一种测距方法。如图 4-13，仪器置于 A 点，反射棱镜置于 B 点。测距仪发射的光波由 A 至 B，经反射回到 A，往返传播的时间 t 被测定，则距离 D 可根据已知光速 c（约 3×10^8 m/s），按下式求得

$$D=\frac{1}{2}c\cdot t \qquad (4\text{-}20)$$

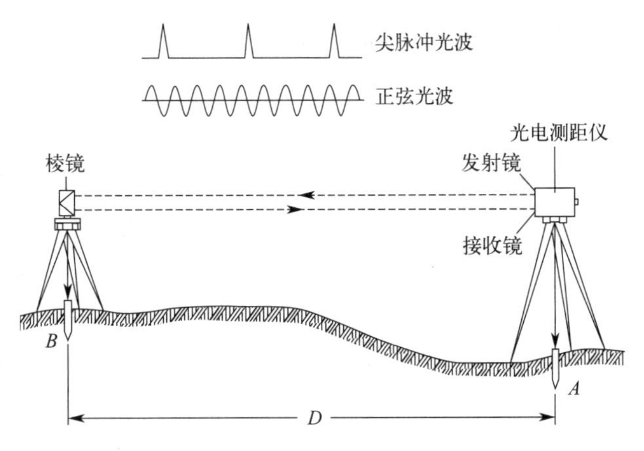

图 4-13　电磁波测距原理

这种测距方法称为脉冲式测距。此方法测定距离的精度取决于时间 t 的量测精度，如果要保证测距精度达到厘米级，时间 t 的量测精度必须准确到 10^{-11}s，目前由于受脉冲宽度和电子计时器分辨率限制，难以达到这样高的时间量测精度。所以在高精度的测距仪上，一般采用相位法测距，如图 4-14 所示。

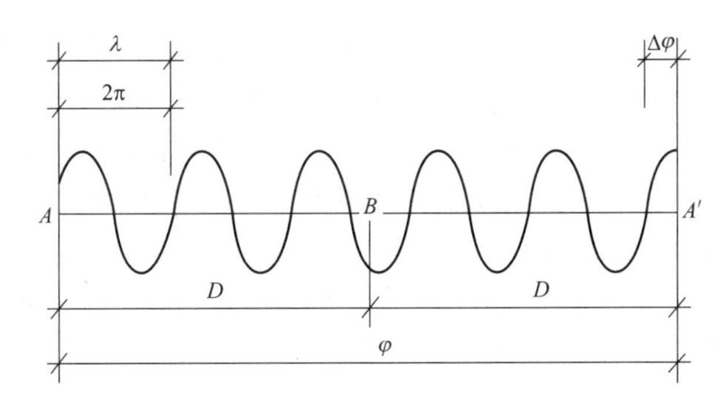

图 4-14　相位法光电测距原理

相位式测距仪是通过测量连续发射的调制光（调幅或调频）在测线上往返传播所产生的相位移来间接测定调制光的传播时间，然后按式(4-20) 计算出仪器到反射棱镜间的距离。如测距仪在 A 点连续发射调制光，到反光镜 B 后经反射回到 A 点被接收，然后由相位计把发射信号（又称参考信号）与接收信号（又称测距信号）进行比较，即能确定调制光经往返传播后产生的相位移。

设测距仪调制光的频率为 f，其光强度变化一个周期的相位差为 2π，波长为 λ，角频率为 ω，从 A 点发出的初相为 0，经 B 点反射回 A 点接收时的相位比发射时的相位延迟 φ 角，则

$$\varphi = 2\pi N + \Delta\varphi$$

式中，N 为相位整周数，$\Delta\varphi$ 为不足一个整周（2π）的尾数。

由于 $\varphi = \omega t = 2\pi f t$，则

$$t = \frac{\varphi}{2\pi f} = \frac{1}{2\pi f}(2\pi N + \Delta\varphi) \tag{4-21}$$

将式(4-21) 代入式(4-20) 得：

$$D=\frac{1}{2}\lambda f\ \frac{1}{2\pi f}(2\pi N+\Delta\varphi)=\frac{\lambda}{2}\left(N+\frac{\Delta\varphi}{2\pi}\right) \tag{4-22}$$

式中，$\lambda=\frac{c}{f}$。

式(4-22) 为相位测距的基本公式。由该式可以看出，c、f 为已知值，只要知道相位移的整周数 N 和不足一个周期的相位差 $\Delta\varphi$，即可求得距离。将式(4-22) 与钢尺量距相比，相当于以半波长$\frac{\lambda}{2}$为“光测尺”进行测距，N 相当于整尺段数，$\frac{\lambda}{2}\times\frac{\Delta\varphi}{2\pi}$相当于余尺长。对于一定频率的测距仪，$\frac{\lambda}{2}$是已知值，仪器中相位计只能测定不足一周的相位差 $\Delta\varphi$ 值，不能测定整周期数 N。

由于距离 D 和整周期数 N 仍是两个未知量，因此，式(4-22) 中 $N>0$ 时，D 仍为多值不定解，唯有当距离 D 小于“光测尺”尺长$\frac{\lambda}{2}$时，则 $N=0$，式(4-22) 就有单一的解。由于仪器存在测距误差，其相对值为 1/1000，测尺越长，测距误差越大。例如：当 $f_1=15\text{MHz}$ 时，光尺长$\frac{\lambda_1}{2}=10\text{m}$，则测距误差为±0.01m；当 $f_2=150\text{KHz}$ 时，$\frac{\lambda_2}{2}=1000\text{m}$，则测距误差为±1m。为兼顾测程与精度，目前测距仪常采用多个频率（即几个测尺）进行测距。如取 $f_1=15\text{MHz}$ 作为“精测尺”，测定距离的米、分米、厘米数值；又取 $f_2=150\text{KHz}$ 作为“粗测尺”，可以测定距离的百米、十米、米数值。这两种尺子联合使用，以粗尺保证测程，精尺保证精度，可测定 1km 以内的距离。精尺、粗尺频率的变换，计算中大小距离数字的衔接等均由仪器内部的逻辑电路自动完成。

由于电子元件的老化和反射棱镜的更换等原因，往往使仪器显示距离与实际距离不一致，而存在一个与所测距离无关的常数差，称为测距仪的加常数 C。通过测距仪的检定，可以求得加常数 C，必要时在测距计算中加以改正。

4.3.2 红外测距仪及其使用

红外测距仪是指采用砷化镓（GaAs）发光二极管发出的红外光作为光源的相位式测距仪。其波长为 0.82～0.93μm（作为一台具体的红外测距仪，则为一个定值），由于影响光速的大气折射率随大气的温度、气压而变，因此，在光电测距作业中，必须测定现场的大气温度和气压，对所测距离做气象改正（Atmospheric Correction）。目前，国内外不同厂家生产的红外测距仪有多种型号，结构和操作也大同小异，下面以国产 D3000 系列（常州大地测绘科技有限公司生产）为例进行简要介绍。如遇不同型号的测距仪，使用时应严格按照随机的《操作说明书》进行操作。

（1）D3000 系列测距仪的主要技术指标

测程：D3000，2000m（单棱镜），3000m（三棱镜）。

D3050，2200m（单棱镜），3200m（三棱镜），4500m（九棱镜）。

精度：±(5mm+5ppm D)（1ppm 为 1×10^{-6} mm）。

显示：最大显示距离 9999.999m，最小读数 1mm（跟踪 1cm）。

测量时间：标准测距 3s，跟踪测距 0.8s。

温度范围：－20℃～＋50℃。

照准望远镜：同轴照准，正像13倍，视场角1°30′。

功耗：≤3.6W。

电源：镍镉电池，装卸式6V，1.2A/h，充电时间14h。

质量：1.8kg（不包括电池）。

（2）仪器结构和操作

D3000系列测距仪包括主机、电池和反射棱镜。主机可安装在DJ_2经纬仪上。

① 主机

主机有发射、接收物镜，瞄准目镜，显示屏，操作键盘，数据接口，连接支架和制动、微动螺旋。操作键盘有多个按键，每个按键都具有双功能或多功能。这里主要介绍以下几种测距模式：

标准测距：按DIST键一次，仪器发出短促音响，开始单次测距，显示屏3s后显示测斜距，并处于待测状态。每照准反射棱镜一次进行四次标准测距，称为一测回。

连续测距：按DIL键一次，仪器发出短促音响，开始连续标准测距，显示屏每3s显示单次所测斜距。按RESET键停止（否则不停止地测下去），并处于待测状态。

平均测距：先按SHIFT键一次，再按AVE键一次，开始连续五次标准测距，显示屏15s后显示五次标准测距的平均值，并处于待测状态。若中途需停止按RESET键。

跟踪测距：按TRC键一次，开始连续粗测距，显示屏每0.8s显示单次所测斜距，只显示到厘米位。按RESET键则停止（否则不停地测下去），并处于待测状态。

② 电池

D3000系列测距仪的随机电池为6V、1.2A/h的镍镉电池，插在主机下方。如测距工作量大，应配置大容量的外接电池。

③ 反射棱镜

分为单棱镜和三棱镜，另外还有九棱镜，用于较远距离的测量。

（3）观测步骤

① 安置仪器

先将经纬仪安置在测站上，对中整平。然后将测距仪主机安置在经纬仪支架上，将电池插入主机下方的电池盒座内。在目标点安置反射棱镜，对中整平，然后将棱镜对准主机方向。

② 观测竖直角和气象元素

用经纬仪望远镜照准棱镜觇板中心，使竖盘指标水准管气泡居中（如有竖盘指标自动补偿装置则无此操作），读取并记录竖盘读数，计算竖直角。然后读取温度计和气压计的读数。

③ 测距

调节测距仪主机的竖直制动和微动螺旋，照准棱镜中心。按ON/OFF键，显示屏在8s内依次显示设置的仪器加、乘常数和电池电压、回光信号强度。仪器自动减光，正常情况下回光强度显示在40～60之间，并有连续蜂鸣声，左下方出现“■”，表示仪器进入待测状态。若显示的仪器加、乘常数与实际不符，需重新输入。

测量过程中，如果显示屏左下方不显示“■”，而显示“R”，同时连续蜂鸣声消失，表示回光强度不足。若是在有效测程内，则可能是测线上有物体挡光，此时需清除障碍。

（4）改正计算

测距仪测得的初始值需要进行三项改正计算，以获得所需要的水平距离。

① 仪器加常数改正

测距仪在标准气象条件、视线水平、无对中误差的情况下，所测得的结果与真实值之间会相差一个固定量，这个量称为加常数。产生加常数的原因主要有：测距仪主机的发射、接收等效中心与几何中心不一致，反射棱镜的接收、反射等效中心与几何中心不一致，主机和棱镜的内、外光路延迟等。仪器加常数包括了主机加常数和棱镜常数，棱镜常数由厂家提供，主机加常数需定期检定测得。将加常数在测距前直接输入仪器，仪器可自动改正观测值，否则应进行人工改正。

D3000 系列测距仪的加常数预置：先按 SHIFT 键一次，再按 mm 键一次，然后输入加常数。按 INC 键输入正号，按 DEC 键输入负号，输完所有数值后按 mm 键确认。加常数的输入范围为－999～＋999mm。

需要注意的是，某些商家的仪器将主机加常数和棱镜常数分开设置，即此时的加常数只指主机加常数；此外，如主机配用不同厂商的棱镜，棱镜常数要按实测值设置。

② 仪器乘常数改正和气象改正

测距仪在视线水平、无对中误差的情况下，所测得的结果与真实值之间会相差一个比例量，这个量称为比例因子。产生比例因子的主要原因是测距仪的频率漂移和大气折射。其中由频率漂移所引起的那一部分比例量称为仪器乘常数，它需定期检定测得；而大气折射的影响可由气象改正公式计算，它由厂家提供或内置于仪器。比例因子的改正可直接输入仪器，也可以人工改正。D3000 系列测距仪的气象改正公式为

$$R=278.96-(793.12P)/(273.16+T) \tag{4-23}$$

式中，R 值以 mm/km 为单位；P 为以 kPa 为单位的气压值；T 为以℃为单位的气温值。

D3000 系列测距仪的比例因子预置：先按 SHIFT 键一次，再按 ppm 键一次，然后输入比例因子值（包括乘常数和气象改正值）。按 INC 键输入正号，按 DEC 键输入负号，输完所有数值后按 ppm 键确认。比例因子的输入范围为－50～＋130ppm。

需要注意的是，某些厂商的仪器将乘常数和气象改正分开设置。

③ 倾斜改正

经上述改正后，所得距离值为测距仪主机中心至反射棱镜中心的倾斜距离 S，还需改正为水平距离 D

$$D=S\cos\alpha \tag{4-24}$$

（5）注意事项

① 在晴天和雨天作业要撑伞遮阳、挡雨，防止阳光或其他强光直接射入接收物镜，损坏光敏二极管；防止雨水浇淋测距仪主机。

② 测线两侧和测站背景应避免有反光物体，防止杂乱信号进入接收系统产生干扰；此外，主机和测线还应避开高压线、变压器等强电磁场干扰源。

③ 测线应保证一定的净空高度，尽量避免通过发热体和较宽水面的上空。

④ 仪器用完后要关机；保存和运输中需注意防潮、防震、防高温；长久不用要定期通电干燥。

⑤ 电池要及时进行充电；当仪器不用时，电池仍需充电后再存放。

⑥ 仪器要定期进行必要的检验，以保证测量成果的精度并延长使用寿命。

4.3.3　测距误差和标称精度

顾及大气折射率和仪器加常数 K，相位式测距的基本公式可写为

$$D=\frac{c_0}{2fn}\left(N+\frac{\Delta\varphi}{2\pi}\right)+K \tag{4-25}$$

式中，c_0 为真空中的光速值；n 为大气的群折射率，它是载波波长、大气温度、大气湿度、大气压力的函数。

由上式可知，测距误差是由光速值误差 m_{c0}、大气折射率误差 m_n、调制频率误差 m_f 和测相误差 $m_{\Delta\varphi}$、加常数误差 m_K 决定；但实际上，除上述误差外，测距误差还包括仪器内部信号串扰引起的周期误差 m_A、仪器的对中误差 m_g 等。这些误差可分为两大类，一类与距离成正比，称为比例误差，如 m_{c0}、m_n、m_f、m_g；另一类与距离无关的误差称为固定误差，如 $m_{\Delta\varphi}$、m_K。因此测距仪的标称精度表达式一般可写为

$$m_D=\pm(a+bD) \tag{4-26}$$

式中，a 为固定误差，以 mm 为单位；b 为比例误差系数，以 mm/km 为单位；D 为距离，以 km 为单位。

【例 4.1】 某测距仪的标称精度为±(5mm＋5mm/km)，现用它观测一段 1000m 的距离，则测距中误差为？

【解】　$m_D=\pm(5\text{mm}+5\text{mm/km}\times1.0\text{km})=\pm10\text{mm}$

4.4　直线定向

在测量工作中常常需要确定两点平面位置的相对关系，此时仅仅测得两点间的距离是不够的，还需要知道这条直线的方向，才能确定两点间的相对位置，在测量工作中，一条直线的方向是根据某一标准方向线来确定的，确定直线与标准方向线之间夹角关系的工作称为直线定向。

4.4.1　标准方向线

（1）真子午线方向

通过地面上一点并指向地球南北极的方向线，称为该点的真子午线方向。真子午线方向是用天文测量方法或者陀螺经纬仪测定的。指向北极星的方向可近似地作为真子午线的方向。

（2）磁子午线方向

通过地面上一点的磁针，在自由静止时其轴线所指的方向（磁南北方向），称为磁子午线方向。磁子午线方向可用罗盘仪测定。

由于地磁两极与地球两极不重合，致使磁子午线与真子午线之间形成一个夹角 δ，称为磁偏角。磁子午线北端偏于真子午线以东为东偏，δ 为正；以西为西偏，δ 为负。

（3）坐标纵轴方向

测量中常以通过测区坐标原点的坐标纵轴为准，测区内通过任一点与坐标纵轴平行的方

向线，称为该点的坐标纵轴方向。

真子午线与坐标纵轴间的夹角 γ 称为子午线收敛角。坐标纵轴北端在真子午线以东为东偏，γ 为正；以西为西偏，γ 为负。

如图 4-15 所示，为三种标准方向间关系的一种情况，δ_m 为磁针对坐标纵轴的偏角。

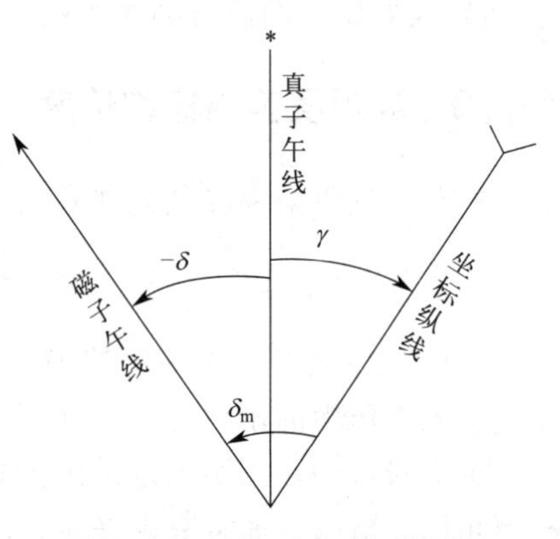

图 4-15 三种标准方向间的关系

4.4.2 直线方向的表示方法与推算

测量工作中，常用方位角来表示直线的方向。由标准方向的北端起，按顺时针方向量到某直线的水平角，称为该直线的方位角，角值范围为 0°～360°。由于采用的标准方向不同，直线的方位角有如下三种。

① 真方位角。从真子午线方向的北端起，按顺时针方向量至某直线的水平角，称为该直线的真方位角，用 A 表示。

② 磁方位角。从磁子午线方向的北端起，按顺时针方向量至某直线的水平角，称为该直线的磁方位角，用 A_m 表示。

③ 坐标方位角。从平行于坐标纵轴的方向线的北端起，按顺时针方向量至某直线的水平角，称为该直线的坐标方位角，以 α 表示，通常简称为方向角。

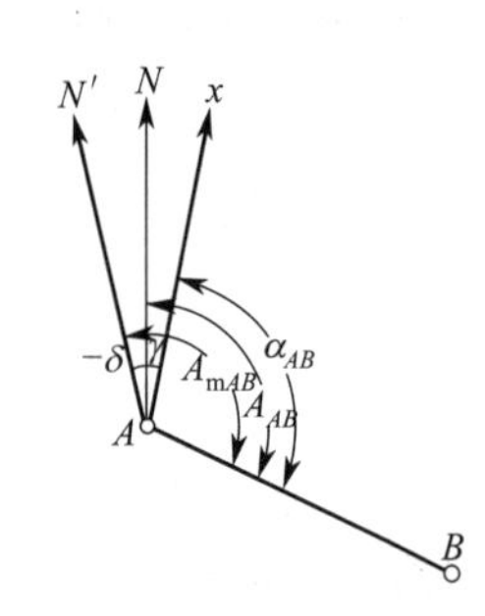

图 4-16 方位角间的关系

4.4.3 方位角间的关系

不同点的 δ、γ 值一般是不相同的。如图 4-16 所示情况，直线 AB 的三种方位角之间的关系如下

$$\left.\begin{aligned} A_{AB} &= A_{mAB} - \delta \\ A_{AB} &= \alpha_{AB} + \gamma \\ \alpha_{AB} &= A_{mAB} - \delta - \gamma \end{aligned}\right\} \tag{4-27}$$

4.4.4 坐标方位角与推算

如图 4-17，直线 12 的两个端点，1 是起点，2 是终点，α_{12} 称为直线 12 的正坐标方位角，α_{21} 称为直线 12 的反坐标方位角。对于直线 21，2 是起点，1 是终点，α_{21} 称为直线 21 的正坐标方位角，α_{12} 称为直线 21 的反坐标方位角。一条直线的正、反坐标方位角相差 180°，即：

$$\alpha_{12} = \alpha_{21} \pm 180° \text{或} \alpha_{正} = \alpha_{反} \pm 180°$$

在实际工作中并不需要测定每条直线的坐标方位角，而是通过与已知坐标方位角的直线联测后，推算出各条直线的坐标方位角。如图 4-18，已知直线 12 的坐标方位角 α_{12}，观测了水平角 β_2 和 β_3，要求推算直线 23 和直线 34 的坐标方位角。由图 4-18 可看出：

$$\alpha_{23} = \alpha_{21} - \beta_2 = \alpha_{12} + 180° - \beta_2 \tag{4-28}$$

$$\alpha_{34} = \alpha_{32} + \beta_3 = \alpha_{23} + 180° + \beta_3 \tag{4-29}$$

因 β_2 在推算路线前进方向的右侧，称为右折角；β_3 在左侧，称为左折角。从而可归纳出坐标方位角推算的一般公式为：

$$\alpha_{前}=\alpha_{后}+180°+\beta_{左} \tag{4-30}$$

$$\alpha_{前}=\alpha_{后}+180°-\beta_{右} \tag{4-31}$$

因方位角的取值范围是 0°～360°，计算中，如果 $\alpha_{前}>360°$，应减去 360°；如果 $\alpha_{前}<0°$，应加上 360°。

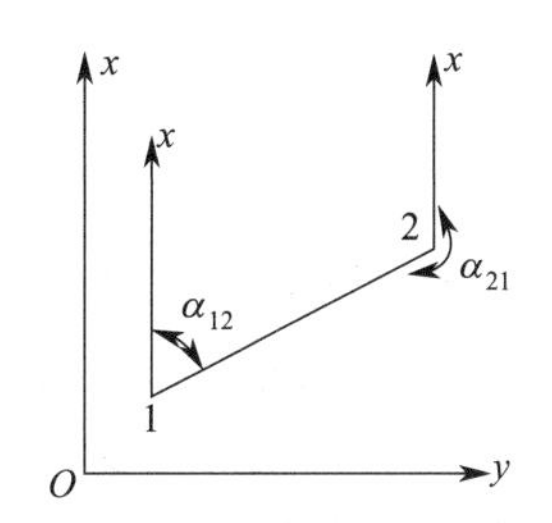

图 4-17　正、反坐标方位角图

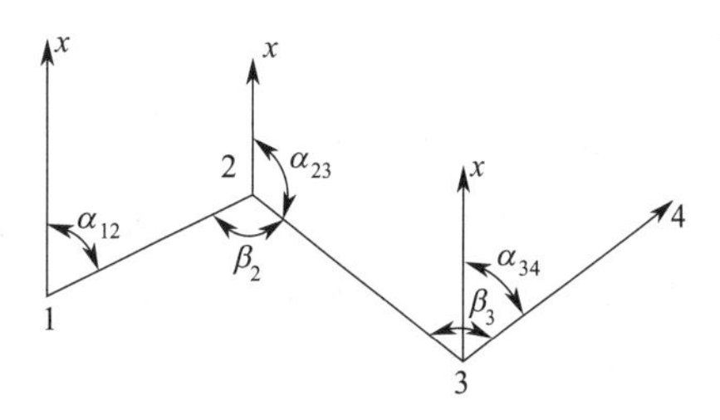

图 4-18　坐标方位角推算

4.4.5　象限角

表示直线方向除方位角外，还可以用象限角表示。从过直线一端的标准方向线的北端或南端，依顺时针（或逆时针）方向度量至直线的锐角称为象限角，一般用 R 表示，其取值范围 0°～90°，如图 4-19 所示。若分别以真子午线、磁子午线和坐标纵线作为标准方向，则相应的角分别称为真象限角、磁象限角和坐标象限角。

仅有象限角值还不能完全确定直线的方向。因为具有某一角值的象限角，可以从不同的线端（北端或南端）和依不同的方向（顺时针或逆时针）来度量。具有同一象限角值的直线方向可以出现在四个象限中。因此，在用象限角表示直线方向时，要在象限角值前面注明该直线方向所在的象限名称。Ⅰ象限：北东（NE）、Ⅱ象限：南东（SE）、Ⅲ象限：南西（SW）、Ⅳ象限：北西（NW），以区别不同方向的象限角。

如图 4-19 中，直线 OA、OB、OC、OD 的象限角相应地要写为北东 R_{OA}、南东 R_{OB}、南西 R_{OC}、北西 R_{OD}。同一直线的方位角与象限角的关系如图 4-20 所示。

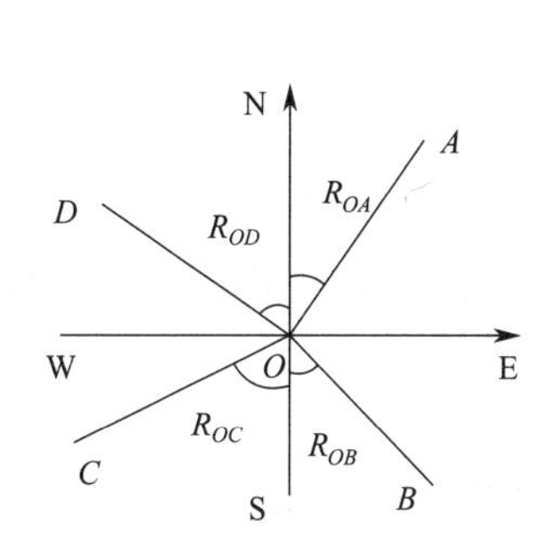

图 4-19　直线的象限角

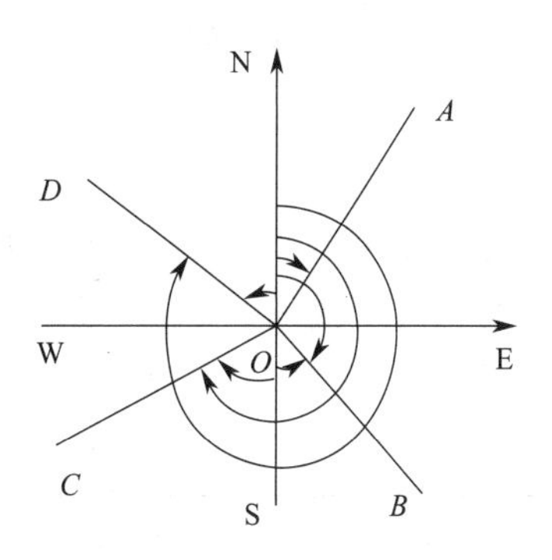

图 4-20　方位角与象限角的关系

从图 4-20 中可以很容易得出直线坐标方位角和象限角的关系，如表 4-2 中所示。

表 4-2 方位角与象限角的关系

象限及名称	坐标方位角值	由象限角求坐标方位角
Ⅰ北东	0°～90°	$\alpha=R$
Ⅱ南东	90°～180°	$\alpha=180°-R$
Ⅲ南西	180°～270°	$\alpha=180°+R$
Ⅳ北西	270°～360°	$\alpha=360°-R$

4.4.6 坐标计算

（1）坐标和坐标增量

在测量工作中，高斯平面直角坐标系是以投影带的中央子午线投影为坐标纵轴，用 x 表示，赤道线投影为坐标横轴，用 y 表示，两轴交点为坐标原点。两坐标轴将平面分为四个部分，即四个象限，从北东开始，按顺时针方向依次编为Ⅰ、Ⅱ、Ⅲ、Ⅳ象限。由坐标原点向上（北）、向右（东）为正方向，反之则为负。某点的坐标就是该点到坐标纵、横轴的垂直距离。如图 4-21 中的 P 点的位置，即 P 点的纵坐标 x_P；横坐标 y_P。

平面上两点的直角坐标值之差称为坐标增量。纵坐标增量用 Δx_{ij} 表示，横坐标增量用 Δy_{ij} 表示。坐标增量是有方向性的，脚标 i、j 的顺序表示坐标增量的方向。如图 4-22，设 A、B 两点的坐标分别为 A（x_A，y_A）、B（x_B，y_B），则 A 至 B 点的坐标增量为：

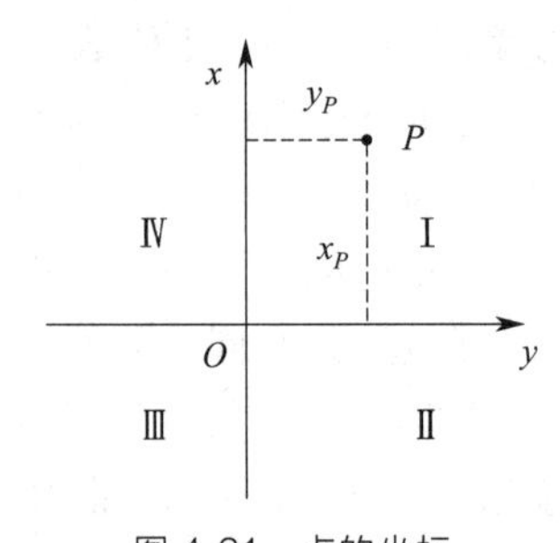

图 4-21 点的坐标

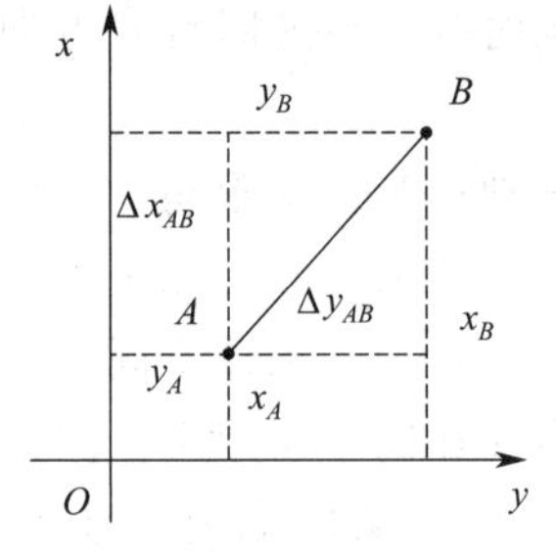

图 4-22 坐标增量

$$\left.\begin{aligned}\Delta x_{AB}&=x_B-x_A\\ \Delta y_{AB}&=y_B-y_A\end{aligned}\right\}$$

而 B 至 A 点的坐标增量为：

$$\left.\begin{aligned}\Delta x_{BA}&=x_A-x_B\\ \Delta y_{BA}&=y_A-y_B\end{aligned}\right\}$$

很明显，A 至 B 与 B 至 A 的坐标增量，绝对值相等，符号相反。可见，直线上两点的坐标增量的符号与直线的方向有关。坐标增量的符号与直线方向的关系如表 4-3 所示。由于坐标增量和坐标方位角均有方向性，务必注意下标的书写。

表 4-3 坐标增量的符号与直线方向的关系

直线方向		坐标增量符号	
坐标方位角	相应的象限	Δx	Δy
0°～90°	Ⅰ(北东)	+	+
90°～180°	Ⅱ(南东)	−	+
180°～270°	Ⅲ(南西)	−	−
270°～360°	Ⅳ(北西)	+	−

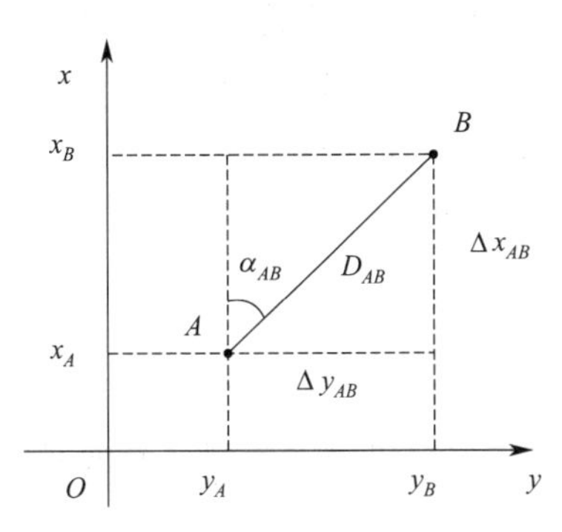

图 4-23 坐标正算与坐标反算

（2）坐标正算

根据直线的起点坐标及该点至终点的水平距离和坐标方位角，来计算直线终点坐标，称为坐标正算。

如图 4-23 中，已知 A（x_A，y_A）、D_{AB}、α_{AB}，求 B 点坐标（x_B，y_B）。由图根据数学公式，可得其坐标增量为：

$$\left.\begin{aligned}\Delta x_{AB}=D_{AB}\cos\alpha_{AB}\\ \Delta y_{AB}=D_{AB}\sin\alpha_{AB}\end{aligned}\right\} \tag{4-32}$$

按式(4-32）求得增量后，加起算点 A 点坐标可得未知点 B 点的坐标：

$$\left.\begin{aligned}x_B=x_A+\Delta x_{AB}=x_A+D_{AB}\cos\alpha_{AB}\\ y_B=y_A+\Delta y_{AB}=y_A+D_{AB}\sin\alpha_{AB}\end{aligned}\right\} \tag{4-33}$$

上式是以方位角在第一象限导出的公式，当方位角在其他象限时，其公式仍适用。坐标增量计算公式中的方位角决定了坐标增量的符号，计算时无须再考虑坐标增量的符号。如图 4-23，$\Delta x_{BA}=D_{BA}\cos\alpha_{BA}$ 是负值，$\Delta y_{BA}=D_{BA}\sin\alpha_{BA}$ 也是负值，A 点坐标仍为：

$$\left.\begin{aligned}x_A=x_B+\Delta x_{BA}\\ y_A=y_B+\Delta y_{BA}\end{aligned}\right\}$$

【例 4.2】 已知 N 点的坐标为 $x_N=376996.541\text{m}$，$y_N=36518528.629\text{m}$，NP 的水平距离 $D_{NP}=484.759\text{m}$，NP 的坐标方位角 $\alpha_{NP}=259°56'12''$，试求 P 点的坐标 x_P、y_P。

【解】 由坐标正算公式(4-32)、式(4-33）得：

$$\Delta x_{NP}=484.759\times\cos259°56'12''=-84.705\text{m}$$
$$\Delta y_{NP}=484.759\times\sin259°56'12''=-477.301\text{m}$$
$$x_P=x_N+\Delta x_{NP}=376996.541-84.705=376911.836\text{m}$$
$$y_P=y_N+\Delta y_{NP}=36518528.629-477.301=36518051.328\text{m}$$

（3）坐标反算

根据直线起点和终点的坐标，求两点间的水平距离和坐标方位角，称为坐标反算。

如图 4-23，已知 A、B 两点坐标分别为（x_A，y_A）、（x_B，y_B），求 AB 直线的坐标方位角 α_{AB} 和水平距离 D_{AB}。由于反三角函数计算结果具有多值性，而有些计算器的反三角函数运算结果仅给出小于 90°的角值。因此，计算坐标方位角 α_{AB} 时，需先计算直线的象限角。由图可得：

$$\tan R_{AB}=\frac{|\Delta y_{AB}|}{|\Delta x_{AB}|}=\frac{|y_B-y_A|}{|x_B-x_A|}$$

则
$$R_{AB}=\arctan\frac{|\Delta y_{AB}|}{|\Delta x_{AB}|}=\arctan\frac{|y_B-y_A|}{|x_B-x_A|} \tag{4-34}$$

按照式(4-34）计算得 AB 直线的象限角后，依照 Δy_{AB} 和 Δx_{AB} 的正负号来确定 AB 直线的坐标方位角所在的象限（见表 4-2），然后，根据所在象限中方位角与象限角之间的关系，将求得的象限角换算成相应的坐标方位角。这一点计算时必须注意。

利用两点坐标计算其水平距离的公式如下：

$$D_{AB}=\frac{\Delta y_{AB}}{\sin\alpha_{AB}}=\frac{\Delta x_{AB}}{\cos\alpha_{AB}}\text{或}D_{AB}=\sqrt{(x_B-x_A)^2+(y_B-y_A)^2} \tag{4-35}$$

实际反算距离时，可用式(4-35) 中的某一式计算，用另外两个计算公式进行计算检核。

【例 4.3】 已知 A、B 两点的坐标分别为：$x_A=70025.283\text{m}$，$y_A=18065.642\text{m}$；$x_B=69891.879\text{m}$，$y_B=18257.454\text{m}$。试求 AB 的水平距离 D_{AB} 和坐标方位角 α_{AB}。

【解】 $\Delta x_{AB}=x_B-x_A=69891.879-70025.283=-133.404\text{m}$

$\Delta y_{AB}=y_B-y_A=18257.454-18065.642=191.812\text{m}$

$$R_{AB}=\arctan\frac{|\Delta y_{AB}|}{|\Delta x_{AB}|}=\arctan\left(\frac{|191.812|}{|-133.404|}\right)=55°10'54''$$

由于 Δx_{AB} 符号为负，Δy_{AB} 符号为正，所以直线 AB 的方位角在第Ⅱ象限，根据第Ⅱ象限方位角与象限角的关系可得：

$$\alpha_{AB}=180°-R_{AB}=180°-55°10'54''=124°49'06''$$

$$D_{AB}=\sqrt{(x_B-x_A)^2+(y_B-y_A)^2}=\sqrt{(-133.404)^2+(191.812)}^2=233.642\text{m}$$

检核计算：$D_{AB}=\dfrac{\Delta y_{AB}}{\sin\alpha_{AB}}=\dfrac{191.812}{\sin124°49'06''}=233.642\text{m}$

在测量工作中，我们常用的函数计算器，一般都有极坐标与直角坐标互相换算的功能，可以很方便地进行坐标正算和反算。由此功能计算方位角直接是该直线的边长和坐标方位角。

习题

1. 量距时为什么要进行直线定线？如何进行直线定线？

2. 测量中的水平距离指的是什么？如何计算相对误差？

3. 哪些因素会引起钢尺量距误差？应注意哪些事项？

4. 何谓真子午线、磁子午线、坐标子午线？何谓真方位角、磁方位角、坐标方位角？正反方位角关系如何？试绘图说明。

5. 视距测量有何特点？它适用于什么情况下测距？

6. 影响量距精度的因素有哪些？如何提高量距的精度？

7. 什么叫直线定向？什么是方位角，坐标方位角和正、反方位角？

8. 使用一根长 30m 的钢尺，其实际长度为 29.985m，现用该钢尺丈量两段距离，使用拉力为 100N，$\alpha=0.0000125\text{m}/℃$，丈量结果见表 4-4，试进行尺长、温度及倾斜改正，求出各段的实际长度。

表 4-4 丈量结果

尺段	丈量结果/m	温度/℃	高差/m
1	29.997	6	1.71
2	29.902	15	0.56

9. 用一把尺长方程式为 $30\text{m}+0.0032\text{m}+1.25\times10^{-5}\times30\times(t-20)\text{m}$ 的钢尺，量得 AB 两点间的倾斜距离 $D'=143.9987\text{m}$，量距时测得钢尺平均温度为 16℃，两点间高差为 1.2m，试求该段距离的实际水平长度。

10. 已知 A 点的磁偏角为西偏 $21'$，过点 A 的真子午线与中央子午线的收敛角为东偏 $3'$，直线 AB 的方向角为 $60°20'$。求 AB 直线的真方位角与磁方位角，并绘图表示。

11. 已知下列各直线的坐标方位角 $\alpha_{AB}=38°30'$、$\alpha_{CD}=175°35'$、$\alpha_{EF}=230°20'$、$\alpha_{GH}=330°58'$，试分别求出它们的象限角和反坐标方位角。

12. 如图 4-24 所示，已知 CA 边的坐标方位角 $\alpha_{AC}=274°16'04''$，$\beta_1=29°52'34''$，$\beta_2=80°46'12''$，求 AB 边的坐标方位角。

13. 如图 4-25 所示，已知直线 AB 的坐标方位角 $\alpha_{AB}=128°12'54''$，观测角 $\beta_1=220°42'24''$，$\beta_2=120°36'42''$，$\beta_3=225°52'30''$，求 ED 的坐标方位角 α_{ED}。

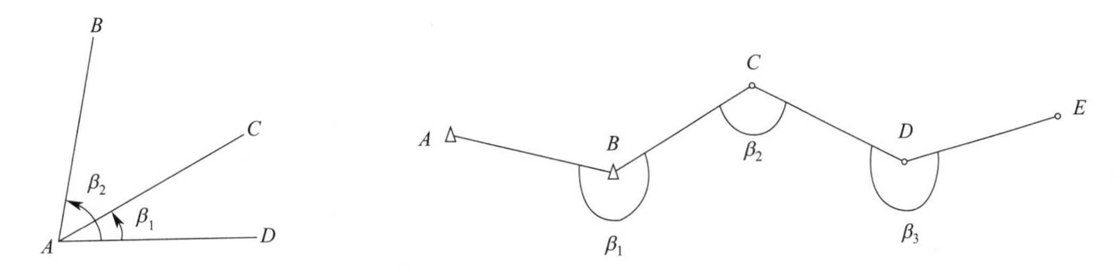

图 4-24　习题 12 图

图 4-25　习题 13 图

14. 如图 4-26 所示，已知 $x_B=1250.50\text{m}$，$y_B=2536.25\text{m}$，计算 1 点的坐标。

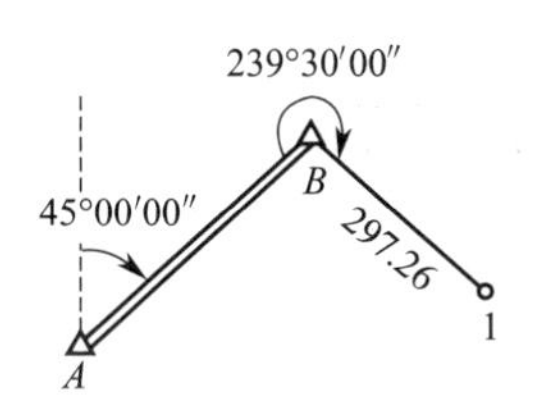

图 4-26　习题 14 图

15. 用经纬仪进行距离测量的记录表见表 4-5，仪器高 $i=1.532\text{m}$，测站点高程为 7.481m。试计算测站点至各照准点的水平距离及各照准点的高程。

表 4-5　距离测量记录（习题 15）

点号	下丝读数	上丝读数	中丝读数	视距间隔	竖盘读数	竖直角/(° ′)	水平距离	高差	高程	备注
1	1.766	0.902	1.383		84°32′					
2	2.165	0.555	1.360		87°25′					$\alpha=90°-L$
3	2.570	1.428	2.000		93°45′					
4	2.871	1.128	2.000		86°13′					

第5章
测量误差的基本知识

本章导读

本章主要讲述测量误差的基本知识以及测量数据处理的有关方法。重点内容包括：误差的分类、特性及处理方法，误差传播定律，等精度和不等精度直接观测平差的原理和方法等。难点为误差传播定律及其应用。

5.1 测量误差的来源及分类

5.1.1 测量误差概述

生产实践中，通常会对某个未知量进行测量，这个测量的过程称为观测，测量的数值称为观测值。当使用仪器对某个未知量，如某个角度、某两点间的距离或高差等，进行多次重复观测时，每次所得到的结果往往并不完全一致，与其客观存在的真实值也往往有差异，比如对一个三角形的3个内角进行观测，发现其和并不等于180°。这种差异实质上是观测值与真实值（简称真值）之间的差异，称为测量误差或者观测误差，亦称为真误差。在不产生歧义的情况下，也可简称为误差。设观测值为 l_i（$i=1，2，\cdots，n$），其真值为 X，则测量误差 Δ_i 定义为：

$$\Delta_i = l_i - X (i=1,2,\cdots,n) \tag{5-1}$$

一般情况下，只要使用仪器对某个量进行观测，就会存在误差，误差是不可避免的，每次观测都有误差的产生。例如，在水准测量中，闭合路线的高差理论上应该等于零，但实测观测值的闭合差往往不会达到零闭合；同一组人员用同一台经纬仪对某个角度进行水平角观测，上、下半测回的角值往往不完全相等。这些现象在测量工作中是经常发生的，这就表明了观测值中不可避免地有误差。

5.1.2 测量误差的来源

测量工作是观测者使用某种测量仪器或工具，在一定的外界条件下进行的观测活动。因此，测量误差的来源主要有以下三个方面：

（1）仪器的误差

主要是仪器、工具构造上的缺陷及仪器、工具本身精密度的限制。

（2）观测者的误差

由观测者测量技术水平或者感官能力的局限而产生。主要体现在仪器的对中、照准、读数等几个方面。

（3）外界条件的影响

在观测工程中，不断变化的温度、湿度、风力、可见度、大气折光等外界因素给测量带来的误差。

大量的实践证明，测量误差主要是由上述三方面因素的影响而造成的。通常将仪器、观测者和外界条件合称为观测条件。

在人们的印象中，总是希望每次测量值所出现的误差越小越好，甚至希望趋近于零。但要真正做到这一点，就要使用极其精密的仪器，采用十分严格的观测方法，这样一来，可能会使每次的测量工作都变得十分烦琐，消耗大量的物力和精力。实际上，根据不同的测量目的和要求，允许在测量结果中含有一定程度的测量误差。因此，我们的目标不是简单地使测量误差越小越好，而应该设法将误差限制在满足测量目的和要求的范围以内。

5.1.3　测量误差的分类

由于各种因素的影响，测量结果中不可避免地包含误差。根据性质的不同，测量误差可以分为粗差、系统误差和偶然误差三大类。每次观测值的误差可以认为是这三类误差的总和，即：

观测误差＝粗差＋系统误差＋偶然误差

当然，由于仪器、观测者和外界条件的不同，这三类误差在每个测量误差中占的比重也不尽相同。

（1）粗差

粗差属于一种大量级的测量误差。粗差往往是由测量工作中的失误造成的。在测量成果中，是不允许有粗差存在的。一旦发现粗差的存在，该观测值必须舍弃并重新测量。

粗差产生的原因较多，但往往与测量失误有关，例如测量数据的误读、记录人员的误记、照准错误的目标、对中操作产生较大的目标偏离等；也有可能是仪器本身带病工作或者受到外界干扰发生目标或者数值偏离等。

在测量中如何避免或发现粗差？下面是一些有效的方法：进行必要的重复观测；观测成果计算中进行必要的检核、验算；增加约束条件，通过“多余”的观测，及时发现和避免粗差。一般说来，严格遵守国家技术监督部门和测绘管理机构制定的相关测量规范，是可以避免粗差和发现粗差的。

（2）系统误差

系统误差是指在一定的观测条件下对某量进行一系列观测，测量误差的大小和符号保持不变，或按一定的规律变化的误差。例如，用名义长度为30m而检定长度为30.005m的钢尺进行量距；地球曲率和大气折光对距离和高程测量的影响；经纬仪的竖直度盘指标差对竖直角观测的影响等，均属于系统误差。

系统误差主要是由仪器制造、校正不完善、测量时外界环境条件与仪器检定时不一致等原因引起的。在观测成果中此类误差的影响具有累积性，对成果质量影响显著。测量工作中可以通过适当的方法消除、减弱或限制系统误差的影响：

① 采用对称观测的方法消除系统误差的影响，如角度测量时，采用正倒镜分中法可以消除视准轴误差、横轴误差、照准部偏心差和竖盘指标差等的影响；水准测量时，采用前后视距相等的方法可以消除视准轴误差、地球曲率和大气折光差的影响。

② 找出产生系统误差的原因和规律，采用一定的计算方法修正系统误差的影响，如钢尺量距时对结果进行尺长改正、温度改正和倾斜改正。

③ 将系统误差限制在容许范围内。有些系统误差无法通过一定的观测方法消除或用一定的计算方法改正，如经纬仪竖轴误差，只能按照规定的要求进行精确检校，在观测时严格精平，使其对水平角观测的影响限制在容许范围内。

（3）偶然误差

偶然误差是指在一定的观测条件下进行一系列的观测，误差的大小和符号都表现出随机性，这样的误差称为偶然误差。偶然误差的产生取决于观测进行中的一系列不可能严格控制的因素（如湿度、温度，空气振动和观测者感官能力等）的随机扰动，如受到肉眼分辨率和望远镜放大倍率的限制，观测者估读数据可能忽大忽小，照准目标可能忽左忽右。

表面上看来，偶然误差没有一定的规律可遵循，但对大量的偶然误差进行统计分析时，就能发现其规律性。并且，随着偶然误差个数的增加，其规律性越明显，所以从概率论的角度看，偶然误差又可称为随机误差。

偶然误差是由观测者的感观能力和仪器性能受到一定的限制，以及受观测时不断变化的外界条件的影响等原因造成的。例如普通水准测量时，水准尺毫米数值的估读误差；角度测量时，用经纬仪瞄准目标的照准误差；忽大忽小变化的风力对仪器、立尺的影响等。

偶然误差对测量结果的影响只能通过多余观测进行检核和调整。

在实际测量当中，只要严格遵守国家技术监督部门和测绘管理机构制定的相关测量规范，粗差是可以被发现并剔除的，系统误差也是可以被改正的，而偶然误差却是不可避免的，并且很难完全消除。在消除或大大削弱了粗差和系统误差的观测值误差后，偶然误差就占据了主导地位，其大小将直接影响测量成果的精确程度。因此，了解和掌握其统计规律，对提高测量精度是很有帮助的。

5.2 偶然误差的特性

5.2.1 偶然误差的基本特性

单个偶然误差没有规律可循，只有大量的偶然误差才有统计规律，要分析偶然误差的统计规律，需要得到一系列的偶然误差值。根据式(5-1)，应对某个真值 X 已知的量进行多次重复观测才可以得到一系列偶然误差 Δ_i 的准确值。在大部分情况下，观测量的真值 X 是未知的，这就为得到 Δ_i 的准确值进而分析其统计规律带来了困难。但是，在某些情况下，观测量函数的真值是已知的。例如，将一个三角形内角和闭合差的观测值定义为：

$$\omega_i=(\beta_1+\beta_2+\beta_3)-180° \tag{5-2}$$

则它的真值为 $\omega_{i1}=0$，根据真误差的定义可以求得 ω_i 的真误差为

$$\Delta_i=\omega_i-\omega_{i1}=\omega_i \tag{5-3}$$

式(5-3) 表明，任意一个三角形闭合差的真误差就等于闭合差本身。

以下面这个例子对偶然误差进行统计分析，并总结其基本特性。在一定的观测条件下，对一个平面三角形的三个内角独立地[1]重复观测了 217 次。平面三角形三个内角和的真值应该等于 180°，但由于观测值含有误差，往往不等于真值。为研究方便，假设已经通过措施和改正等方法消除了粗差和系统误差，观测值的真误差主要由偶然误差造成。

由式(5-1) 计算 217 个三角形内角观测值之和的真误差，将真误差按照误差区间 $d\Delta=3''$进行归类，统计出在各区间内的正、负误差的个数 k，并计算出 k/n（n 为观测值总数，$n=217$），k/n 即为误差在该区间的频率，然后列成误差频率分布表 5-1。

表 5-1 误差频率分布表

误差区间 $d\Delta=3''$	正误差 $+\Delta$			负误差 $-\Delta$		
	个数 k	频率 k/n	$k/(nd\Delta)$	个数 k	频率 k/n	$k/(nd\Delta)$
0～3	30	0.138	0.0460	29	0.134	0.0447
3～6	21	0.097	0.0323	20	0.092	0.0307
6～9	15	0.069	0.0230	18	0.083	0.0277
9～12	14	0.065	0.0217	16	0.073	0.0243
12～15	12	0.055	0.0183	10	0.946	0.0153
15～18	8	0.037	0.0123	8	0.037	0.0123
18～21	5	0.023	0.0077	6	0.028	0.0093
21～24	2	0.009	0.0030	2	0.009	0.0030
24～27	1	0.005	0.0017	0	0	0
≥27	0	0	0	0	0	0
合计	108	0.498	0.1660	109	0.502	0.1673

用图示的方法可以更直观地对偶然误差的特性进行统计分析。根据表 5-1 的数据，以误差的数值 Δ 为横坐标，以频率 k/n 与区间 $d\Delta$ 的比值$k/(nd\Delta)$ [记为 $f(\Delta)$] 为纵坐标，可以绘制出如图 5-1 所示的频率直方图。

从表 5-1 和图 5-1 可以看到这次测量结果中，误差存在这样几个特点：小误差出现的频率比大误差高，绝对值相等的正、负误差出现的频率相近，最大误差的绝对值不超过 27″。

通过大量测量统计结果表明，特别当观测次数增多时，偶然误差具有以下的特性：

特性 1：在一定观测条件下的观测中，偶然误差的绝对值不会超过一定的限值；

特性 2：绝对值较小的误差出现的频率高，绝对值较大的误差出现的频率低；

特性 3：绝对值相等的正、负误差出现的频率大致相等；

特性 4：当观测次数无限增多时，偶然误差的算术平均值趋近于零，即

$$\lim_{n\to\infty}\frac{\Delta_1+\Delta_2+\cdots+\Delta_n}{n}=\lim_{n\to\infty}\frac{[\Delta]}{n}=0 \tag{5-4}$$

式中 $[\Delta]$——测量误差的代数和，即$[\Delta]=\sum[\Delta]$；

n——观测角的个数。

5.2.2 误差分析中正态分布的意义

通过对正态分布曲线的分析，可以看到 $f(\Delta)$是偶函数，关于纵轴对称。观测次数足够多时，绝对值相等的正、负误差的数量相等的可能性将趋于一致，这就是偶然误差的特性

[1] “独立观测”的意思是指各个观测值之间互不影响：即任一个观测值所产生的误差，不影响其余观测值误差的大小。

3。由此推及在求全部误差总和时，正、负误差就有可能相互抵消，即误差的算术平均值将趋于零，这就是特性 4 所表述的内容。

在正态分布曲线中，存在以下的关系：

当 $\Delta=0$，$f(\Delta)$有最大值，$f(\Delta)=\dfrac{1}{\sqrt{2\pi}\sigma}$；

当 $\Delta\to\infty$，$f(\Delta)$有最小值，$f(\Delta)\to 0$。

如图 5-1(a) 所示，横轴是曲线的渐近线。由于 $f(\Delta)$随着 Δ 的增加而较快地减小，可以想象当 Δ 达到某一取值时，$f(\Delta)$已经小到足以忽略的程度。Δ 的这个取值就可以作为误差的限值。显然，这就是偶然误差的特性 1 和特性 2。

5.2.3 标准差 σ 对误差扩散的表征作用

σ 是观测值的标准差，也称为方根差或者均方根差，它实质上是正态分布曲线的拐点。令函数 $f(\Delta)$的二阶导数等于零，即可以求出标准差 σ，如图 5-1(a)，其计算公式为：

$$\sigma=\pm\lim_{n\to\infty}\sqrt{\frac{\Delta^2}{n}} \tag{5-5}$$

由于曲线 $f(\Delta)$、横轴及直线 $\Delta=\pm 0$ 所围成的多边形的面积是个固定值。所以当 σ 越小，曲线将越陡峭，即误差分布越密集在小误差区域；反之，曲线将越平缓，误差分布比较分散。由此可见，标准差 σ 的大小表征了误差扩散的特征。

例如，有两组不同观测条件下进行的观测，标准差分别为 σ_1、σ_2，且 $\sigma_1<\sigma_2$，如图 5-1 (b) 所示。第一组的标准差比较小，其曲线陡峭，表明观测值的误差集中在小误差范围；而第二组的曲线比较平缓，误差分布比较分散。因此，可以得出第一组观测精度高于第二组的结论。

由此可见，观测精度的好坏可以在误差曲线的形态上充分反映出来，而曲线的形态又可以通过其特征值——标准差 σ 来进行描述。

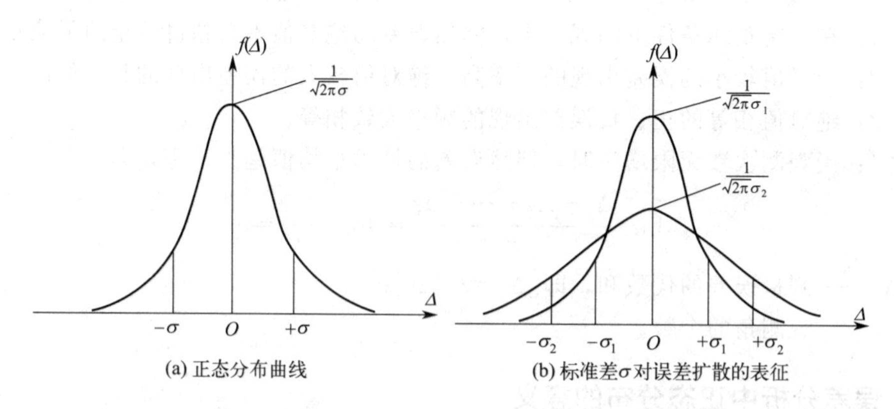

(a) 正态分布曲线　(b) 标准差σ对误差扩散的表征

图 5-1 正态分布曲线

5.3 衡量观测值精度的指标

精度是指在一定的观测条件下，对某个量进行观测，其误差分布的密集或离散的程度。

由于精度是表征误差的特征，而观测条件又是误差的主要来源。因此，在相同的观测条件下进行的一组观测，尽管每一个观测值的真误差不一定相等，但它们都对应着同一个误差分布，即对应着同一个标准差。这组观测称为等精度观测，所得到的观测值为等精度观测值。如果仪器的精度不同，或观测方法不同，或外界条件的变化较大，这就属于不等精度观测，所对应的观测值就是不等精度观测值。

为了衡量观测结果精度的优劣，必须有一个评定精度的统一指标，而中误差、平均误差、相对中误差和容许误差（极限误差）是测量工作中最常用的衡量指标。下面分别对它们进行讲述。

5.3.1　标准差及中误差

设对某真值 X 进行了 n 次等精度独立观测，观测值为 l_1，l_2，…，l_n，各观测值的真误差为 Δ_1，Δ_2，…，Δ_n ［$\Delta_i = L_i - X$（$i=1$，2，…，n）］，可得该组观测值的标准差为：

$$\sigma = \pm \lim_{n \to \infty} \sqrt{\frac{[\Delta\Delta]}{n}} \tag{5-6}$$

式中，$[\Delta\Delta] = \Delta_1^2 + \Delta_2^2 + \cdots + \Delta_n^2$；其他符号含义同前。

由此可见标准差是依据无穷多个观测值计算出的理论上的观测精度，而在测量实践中对某量的等精度观测总是有限次的，这样就只能以有限的观测次数 n 计算出标准差的估值，并将标准差的估值定义为中误差 m，作为衡量测量结果精度的一种标准，计算公式为：

$$m = \pm \sigma = \pm \sqrt{\frac{[\Delta\Delta]}{n}} \tag{5-7}$$

使用中误差评定观测值精度时，应注意：

（1）在一组同精度的观测值中，尽管各观测值的真误差 Δ 出现的大小和符号各异，但每个观测值的中误差却是相同的，因为中误差反映观测的精度，只要观测条件相同，则中误差不变。

（2）中误差代表的是一组观测值的误差分布，它是根据统计学原理来衡量观测值精度的，所以观测值个数不能太少，否则会失去可靠性。

（3）中误差数值前应有“±”号，因为中误差所表示的精度是误差的某个区间。

中误差 m 和标准差 σ 的区别在于观测次数 n 上。标准差 σ 表征了一组等精度观测在 $n \to \infty$ 时误差分布的扩散特征，即理论上的观测精度指标。而中误差 m 则是一组等精度观测在 n 为有限次数时的观测精度指标。

中误差 m 不同于各个观测值的真误差 Δ_i，它反映的是一组观测精度的整体指标，而真误差 Δ_i 是描述每个观测值误差的个体指标。在一组等精度观测中，各观测值具有相同的中误差，但各个观测值的真误差往往不等于中误差，且彼此也不一定相等，有时差别还比较大（见表 5-1），这是由于真误差具有偶然误差的特性。

与标准差一样，中误差的大小也反映出一组观测值误差的离散程度。中误差 m 越小，表明该组观测值误差的分布越密集，各观测值之间的整体差异也越小，这组观测的精度就越高。反之，该组观测的精度就越低。

【例 5.1】 对某个量进行两组观测，各组均为等精度观测，各组的真误差分别如下所示，请评定哪组的精度高？

第一组：−3″、+2″、−1″、0″、+4″

第二组：+5″、−1″、0″、+1″、+2″

【解】 根据式(5-10)，分别计算两组的中误差：

$$第一组：m_1=\pm\sqrt{\frac{(-3)^2+(+2)^2+(-1)^2+0+(+4)^2}{5}}=\pm 2.4''$$

$$第二组：m_2=\pm\sqrt{\frac{(+5)^2+(-1)^2+(+1)^2+0+(+2)^2}{5}}=\pm 2.5''$$

可见第一组具有较小的中误差，第一组的精度较高。

【例 5.2】 某段距离使用因瓦基线尺丈量的长度为 49.984m，因丈量的精度较高，可以视为真值。现使用 50m 钢尺丈量该距离 6 次，观测值列于表 5-2。试求该钢尺一次丈量 50m 的中误差。

表 5-2 用观测值真误差 Δ 计算一次丈量中误差

观测次序	观测值/m	Δ/mm	$\Delta\Delta$/mm²	计算
1	49.988	+4	16	$m=\pm\sqrt{\frac{[\Delta\Delta]}{n}}$
2	49.975	−9	81	
3	49.981	−3	9	
4	49.978	−6	36	$=\pm\sqrt{\frac{151}{6}}=\pm 5.02\text{mm}$
5	49.987	+3	9	
6	49.984	0	0	
Σ			151	

5.3.2 相对误差

中误差和真误差都属于绝对误差。在实际测量中，有时依据绝对误差还不能完全反映出误差分布的全部特征，这在量距工作中特别明显。例如，分别丈量 500m 和 100m 的两段距离，中误差均为±5.0mm，是否就能说明这两组的测量精度相等呢？显然，答案是否定的。因为在量距工作中，误差的分布特征除了与中误差有关系外，还与距离的长短有关系。因此，在计算精度指标时，还应该考虑距离长短的影响因素，这就引出相对误差的概念。相对误差常由中误差求得，也称为相对中误差。

相对中误差 K 是中误差的绝对值与相应观测值的比值，无单位量纲，是一个相对值。在计算距离的相对误差时，应注意将分子和分母的长度单位统一，通常用分子为 1、分母为整数的分数形式来表述，即：

$$K=\frac{|m|}{D}=\frac{1}{D/|m|} \tag{5-8}$$

式中 D——量距的观测值。

利用式(5-8) 得出，上述两组距离测量的相对中误差分别为 1/100000 和 1/20000。第一组的相对中误差比较小，精度较高。

在距离测量中，并不知道其真值，不能直接运用式(5-8)，常采用往、返观测值的相对误差来进行校核，相对误差的表达式为：

$$\frac{|D_{往}-D_{返}|}{D_{平均}}=\frac{\Delta D}{D_{平均}}=\frac{1}{D_{平均}/\Delta D} \tag{5-9}$$

从表达式可以看出，相对误差实质上是相对真误差。它反映了该次往、返观测值的误差情况。显然，相对误差越小，观测结果越可靠。

还有一点值得注意的是用经纬仪观测角度时，只能用中误差而不能用相对误差作为精度的衡量指标。因为测角误差与角度的大小是没有关系的。

5.3.3　极限误差和容许误差

极限误差是通过概率论中某一事件发生的概率来定义的。设 ε 为任一正实数，则事件 $|\Delta|<\varepsilon\sigma$ 发生的概率为：

$$P(|\Delta|<\varepsilon\sigma)=\int_{-\varepsilon\sigma}^{+\varepsilon\sigma}\frac{1}{\sqrt{2\pi}\sigma}e^{\frac{-\Delta^2}{2\sigma^2}}d\Delta \tag{5-10}$$

令 $\Delta'=\dfrac{\Delta}{\sigma}$，则式(5-10) 变成：

$$P(|\Delta'|<\varepsilon)=\int_{-\varepsilon}^{+\varepsilon}\frac{1}{\sqrt{2\pi}}e^{\frac{-\Delta'^2}{2}}d\Delta' \tag{5-11}$$

因此，事件 $|\Delta|>\varepsilon\sigma$ 发生的概率为 $1-P(|\Delta'|<\varepsilon)$。

根据偶然误差的特性 1，在一定的观测条件下，偶然误差的绝对值不会超过某一限值。这个限值就称为极限误差。根据误差理论和大量的实践证明，在一组等精度观测中，绝对值大于一倍标准差 $\pm\sigma$ 的偶然误差出现的概率为 32%，大于两倍标准差 $\pm2\sigma$ 的偶然误差出现的概率为 4.6%，大于三倍标准差 $\pm3\sigma$ 的偶然误差出现的概率只有 0.3%，而 0.3%的概率事件可以认为已经接近于零事件。通常将三倍标准差 3σ 作为偶然误差的极限误差，即：

$$\Delta_{极限}=3\sigma \tag{5-12}$$

在实际测量工作中，对误差控制的要求不尽相同，某些时候要求较高，某些时候要求较低。常将中误差的 2 倍或者 3 倍作为偶然误差的容许值，称为容许误差，即：

$$\Delta_{容}=2m \tag{5-13}$$

或

$$\Delta_{容}=3m \tag{5-14}$$

前者要求比较严格，后者要求相对宽松。如果观测值中出现有大于容许误差的观测值误差，则认为该观测值不可靠，应舍弃不用，并重新测量。

5.3.4　平均误差

在测量工作中，有时为了计算简便，采用平均误差 θ 这个指标。平均误差就是在一组等精度观测中，各误差绝对值的平均数，其表达式为：

$$\theta=\pm\frac{[|\Delta|]}{n} \tag{5-15}$$

式中　$[|\Delta|]$——误差绝对值的总和。

【例 5.3】 同例题 5.1 数据，请计算两组的平均误差。

【解】 根据式(5-15) 分别计算两组的平均误差：

第一组：$\theta_1=\pm\dfrac{[|\Delta|]}{n}=\pm\dfrac{3+2+1+0+4}{5}=\pm2''$

第二组：$\theta_2=\pm\dfrac{[|\Delta|]}{n}=\pm\dfrac{5+1+0+1+2}{5}=\pm1.8''$

从计算结果分析，第二组有比较小的平均误差，精度比较高，这显然与中误差指标得到的结论相反。

从上述例子可以看到，平均误差虽然计算简便，但在评定误差分布上，其可靠性不如中误差准确。所以，我国的有关规范均统一采用中误差作为衡量精度的指标。

5.4 误差传播定律及其应用

在实际测量工作中，有些量往往是不能直接观测得到的，需借助其他的观测量按照一定的函数关系间接计算而得。例如，水准仪某站观测的高差 h 为

$$h=a-b \tag{5-16}$$

式中的后视读数 a 与前视读数 b 均为直接观测量，h 与 a、b 的函数关系为线性关系。

在图 5-2 中，三角高程测量的初算高差 h' 为

$$h'=S\sin\alpha \tag{5-17}$$

式中的斜距 S 与竖直角 α 也是直接观测量，h' 与 S、α 的函数关系为非线性关系。

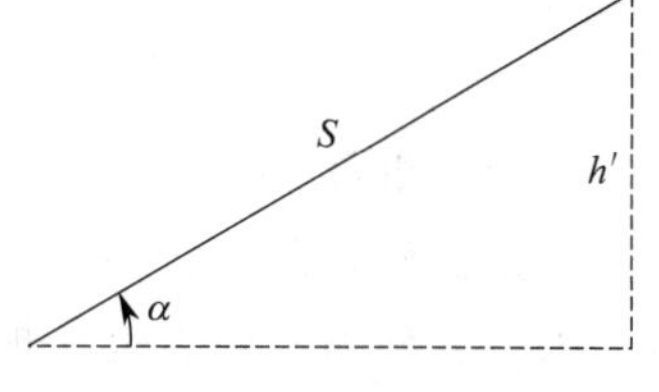

图 5-2 三角高程测量初算高差

直接观测量的误差导致它们的函数也存在误差，函数的误差是由直接观测量的误差传播过来的，各观测量的中误差与其函数的中误差之间的关系式，称为误差传播定律。

5.4.1 线性函数的中误差

一般地，设有线性函数

$$Z=f_1X_1+f_2X_2+\cdots+f_nX_n \tag{5-18}$$

式中，f_1，f_2，…，f_n 为系数；X_1，X_2，…，X_n 为独立观测量；

函数 Z 的中误差为

$$m_Z=\pm\sqrt{f_1^2m_1^2+f_2^2m_2^2+\cdots+f_n^2m_n^2} \tag{5-19}$$

式中，m_1，m_2，…，m_n 为观测中误差。

(1) 等精度独立观测量算术平均值的中误差

设对某未知量等精度独立观测 n 次，观测值为 l_1，l_2，…，l_n，其算术平均值为

$$\bar{l}=\frac{l_1+l_2+\cdots+l_n}{n}=\frac{[l]}{n} \tag{5-20}$$

设每个观测值的中误差为 m，根据式(5-19)，得算术平均值的中误差为

$$m_{\bar{l}}=\pm\sqrt{\frac{1}{n^2}m^2+\frac{1}{n^2}m^2+\cdots\frac{1}{n^2}m^2}=\pm\sqrt{\frac{n}{n^2}m^2}=\frac{m}{\sqrt{n}} \tag{5-21}$$

由式(5-21) 可知，n 次等精度独立观测量算术平均值的中误差为一次观测中误差的 $\frac{1}{\sqrt{n}}$，当 $n\to\infty$ 时，有 $\frac{m}{\sqrt{n}}\to 0$。

在【例 5.2】中，计算出每次丈量距离中误差为 $m=\pm 5.02\text{mm}$，根据式(5-21) 求得 6

次丈量距离平均值的中误差为 $m_{\bar{l}}=\pm\frac{5.02}{\sqrt{6}}=\pm 2.05\text{mm}$，平均值的相对误差为 $k_{\bar{l}}=\frac{0.00205}{49.982}=\frac{1}{24381}$。

（2）水准测量路线高差的中误差

某条水准路线，等精度独立观测了 n 站高差 h_1，h_2，…，h_n，路线高差之和为

$$h=h_1+h_2+\cdots+h_n \tag{5-22}$$

设每站高差观测值的中误差为 $m_{站}$，则 h 的中误差为

$$m_h=\pm\sqrt{m_1^2+m_2^2+\cdots+m_n^2}=\sqrt{n}m_{站} \tag{5-23}$$

式(5-23) 一般用来计算山路水准路线的高差中误差。在平坦地区进行水准测量时，每站后视尺至前视尺的距离（也称每站距离）L_s（km）基本相等，设水准路线总长为 L（km），则有$\frac{L}{L_s}$，将其代入式(5-23)，得

$$m_h=\sqrt{\frac{L}{L_s}}m_{站}=\sqrt{L}m_{\text{km}} \tag{5-24}$$

式中，$m_{\text{km}}=\frac{m_{站}}{\sqrt{L_s}}$，称为每千米水准测量的高差观测中误差。

5.4.2　非线性函数的中误差

一般地，设有非线性函数

$$Z=F(X_1,X_2,\cdots,X_n) \tag{5-25}$$

式中，X_1，X_2，…，X_n 为独立观测量，观测中误差分别为 m_1，m_2，…，m_n，对式(5-25) 求全微分，得

$$\text{d}Z=\frac{\partial F}{\partial X_1}\text{d}X_1+\frac{\partial F}{\partial X_2}\text{d}X_2+\cdots+\frac{\partial F}{\partial X_n}\text{d}X_n \tag{5-26}$$

令 $f_1=\frac{\partial F}{\partial X_1}$，$f_2=\frac{\partial F}{\partial X_2}$，…，$f_n=\frac{\partial F}{\partial X_n}$，其值可以将 X_1，X_2，…，X_n 的观测值代入求得，则

$$\text{d}Z=f_1\text{d}X_1+f_2\text{d}X_2+\cdots+f_n\text{d}X_n \tag{5-27}$$

则函数 Z 的中误差为

$$m_Z=\pm\sqrt{f_1^2m_1^2+f_2^2m_2^2+\cdots+f_n^2m_n^2} \tag{5-28}$$

【例 5.4】 如图 5-2 所示，测量得斜边长 $S=163.563\text{m}$，中误差为 $m_s=\pm 0.006\text{m}$；测量得竖直角 $\alpha=32°15'26''$，中误差为 $m_\alpha=\pm 6''$，设边长与角度为独立观测量，试求初算高差 h'的中误差 $m_{h'}$。

【解】 由图 5-2 可以列出计算 h'的函数关系式为 $h'=S\sin\alpha$ 对其取全微分得

$$\text{d}h'=\frac{\partial h'}{\partial s}\text{d}S+\frac{\partial h'}{\partial \alpha}\frac{\text{d}\alpha''}{\rho''}=\sin\alpha\,\text{d}S+S\cos\alpha\,\frac{\text{d}\alpha''}{\rho''}$$

$$=S\sin\alpha\,\frac{\text{d}S}{S}+S\sin\alpha\,\frac{\cos\alpha\,\text{d}\alpha''}{\sin\alpha\rho''}=\frac{h'}{S}\text{d}S+\frac{h'\cot\alpha}{\rho''}\text{d}\alpha''=f_1\text{d}S+f_2\text{d}\alpha''$$

式中，$f_1=\frac{h'}{S}$，$f_2=\frac{h'\cot\alpha}{\rho''}$为系数，将观测值代入可求得；$\rho''=206265$为弧秒值，将角度的微分量 $d\alpha''$除以 ρ''，是为了将 $d\alpha''$的单位从秒换算为弧度。

应用误差传播定律，得 $m_{h'}=\pm\sqrt{f_1^2m_s^2+f_2^2m_\alpha^2}$，将观测值代入，得

$$h'=S\sin\alpha=163.563\times\sin32°15'26''=87.297\text{m}$$

$$f_1=\frac{h'}{S}=\frac{87.297}{163.563}=0.533721$$

$$f_2=\frac{h'\cot\alpha}{\rho''}=\frac{87.297\times\cot32°15'26''}{206265}=0.000671$$

$$m_{h'}=\pm\sqrt{f_1^2m_s^2+f_2^2m_\alpha^2}=\pm0.005142\text{m}$$

5.4.3 和差函数的中误差

设某量 Z 为两个独立观测值 x 与 y 之和（或差），则函数式为

$$Z=x\pm y \tag{5-29}$$

令函数 Z 及观测值的真误差分别为 Δ_z，Δ_x，Δ_y，则

$$Z+\Delta_z=(x+\Delta_x)\pm(y+\Delta_y)$$

将上式减去式(5-29)，得

$$\Delta_z=\Delta_x\pm\Delta_y \tag{5-30}$$

若 x 和 y 各同精度观测了 n 次，则可写出 n 个式子

$$\Delta_{z_i}=\Delta_{x_i}\pm\Delta_{y_i}(i=1,2,\cdots,n)$$

将上列各式平方后相加，得

$$[\Delta_z^2]=[\Delta_x^2]\pm[\Delta_y^2]\pm[2\Delta_x\Delta_y]$$

两边各除以 n 后，得

$$\frac{[\Delta_z^2]}{n}=\frac{[\Delta_x^2]\pm[\Delta_y^2]\pm[2\Delta_x\Delta_y]}{n}$$

因为 Δ_{x_1}，Δ_{x_2}，…，Δ_{x_n} 及 Δ_{y_1}，Δ_{y_2}，…，Δ_{y_n} 都是偶然误差，它们的乘积仍为偶然误差，其出现正负的机会是相等的。根据偶然误差的第四特性，当 $n\to\infty$时，上式的第三项 $\Delta_x\Delta_y\to0$，按中误差定义，得

$$m_z^2=m_x^2+m_y^2 \tag{5-31}$$

即两个独立观测值的代数和的中误差平方等于这两个独立观测值中误差平方的和。

由式(5-31) 很易推广到多个独立观测值的代数和情况。

设函数 Z 等于 n 个观测值的和（或差），即

$$Z=x_1\pm x_2\pm\cdots\pm x_n \tag{5-32}$$

根据上述的推导方法，可得到

$$m_z^2=m_{x_1}^2+m_{x_2}^2+\cdots+m_{x_n}^2 \tag{5-33}$$

即多个观测值代数和的中误差平方等于各个观测值中误差平方的和。

【例 5.5】 自水准点 BM5 向水准点 BM6 进行水准测量，设各段观测高差分别为 BM5～1：$h_1=+4.569$m，1～2：$h_2=+6.358$m，2～BM6：$h_3=-2.147$m，其中误差为 $m_{h_1}=2$mm，$m_{h_2}=4$mm，$m_{h_3}=3$mm，求 BM5、BM6 两点的高差及其中误差为多少？

【解】BM5、BM6 两点的高差 $h=h_1+h_2+h_3=8.780\text{m}$。

由式(5-33) 可知，高差中误差的平方 $m_h^2=m_{h_1}^2+m_{h_2}^2+m_{h_3}^2=2^2+4^2+3^2=29$，则得 $m_h=5.4\text{mm}$。

5.4.4　倍数函数的中误差

设有函数为

$$Z=kx \tag{5-34}$$

由式(5-33) 可知 $m_z^2=k^2m_x^2$，即

$$m_z=km_x \tag{5-35}$$

【例 5.6】在 1∶500 地形图上量得某两点间的距离 $d=234.5\text{mm}$，其中误差为 $m_d=0.2\text{mm}$，求该两点间地面水平距离 D 的值及其中误差 m_D。

【解】

$$D=500d=500\times0.2345=117.25\text{m}$$

$$m_D=500\times(0.0002)=0.10\text{m}$$

5.4.5　误差传播定律的应用

误差传播定律在工程中测绘领域的应用十分广泛，不仅可以求得观测值函数的中误差，还可以研究确定容许误差，或事先分析观测可能达到的精度等。

应用误差传播定律时，首先应根据问题的性质，列出正确的观测值函数关系式，再利用误差传播公式求解。

(1) 水准测量精度

设在 A、B 两点间用水准仪观测了 n 次，则 A、B 两点间的高差为

$$h=h_1+h_2+\cdots+h_n$$

设 n 次观测为等精度观测，其中误差为 $m_{站}$，由误差传播定律可知 A、B 间高差的中误差为

$$m_h^2=m_{站}^2+m_{站}^2+\cdots+m_{站}^2=nm_{站}^2$$

即

$$m_h=\pm m_{站}\sqrt{n} \tag{5-36}$$

水准测量时，当各测站高差的观测精度基本相同时，水准测量高差的中误差与测站数的平方根成正比；同样可知，当各测站距离大致相等时，高差的中误差与距离的平方根成正比

$$m_h=\pm m_{站}\sqrt{\frac{L}{I}}\ 或\ m_h=\pm m_{千米L}\sqrt{L}$$

式中　L——A、B 的总长；

I——各测站间的距离；

$m_{千米L}$——千米路线长的高差中误差。

(2) 由三角形闭合差计算测角精度

设三角形的内角观测值的和为 L_i，三内角的观测值分别为 α_i、β_i、γ_i ($i=1,2,3,\cdots,n$)，则

$$L_i=\alpha_i+\beta_i+\gamma_i$$

三角形内角和的闭合差 $w_i=\alpha_i+\beta_i+\gamma_i-180°$，其内角和闭合差的中误差为

$$m_w = \pm\sqrt{\frac{[ww]}{n}}$$

故根据误差传播定律：

$$m_w^2 = m_\alpha^2 + m_\beta^2 + m_\gamma^2 = 3m_{角}^2$$

所以
$$m_{角} = \pm\sqrt{\frac{[ww]}{3n}} \tag{5-37}$$

式(5-37) 称为菲列罗公式，该式是用真误差 w_i 来计算测角中误差的，它可以用来检验经纬仪的测角精度。

(3) 水平角测量精度

经纬仪观测水平角是测定构成水平角的两个方向值之差，即 $\beta = l_1 - l_2$。设经纬仪一测回的方向中误差为 m_l，则根据误差传播定律，一测回水平角的中误差为

$$m_\beta = \pm\sqrt{2}m_l \tag{5-38}$$

例如，DJ_6 型经纬仪测角，$m_l = \pm 6''$，$m_\beta = \pm\sqrt{2}\times 6'' = \pm 8.5''$。

(4) 距离丈量精度

若用长度为 I 的钢尺在相同条件下（等精度）丈量一直线 D，共丈量 n 个尺段，设已知丈量一尺段的中误差为 m_I，试求直线长度 D 的中误差 m_D。因为直线长度为各尺段之和，故 $D = I_1 + I_2 + \cdots + I_n$ 按公式(5-39) 得

$$m_D = \pm\sqrt{n}m_I$$

又由于 $D = nI$，即 $n = \frac{D}{I}$，将其代入上式，得

$$m_D = \pm\sqrt{\frac{D}{I}}m_I = \pm\frac{m_I}{\sqrt{I}}\sqrt{D}$$

令 $\mu = \pm\frac{m_I}{\sqrt{I}}$，则 $m_D = \pm\mu\sqrt{D}$

当 $D = 1$ 时，则 $\mu = m_D$，即单位长度的丈量中误差。因此，距离丈量的中误差与距离的平方根成正比。

【例 5.7】 在视距测量中，当视线水平时读得的视距间隔 $l = 1.35\text{m} \pm 1.2\text{mm}$，试求水平距离 D 及其中误差 m_D。

【解】 视线水平时，水平距离 D 为：

$$D = kl = 100 \times 1.35 = 135.00\text{m}$$

根据误差传播定律的倍数关系式，可求得 m_D 为：

$$m_D = 100m_l = \pm 100 \times 1.2 = \pm 120\text{mm} = \pm 0.12\text{m}$$

水平距离的最终结果可以写成：$D = 135.00 \pm 0.12\text{m}$。

【例 5.8】 对一个三角形三个内角进行观测，已观测 α、β 两内角，观测值分别为 $\alpha = 72°34'12'' \pm 5''$，$\beta = 56°46'18'' \pm 4''$。求另一个内角 γ 的角值及其中误差 m_γ。

【解】 根据题意，有 $\alpha + \beta + \gamma = 180°$。因此：

$$\gamma = 180° - \alpha - \beta$$

在 γ 的函数式里，180°是常数，而 $m_\alpha = \pm 5''$，$m_\beta = \pm 4''$，所以根据和差函数求中误差的公式，有：

$$m_\gamma = \pm\sqrt{m_\alpha^2 + m_\beta^2} = \pm\sqrt{5^2+4^2} = \pm 6.4''$$

所以，另一个内角 $\gamma = 50°39'30'' \pm 6.4''$。

【例 5.9】 设对某三角形△ABC 内角作 n 次等精度观测，三角形闭合差 $f_i = a_i + b_i + c_i - 180°$（$i=1, 2, \cdots, n$），试求一测回角值的中误差 m_β。

【解】 设闭合差 f_i 的中误差为 m_f。根据误差传播定律的和差函数关系式，有：

$$m_f = \pm\sqrt{3}\, m_\beta$$

由于三角形内角和的真值是 180°，所以三角形闭合差属于真误差，因此

$$m_f = \pm\sqrt{\frac{[f^2]}{n}}$$

代入上式，可得：

$$m_\beta = \pm\sqrt{\frac{[ff]}{3n}} \tag{5-39}$$

这就是按照三角形闭合差计算观测角中误差的菲列罗公式，它广泛应用于三角形评定测角精度。

5.5 等精度观测平差

在实际测量工作中，为了提高测量成果的精度，同时也为了发现和消除粗差和系统误差，往往会对某个未知量进行多余观测，这就使观测值之间产生了矛盾。为了消除这种矛盾，须依据一定的数据处理准则和适当的计算方法，对产生矛盾的观测值进行合理的调整和改正，从而得到未知量的最佳结果，同时对观测质量进行评估。这一数据处理的过程称为测量平差。

对只有一个未知量的直接观测值进行平差，称为直接观测平差。根据观测条件的不同，可以分为等精度观测和不等精度观测。对这两类观测进行直接观测平差的方法也不同。

存在多余观测就存在多种求值的计算途径，因此，必须寻找一种方法，使得通过全部观测数据所求的解不仅是唯一的，而且是最优的。最小二乘法是普通测量和大地测量中最常用的一种平差方法，同时它也可以实现上述目标。所以，最小二乘法是平差时应遵循的原则。

设 l_1，l_2，…，l_n 为一组相互独立的观测值，L_1，L_2，…，L_n 为各观测值的最概然值，其值 $L_i = l_i + v_i$。v_i 为观测值的改正数，各观测值的中误差为 m_1，m_2，…，m_n。由未知数概率密度函数可知，当密度函数愈大，误差出现的概率愈大，最概然值与观测值的偏差愈小。欲使密度函数最大，必须使

① 不等精度观测时：$p_1v_1^2 + p_2v_2^2 + \cdots + p_nv_n^2 = [pvv]$ 取最小值，式中，P 为观测值的权。

② 等精度观测时：$v_1^2 + v_2^2 + \cdots + v_n^2 = [vv]$ 取最小值。

平方是一个数的自乘，也叫二乘，因此称为最小二乘法。

5.5.1 真值的最概然值

设对某未知量进行了 n 次等精度观测，其观测值分别为 l_1，l_2，…，l_n，最概然值为 L

(算术平均值)，观测值的改正数为 v_i，则

$$v_1=L-l_1$$
$$v_2=L-l_2$$
$$\cdots$$
$$v_n=L-l_n$$

以上各式等号两边平方求和，得

$$[vv]=(L-l_1)^2+(L-l_2)^2+\cdots+(L-l_n)^2$$

根据最小二乘原理，必须使 $[vv]$ 取最小值，所以，将 $[vv]$ 对 L 取一、二阶导数：

$$\frac{\mathrm{d}}{\mathrm{d}L}[vv]=2(L-l_1)+2(L-l_2)+\cdots+2(L-l_n)$$

$$\frac{\mathrm{d}^2}{\mathrm{d}L^2}[vv]=2n>0$$

由于二阶导数大于零，因此，一阶导数等于零时，$[vv]$ 取最小值，由此得

$$L=\frac{l_1+l_2+\cdots+l_n}{n}$$

在等精度直接观测平差中，观测值的算术平均值是最接近于未知量真值的一个估值，称为最概然值或最可靠值。

在实际测量中，观测次数总是有限的，所以算术平均值只是趋近于真值，但不能视为等同于未知量的真值。此外，在数据处理时，不论观测次数的多少，均以算术平均值 L 作为未知量的最概然值，这是误差理论中的一个公理。

5.5.2 观测值改正数

在实际测量中，观测值的真值 X 是不知道的。因此，不能利用前面所学公式求观测值的中误差。但观测值的算术平均值 L 是可以得到的，且算术平均值 L 与观测值 l_i 的差值也是可以计算的。即：

$$v_i=L-l_i(i=1,2,\cdots,n) \tag{5-40}$$

式中 v_i——算术平均值 L 与观测值 l_i 的差值，称为观测值改正数。

设某组等精度观测进行了 n 次，则将 n 次的观测值改正数 v_i 相加，有：

$$[v]=nL-[l]=0 \tag{5-41}$$

可以看到，在等精度观测条件下，观测值改正数的总和为零。式(5-41) 可以作为计算的检核内容，如果 v_i 计算无误的话，其总和必然为零。

部分教材使用另一个概念最概然误差，即观测值与算术平均值的差值。最概然误差具有与改正数同样的数学特征，它与改正数的绝对值相等，符号相反。

5.5.3 观测值中误差

真值 X 有时是知道的，例如三角形三个内角之和为 180°，但更多的情况下，真值是不知道的，因此观测值的中误差可用观测值的改正数 v_i 来推求。

$$v_i=L-l_i(i=1,2,\cdots,n)$$

正因为观测值含有误差，才加以改正，所以误差与改正数的符号应相反。

下面将推导利用改正数 v_i 计算中误差的公式。

式(5-1) 与上式相加，得

$$\Delta_i=(L-X)-v_i$$

上式中 $L-X$ 是最概然值（算术平均值）的真误差，也难以求得。设 $L-X=\delta$，则

$$\Delta_i^2=v_i^2-2v_i\delta+\delta^2(i=1,2,\cdots,n) \tag{5-42}$$

对上式两边从 1 到 n 求和再除以 n，得

$$\frac{[\Delta\Delta]}{n}=\frac{[vv]}{n}-2\delta\frac{[v]}{n}+\delta^2 \tag{5-43}$$

将式(5-40) 两边从 1 到 n 求和后，得

$$[v]=nL-[l] \tag{5-44}$$

故得$[v]=n\dfrac{[l]}{n}-[l]$。

故式(5-43) 中右边第二项为零。第三项中的 δ 是算术平均值的真误差，一般是不知道的，因而常近似地用算术平均值的中误差 $m_{\bar{l}}$ 来代替，据式(5-21) 可知

$$\delta\approx m_{\bar{l}}=\pm\frac{m}{\sqrt{n}}$$

则式(5-43) 即可写成$\dfrac{[\Delta\Delta]}{n}=\dfrac{[vv]}{n}+\dfrac{m^2}{n}$。

根据中误差的定义，上式可写成 $m^2=\dfrac{[vv]}{n}+\dfrac{m^2}{n}$

整理后，得

$$m=\pm\sqrt{\frac{[vv]}{n-1}} \tag{5-45}$$

这就是用改正数求等精度观测值中误差的公式，称为贝塞尔公式。

【例 5.10】 对某段距离进行了五次等精度测量，观测数据见表 5-3，试求该距离的算术平均值，一次观测值的中误差，算术平均值的中误差及相对中误差。

【解】 计算过程及结果，列在表 5-3 中。

表 5-3　观测值及算术平均值中误差计算表

编号	观测值l_i/m	v_i/mm	vv	计算
1	219.935	+6	36	$m=\pm\sqrt{\dfrac{416}{5-1}}=\pm10.2\text{mm}$ $M=\pm\dfrac{10.2}{\sqrt{5}}=\pm4.6\text{mm}$ 相对中误差$\dfrac{M}{L}=\dfrac{4.6}{219941}\approx\dfrac{1}{47800}$
2	219.948	−7	49	
3	219.926	+15	225	
4	219.946	−5	25	
5	219.950	−9	81	
	$L=\dfrac{[l]}{n}$219.941	$[v]=0$	$[vv]=416$	

算术平均值的中误差也可根据式(5-45) 代入式(5-20) 得

$$m_{\bar{l}}=\pm\sqrt{\frac{[vv]}{n(n-1)}}$$

由于算术平均值的中误差是观测值中误差的$\dfrac{1}{\sqrt{n}}$，因此测回数的增加可以提高精度。即

随着 n 值的不断增加，$m_{\bar{l}}$ 值会不断减小，观测值 L 的精度提高。如观测次数增加为 4 次时，精度提高 1 倍。但是，随着观测次数增加到一定数目后，精度提高不多。如观测次数由 4 次，提高到 16 次时，精度才增加 1 倍。因此，提高最概然值的精度单靠增加观测次数效果不太明显，还需改善观测条件，如采用较高精度的仪器，提高观测技能，以及在良好的外界观测条件下进行观测等。

5.5.4 最概然值中误差

设对某未知量进行了 n 次等精度观测，观测值分别为 l_1，l_2，…，l_n，中误差为 m。则算术平均值 L 为：

$$L=\frac{l_1+l_2+\cdots+l_n}{n}$$

设最概然值中误差为 M，根据误差传播定律，有：

$$M=\pm\sqrt{\frac{1}{n^2}m^2+\frac{1}{n^2}m^2+\cdots+\frac{1}{n^2}m^2}=\pm\sqrt{\frac{n}{n^2}m^2}=\frac{m}{\sqrt{n}} \tag{5-46}$$

将式(5-48) 代入上式，得：

$$M=\pm\sqrt{\frac{[vv]}{n(n-1)}} \tag{5-47}$$

这就是等精度观测条件下，最概然值中误差的计算公式，也称为贝塞尔公式。

【例 5.11】 在等精度观测条件下，对某段距离丈量 4 次，结果分别为 62.345m、62.339m、62.350m、62.342m。试求观测值中误差、最概然值中误差及其相对中误差。

【解】 设算术平均值为 L，则有

$$L=\frac{1}{4}\times(62.345+62.339+62.350+62.342)=62.344\text{m}$$

观测值改正数计算如表 5-4 所示。

表 5-4 距离丈量观测值改正数计算表

丈量结果/m	观测值改正数 v/mm	v^2
62.345	−1	1
62.339	+5	25
62.350	−6	36
62.342	+2	4
	$[v]=0$	$[v^2]=66$

根据式(5-45)，观测值中误差 m 为：

$$m=\pm\sqrt{\frac{66}{4-1}}=\pm4.7\text{mm}$$

根据式(5-47)，最概然值中误差 M 为：

$$M=\pm\sqrt{\frac{66}{4\times(4-1)}}=\pm2.3\text{mm}$$

最概然值的相对中误差为：

$$K=\frac{M}{L}=\frac{2.3}{62.344\times1000}\approx\frac{1}{27100}$$

由算术平均值的中误差公式知，算术平均值的精度比各观测值的精度提高了$\sqrt{n}$倍。图 5-3 反映了当观测值的中误差 $m=1$ 时，算术平均值的中误差 M 与观测次数的关系。因此，不能单纯以增加观测次数来提高测量成果的精度，应采取提高仪器等级、改进观测方法和改善观测环境等因素来实现。

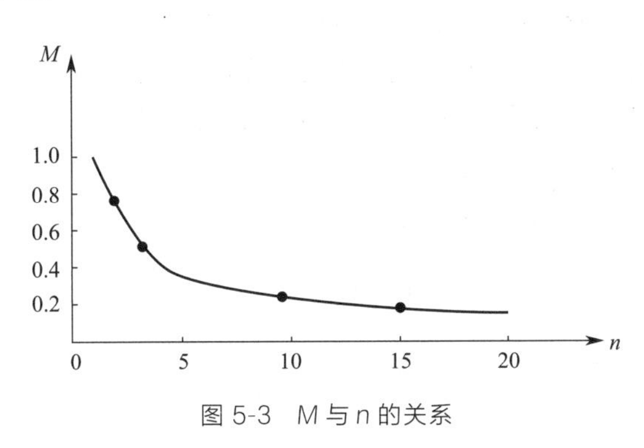

图 5-3　M 与 n 的关系

5.6　不等精度观测值的平差

在对某未知量进行不等精度观测时，由于各观测值的中误差不相等，因此，各观测值便具有不同的可靠性。因此，在求未知量的最可靠值时，就不能像等精度观测那样简单地取算术平均值进行求解。

5.6.1　权

首先看个例子。用相同仪器和方法观测某未知量，分两组进行观测，第一组观测 2 次，第二组观测 4 次，其观测值与中误差如表 5-5 所示。

表 5-5　两组观测的观测值与中误差

组别	观测值	观测值中误差 m	平均值 x	平均值中误差 M
第一组	l_1 l_2	m m	$L_1=\frac{1}{2}(l_1+l_2)$	$M_1=\pm\frac{m}{\sqrt{2}}$
第二组	l_3 l_4 l_5 l_6	m m m m	$L_2=\frac{1}{4}(l_3+l_4+l_5+l_6)$	$M_2=\pm\frac{m}{\sqrt{4}}$

由于是不等精度观测，所以测量的结果不能简单地等于 L_1 和 L_2 的平均值，而应该为：

$$L=\frac{l_1+l_2+l_3+l_4+l_5+l_6}{6}=\frac{2L_1+4L_2}{2+4}$$

从不等精度观测平差的观点看，观测值 L_1 是 2 次观测值的平均值，L_2 是 4 次观测值的平均值，所以 L_1 和 L_2 的可靠性不一样。本例中，可取 2 和 4 反映出它们两者的轻重分量，以示区别。由上面的例子可以看出，对于不等精度观测，各观测值的配置比最合理的是随观测值精度的高低成比例增减。为此，将权衡观测值之间精度高低的相对值称为权。权通常用字母 P 表示，且恒取正值。观测值精度越高，它的权就越大，参与计算最概然值的比重也越大。

一定的观测条件，对应着一定的观测值中误差。观测值中误差越小，其值越可靠，权就越大。因此，可以通过中误差来确定观测值的权。设不等精度观测值的中误差分别为 m_1，m_2，…，m_n，则权的计算公式为：

$$P_i=\frac{u}{m_i^2} \tag{5-48}$$

式中的 u 起比例常数的作用，可以取任意正数。但一经选定，同组各观测值的权必须用同一个 u 值计算。选择适当的 u 值，可以使权得到易于计算的数值。

【例 5.12】 以不等精度观测某水平角度，各观测值的中误差为 $m_1=\pm 2.0''$，$m_2=\pm 3.0''$，$m_3=\pm 6.0''$，求各观测值的权。

【解】 根据权的计算式(5-48)，可得：

$$P_1=\frac{u}{m_1^2}=\frac{u}{4}$$

$$P_2=\frac{u}{m_2^2}=\frac{u}{9}$$

$$P_3=\frac{u}{m_3^2}=\frac{u}{36}$$

令 $u=1$，则 $P_1=\frac{1}{4}$，$P_2=\frac{1}{9}$，$P_3=\frac{1}{36}$；

令 $u=4$，则 $P_1=1$，$P_2=\frac{4}{9}$，$P_3=\frac{1}{9}$；

令 $u=36$，则 $P_1=9$，$P_2=4$，$P_3=1$。

通过例子可以看到，尽管各组的 u 值不同，导致各观测值的权的大小也随之变化。但各组中，权之间的比值却未变化。因此，权只有相对意义，起作用的不是权本身的绝对值大小，而是它们之间的比值关系。

$P=1$ 的权称为单位权；$P=1$ 的观测值称为单位权观测值；单位权观测值的中误差称为单位权中误差，常用 μ 来表示。令 $u=\mu^2$，则权的定义公式又可以改写为：

$$P_i=\frac{\mu^2}{m_i^2}$$

式(5-46) 是观测值中误差的表达式，将之代入上式，得：

$$\mu=\pm\sqrt{\frac{[Pv^2]}{n-1}} \tag{5-49}$$

式中 v——观测值改正数。

5.6.2 加权平均值及其中误差

不等精度观测时，各观测值的可靠程度不一样，必须采用加权平均的方法来求解观测值的最概然值。

对某未知量进行了 n 次不等精度观测，观测值为 l_1，l_2，…，l_n，其相应的权为 P_1，P_2，…，P_n，则加权平均值 x 的定义表达式为：

$$x=\frac{P_1l_1+P_2l_2+\cdots+P_nl_n}{P_1+P_2+\cdots+P_n}=\frac{[Pl]}{[P]} \tag{5-50}$$

下面推导加权平均值的中误差 M_x。

根据式(5-50) 表述的加权平均值，有：

$$x=\frac{[Pl]}{[P]}=\left(\frac{P_1}{[P]}\right)l_1+\left(\frac{P_2}{[P]}\right)l_2+\cdots+\left(\frac{P_n}{[P]}\right)l_n$$

利用误差传播定律的公式，可得：

$$M_x^2=\left(\frac{P_1}{[P]}\right)^2M_1^2+\left(\frac{P_2}{[P]}\right)^2M_2^2+\cdots+\left(\frac{P_n}{[P]}\right)^2M_n^2 \tag{5-51}$$

根据式(5-49)，有：

$$M_x^2=\frac{u}{P_x}$$

$$M_i^2=\frac{u}{P_i}$$

将上式代入式(5-51)，整理后可得：

$$P_x=[P] \tag{5-52}$$

即加权平均值的权等于各观测值的权之和。

由上，可得加权平均值中误差的表达式为：

$$M_x=\pm\frac{\mu}{\sqrt{[P]}} \tag{5-53}$$

实际测量工作中，常用观测值改正数 v_i 来计算加权平均值中误差 M_x。因此，将式(5-50) 代入，可以得到中误差 M_x 的另外一个常用表达式：

$$M_x=\pm\sqrt{\frac{[Pv^2]}{[P](n-1)}} \tag{5-54}$$

【例 5.13】 对某水平角度进行两组不等精度观测，第一组观测 4 测回，平均值 $\beta_1=56°30'24''\pm18''$，每测回中误差为 $\pm18''$；第二组观测 9 测回，平均值 $\beta_2=56°30'16''\pm12''$，每测回中误差为 $\pm12''$。试求该水平角度的最概然值。

【解】 根据式(5-46)，可得：

$$M_{\beta1}=\pm\frac{18''}{\sqrt{4}}=\pm9'' \quad 和 \quad M_{\beta2}=\pm\frac{12''}{\sqrt{9}}=\pm4''$$

按式(5-49)，并取 $u=1296$，求各组的权，可得：

$$P_1=\frac{u}{m_{\beta1}^2}=\frac{1296}{9^2}=16 \quad 和 \quad P_2=\frac{u}{m_{\beta2}^2}=\frac{1296}{4^2}=81$$

将各组观测值和其权值代入到式(5-50)，求得水平角最概然值为：

$$\beta_0=\frac{[Pl]}{P}=56°30'00''+\frac{16\times24''+81\times16''}{16+81}=56°30'17''$$

【例 5.14】 在水准测量中，从三个已知高程控制点 A、B、C 出发观测 O 点高程，各高程观测值 H_i 及各水准路线长度 L_i 如表 5-6 所示。求 O 点高程的最概然值 H_O 及其中误差 M_O

表 5-6　水准测量计算表

测段	O 点高程观测值 H_i/m	路线长度 L_i/km	权 $P_i=1/L_i$	改正数 v/mm	Pv^2
$A\sim O$	128.542	2.5	0.40	−5.0	10.0
$B\sim O$	128.538	4.0	0.25	−1.0	0.25
$C\sim O$	128.532	2.0	0.50	+5.0	12.5
			$[P]=1.15$		$[Pv^2]=22.75$

【解】取路线长度 L_i 的倒数乘以常数 C 为观测值的权（证明略），并令 $C=1$，则可完成表中相关内容计算。

根据式(5-50)，O 点高程的最概然值 H_o 为：

$$H_O=\frac{[Pl]}{[P]}=\frac{0.40\times128.542+0.25\times128.538+0.50\times128.532}{0.40+0.25+0.50}=128.537\text{m}$$

根据式(5-49)，单位权中误差为：

$$\mu=\pm\sqrt{\frac{[Pv^2]}{n-1}}=\pm\sqrt{\frac{22.75}{3-1}}=\pm3.4\text{mm}$$

再根据式(5-53)，可得最概然值中误差为：

$$M_O=\pm\frac{\mu}{\sqrt{[P]}}=\pm\frac{3.4}{\sqrt{1.15}}=\pm3.2\text{mm}$$

5.6.3 定权的常用方法

（1）水准测量

设三段水准路线的测站数分别为 N_1、N_2、N_3，并且在这三段水准路线当中，每一站观测高差的精度相同，中误差均为 $m_站$，那么这三条水准路线中任一条水准路线观测高差的中误差为

$$m_i=m_站\sqrt{N_i}$$

式中 N_i——第 i 段水准路线的测站数。

假设当水准路线的测站数为 C 时，这条水准路线的权为 1。即 $P_c=\frac{m_0^2}{m_i^2}=1$，$P_c$ 即为单位权，m_0 即为单位权中误差（由单位权中误差的定义，此时 $m_0=m_i$），故 $m_0=m_1=\sqrt{C}m_站$，这时候各条水准路线的权就可求出来：$P_i=\frac{m_0^2}{m_i^2}=\frac{C}{N_i}$

这里可以把 C 看成一个常数，因此在等精度的水准测量中，各水准路线的权与测站数成反比，也就是测站数越多，权就越小。

同样，还可以推出权与水准路线长度的关系：$P_i=\frac{C}{L_i}$（式中 L_i 表示水准路线长度），水准路线的权与路线长度也是成反比的。

（2）距离测量

假设我们用钢尺量距 1km 的中误差为 m，那么量距 s 的中误差 $m_s=m\sqrt{s}$。假设量距 Ckm 时的权为 1，此时 $m_0=m_s=m\sqrt{C}$，m_0 就是单位权中误差。所以量距 s 的权为：$P_i=\frac{m_0^2}{m_s^2}=\frac{C}{S}$，即距离测量的权与长度成反比。

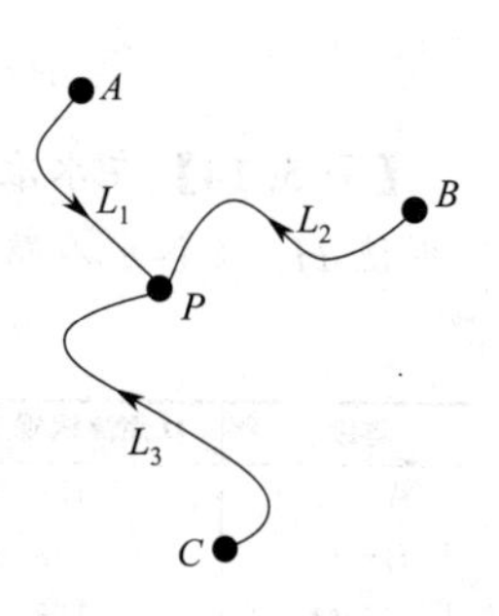

图 5-4 例 5.15 图

【例 5.15】如图 5-4，已知 $L_1=4$km，$L_2=2.5$km，$L_3=2$km，$H_A=78.324$m，$h_1=-7.877$m；$H_B=64.374$m，$h_2=6.058$m；$H_C=24.836$m，$h_3=45.584$m 求 P 点的高程平均值及其中误差。

【解】可以先列一个表格，如表5-7所示（注意检核 $[Pv]=0$）。

表5-7　例5.15计算表

水准路线L_i	节点P高程H_{Pi}	权P_i	v_i	P_iv_i	$P_iv_iv_i$
1	70.447	2.5	−17	−42.5	722.5
2	70.432	4	−2	−8	16
3	70.420	5	10	50	500
		$[P]=11.5$		$[Pv]=0$	$[Pv^2]=1238.5$

(1) 令 $C=10$，由 $P_i=\frac{C}{L_i}$ 可求出各条水准路线的权。

(2) 加权平均值为

$$x=\frac{[PH_P]}{[P]}=\frac{PH_{P1}+PH_{P2}+PH_{P3}}{P_1+P_2+P_3}=\frac{70.447\times2.5+70.432\times4+70.420\times5}{2.5+4+5}=70.430\text{mm}$$

式中　H_P——P点高程最可靠值。

(3) 计算单位权中误差 μ

$$v_i=x-H_{Pi}$$

$$\mu=\pm\sqrt{\frac{[Pv^2]}{n-1}}=\pm\sqrt{\frac{1238.5}{3-1}}=\pm24.9\text{mm}$$

(4) 加权平均值中误差 m，

$$m_x=\pm\frac{\mu}{\sqrt{[P]}}=\pm\frac{24.9}{\sqrt{11.5}}=\pm7.3\text{mm}$$

(5) 求每千米观测高差的中误差 m_{km}

由 $P_{\text{km}}=\frac{C}{L_{\text{km}}}=10\text{mm}$ 及权的定义 $P_{\text{km}}=\frac{\mu^2}{m_{\text{km}}^2}$ 可得

$$m_{\text{km}}=\frac{\mu}{\sqrt{P_{\text{km}}}}=\pm\frac{24.9}{\sqrt{10}}=\pm7.9\text{mm}$$

其余观测值的中误差

$$m_1=\frac{\mu}{\sqrt{P_1}}=\pm\frac{24.9}{\sqrt{2.5}}=\pm15.7\text{mm}$$

$$m_2=\frac{\mu}{\sqrt{P_2}}=\pm\frac{24.9}{\sqrt{4}}=\pm12.5\text{mm}$$

$$m_3=\frac{\mu}{\sqrt{P_3}}=\pm\frac{24.9}{\sqrt{5}}=\pm11.1\text{mm}$$

习题

1. 误差的来源有哪几方面？

2. 偶然误差和系统误差有什么区别？偶然误差具有哪些特性？

3. 何谓中误差？为什么用中误差来衡量观测值的精度？在一组等精度观测中，中误差与真误差有什么区别？

4. 利用误差传播定律时，应注意哪些问题？

5. 权的定义和作用是什么？

6. 已知圆的半径为 31.34mm，其测量中误差为 0.5mm，求圆周长及其中误差。

7. 在相同的观测条件下，对某段距离丈量了 4 次，各次丈量的结果分别为 112.622m、112.613m、112.630m、112.635m。试求：

(1) 距离的算术平均值；

(2) 观测值中误差；

(3) 算术平均值中误差及其相对中误差。

8. 丈量两段距离，一段往测为 126.78m，返测为 126.68m，另一段往测、返测分别为 357.23m 和 357.33m。问哪一段丈量的结果比较精确？为什么？两段距离丈量的结果各等于多少？

9. 设丈量了两段距离，结果为 l_1=528.46m，其中误差为 0.21m；l_2=517.25m，其中误差为 0.16m。试比较这两段距离之和及之差的精度。

第6章
控制测量

本章导读

测量工作必须遵守“从整体到局部，先控制后碎部”的原则，即进行任何的测量工作，首先都要建立控制网，然后根据控制网进行碎部测量或测设工作。控制网分为平面控制网和高程控制网两种，控制测量便是为建立控制网而服务的。

6.1 控制测量概述

6.1.1 控制测量的作用和布网原则

在大地上进行的各种测绘和测设工作，都需要一定数量其点位（坐标）已知的、埋设稳固的固定点作为展开测量工作的基准点。这些坐标（或高程）已知的、埋设稳固的基准点，测量上称为控制点（Control Point）。建立这些控制点的工作称为控制测量（Control Survey）。控制测量的作用可以归纳为：

（1）控制测量是各项测量工作的基础。如在测图时，由控制测量提供测站点；又如在放样道路曲线时，由控制点提供标准方向测设曲线偏角等。

（2）控制测量具有控制全局的作用。如统一坐标系统的控制网在测绘地形图时，保证各图幅之间的正确拼接；在大型设备安装时，可使各部件之间准确地安装到设计要求的相对位置。

（3）限制测量误差的传递和积累。任何测量都不可避免地带有误差。如水准测量、导线测量等，每站都会产生误差。这些误差亦会站站地传递下去、累积起来，使后面点的点位误差变得越来越大。控制测量使我们工程的待测点附近都有了控制点，而无须通过遥远的路线去引测坐标。

控制测量是通过建立控制网精确测定控制点坐标的。用以确定点的平面位置的控制网为平面控制网（Plane Control Network）。平面控制网以三角网、导线网应用最多，此外还有三边网、边角网等。确定点的高程的控制网称为高程控制网（Vertical Control Network）。高程控制网以水准网为主，在布设水准网困难地区也可使用三角高程的测量方法传递高程。

为了在建网和使用过程中最大限度地节约人力、物力资源和时间，满足不同地区经济建设对控制网精度、密度、急缓的不同需求，同时满足我国国家控制网对全国定位起到全局的、整体的、统一的基准作用，我国国家控制网的建设遵循着如下建网原则：①先整体、后局部，分级布网、逐级控制；②要有足够的精度；③要有足够的密度；④要有统一的规格。国家有关部门专门制定了各种测量规范，作为测绘工作的法规性文件，以保证上述原则的贯彻和实施。

6.1.2 国家控制网的概念

（1）国家平面控制网

国家平面控制网分为一、二、三、四等四个等级。一等控制以三角锁为主，在全国范围内按经纬度布设成锁网状，如图 6-1 所示。二等平面控制在一等锁环内布设成全面网，如图 6-2 所示。三、四等平面控制分别是上一级网的加密，如图 6-3、图 6-4 所示。一等控制在全国范围内统一完成，以下各级网的加密或改造根据使用的主次缓急逐级分期进行。

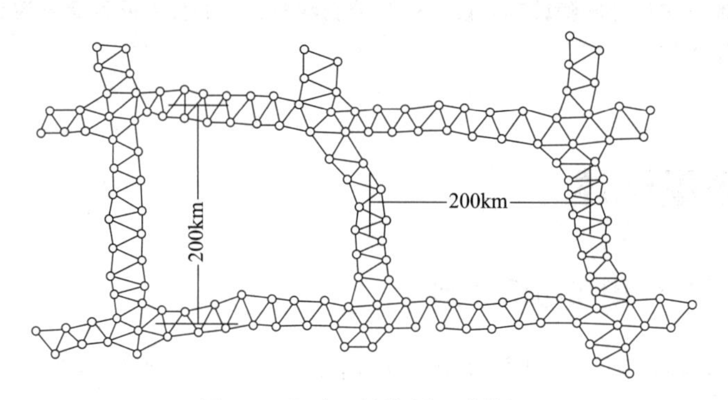

图 6-1 国家一等控制网（锁）

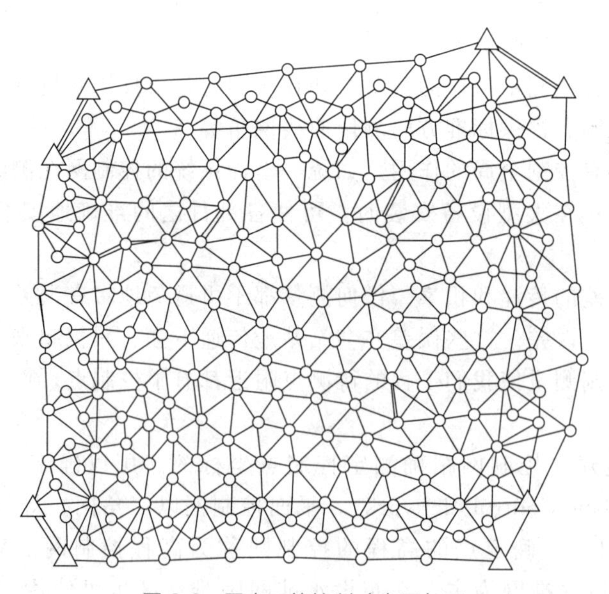

图 6-2 国家二等控制（全面）网

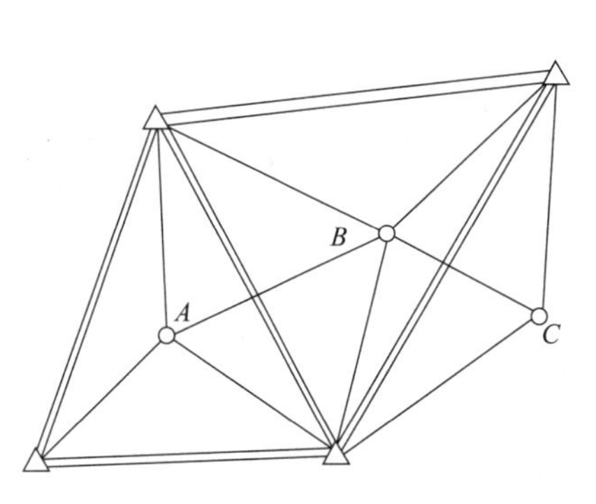

图6-3　三、四等插点控制网

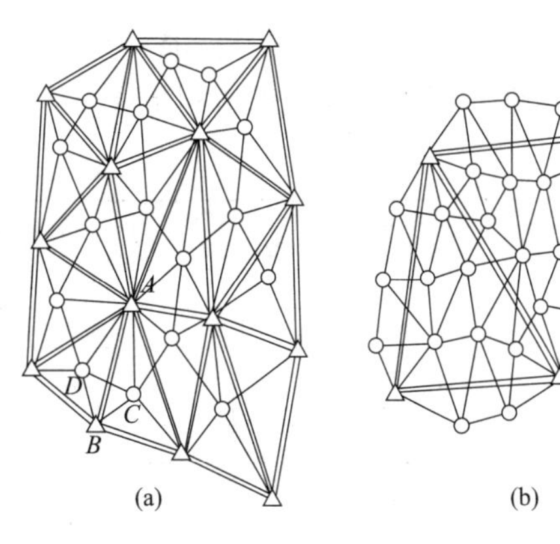

图6-4　三、四等加密控制网

国家平面控制网的布设规格及其精度见表6-1。

表6-1　国家平面控制网的布设规格及精度

等级	边长		图形强度限制				测角中误差	角形最大闭合差	起算元精度		最弱边长相对中误差 $\frac{m_S}{S}$
	边长范围/km	平均边长/km	单三角形任意角	中点多边形任意角	大地四边形任意角	个别最小角			起算边边长相对中误差 $\frac{m_b}{b}$	天文观测	
一	15～45	平原20 山区25	30°	30°	30°		±0.7°	2.5″	1∶350000	方位角误差 $m_\alpha \leqslant \pm 0.5''$ 经度误差 $m_\gamma \leqslant \pm 0.3''$ 纬度误差 $m_\varphi \leqslant \pm 0.3''$	1∶150000
二	10～18	13	30°	30°		25°	±1.0°	3.5″	1∶350000	与一等相同	1∶150000
三		8	30°	30°		25°	±1.8°	7.0″			1∶80000
四		2.6	30°	30°		25°	±2.5°	9.0″			1∶40000

（2）国家高程控制网

国家高程控制网是按照国家水准测量规范建立起来，也称为国家水准网。国家水准网布设成一、二、三、四等四个等级。其布设原则也是采用由高级到低级，从整体到局部，逐渐控制，逐级加密的原则。布设规格及精度见表6-2。

表6-2　我国各级水准网布设规格及精度

等级		环线周长/km	附合路线长/km	偶然中误差 M_Δ/mm	全中误差 $M_{\overline{\omega}}$/nm
一等	平原、丘陵	1000～1500	—	≤±0.5	≤±1.0
	山地	2000	—		
二等		500～750	—	≤±1.0	≤±2.0
三等		300	200	≤±3.0	≤±6.0
四等		—	80	≤±5.0	≤±10.0

6.1.3　工程控制网

（1）工程平面控制

对于种类繁多、测区面积相差悬殊的工程测量，国家平面控制网的等级、密度等往往显得不适应。因此，《工程测量标准》又规定了工程测量网的布设方案。工程测量网的布设原则与国家网相同，其布设规格和精度见表6-3、表6-4。

表6-3 三角测量的主要技术要求

等级	平均边长/km	测角中误差/(″)	测边相对中误差	最弱边边长相对中误差	测回数				三角形最大闭合差/(″)
					$DJ_{0.5}$	DJ_1	DJ_2	DJ_6	
二等	9	1	≤1/250000	≤1/120000	9	12	—		3.5
三等	4.5	1.8	≤1/150000	≤1/70000	4	6	9	—	7
四等	2	2.5	≤1/100000	≤1/40000	2	4	6	—	9
一级	1	5	≤1/40000	≤1/20000	—	—	2	4	15
二级	0.5	10	≤1/20000	≤1/10000	—	—	1	2	30

表6-4 导线测量的主要技术要求

等级	导线长度/km	平均边长/km	测角中误差/(″)	测距中误差/mm	测距相对中误差	测回数				方位角闭合差/(″)	导线全长相对闭合差
						$DJ_{0.5}$	DJ_1	DJ_2	DJ_6		
三等	14	3	1.8	20	≤1/150000	4	6	10	—	$3.6\sqrt{n}$	≤1/55000
四等	9	1.5	2.5	18	≤1/80000	2	4	6	—	$5\sqrt{n}$	≤1/35000
一级	4	0.5	5	15	≤1/30000	—	—	2	4	$10\sqrt{n}$	≤1/15000
二级	2.4	0.25	8	15	≤1/14000	—	—	1	3	$16\sqrt{n}$	≤1/10000
三级	1.2	0.1	12	15	≤1/7000	—	—	1	2	$24\sqrt{n}$	≤1/5000

注：1. n 为测站数；

2. 当测区测图的最大比例尺为1∶1000时，一、二、三级导线的导线长度、平均边长可放长，但最大长度不应大于表中规定相应长度的2倍。

与国家网相比，工程测量网具有如下特点：

① 工程测量网等级多；

② 各等级控制网的平均边长较相应等级的国家网的边长短，即点的密度大；

③ 各等级控制网均可以作为首级控制；

④ 三、四等三角网起算边的相对中误差，按首级网和加密网分别对待。

这样，独立建网时，起始边精度与电磁波测距精度相适应；在上一级网的基础上加密建网时，可以利用上一级网的最弱边作为起始边。

（2）工程高程控制

较小区域或工程的高程控制，根据《工程测量标准》（GB 50026—2020）分为二、三、四、五等级四个等级水准测量。它是大比例尺测图以及各种工程测量的高程控制，其主要技术要求如表6-5所示。水准点间的距离，一般地区应为1～3km，工厂区应小于1km。一个测区至少设立三个水准点。在山区无法进行水准测量时，也可以在一定数量水联点（水准联测点）的控制下，布设三角高程路线或三角高程网作为高程控制测量。

表6-5 水准测量的主要技术要求

等级	每千米高差全中误差/mm	路线长度/km	水准仪级别	水准尺	观测次数		往返较差、附合或环线闭合差	
					与已知点联测	附合或环线	平地/mm	山地/mm
二等	2	—	DS1、DSZ1	条码因瓦、线条式因瓦	往返各一次	往返各一次	$4\sqrt{L}$	—
三等	6	≤50	DS1、DSZ1	条码因瓦、线条式因瓦	往返各一次	往一次	$12\sqrt{L}$	$4\sqrt{n}$
			DS3、DSZ3	条码式玻璃钢、双面		往返各一次		
四等	10	≤16	DS3、DSZ3	条码式玻璃钢、双面	往返各一次	往一次	$20\sqrt{L}$	$6\sqrt{n}$
五等	15	—	DS3、DSZ3	条码式玻璃钢、单面	往返各一次	往一次	$30\sqrt{L}$	—

6.1.4 图根控制网

直接为测图目的建立的控制网，称为图根控制网。图根控制网的控制点称为图根点(Mapping Control Point)。图根控制网应尽可能与国家网、工程网相连接，形成统一的坐标系统。个别地区连接有困难时，也可以建立独立的图根控制网。图根点的密度和精度主要根据测图比例尺和测图方法确定。表6-6是对平坦开阔地区、平板仪测图图根点密度所作的规定。对山地或通视困难，地貌、地物复杂地区，图根点密度可适当增大。图根控制网测量的主要技术要求见表6-7、表6-8。

表6-6 图根点密度的规定

测图比例尺	1∶500	1∶1000	1∶2000	1∶5000
图根点个数/km^2	150	50	15	5
每幅图图根点个数	9～10	12	15	20

表6-7 图根三角测量的主要技术要求

边长/m	测角中误差/(″)	三角形个数	DJ_6 测回数	三角形最大闭合差/(″)	方位角闭合差/(″)
≤1.7倍测图最大视距	20	≤1.3	1	60	$40\sqrt{n}$

表6-8 图根导线测量的主要技术要求

导线长度/m	相对闭合差	边长	测角中误差/(″)		DJ_6 测回数	方位角闭合差/(″)	
			一般	首级控制		一般	首级控制
≤1000	≤1/2000	≤1.5倍测图最大视距	30	20	1	$60\sqrt{n}$	$40\sqrt{n}$

6.2 导线测量

6.2.1 概述

将测区内相邻控制点连成直线而构成的折线，称为导线（Traverse)。这些控制点，称为导线点。导线测量就是依次测定各导线边的长度和各转折角值，根据起始点坐标和起始边的坐标方位角，推算各边的坐标方位角，从而求出各导线点的坐标。用经纬仪测量转折角，用钢尺测定边长的导线，称为经纬仪导线（Theodolite Traverse)；若用光电测距仪测定导线边长，则称为电磁波测距导线（EDM Traverse)。

导线测量是建立小区域平面控制网常用的一种方法。特别是地物分布较复杂的建筑区、视线障碍较多的隐蔽区和带状地区，多采用导线测量（Traversing）的方法。根据测区的不同情况和要求，导线可布设成下列三种形式：

(1) 闭合导线（Closed Traverse)

起讫于同一已知点的导线，称为闭合导线。如图6-5，导线从已知高级控制点 B 和已知方向 BA 出发，经过1、2、3、4、5、6、7点，最后仍回到起始点 B，形成一闭合多边形。它本身存在着严密的几何条件，具有检核作用。

(2) 附合导线（Annexed Traverse)

布设在两已知点间的导线，称为附合导线。如图6-6，导线从一高级控制点 A 和已知方向 AB 出发，经过1、2、3、4点，最后附合到另一已知高级控制点 C 和已知方向 CD。此种布设形式，具有检核观测成果的作用。

(3) 支导线 (Spur Traverse)

由一已知点和已知边的方向出发，既不附合到另一已知点，又不回到原起始点的导线，称为支导线。因支导线缺乏检核条件，故其边数一般不超过 4 条。

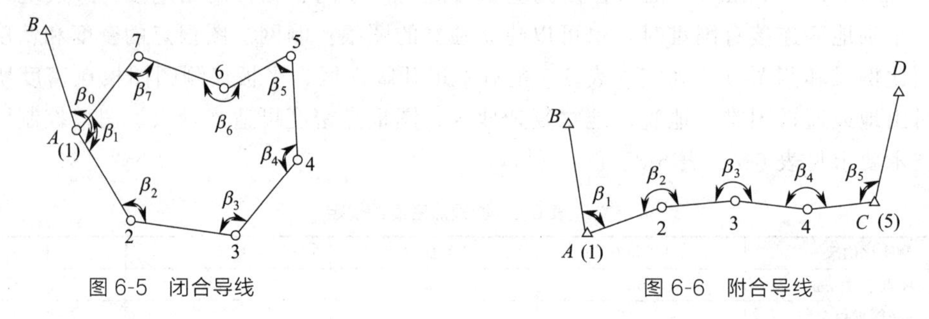

图 6-5　闭合导线　　　　图 6-6　附合导线

6.2.2　导线测量的外业工作

导线测量的外业工作 (Field Work) 包括：踏勘、选点及建立标志，量边，测角和联测，分述如下：

(1) 踏勘、选点及建立标志

选点前应调查搜集测区已有地形图和高一级控制点的成果资料，把控制点展绘在地形图上，然后在地形图上拟定导线的布设方案，最后到野外去踏勘，实地核对、修改、落实点位和建立标志。如果测区没有地形图资料，则需详细踏勘现场，根据已知控制点的分布、测区地形条件及测图和施工需要等具体情况，合理地选定导线点的位置。实地选点时，应注意下列几点：

① 相邻点间通视良好，地势较平坦，便于测角和量距。

② 点位应选在土质坚实处，便于保存标志和安置仪器。

③ 视野开阔，便于施测碎部。

④ 导线各边的长度应大致相等。

⑤ 导线点应有足够的密度，分布较均匀，便于控制整个测区。

导线点选定后，要在每一点位上打一大木桩，其周围浇灌一圈混凝土（图 6-7），桩顶钉一小钉，作为临时性标志。若导线点需要保存的时间较长，就要埋设混凝土桩（图 6-8）或石桩，刻“十桩顶”字，作为永久性标志。导线点应统一编号。

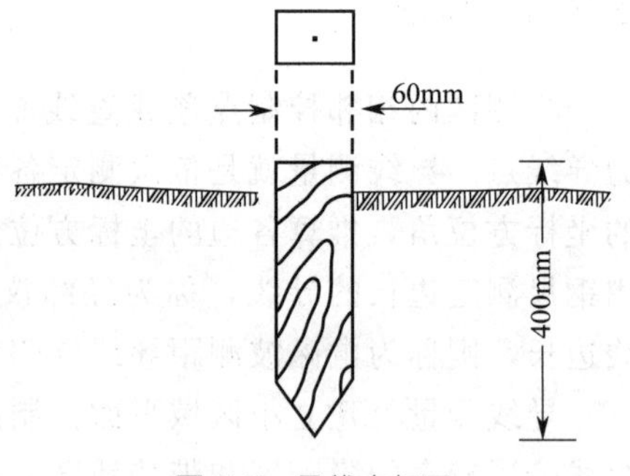

图 6-7　导线点标示

为了便于寻找，应量出导线点与附近固定而明显的地物点的距离，绘一草图，注明尺寸，称为点之记 (Description of Stations)，如图 6-9。

(2) 量边 (Distance Measuring)

导线边长 (Length of Polygon Leg) 可用光电测距仪测定，测量时要同时观测竖直角，供倾斜改正之用。若用钢尺丈量，钢尺必须经过检定。对于图根导线，用一般方法往返丈量或同一方向丈量两次；当尺长改正数大于 1/10000 时，应加尺长改正；量距时平均尺温与检定时温度相差超过±10℃时，应进行温度改正；尺面倾斜大于 1.5%时，应进行倾斜改正；取其往返丈量的平均值作为成果，并要求其相对误差不大于 1/3000。

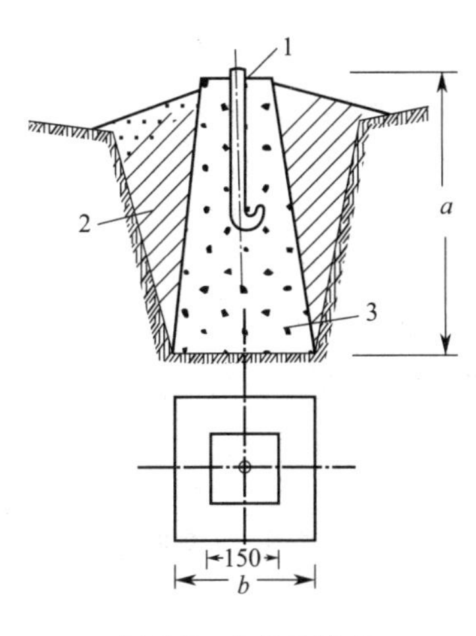

图6-8　永久导线点

1—粗钢筋；2—回填土；3—混凝土；

a、b—视埋设深度而定

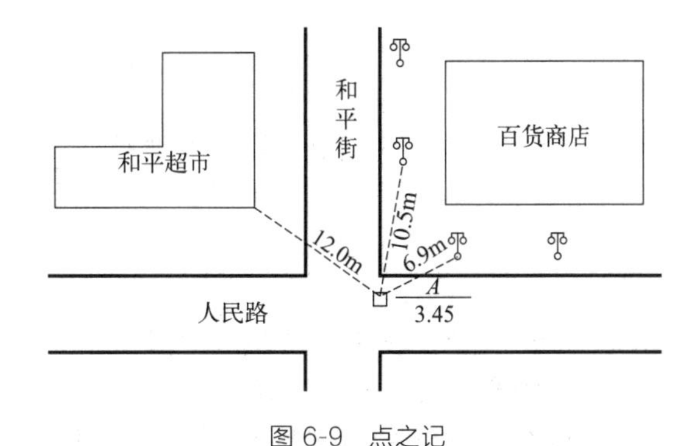

图6-9　点之记

(3) 测角 (Angle Measuring)

用测回法施测导线左角（位于导线前进方向左侧的角）或右角（位于导线前进方向右侧的角）。在附合导线中，一般量测导线左角；在闭合导线中均测内角。若闭合导线按逆时针方向编号，则其左角就是内角。测角时，为了便于瞄准，可在已埋设的标志上用三根竹竿吊一个大垂球（图6-10）。或用测钎、觇牌作为照准标志。

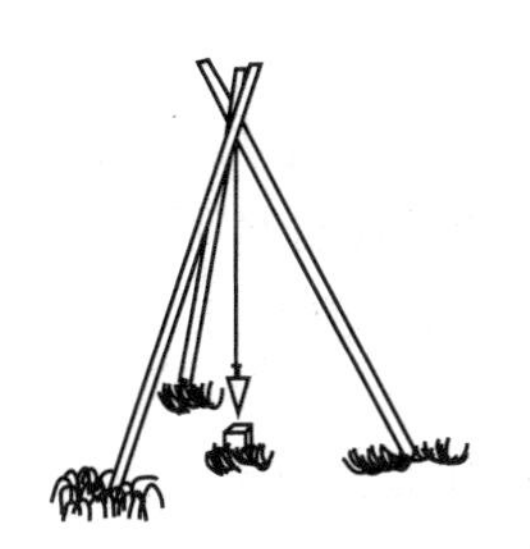

图6-10　照准标志

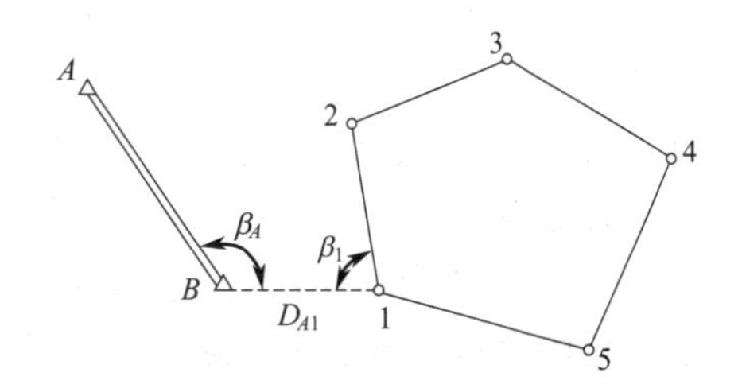

图6-11　导线联测

(4) 联测 (Tie Survey)

如图6-11导线与高级控制点连接。必须观测连接角β_A、β_1、连接边D_{A1}，作为传递坐标方位角和坐标之用。如果附近无高级控制点，则应用罗盘仪施测导线起始边的磁方位角，并假定起始点的坐标作为起算数据。

6.2.3　导线测量的内业计算

导线测量内业（Office Work）计算的目的就是计算各导线点的坐标。计算之前，应全面检查导线测量外业记录，数据是否齐全，有无记错、算错，成果是否符合精度要求，起算数据是否准确。然后绘制导线略图，把各项数据注于图上相应位置，如图6-12所示。

(1) 内业计算中数字取位的要求

内业计算中数字的取位，对于四等以下的小三角及导线，角值取至秒，边长及坐标取至

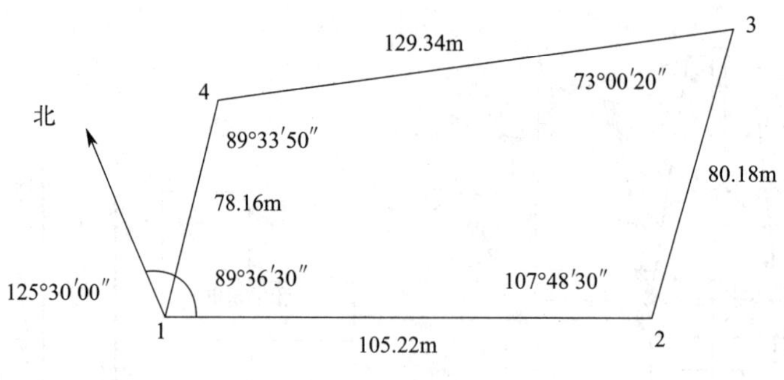

图 6-12　导线略图

毫米（mm）。对于图根三角锁及图根导线，角值取至秒，边长和坐标取至厘米（cm）。

（2）闭合导线的坐标计算

现以图 6-12 中的实测数据为例，说明闭合导线坐标计算的步骤。

① 准备工作

将校核过的外业观测数据及起算数据填入“闭合导线坐标计算表”（表 6-9）中，起算数据用双线标明。

② 角度闭合差的计算与调整

n 边形闭合导线内角和的理论值为

$$\sum\beta_{理}=(n-2)\times180° \tag{6-1}$$

由于观测角不可避免地含有误差，致使实测的内角之和 $\sum\beta_{测}$ 不等于理论值，而产生角度闭合差 f_β，为

$$f_\beta=\sum\beta_{测}-\sum\beta_{理} \tag{6-2}$$

各级导线角度闭合差的容许值 $f_{\beta容}$，见表 6-4 及表 6-8。f_β 超过 $f_{\beta容}$，则说明所测角度不符合要求，应重新检测角度。若 f_β 不超过 $f_{\beta容}$，可将闭合差反符号平均分配到各观测角中。改正后之内角和应为（$n-2$）×180°，本例应为 360°，以作计算校核。

③ 用改正后的导线左角或右角推算各边的坐标方位角

根据起始边的已知坐标方位角及改正角按下列公式推算其他各导线边的坐标方位角。

$$\alpha_{前}=\alpha_{后}+180°+\beta_{左}（适用于测左角） \tag{6-3}$$

$$\alpha_{前}=\alpha_{后}+180°-\beta_{右}（适用于测右角） \tag{6-4}$$

本例观测左角，按式(6-3) 推算出导线各边的坐标方位角，列入表 6-9 的第 5 栏。在推算过程中必须注意：如果算出的 $\alpha_{前}>360°$，则应减去 360°；用式(6-4) 计算时，如果（$\alpha_{后}+180°$）$<\beta_{右}$，则应加 360°再减 $\beta_{右}$。

闭合导线各边坐标方位角的推算，最后推算出起始边坐标方位角，它应与原有的已知坐标方位角值相等，否则应重新检查计算。

④ 坐标增量的计算及闭合差的调整

a. 坐标增量的计算。如图 6-13，设点的坐标 x_1、y_1 和 12 边的坐标方位角 α_{12} 均为已知，边长 D_{12} 也已测得，则点 2 的坐标为

$$\left.\begin{aligned}x_2&=x_1+\Delta x_{12}\\y_2&=y_1+\Delta y_{12}\end{aligned}\right\}$$

式中，Δx_{12}、Δy_{12} 称为坐标增量，也就是直线两端点的坐标值之差。上式说明，欲求

待定点的坐标，必须先求出坐标增量，根据图 6-14 中的几何关系，可写出坐标增量的计算公式

$$\left.\begin{aligned}\Delta x_{12}=D_{12}\cos\alpha_{12}\\ \Delta y_{12}=D_{12}\sin\alpha_{12}\end{aligned}\right\}\tag{6-5}$$

上式中 Δx_{12} 及 Δy_{12} 的正负号，由 $\cos\alpha_{12}$ 及 $\sin\alpha_{12}$ 的正负号决定。本例按式(6-5) 所算得的坐标增量，填入表 6-9 的第 7、8 两栏中。

b. 坐标增量闭合差的计算与调整。从图 6-14 中可以看出，闭合导线纵横坐标增量代数和的理论值应为零，即

$$\left.\begin{aligned}\sum\Delta x=0\\ \sum\Delta y=0\end{aligned}\right\}\tag{6-6}$$

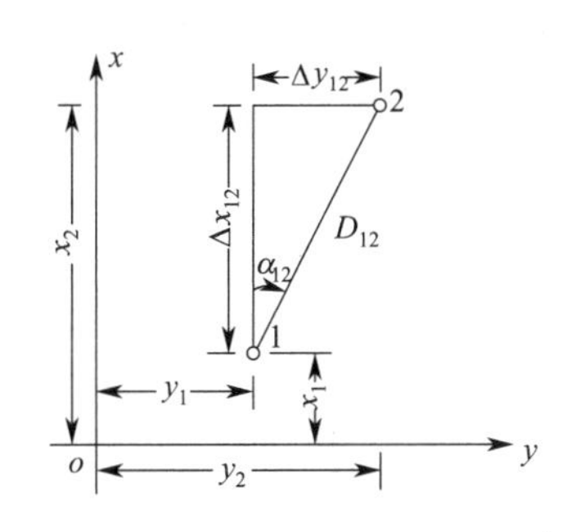

图 6-13　坐标增量计算

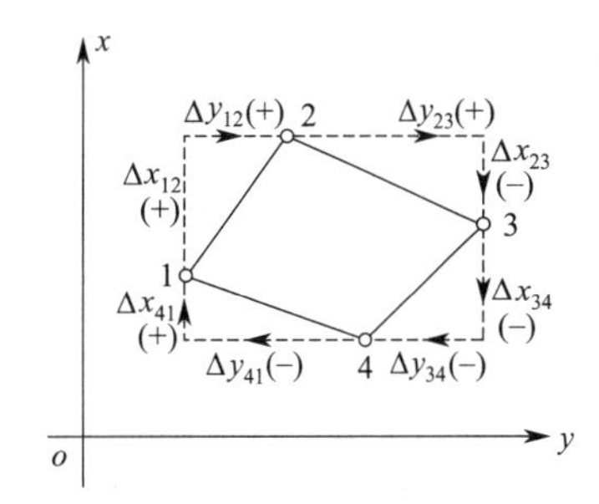

图 6-14　坐标增量计算

实际上由于量边的误差和角度闭合差调整后的残余误差，往往使 $\sum\Delta x_{测}$、$\sum\Delta y_{测}$ 不等于零，而产生纵坐标增量闭合差 f_x 与横坐标增量闭合差 f_y，即

$$\left.\begin{aligned}f_x=\sum\Delta x\\ f_y=\sum\Delta y\end{aligned}\right\}\tag{6-7}$$

从图 6-15 中明显看出，由于 f_x、f_y 的存在，使导线不能闭合，11′之长度 f_D 称为导线全长闭合差 (Linear Closure)，并用下式计算

$$f_D=\sqrt{f_x^2+f_y^2}\tag{6-8}$$

仅从 f_D 值的大小还不能显示导线测量的精度，应当将 f_D 与导线全长 $\sum D$ 相比，以分子为 1 的分数来表示导线全长相对闭合差，即

$$K=\frac{f_D}{\sum D}=\frac{1}{\dfrac{\sum D}{f_D}}\tag{6-9}$$

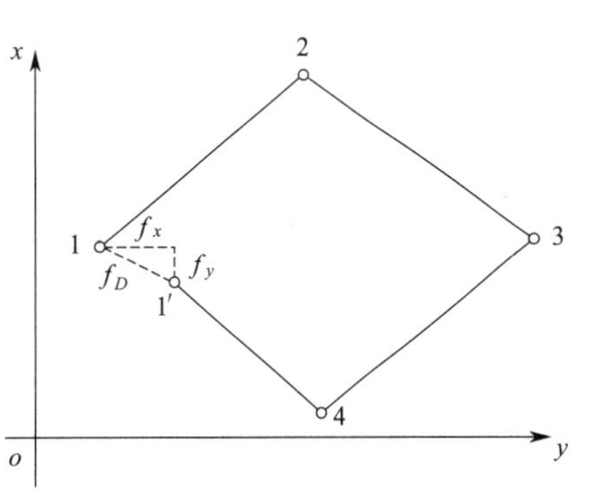

图 6-15　坐标闭合差

以导线全长相对闭合差 K 来衡量导线测量的精度，K 的分母越大，精度越高。不同等级的导线全长相对闭合差的容许值 $K_{容}$ 已列入表 6-4 和表 6-8。若 $K>K_{容}$，则说明成果不合格，首先应检查内业计算有无错误，然后检查外业观测成果，必要时重测；若 $K\leqslant K_{容}$，则说明符合精度要求，可以进行调整，即将 f_x、f_y 反其符号按边长成正比分配到各边的纵、横坐标增量中去。以 V_{xi}、V_{yi} 分别表示第 i 边的纵、横坐标增量改正数，即

$$\left.\begin{aligned}V_{xi}&=\frac{f_x}{\sum D}D_i\\V_{yi}&=\frac{f_y}{\sum D}D_i\end{aligned}\right\}\tag{6-10}$$

纵、横坐标增量改正数之和应满足下式

$$\left.\begin{aligned}\sum V_x&=-f_x\\\sum V_y&=-f_y\end{aligned}\right\}\tag{6-11}$$

算出的各增量改正数（取位到 cm）填入表 6-9 中的 7、8 两栏增量计算值的右上方（如 −2、+2 等）。各边增量值加改正数，即得各边的改正后增量。改正后纵、横坐标增量之代数和应分别为零，以作计算校核。

表 6-9　闭合导线坐标计算表

点号	观测角左角/(° ′ ″)	改正数/(″)	改正角/(° ′ ″)	坐标方位角/(° ′ ″)	距离/m	坐标增量		改正后的坐标增量		坐标值		点号
						Δx/m	Δy/m	$\Delta\hat{x}$/m	$\Delta\hat{y}$/m	$\hat{x}$/m	$\hat{y}$/m	
1	2	3	4	5	6	7	8	9	10	11	12	13
1										506.32	215.65	1
				125 30 00	105.22	−2 −61.10	+2 +85.66	−61.12	+85.68			
2	107 48 30	+13	107 48 43							445.20	301.33	2
				53 18 43	80.18	−2 +47.90	+2 +64.30	+47.88	+64.32			
3	73 00 20	+12	73 00 32							493.08	365.65	3
				306 19 15	129.34	−3 +76.61	+2 −104.21	+76.58	−104.19			
4	89 33 50	+12	89 34 02							569.66	261.46	4
				215 53 17	78.16	−2 −63.32	+1 −45.82	−63.34	−45.81			
1	89 36 30	+13	89 36 43							506.32	215.65	1
				125 30 00								
2												
总和	359 59 10	+50			392.90	+0.09	−0.07	0.00	0.00			
辅助计算	$\sum\beta_{测}=359°59'10''$　$f_x=\sum\Delta x=0.09$m　$\beta=\sum\Delta y=-0.07$m $\sum\beta_{理}=360°$　导线全长闭合差 $f=\sqrt{f_x^2+f_y^2}=0.11$m $f_\beta=\sum\beta_{理}-\sum\beta_{测}=50''$　导线相对闭合差 $K=\frac{1}{\frac{\sum D}{f}}\approx\frac{1}{3500}$ $f_{\beta容}=\pm60''\sqrt{n}=\pm120''$　允许相对闭合差 $K_{容}=\frac{1}{2000}$											

⑤ 计算各导线点的坐标

根据起点 1 的已知坐标（本例为假定值：$x_1=506.32$m，$y_1=215.65$m）及改正后增量，用下式依次推算 2、3、4 各点的坐标：

$$\left.\begin{array}{l}x_2=x_1+\Delta x_{12}\\y_2=y_1+\Delta y_{12}\end{array}\right\}\qquad(6\text{-}12)$$

最后还应推算起点1的坐标，其值应与原有的数值相等，以作校核。这里顺便指出，上面所介绍的根据已知点的坐标、已知边长和已知坐标方位角计算待定点坐标的方法，称为坐标正算。如果已知两点的平面直角坐标，反算其坐标方位角和边长，则称为坐标反算。

(3) 附合导线的坐标计算

附合导线的坐标计算步骤与闭合导线相同。仅由于两者形式不同，致使角度闭合差与坐标增量闭合差的计算稍有区别。下面着重介绍其不同点。

① 角度闭合差的计算

设有附合导线如图6-16所示，用式(6-4)根据起始边已知坐标方位角 α_{BA} 及观测的右角（包括连接角 β_A 和 β_C）可以算出终边 CD 的坐标方位角 α'_{CD}。

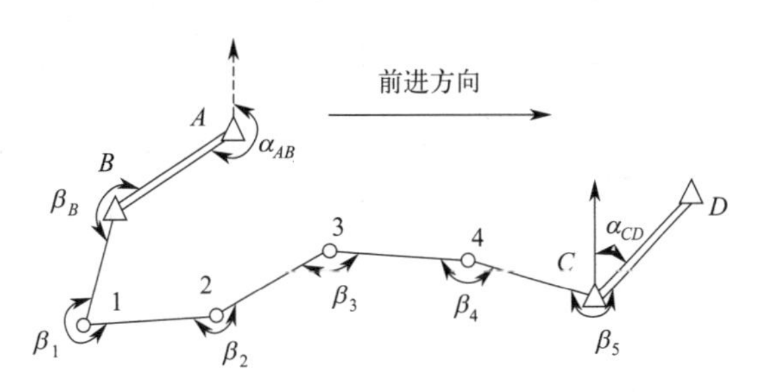

图6-16 附合导线

$$\begin{aligned}
\alpha_{A1}&=\alpha_{BA}+180°-\beta_A\\
\alpha_{12}&=\alpha_{A1}+180°-\beta_1\\
\alpha_{23}&=\alpha_{12}+180°-\beta_2\\
\alpha_{34}&=\alpha_{BA}+180°-\beta_3\\
\alpha_{4C}&=\alpha_{34}+180°-\beta_4\\
\alpha'_{CD}&=\alpha_{4C}+180°-\beta_C\\
\alpha'_{CD}&=\alpha_{BA}+6\times180°-\sum\beta_{测}
\end{aligned}$$

写成一般公式，为

$$\alpha'_{终}=\alpha_{始}+n\times180°-\sum\beta_{测}\qquad(6\text{-}13)$$

若观测左角，则按下式计算 $\alpha'_{终}$

$$\alpha'_{终}=\alpha_{始}+n\times180°+\sum\beta_{测}\qquad(6\text{-}14)$$

角度闭合差 f_β 用下式计算

$$f_\beta=\alpha'_{终}-\alpha_{终}\qquad(6\text{-}15)$$

关于角度闭合差 f_β 的调整，当用左角计算 $\alpha'_{终}$ 时，改正数与 f_β 反号；当用右角计算 $\alpha'_{终}$ 时，改正数与 f_β 同号。

② 坐标增量闭合差的计算

按附合导线的要求，各边坐标增量代数和的理论值应等于终、始两点的已知坐标之差，即

$$\left.\begin{array}{l}\sum\Delta x_{12}=x_2-x_1\\\sum\Delta y_{12}=y_2-y_1\end{array}\right\}\qquad(6\text{-}16)$$

按式(6-5)计算 $\Delta x_{测}$ 和 $\Delta y_{测}$，则纵、横坐标增量闭合差按下式计算

$$
\left.\begin{aligned}
f_x &= \sum \Delta x_{12} - (\Delta x_{测}) \\
f_y &= \sum \Delta y_{12} - (\Delta y_{测})
\end{aligned}\right\} \tag{6-17}
$$

附合导线的导线全长闭合差、全长相对闭合差和容许相对闭合差的计算，以及坐标闭合差的调整，与闭合导线相同。附合导线坐标计算的全过程，见表 6-10 的算例。

表 6-10 附合导线坐标计算

点号	观测角（左）	改正数	改正后角值	坐标方位角	边长/m	坐标增量		改正后坐标增量		坐标	
						Δx	Δy	Δx	Δy	x	y
1	2	3	4	5	6	7	8	9	10	11	12
B	(° ′ ″)	(″)	(° ′ ″)	(° ′ ″)							
				237 59 30							
A	99 01 00	+6	99 01 06							2507.69	1215.63
				157 00 36	225.85	+5 −207.91	−4 +88.21	−207.86	+88.17		
1	167 45 36	+6	167 45 42							2299.83	1303.80
				144 46 18	139.03	+3 −113.57	−3 +80.20	−113.54	+80.17		
2	123 11 24	+6	123 11 30							2186.29	1383.97
				87 57 48	172.57	+3 +6.13	−3 +172.46	+6.16	+172.43		
3	189 20 36	+6	189 20 42							2192.45	1556.40
				97 18 30	100.07	+2 −12.73	−2 +99.26	−12.71	+99.24		
4	179 59 18	+6	179 59 24							2179.74	1655.64
				97 17 54	102.48	+2 −13.02	−2 +101.65	−13.00	+101.63		
C	129 27 24	+6	129 27 30							2166.74	1757.27
				46 45 24							
D											
Σ	888 45 18	−36	888 54 54		740.00	−341.10	+541.78	−340.95	+541.64		

辅助计算：

$\alpha_{BA} = 237°59'30''$

$+\sum\beta_{测} = 888°45'18''$

$1126°44'48''$

$-\alpha_{CD} = 46°45'24''$

$f_\beta = -36''$

$f_x = -0.15 \quad f_y = +0.14$

导线全长闭合差 $f_D = \sqrt{f_x^2 + f_y^2} \approx \pm 0.20\text{m}$

相对闭合差 $K = \dfrac{0.20}{740.00} = \dfrac{1}{3700}$

容许相对闭合差 $K_{容} = \dfrac{1}{2000}$

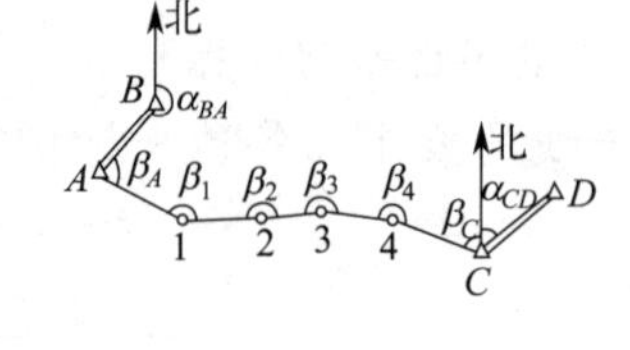

6.3　交会法定点

进行平面控制测量时，当测区内布设的控制点密度还不能满足测图或施工放样的要求，可采用交会定点的方法来加密。常用的方法有前方交会、侧方交会、后方交会、距离交会等（见图 6-17）。

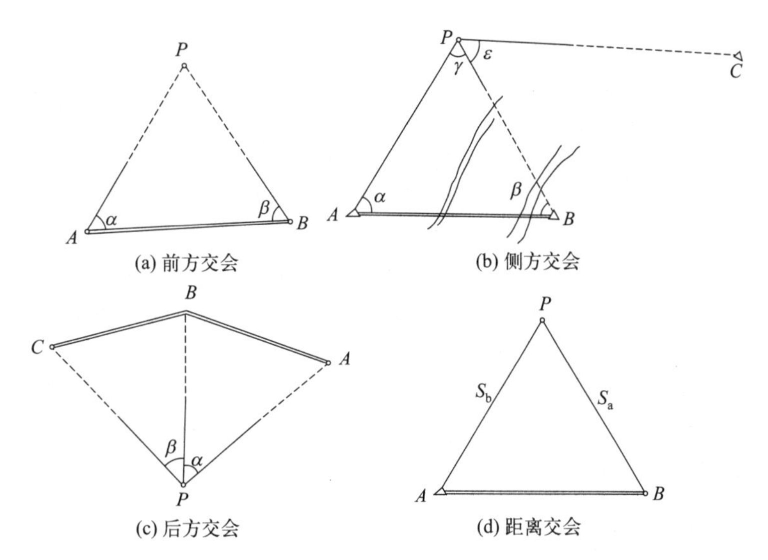

图 6-17　交会定点

6.3.1　前方交会

图 6-17(a) 中，A、B 为已知坐标的控制点，P 为待求点。用经纬仪测得 α、β 角，则根据 A、B 点的坐标，即可求得 P 点的坐标，这种方法为测角前方交会。

按余切公式计算 P 点的坐标，可得（略去推导过程）：

$$
\begin{aligned}
x_P &= \frac{x_A\cot\beta + x_B\cot\alpha + (y_B - y_A)}{\cot\alpha + \cot\beta} \\
y_P &= \frac{y_A\cot\beta + y_B\cot\alpha + (x_B - x_A)}{\cot\alpha + \cot\beta}
\end{aligned}
\qquad (6\text{-}18)
$$

在使用上式时要注意，$\triangle ABP$ 以逆时针编号，否则公式中的加、减号将有改变。为了检核，一般要求由三个已知坐标点向 P 点观测，组成两组前方交会；交会角不小于 30°，亦不应大于 150°。

6.3.2　侧方交会

如图 6-17(b)，在已知点 A 和待求点 P 上安置仪器，测出 α、γ 角，并由此推算出 β 角后，用前方交会公式(6-18) 求出 P 点坐标。侧方交会与前方交会都是测出三角形的两个内角，P 点坐标计算方法相同。为了检核，它亦需要测出第三个已知点 C 的 ε 角。

6.3.3 后方交会

如图6-17(c)所示，后方交会是在待求点P上安置仪器，观测三个已知点A、B、C之间的夹角α、β；然后根据已知点的坐标，按下式计算P点的坐标，即

$$\left.\begin{aligned}x_P&=x_B+\Delta x_{BP}\\x_P&=y_B+\Delta y_{BP}\end{aligned}\right\}\tag{6-19}$$

式中

$$\Delta x_{BP}=\frac{(y_B-y_A)(\cot\alpha-\tan\alpha_{BP})-(x_B-x_A)(1-\cot\alpha\tan\alpha_{BP})}{1+\tan^2\alpha_{BP}}\tag{6-20}$$

$$\Delta y_{BP}=\Delta x_{BP}\tan\alpha_{BP}\tag{6-21}$$

$$\tan\alpha_{BP}=\frac{(y_B-y_A)\cot\alpha+(y_B-y_C)\cot\beta+(x_A-x_C)}{(x_B-x_A)\cot\alpha+(x_B-x_C)\cot\beta+(y_A-y_C)}\tag{6-22}$$

在计算时，应将点号P、A、B、C按逆时针方向排列，为了检核，在实际工作中往往要求观测4个已知点，组成两个后方交会图形。由于后方交会只需在待求点上设站，因而外业工作量较前方交会、侧方交会的少。

后方交会法中，若P、A、B、C位于同一个圆周上，则P点虽然在圆周上移动，而由于α、β值不变，故使x_P、y_P值不变，因而P点坐标产生错误，这一个圆称为危险圆。P点应该离开危险圆附近，一般要求α、β和B点内角之和不应为160°～200°。

6.3.4 距离（测边）交会

由于全站仪的普及，现在也常常采用距离交会的方法来加密控制点。图6-17(d)中，已知A、B点的坐标及AP、BP的边长，如S_b、S_a，求待定点P的坐标。

首先利用坐标反算公式计算AB边的坐标方位角α_{AB}和S：

$$\begin{aligned}\alpha_{AB}&=\arctan\frac{y_B-y_A}{x_B-x_A}\\S&=\sqrt{(x_B-x_A)^2+(y_B-y_A)^2}\end{aligned}\tag{6-23}$$

根据余弦定理求出$\angle A$：

$$\cos A=\frac{D_{AB}^2+D_{AP}^2-D_{BP}^2}{2D_{AP}D_{AB}}$$

而：

$$\alpha_{AP}=\alpha_{AB}-\angle A$$

于是有：

$$\begin{aligned}x_P&=x_A+b\cos\alpha_{AP}\\y_P&=y_A+b\sin\alpha_{AP}\end{aligned}\tag{6-24}$$

以上是两边交会法。工程中为了检核和提高P点的坐标精度，通常采用三边交会法。三边交会观测三条边，分两组计算P点坐标进行核对，最后取其平均值。

6.4 高程控制测量

高程控制测量通常采用水准测量或三角高程测量的方法进行。本节仅就三、四等水准测

量和三角高程测量予以介绍。

6.4.1 三、四等水准测量

三、四等水准测量，除用于国家高程控制网的加密外，一般在小区域建立首级高程控制网也用三、四等水准测量。

关于三、四等水准测量的外业工作和等外水准测量基本上一样。三、四等水准点可以单独埋设标石，也可用平面控制点标志代替，即平面控制点和高程控制点共用。三、四等水准测量应从二等水准点上引测。现将三、四等水准测量的要求和施测方法介绍如下：

6.4.1.1 三、四等水准测量对水准尺的要求

三、四等水准测量用水准尺通常是双面尺，两根标尺黑面的底数均为0，红面的底数一根为4.687m，另一根为4.787m。两根标尺应成对使用。主要技术要求如下：

视线长度和读数误差的限差规定见表6-11：

表6-11 视线长度和读数误差限差规定表

等级	标准视线长度/m	前后视距差/m	前后视距累积差/m	红黑面读数差/mm	红黑面高差之差/mm
三	≤75	≤3.0	≤5.0	≤2.0	≤3.0
四	≤100	≤5.0	≤10.0	≤3.0	≤5.0

高差闭合差的规定见表6-12：

表6-12 高差闭合差规定表

等级	每公里高差中误差/mm	附合路线长度/km	水准仪型号	水准尺	往返较差或环线闭合差	
					平地	山地
三	±6	≤45	DS_3	双面	$\pm 12\sqrt{L}$	$\pm 4\sqrt{n}$
四	±10	≤15	DS_3	双面	$\pm 20\sqrt{L}$	$\pm 6\sqrt{n}$

6.4.1.2 三、四等水准测量的外业工作

(1) 一个测站上的观测顺序（参见表6-13）

① 后视黑面尺，读上、下丝读数1、2及中丝读数3，（数字代表观测和记录顺序）；

② 前视黑面尺，读取下、上丝读数4、5及中丝读数6；

③ 前视红面尺，读取中丝读数7；

④ 后视红面尺，读取中丝读数8。

这种“后-前-前-后”的观测顺序，主要是为了抵消水准仪与水准尺下沉产生的误差。四等水准测量每站的观测顺序也可以为“后-后-前-前”，即“黑-红-黑-红”。表中各次中丝读数3、6、7、8是用来计算高差的，因此，在每次读取中丝读数前，都要注意使符合气泡严密重合。

(2) 测站的计算、检核与限差

① 视距计算

后视距离(9)＝[(1)－(2)]×100

前视距离(10)＝[(4)－(5)]×100

前、后视距差(11)＝(9)－(10)

三等水准测量，不得超过±3m；四等水准测量，不得超过±5m。

前后视距累积差(12)＝本站(11)＋前站(10)

三等不得超过±6m，四等不得超过±10m。

表 6-13 三（四）等水准测量观测手簿

测站编号	点号	后尺 下丝 后尺 上丝 后视距离 前后视距差	前尺 下丝 前尺 上丝 前视距离 累积差	方向及尺号	中丝水准尺读数/m 黑面	中丝水准尺读数/m 红面	K＋黑－红/mm	高差中数/m	备注
		(1) (2) (9) (11)	(4) (5) (10) (12)	后 前 后-前	(3) (6) (15)	(8) (7) (16)	(14) (13) (17)	(18)	
1	$A \sim Z_1$	1.426 0.995 43.1 ＋0.1	0.801 0.371 43.0 ＋0.1	后 K_1 前 K_2 后-前	1.211 0.526 ＋0.625	5.998 5.273 ＋0.725	0 0 0	＋0.6250	
2	$Z_1 \sim Z_2$	1.812 1.296 51.6 －0.2	0.570 0.052 51.8 －0.1	后 K_2 前 K_1 后-前	1.554 0.311 ＋1.243	6.241 5.097 ＋1.144	0 ＋1 －1	＋1.2435	K_1＝4.787 K_2＝4.687
3	$Z_2 \sim Z_3$	0.889 0.507 38.2 ＋0.2	1.713 1.333 38.0 ＋0.1	后 K_1 前 K_2 后-前	0.698 1.523 －0.825	5.486 6.210 －0.724	－1 0 －1	－0.8245	
4	$Z_3 \sim B$	1.891 1.525 36.6 －0.2	0.758 0.390 36.8 －0.1	后 K_2 前 K_1 后-前	1.708 0.574 ＋1.134	6.395 5.361 ＋1.034	0 0 0	＋1.1340	

② 黑、红面读数差

前尺(13)＝(6)＋K－(7)

后尺(14)＝(3)＋K－(8)

K_1、K_2 分别为前尺、后尺的红黑面常数差。三等不得超过±2mm，四等不得超过±3mm。

③ 高差计算

黑面高差(15)＝(3)－(6)

红面高差(16)＝(8)－(7)

检核计算(17)＝(14)－(13)＝(15)－(16)±0.100

三等不得超过 3mm，四等不得超过 5mm。

高差中数(18)＝[(15)＋(16)±0.100]/2

观测时若发现本测站某项限差超限，应立即重测本测站。只有各项限差均检查无误后，方可搬站。

④ 每页计算的总检核

在每测站检核的基础上，应进行每页计算的检核。

$$\sum(15)=\sum(3)-\sum(6)$$

$$\sum(16)=\sum(8)-\sum(7)$$

$$\sum(9)-\sum(10)=\text{本页末站}(12)-\text{前页末站}(7)$$

$$\sum(18)=\begin{cases}[\sum(15)+\sum(16)]/2 & \text{测站数为偶数}\\ [\sum(15)+\sum(16)]/2\pm0.100 & \text{测站数为奇数}\end{cases}$$

（3）水准路线测量成果的计算、检核

三、四等附合或闭合水准路线高差闭合差的计算、调整方法与普通水准测量相同，其高差闭合差的限差见表 6-12。

6.4.2　三角高程测量

当两点间地形起伏较大而不便于施测水准时，可应用三角高程测量的方法测定两点间的高差而求得高程。该法较水准测量精度低，常用作山区各种比例尺测图的高程控制。

6.4.2.1　三角高程测量的原理

三角高程测量的原理如图 6-18 所示，已知 A 点的高程 H_A，欲求 B 点高程 H_B。可将仪器安置在 A 点，照准 B 点目标，测得竖角 α，量取仪器高 i 和目标 v。

如果用测距仪测得 AB 两点间的斜距 D'，则高差

$$h_{AB}=D'\sin\alpha+i-v \tag{6-25}$$

如果已知 AB 两点间的水平距离 D，则高差

$$h_{AB}=D\tan\alpha+i-v \tag{6-26}$$

B 点高程为

$$H_B=H_A+h_{AB} \tag{6-27}$$

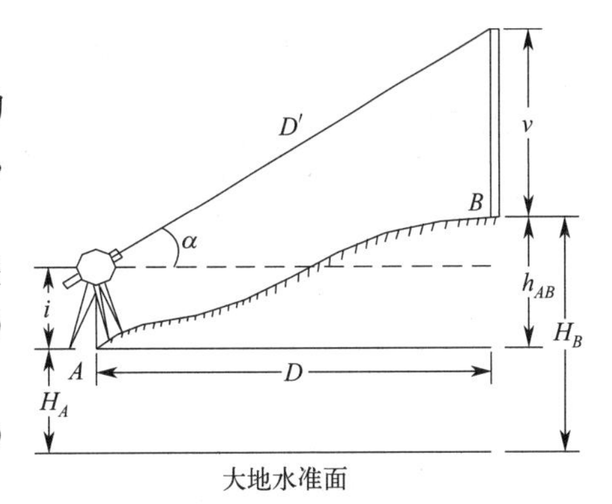

图 6-18　三角高程测量原理

6.4.2.2　三角高程测量的观测与计算

进行三角高程测量，当 $v=i$ 时，计算方便。当两点间距大于 300m 时，应考虑地球曲率和大气折光对高差的影响。为了消除这些影响，三角高程测量应进行往、返观测，即所谓的对向观测。也就是由 A 观测 B，又由 B 观测 A。往、返所测高差之差不大于限差时（对向观测较差 $f_{h容}\leqslant\pm0.1D$），取平均值作为两点间的高差，可以抵消地球曲率和大气折光的影响。

三角高程测量的内容与步骤如下：

（1）安置仪器于测站点上，量取仪器的高度 i 和目标高 v，精确至 1mm。两次读数差不大于 3mm 时，取平均值。

（2）瞄准标尺顶端，测竖直角 α，用 DJ_6 级经纬仪测 1～2 个测回，为了减少折光影响，目标高应大于 1m。

（3）若是经纬仪三角高程测量，则水平距离 D 已知，若是光电测距三角高程测量，距离 S 由测距仪测出。

（4）计算高差。表 6-14 是三角高程测量观测与计算实例。

表 6-14　三角高程测量的高差计算

起算点	A		B	
欲求点	B		C	
	往	返	往	返
水平距离 D/m	577.157	577.137	417.653	417.697
竖直角 α	+3°24′15″	−3°22′47″	+0°27′32″	−0°25′58″
仪器高 i/m	1.565	1.537	1.581	1.601
目标高 v/m	1.695	1.680	1.713	1.708
球气差改正 f/m	0.022	0.022	0.012	0.012
高差/m	+34.224	−34.204	+3.225	−3.250
平均高差/m	+34.214		+3.238	

习题

1. 小区域控制测量中，导线的布设形式有几种？各适用于什么情况？

2. 导线测量的外业工作主要包括哪些？现场选点时应注意哪些问题？

3. 回答下列问题：

(1) 说明闭合导线计算步骤，写出计算公式。

(2) 闭合导线计算中，要计算哪些闭合差，如何处理？

(3) 如果用各折角观测值先推算各边方位角后再计算方位角闭合差可以吗？此时闭合差应如何处理？

(4) 如果连接角观测有误，又没有检核条件，会产生什么结果？

(5) 如果边长测量时，仪器带有与距离成正比的系统误差能否反映在闭合差上？

4. 试述图根导线外业工作的主要内容，敷设图根导线最少需要哪些起算数据？外业需观测哪些数据？连接角有何作用？

5. 图根点点位的选择有哪些基本要求？

6. 某附合导线如图 6-19 所示，控制点 A (1746.336，616.596)、B (998.072，1339.891)、C (1081.796，5208.429)、D (2303.321，6123.749)。根据图中所示观测数据，计算图根附合导线各点坐标。

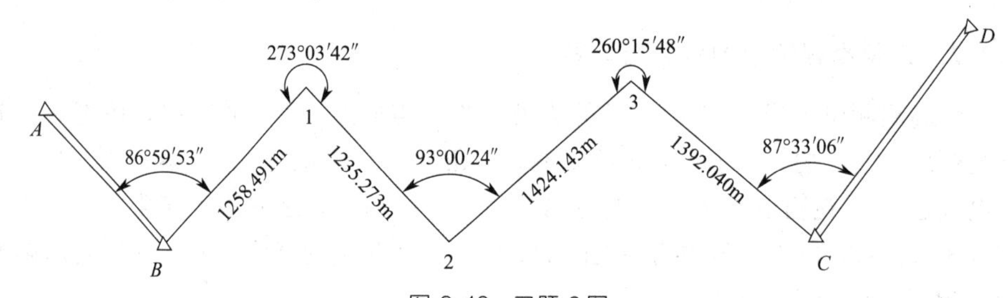

图 6-19 习题 6 图

7. 角度前方交会观测数据如图 6-20 所示，已知 $x_A=1112.342\text{m}$、$y_A=351.727\text{m}$、$x_B=659.232\text{m}$、$y_B=355.537\text{m}$、$x_C=406.593\text{m}$、$y_C=654.051\text{m}$，求 P 点坐标。

8. 距离交会观测数据如图 6-21 所示，已知 $x_A=1223.453\text{m}$，$y_A=462.838\text{m}$，$x_B=770.343\text{m}$，$y_B=466.648\text{m}$，$x_C=517.704\text{m}$，$y_C=765.162\text{m}$，求 P 点坐标。

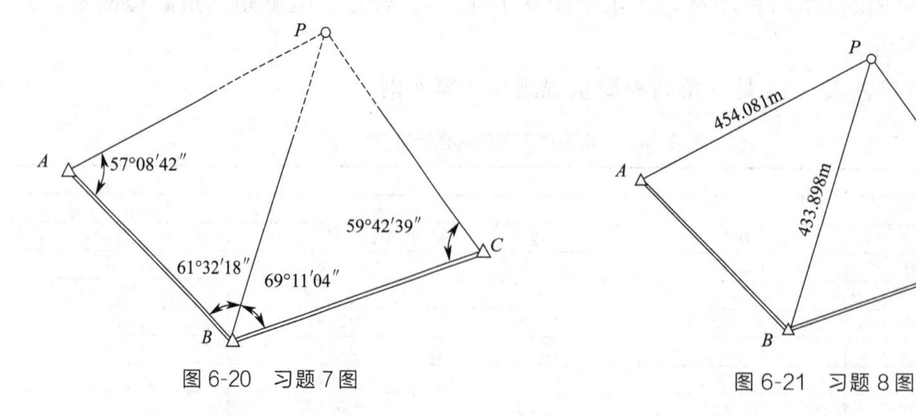

图 6-20 习题 7 图　　图 6-21 习题 8 图

9. 画图说明三角高程测量原理。

第 7 章 大比例尺地形图的测绘

本章导读

本章主要介绍了地形图的基本知识，碎部测量的基本方法，地形图的拼接、整饰、检查与验收等工作的具体步骤；数字化测图原理。

7.1 地形图的基本知识

地形图测绘的主要任务就是使用测量仪器，按照一定的测量程序和方法，将地物和地貌及其地理元素测量出来并绘制成图。地形图测绘的主要成果就是要得到各种不同比例尺的地形图。而大比例尺地形图测绘所研究的主要问题就是在局部地区根据工程建设的需要，将客观存在于地表上的地物和地貌的空间位置以及它们之间的相互关系，通过合理的取舍，真实准确地测绘到图纸上。其特点是测区范围小、精度要求高、比例尺大，因而在如何真实准确地反映地表形态方面具有其特殊性。

7.1.1 概述

地球表面千姿百态，有高山、峡谷，有河流、海洋等，但总的来说，这些可以分为地物和地貌两大类。地物是指地球表面上的各种固定性物体，可分自然地物和人工地物，如房屋、道路、江河、森林等。地貌是地球表面起伏形态的统称，如高山、平原、盆地、陡坎等。按照一定的比例尺，将地物、地貌的平面位置和高程表示在图纸上的正射投影图，称为地形图。

测图比例尺不同，成图方法和要求也不一样。通常大比例尺测图的特点是测区范围较小，精度要求高，成图时间短，主要采用平板仪、经纬仪等常规直接测图方法；中比例尺地形图常用航测法成图；小比例尺地形图是根据大比例尺地形图和其他测量资料编绘而成的。

大比例尺地形图可供各种工程设计使用。不同性质的工程设计对地形图的内容与精度要求也不相同。例如，在城镇区进行园林、建筑测图，对地物平面位置要求高；在水利工程及农田灌溉等设计中，对地面高程要求严；林业规划设计，则强调植被种类及覆盖面积。故在地形测量中，应根据专业特点、工程性质等方面合理地选择测图比例尺，做到既满足精度要求，又经济合理。

地形测量的任务，是如何准确地确定地物、地貌特征点的平面位置和高程，然后描绘地物和地貌。测绘地物和地貌称为地形测量，地形测量是各种基本测量方法（如量距、测角、测高、视距等）和各种测量仪器（如皮尺、经纬仪、水准仪、平板仪等）的综合应用，是平面和高程的综合性测量。地形图上的内容较多，为了识别和正确使用地形图，国家测绘地理信息局制定了各种比例尺的地形图图式，它是测绘和使用地形图的技术文件，其中对地形图的格式、符号、注记等做了统一的规定，在测绘内容和精度要求等方面也有一定的要求和标准。测绘单位都应遵守执行，以保证成图的质量。在单张的地形图上，常把图上的符号和注记写在图上适当位置，以方便用图，这种专用的符号和注记称为图例。

7.1.2 地形图比例尺

地形图上一段直线的长度与地面上相应线段的实际水平长度之比，称为地图比例尺。地图比例尺表示了实际地理事物在地图上缩小的程度，如比例尺为 1∶10000，就是说地图上 1 厘米，相当于实地距离 100 米。

7.1.2.1 比例尺的种类

（1）数字比例尺

数字比例尺一般取分子为 1，分母为整数的分数表示。设图上某一直线长度为 d，地面上相应线的水平长度为 D，则图的比例尺为：

$$\frac{d}{D}=\frac{1}{M} \tag{7-1}$$

或写成 1∶M。分母越大，分数值越小，则比例尺就越小。反之则比例尺就越大。地图比例尺有大小之别。同一个地理事物在地图上表示得越大，则说明地图的比例尺就越大。

为满足经济建设和国防建设的需要，根据比例尺大小不同，地形图分大、中、小三种比例尺图。一般将 1∶500～1∶10000 比例尺地形图称为大比例尺地形图；1∶25000～1∶100000 比例尺的称为中比例尺地形图；小于 1∶100000 比例尺的称为小比例尺地形图。根据国家颁布的测量规范、图式和比例尺系统测绘或编绘的地形图，称国家基本图，也称基本比例尺地形图。各国使用的地形图比例尺系统不尽一致，我国把 1∶5000、1∶10000、1∶25000、1∶50000、1∶100000、1∶200000、1∶500000 和 1∶1000000 八种比例尺的地形图规定为基本比例尺地形图。

（2）图示比例尺

为了用图方便，以及减小由于图纸伸缩而引起的使用中的误差，在绘制地形图时，常在图上绘制图示比例尺，最常见的图示比例尺为直线比例尺（例如图 7-1），也就是线段比例尺。

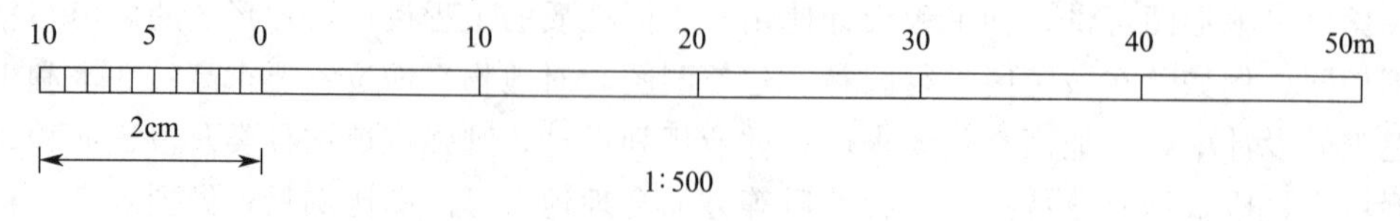

图 7-1 直线比例尺

7.1.2.2　比例尺精度

人们用肉眼能分辨的图上最小距离为 0.1mm，因此一般在图上度量或者实地测图描绘时，就只能达到图上 0.1mm 的精确性。因此我们把图上 0.1mm 所表示的实地水平长度称为比例尺精度。可以看出，比例尺越大，其比例尺精度也越高。不同比例尺的比例尺精度见表 7-1。

表 7-1　比例尺精度

比例尺	1∶500	1∶1000	1∶2000	1∶5000	1∶10000
比例尺精度/m	0.05	0.1	0.2	0.5	1.0

比例尺精度的概念，对测绘和用图有重要意义。例如在测 1∶50000 图时，实地量距只需取到 5m，因为若量得再精细，在图上是无法表示出来的。此外，当设计规定需在图上能量出的最短长度时，根据比例尺的精度，可以确定测图比例尺。例如某项工程建设，要求在图上能反映地面上 10cm 的精度，则采用的比例尺不得小于 1∶1000。

7.1.3　地形图的分幅与编号

为了便于测绘、管理和使用地形图，需要将大区域内各种比例尺的地形图进行统一的分幅和编号。地形图的分幅方法有两种：一种是国家基本图的分幅，是按经度、纬度划分的梯形分幅法；另一种是用于工程建设上的大比例尺地形图的分幅，按坐标网格划分的正方形或矩形分幅法。

7.1.3.1　梯形分幅与编号

地形图的梯形分幅又称为国际分幅，由国际统一规定的经线为图幅的东西边界，统一的纬线为图幅的南北边界。由于子午线收敛于南、北两极，所以整个图幅呈梯形，其编号方法随比例尺不同而不同。

(1) 1∶1000000 比例尺地形图的分幅与编号

1∶1000000 比例尺地形图的分幅编号采用国际统一的规定。做法是将整个地球表面用子午线分成 60 个 6°的纵列，由经度 180°起，自西向东用阿拉伯数字 1～60 编列号数。同时，由赤道起分别向南向北直至纬度 88°止，以每隔 4°的纬度圈分成许多横行，这些横行用大写的拉丁字母 A，B，C，…，V 标明。以两极为中心，以纬度 88°为界的圆，用 Z 标明。图 7-2 为北半球 1∶1000000 比例尺地形图的分幅与编号。对北半球和南半球的图幅，分别在编号前加 N 或 S 予以区别。我国领域全部位于北半球，省注 N。

一张 1∶1000000 比例尺地形图，是由纬差 4°的纬线和经差 6°的子午线所围成的梯形。每一幅 1∶1000000 比例尺的梯形图图号是由横行的字母与纵列的号数组成，如甲地的纬度为北纬 39°56′23″，经度为东经 116°22′53″，其所在 1∶1000000 比例尺的图幅编号为 J-50。

(2) 1∶500000、1∶200000 和 1∶100000 比例尺地形图的分幅与编号

每幅 1∶1000000 地形图按纬差 2°、经差 3°分为 4 幅，即得 1∶500000 地形图，分别以代码 A，B，C，D 表示。将 1∶1000000 图幅的编号加上字母，即为 1∶500000 图幅的编号。

每幅 1∶1000000 地形图按纬差 1°、经差 1.5°分为 16 幅，即得 1∶250000 地形图，分别

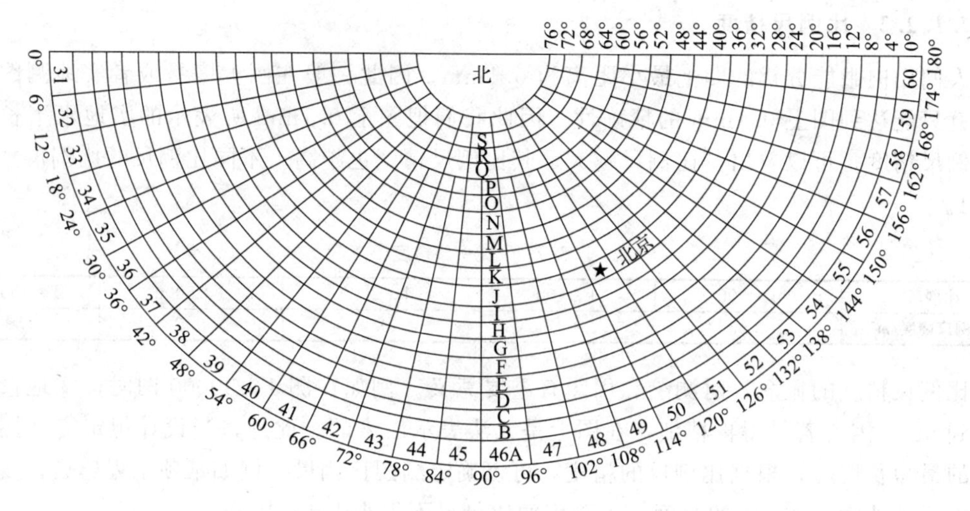

图 7-2 1：1000000 地图的分幅与编号

用［1］，［2］，…，［16］代码表示。将 1：1000000 图幅的编号加上代码，即为 1：250000 图幅的编号。

每幅 1：1000000 地形图按纬差 20′、经差 30′分为 144 幅，即得 1：100000 的图，分别用 1，2，…，144 代码表示。将 1：1000000 图幅的编号加上代码，即为 1：100000 图幅的编号。

如图 7-3 所示，在 1：1000000 地形图 J-50 图幅中，画斜线的阴影部分 1：500000 图幅的编号为 J-50-D；画点划线的阴影部分 1：250000 图幅的编号为 J-50-［4］；画网格线的阴影部分 1：100000 图幅的编号为 J-50-78。

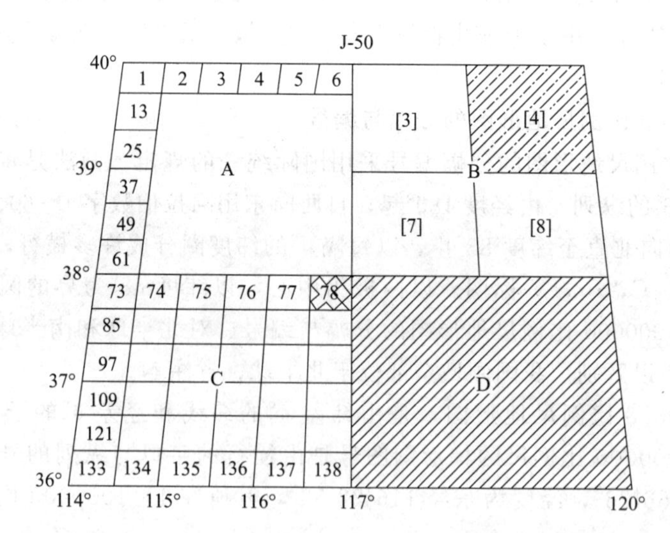

图 7-3 1：500000，1：250000，1：100000 地形图的分幅与编号

（3）1：50000，1：25000，1：10000 地形图的分幅与编号

1：50000，1：25000，1：10000 地形图的分幅和编号，都是以 1：100000 地形图的分幅和编号为基础的。每幅 1：100000 的地形图，可划分成 4 幅 1：50000 的地形图，分别用 A，B，C，D 代码表示，将 1：100000 图幅的编号加上代码，即为 1：50000 图幅的编号。

每幅1∶50000的地形图又可以分为4幅1∶25000的地形图，分别用1，2，3，4代码表示，将1∶50000图幅的编号加上代码，即为1∶25000图幅的编号。

每幅1∶100000的地形图可划分为64幅1∶10000的地形图，分别以（1），（2），…，（64）代码表示，将1∶100000图幅的编号加上代码，即为1∶10000图幅的编号。

如图7-4所示，在1∶100000地形图J-50-78图幅中，左上角1∶50000图幅的编号为J-50-78-A；画斜线的阴影部分1∶25000图幅的编号为J-50-78-D-2；点填充的阴影部分1∶10000图幅的编号为J-50-78-(8)。

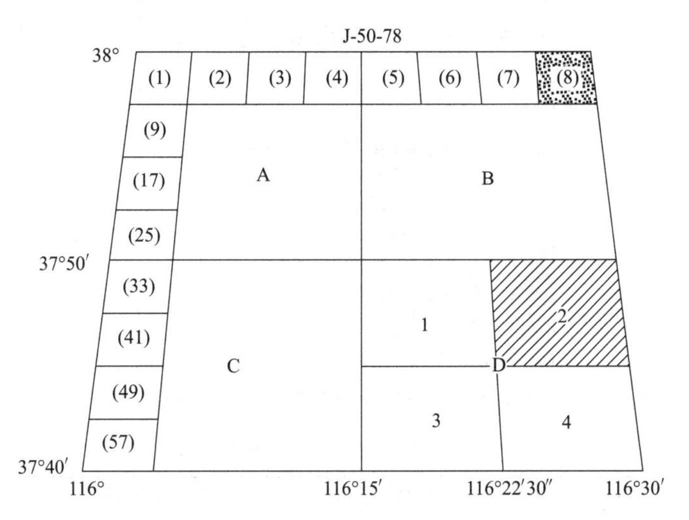

图7-4　1∶50000，1∶25000，1∶10000地形图的分幅与编号

（4）1∶5000和1∶2000地形图的分幅与编号

每幅1∶10000的地形图，可划分成4幅1∶5000的地形图，分别用A，B，C，D代码表示，将1∶10000图幅的编号加上代码，即为1∶5000图幅的编号。将1∶5000的地形图分成9幅，即得1∶2000的地形图，在1∶5000地形图的编号后加1，2，…，9代码，即为1∶2000地形图图幅的编号。

7.1.3.2 矩形分幅与编号

工程建设中所用大比例尺地形图多采用矩形分幅法。矩形分幅的编号方法有坐标编号法、流水编号法和行列编号法三种。

（1）坐标编号法

坐标编号法一般采用图幅西南角纵横坐标的数值来表示其编号，以“纵坐标～横坐标”的格式表示。例如，某幅图西南角的坐标 $x=2604.0$km，$y=1350.0$km，则其编号为2604.0～1350.0。编号时注意，比例尺为1∶5000的地形图取至1km；1∶2000，1∶1000的地形图取至0.1km；而1∶500的地形图，坐标值取至0.01km。

（2）流水编号法

流水编号法一般是从左至右，由上到下用阿拉伯数值编号。

（3）行列编号法

以1∶5000的图为基础，取其图幅西南角的坐标值（以千米为单位）作为1∶5000图的编号。如图7-5所示的1∶5000图的编号为20-30。每幅1∶5000图可分成4幅1∶2000图，分别以Ⅰ、Ⅱ、Ⅲ、Ⅳ编号。每幅1∶2000图又分成4幅1∶1000图，每幅1∶1000图再分成4幅1∶500图，它们的编号均用罗马数字Ⅰ、Ⅱ、Ⅲ、Ⅳ表示。另外，各种比例尺图的编号的编排顺序均为自西向东，自北向南，在图7-5中，绘有阴影线的1∶2000图图号为20-30-Ⅲ，绘有阴影线的1∶1000图号为20-30-Ⅱ-Ⅰ，而绘有阴影线的1∶500图号为20-30-Ⅰ-Ⅰ-Ⅰ。它们图幅的大小如表7-2所示。

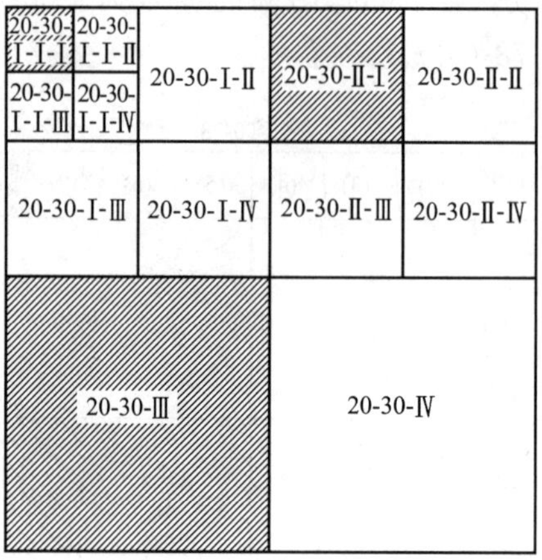

图7-5 大比例尺地形图矩形分幅与编号

表7-2 矩形分幅图廓规格

比例尺	图幅大小/(cm×cm)	实地面积/km^2	1∶5000图幅包含数量	图廓西南角坐标/m
1∶5000	40×40	4.0	1	1000的倍数
1∶2000	50×50	1.0	4	1000的倍数
1∶1000	50×50	0.25	16	500的倍数
1∶500	50×50	0.0625	64	50的倍数

7.1.4 地形图的图廓

图廓是图幅四周的范围线，它有内图廓和外图廓之分。内图廓是地形图分幅时的坐标格网或经纬线。外图廓是距内图廓以外一定距离绘制的加粗平行线，仅起装饰作用。在内图廓外四角处注有坐标值，并在内图廓线内侧，每隔10cm绘有5mm的短线，表示坐标格网线的位置。在图幅内绘有每隔10cm的坐标格网交叉点。

内图廓以内的内容是地形图的主体信息，包括坐标格网或经纬网、地物符号、地貌符号和注记。比例尺大于1∶100000的只绘制坐标格网。在内、外图廓间注记坐标格网线的坐标，或图廓角点的经纬度。在内图廓和分度带之间的注记为高斯平面直角坐标系的坐标值（以公里为单位），由此形成该平面直角坐标系的公里格网。

7.2 地形图的符号与表示

为便于测图和用图，用各种符号将实地的地物和地貌在图纸上表示出来，这种符号统称为地形图图式。《国家基本比例尺地图图式》由国家质量监督检验检疫总局统一制定，是测绘和使用地形图的重要工具。表7-3为1∶500、1∶1000、1∶2000比例尺的一部分地形图图式示例。

表 7-3　常用地物地貌注记符号

1	无看台的露天体育场	体育场
2	游泳池	泳
3	打谷场、球场	谷　球
4	旱地	1.3 2.5 10.0 10.0
5	经济作物地	0.8 3.0 蔗 10.0 10.0
6	菜地	1.0 2.0 2.0 1.0 10.0 10.0
7	灌木林	0.5 1.0
8	高压线	30° 0.8 35 a 1.0 4.0
9	低压线	a 8.0
10	通信线	a 1.0 0.5 8.0
11	路灯	1.2 0.3 2.4 0.6 0.8
12	一般房屋 混——房屋结构	混3　1.6
13	普通房屋 2—房屋层数	2　1.5
14	沟堑 a. 已加固的 b. 未加固的 2.6——比高	2.6 a b
15	过街天桥	
16	高速公路	0.4 a 0
17	街道 a. 主干道 b. 次干道 c. 支线 d. 建筑中的	a 0.35 b 0.25 c 0.15 d 0.15 10.0 2.0
18	简易公路	8.0 2.0
19	乡村路 a. 依比例尺的 b. 不依比例尺的	a 4.0 1.0 0.2 b 8.0 2.0 0.3
20	小路	1.0 4.0 0.3
21	围墙 a. 依比例围墙 b. 不依比例围墙	a 10.0 b 10.0 0.3 0.6
22	活树篱笆	6.0 1.0 0.6
23	篱笆	10.0 1.0
24	铁丝网	10.0 1.0
25	三角点 凤凰山——点名 394.468——高程	凤凰山/394.468 3.0
26	水准点	2.0 N京石5/32.804
27	窑洞 1. 住人的 2. 不住人的 3. 地面下的	1 2.5 2 2.0 3
28	台阶	0.6 1.0 1.0
29	旗杆	1.5 1.0 4.0 1.0
30	加油站	油 1.6 3.6 1.0
31	图根点 1. 埋石的 2. 不埋石的	1 2.0 N16/84.46 2 1.5 25/62.74 2.5
32	GPS 控制点	B 14/495.267 3.0
33	地面河流 a. 岸线 b. 高水位岸线 清江——河流名称	0.15 1.0 3.0 0.5 清 江 b a

7.2.1 地物符号

为了测图和用图的方便，对于地面上天然或人工形成的地物，按统一规定的图式符号在地形图上将它们表示出来。地物符号可分为比例符号、半比例符号、非比例符号与注记符号。

（1）比例符号

可按测图比例尺用规定的符号在地形图上绘出的地物符号称为比例符号。如地面上的房屋、桥梁、旱田等地物。

（2）半比例符号

某些线状延伸的地物，如铁路、公路、通信线、围墙、篱笆等，其长度可按比例尺绘出，但其宽度不能按比例尺表示，这类地物符号称为线性符号，也称为半比例符号。

（3）非比例符号

某些地物，如独立树、界碑、水井、电线杆、水准点等，无法按比例尺在图上绘出其形状。这种只能用其中心位置和特定的符号表示的地物符号称为非比例符号。非比例符号不仅其形状和大小不按比例尺绘出，而且符号的中心位置（定位点）与该地物实地中心位置的关系也随地物的不同而异，在测图和用图时应加以注意。

（4）注记符号

图上用文字和数字所加的注记和说明称为注记符号。如房屋的结构和层数、厂名、校名、路名、等高线高程以及用箭头表示的水流方向等。绘图的比例尺不同，则符号的大小和详略程度也有所不同。

7.2.2 地貌符号与表示

在地形图上用等高线和地貌符号来表示地面的高低起伏形态，即地貌。等高线就是地表高程相等的相邻点顺序连接而成的闭合曲线。地貌要素与等高线如图 7-6 所示。

典型的地貌有平地、丘陵地、山地、盆地等。坡度 2°以下称为平地，坡度在 2°至 6°之间称为丘陵地，6°至 25°称为山地，坡度大于 25°的地方称为高山地。四周高而中间低的地方称为盆地，小的盆地也有人称为坝子，很小的称洼地。

地面的高低起伏，形成各种地貌形态的基本要素，主要包括山地、山脊、山坡、鞍部、山谷等。地貌的独立凸起称为山。山顶向一个方向延伸到山脚的棱线称为山脊，其棱线起分散雨水的作用，称为分水线，又称山脊线。山脊的两侧到山脚称为山坡。相邻两个山头之间呈马鞍形的低凹部分称为鞍部。两山坡相交，使雨水汇合形成合水线，经水流冲蚀形成山谷，合水线又称山谷线。山谷的搬运作用可在山谷口形成冲积三角洲。山脊线和山谷线称为地性线，代表地形的变化。

7.2.2.1 等高线的类型

等高线是地面上高程相同的相邻点连成的闭合曲线。等高线通常可分为以下四类：

（1）基本等高线（首曲线）。按基本等高距绘制的等高线。

（2）加粗等高线（计曲线）。每隔四条首曲线加粗一条等高线，并在其上注记高程。

（3）半距等高线（间曲线）。在个别地方的地面坡度很小，用基本等高距的等高线不足

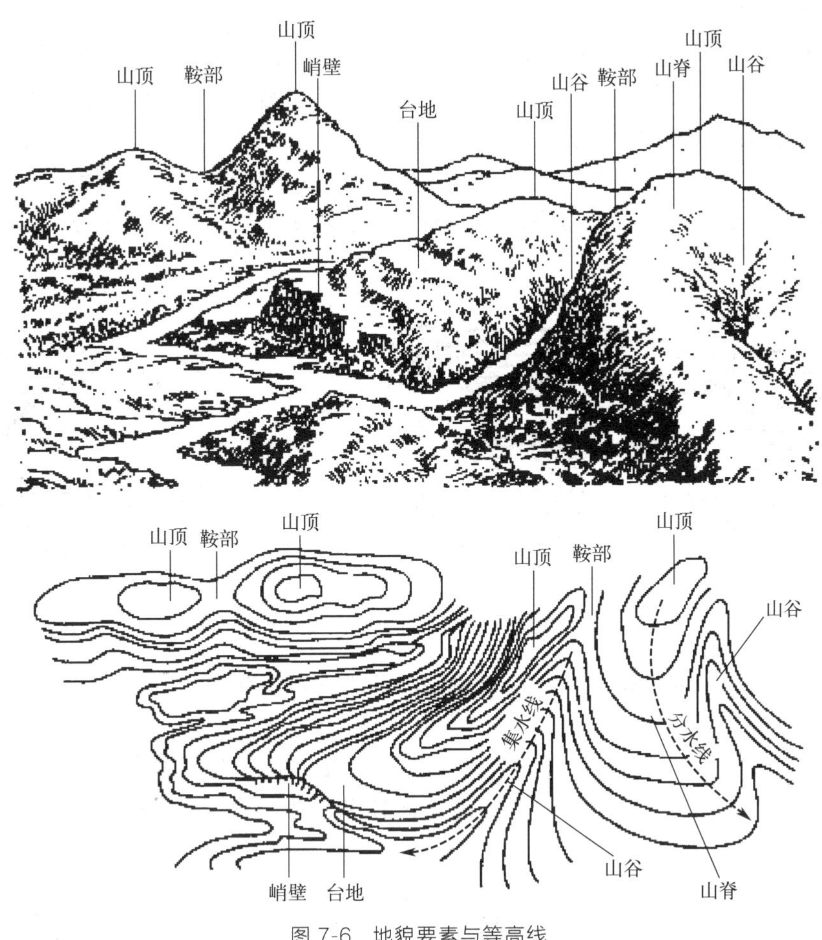

图 7-6　地貌要素与等高线

以显示局部地貌特征时，按 1/2 基本等高距用虚线加绘半距等高线。

（4）助曲线为了反映更详细的地貌，在间曲线和首曲线之间，用四分之一等高距绘制出一条等高线，称为辅助等高线，又称助曲线。

助曲线和间曲线用于表现局部细节地貌，允许不完全绘出一整条等高线。在大比例地形图中，由于等高距小，一般不用表现到四分之一等高距。

7.2.2.2　等高线的特征

（1）同一条等高线上各点的高程都相同。

（2）等高线应是闭合曲线，若不在本图幅内闭合，则在相邻图幅闭合。只有在遇到用符号表示的陡崖和悬崖时，等高线才能断开。

（3）除了悬崖和陡崖外，不同高程的等高线不能相交或重合。

（4）山脊线和山谷线与等高线正交。

（5）同一幅地形图上等高距相同。等高线平距越小，等高线越密，则地面坡度越陡；等高线平距越大，等高线越疏，则地面坡度越缓。

7.2.2.3　典型地貌与等高线

尽管地球表面的高低起伏变化复杂，但不外乎由山头、盆地、山脊、山谷、鞍部等几种典型地貌组成。

（1）山地与洼地（盆地）。典型地貌中地表隆起并高于四周的高地称为山地，其最高处为山头。山头的侧面为山坡，山地与平地相连处为山脚。洼地是四周较高中间凹下的低地，较大的洼地称为盆地。如图 7-7 所示。

（2）山脊与山谷。山地上线状延伸的高地为山脊，山脊的棱线称山脊线，即分水线。两山脊之间的凹地为山谷，山谷最低点的连线称山谷线或集水线。如图 7-8 所示。

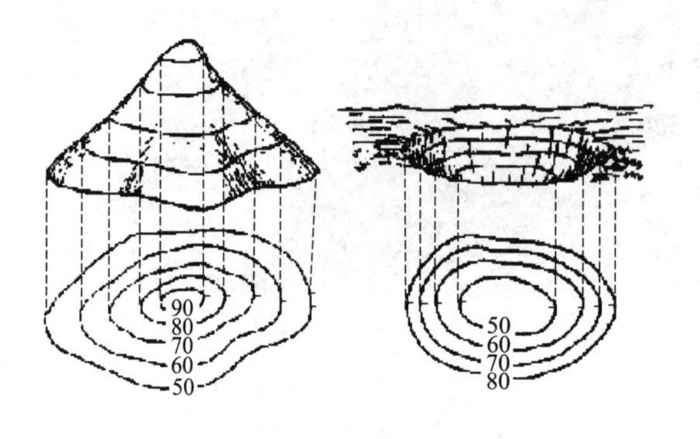

图 7-7 山地和洼地等高线图

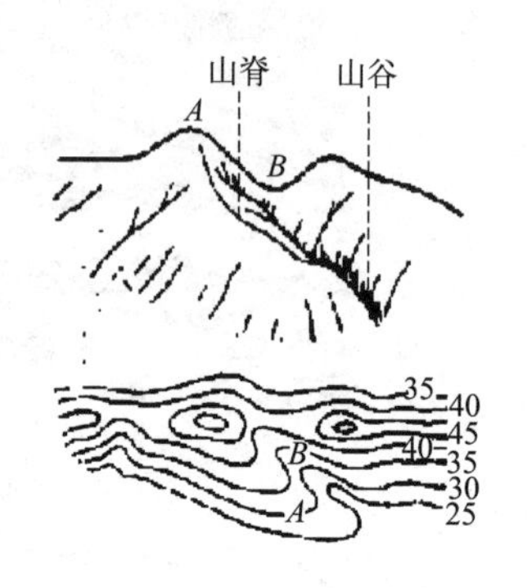

图 7-8 山脊和山谷等高线

（3）鞍部。鞍部一般指山脊线与山谷线的交会之处，是在两山峰之间呈马鞍形的低凹部位。如图 7-9 所示。

（4）陡崖与悬崖。坡度在 70°以上的山坡称为陡崖，陡崖处等高线非常密集甚至重叠，可用陡崖符号来代替等高线。下部凹进的陡崖称悬崖，悬崖的等高线投影到地形图上会出现相交情况。如图 7-10 所示。

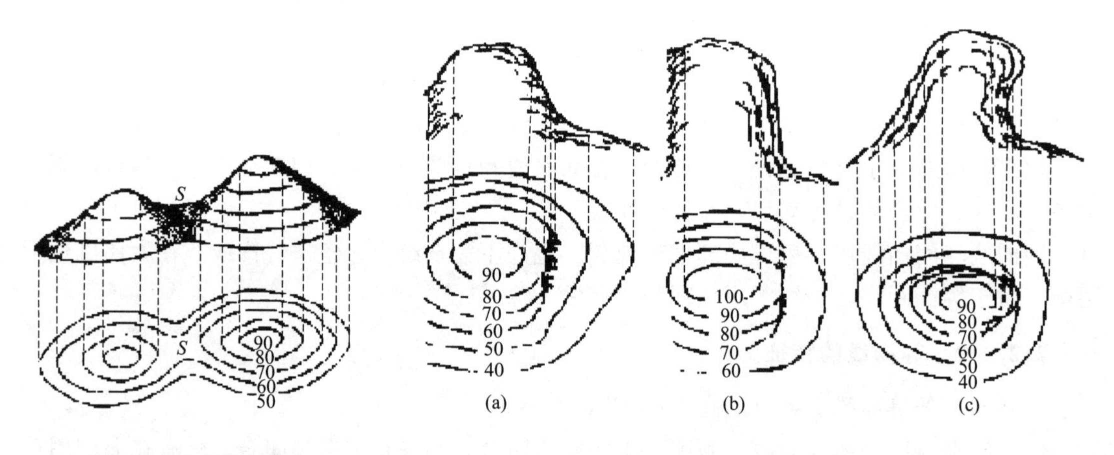

图 7-9 鞍部等高线图

图 7-10 陡崖与悬崖等高线

7.2.3 注记符号

注记是对地物和地貌符号的说明和补充，如图 7-11 所示。它包括：

（1）名称注记。例如：村镇名、机关单位名、山名、河流名等。

（2）说明注记。例如：地物或管线的性质、经济林木或作物的品种，以及大面积土质、植被等的说明。

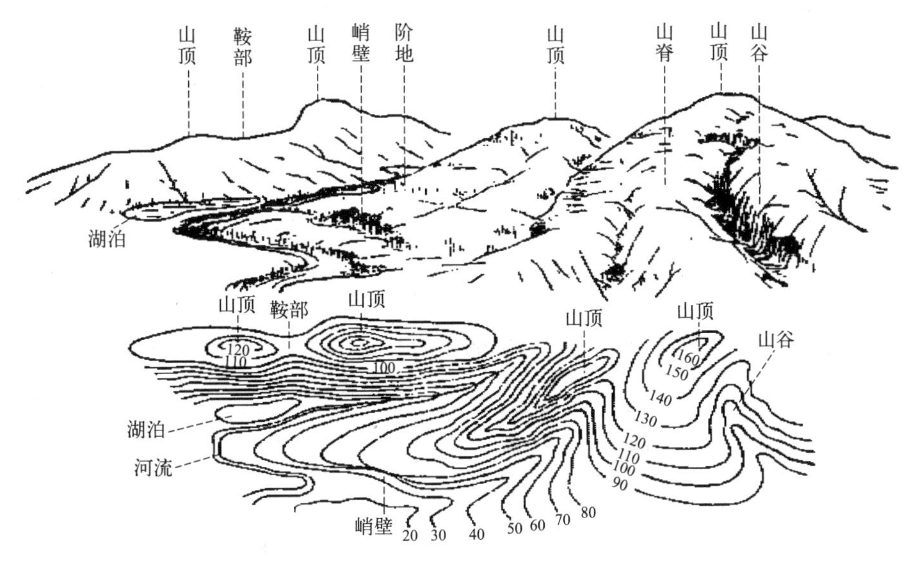

图 7-11　综合地貌与等高线表示法

（3）数字注记。例如：山峰的高程、河流的深度等。

7.3　测图前准备工作与图根点加密

地形测图的工作程序，一般是先在测区内加密各等级控制点，各作业组再依据高级控制点加密图根点，当图根点不能满足测图需要时，再增补测站点。而后充分利用各级控制点和测站点做测图时的测站进行地形图测绘。对分幅测绘的每幅图经过拼接、全面检查、验收和清绘与整饰，连同技术总结一起移交。在第 6 章已介绍过，各级控制点（含图根点的）测量方法和技术要求，本节重点介绍图根点的加密与测图前准备工作。

7.3.1　测图前准备工作

7.3.1.1　图纸准备

图纸准备是将各类控制点坐标展绘在图纸上以供测图之用的过程。目前广泛采用透明聚酯薄膜片（Polyester Drawing Sheet）作为图纸。经热定型处理的聚酯薄膜片，在常温时变形小，不影响测图精度。膜片表面光滑，使用前需经磨版机打毛，使其毛面能吸附绘图墨水及便于铅笔绘图。膜片是透明图纸，测图前在膜片与测图板之间衬以白纸或硬胶板，透明膜片与图板用铁夹或胶纸带固定。小地区大比例尺测图时，往往测区范围只有一两幅图，则可用白纸作为图纸。将图纸用胶带固定在图板上，图纸与图板间不能存有空气。

7.3.1.2　绘制坐标格网

将各种控制点根据其平面直角坐标值 x、y 展绘在图纸上。为此需在图纸上先绘出 10cm×10cm 正方形格网，作为坐标格网（又称方格网）。用坐标展点仪（直角坐标仪）绘制方格网，是快速而准确的方法。现介绍在白纸上用圆规和直尺绘制坐标格网方法，其步骤如下：

连接图纸两对角线交于 O 点，大约在图幅左下角处确定点 A，以 OA 为半径，在对角线上分别截取 $OA=OB=OC=OD$，并连续连接 $ABCD$，$\angle DAC$…为直角。在矩形四条边上每 10cm 量取一分点，连接对边分点，形成互相垂直的坐标格网线及矩形或正方形内图廓线。

图 7-12 所示为五四型格网尺，是一根金属尺，适用于绘制 50cm×50cm 的方格网。格网尺上每隔 10cm 有一方孔；每孔有一斜边，最左端的孔为起始孔，起始孔的斜边是一直线。其上刻有一细线为指示零点的指标线。其余各孔及尺的末端（右端）的斜边均是以零点为圆心，各以 10cm、20cm、30cm、40cm、50cm 及 70.711cm 为半径的短弧线。70.711cm 为 50cm×50cm 正方形对角线的长度。用坐标格网尺绘制方格网的方法和步骤如图 7-13 所示。

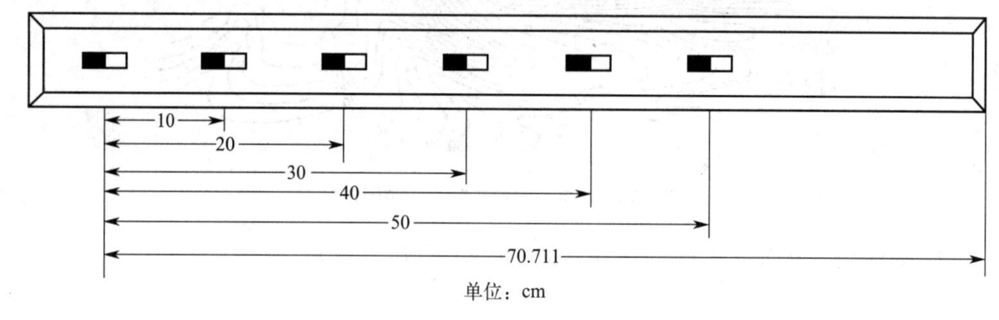

图 7-12　坐标格网尺

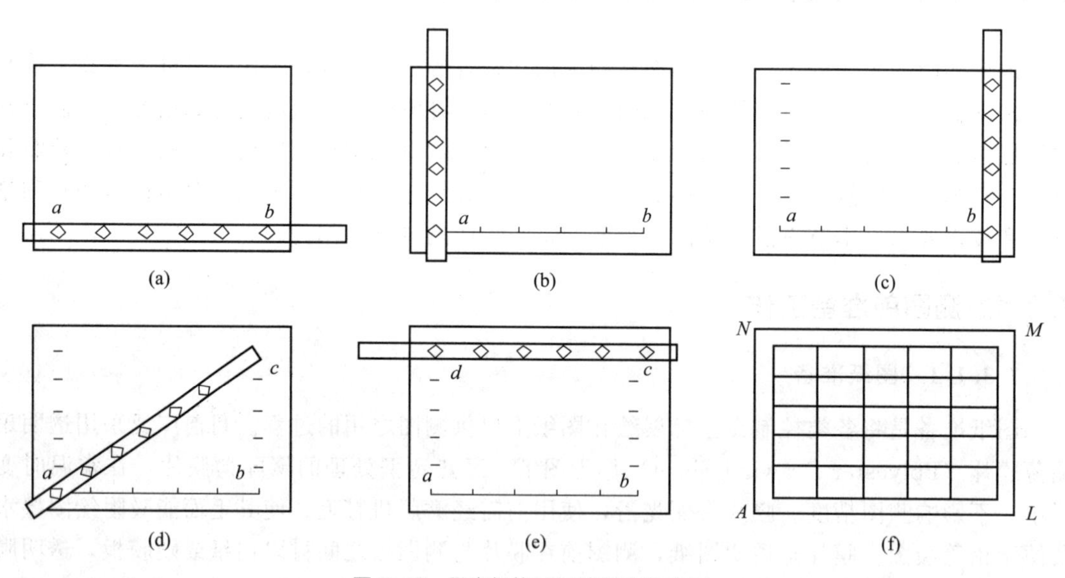

图 7-13　用坐标格网尺绘制坐标格网

（1）用削尖的铅笔在图纸的下边缘画一直线（并且估使其与下边缘平行）。在直线上定出左端点 a，将尺的零点对准 a，沿各孔画与直线相交的短线，最后定出右端点 b[图 7-13(a)]。为了保留图廓外整饰所需宽度，应使绘制的方格网位于图板中央，为此，要先大致确定 a、b 两点在图上的概略位置。

（2）将尺的零点对准 a，目估使尺子垂直于直线 ab，沿各孔画短线[图 7-13(b)]。

（3）将尺的零点对准 b，目估使尺子垂直于直线 ab，沿各孔画短线[图 7-13(c)]。

（4）将尺的零点对准 a，使尺子沿对角线放置，依尺子末端斜边画弧线，使之与右上方第一条短弧线相交得 c 点[图 7-13(d)]。

（5）目估使尺子与图纸上边缘平行，将尺子的零点对准 c，使尺子的末端与左上方第一条短弧线相交得 d 点，并沿各孔画短线[图 7-13(e)]。

（6）连接 a、b、c、d 各点，则得每边为 50cm 的正方形。再连接正方形两对边的相应分点，即得每边为 10cm 的坐标方格网[图 7-13(f)]。绘出坐标格网后，应检查方格的正确性。首先用整个图幅对角线 AM、LN 检查，AM 应等于 LN。并检查对角线长度是否正确，其误差允许值不超过图上 0.2mm。超过此值应重新绘制格网。其次，检查每一方格角顶点是否在同一直线上。用直尺沿与 AM 及 LN 平行方向推移，若角顶点不在同一直线上，其偏差值应小于图上 0.2mm。超过允许偏差值时，应改正或重绘。

7.3.1.3　展绘控制点

坐标格网绘制并检查合格后，根据图幅在测区内位置，确定坐标格网左下角坐标值，并将此值注记在内图廓与外图廓之间所对应的坐标格网处，如图 7-14 所示。

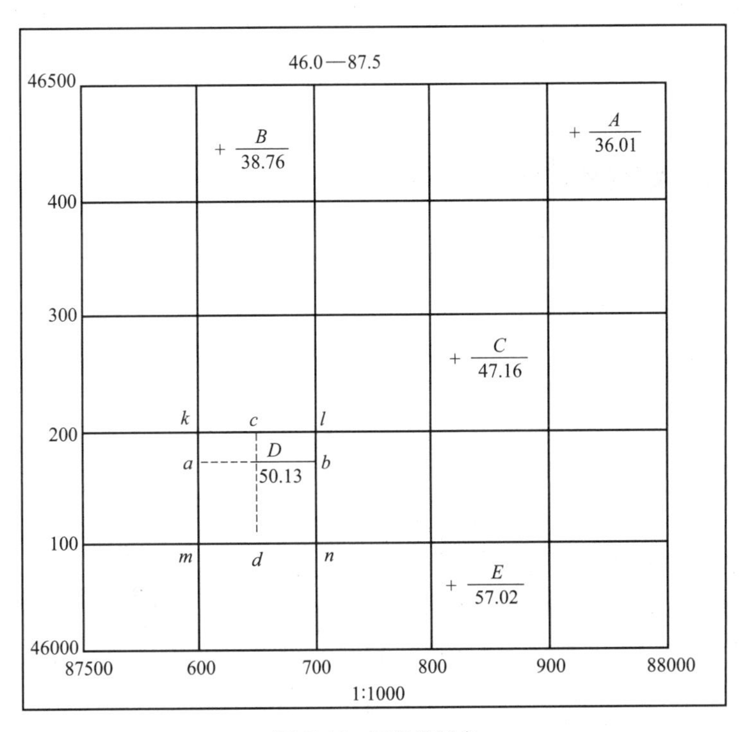

图 7-14　展绘控制点

然后，进行点的坐标展绘。展点可用坐标展点仪将控制点、图根点坐标按比例缩小逐个绘在图纸上。下面介绍人工展点方法。例如，控制点 D 坐标为：$x_D=46175$m，$y_D=87660$m（见图 7-14）。首先确定 D 点所在方格位置为 $mnlk$。自 m、n 向上量 $ma=nb=75/M$（M 是比例尺分母），再用 $ka=lb=25/M$ 检查，得出 a、b 两点。同样用 y 值得出 c、d 两点。ab 与 cd 交点即为 D 点在图上位置。同样方法将图幅内所有控制点展绘在图上。用实地长度与图上长度对比检查，其边长不符值应小于图上 0.3mm。展绘完控制点平面位置并检查合格后，擦去图幅内多余线划。图纸上只留下图廓线、四角坐标、图号、比例尺以及方格网十字交叉点处 5mm 长的相互垂直短线，用符号标出控制点及其点号和高程。现在，利用微机和绘图仪已能高质量完成方格网绘制及展点工作。

7.3.2 图根点的测量和加密方法

图根点的测量方法可根据测区的条件：布设成线形锁、中点多边形、交会、导线等形式，也可用 GPS 定位法测定图根点。目前测距仪和全站仪的普及，使以光电测距导线作为图根控制居多。更为方便的方法是以全站仪极坐标法测定图根点。图根高程多采用全站仪三角高程。

全站仪用于测图时可采用一步测量法测定图根点。所谓一步测量法是利用全站仪直接测定、存储坐标的功能，从高级点开始，用导线的形式直接测定各点坐标。但不需将全部导线测定后再测图，而是测定一个点坐标之后，直接利用该点坐标作为已知数据进行测图，即将每一点的图根测量和测图统一起来，不再分步进行。这一站附近地形图的测绘结束后，再移到下一站，同样是测定图根之后直接测图，一直联测到另一个高级控制点。当出现坐标闭合差时，按点间距离成比例将闭合差配赋到各图根点上，而不需改动测图内容。这里要注意的是，导线的总长不应超过有关规定，即出现的坐标闭合差不能超过所测图的比例尺精度。在等级点下加密图根点时，不应超过二次附合。

7.4 大比例尺地形图的测绘

测图时将安置仪器的控制点称为测站点。测图的方法较多，下面介绍一些常用测图方法。

7.4.1 经纬仪测绘法

此法是将经纬仪置于测站上，并用经纬仪测定碎部点的方向与已知方向之间的夹角，用视距法或皮尺丈量控制点到碎部点的距离。根据测量数据，用量角器在图板上以极坐标确定地面点位，并勾绘成图，称为经纬仪测绘法。经纬仪测绘法测图如图 7-15，测图步骤叙述如下：

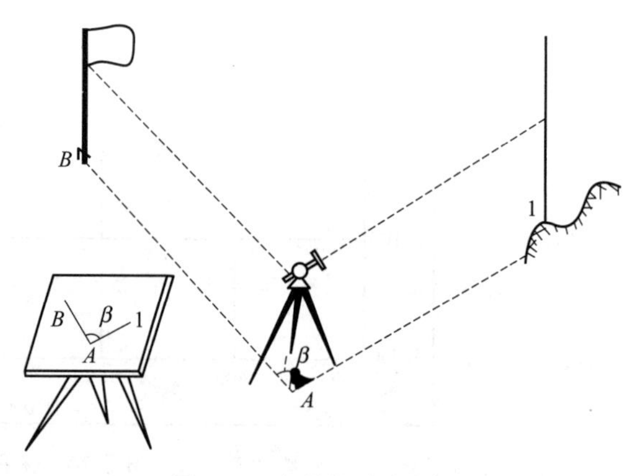

图 7-15 经纬仪测绘法测图

(1) 安置仪器。安置经纬仪于测站点 A（图根控制点）上，对中、整平、量取仪高 L，填入记录手簿。

(2) 定向。经纬仪照准另一控制点 B，置水平度盘读数为 $0°00'00''$，即置 AB 方向为水平度盘的零方向。

(3) 立尺。立尺人员应根据测图范围和实地情况，与观测员、绘图员共同商定跑尺路线，选定立尺点，依次将水准尺立在地物、地貌特征点上。

(4) 观测。旋转照准部，瞄准碎部点 1 上的水准尺，读取水平角 β。使竖盘指标水准管居中，在尺上读取上丝、下丝读数（或直接读出尺间隔 l），中丝读数 V，竖盘读数 L（竖直角

α)。竖盘读数、水平角读数到 1′，半测回即可。

(5) 依次将观测值填入记录手簿。对于具有特殊意义的碎部点，如房角、电杆、山头、鞍部等，应在备注中加以说明。

(6) 计算碎部点的高程 H_1 和测站 A 至碎部点 1 的水平距离 D_{A1}，如图 7-16 所示，依下列测量公式计算：

$$D_{A1}=100l\cos^2\alpha \tag{7-2}$$

$$h_{A1}=D_{A1}\tan\alpha+i-V \tag{7-3}$$

$$H_{A1}=H_A+h_{A1} \tag{7-4}$$

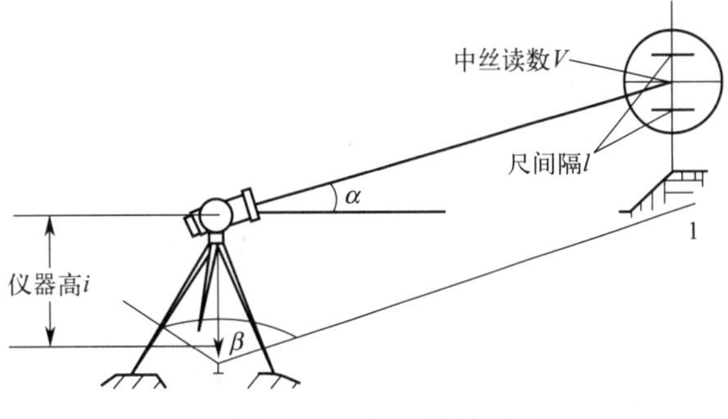

图 7-16　经纬仪测绘法测图

式中　l——(尺间隔) 上丝、下丝读数之差；

V——中丝读数；

i——仪器高；

α——竖直角。

(7) 展绘碎部点。如图 7-17，用细针将量角器的圆心固定在图上测站点处，转动量角器，使量角器上等于水平角 β 的刻画线对准图上的起始方向（相应于实地的零方向 AB)，此时量角器的零方向便是碎部点 1 的方向。按测得的水平距离和测图比例尺在该方向上定出点 1 的位置，并在该点右侧注明其高程。

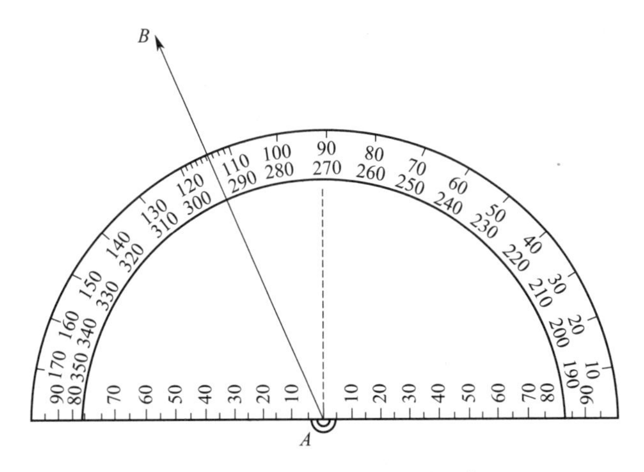

图 7-17　半圆量角器展绘碎部点

同法，测绘出本站上其余各碎部点的平面位置与高程。并对照实地绘出等高线和地物。为了保证测图质量，仪器搬到下一测站时，应首先检查上一测站所测部分碎部点的平面位置和高程。若测区面积较大时，考虑到相邻图幅的拼接问题，每幅图应向图廓外测出 5mm。测图时需注意以下几点注意事项：

① 测图前应检查经纬仪竖盘指标差，其值不应大于 2″，否则应进行校正或在视距计算中加入指标差改正数。

② 设站时应进行必要的检查：

a. 测站点检查：用视距法测绘另一测站点，水平距离较差不应大于图上 0.2mm；高程较差不应大于 1/5 等高距。

b. 重合点检查：测定上一测站所测绘的明显地物点，其平面位置较差不应大于图上 $2\sqrt{2}\times0.6$mm；高程较差不应大于 $2\sqrt{2}\times1/3$ 等高距。

c. 观测过程中每测 20～30 个碎部点应检查一下零方向，观察水平度盘位置是否发生变动。测站工作结束时，应再做一次定向检查。

7.4.2　小平板仪与经纬仪联合测图法

小平板仪由脚架、图板、对点器、罗盘、照准仪组成，如图 7-18。图板与脚架用中心螺旋或球窝连接螺旋连接。对点器为夹式对点器，可使图纸与地面对应点在同一铅垂线上。小平板照准仪又称测斜仪。其构造为：在有刻划的直尺两端连接两块可折叠的觇板。接目觇板上有三个小孔，称觇孔。接物觇板中间有一竖丝为照准目标用。直尺刻划供量取长度用。直尺边供绘方向线用。直尺中央有一小管状气泡供整平图板用。小平板仪为古老传统测图仪器。由于其灵便性，一直保留至今，现在通常只利用其描绘方向。在一测站上的施测方法及步骤如下：

（1）经纬仪或水准仪安置于测站点旁 1～2m 处。在测站点立视距尺，求出经纬仪视线高程与距测站点的水平长度。

（2）测站点上安置小平板仪。其顺序是粗略定向→安平→对中→精确整平→精确定向。粗略定向可用磁针定向；粗略安平用目估即可；对中用夹式对点器，使地面与图纸上相应控制点在同一条铅垂线上；精密整平可用活动球窝调平，也可用基座螺旋整平，精确整平时将照准仪放在图板上，使照准仪直尺上的管水准器气泡在两个正交方向上居中即可；精确定向是在图纸上先将照准仪直尺边切准测站点与定向用的图根点（如图 7-19 中的 B、C 点）。然后松开图板连接螺旋，转动图板，从觇孔观察。使觇板照准丝对准 C 点上所立的花杆。此时觇孔、照准丝与花杆在同一直线上。图上 b、c 点与实地 B、C 点在同一竖直面内，从而达到图板方向与实地方向一致的定向目的。定向完毕再用另一已知方向检查，允许偏离值小于图上 0.1mm。

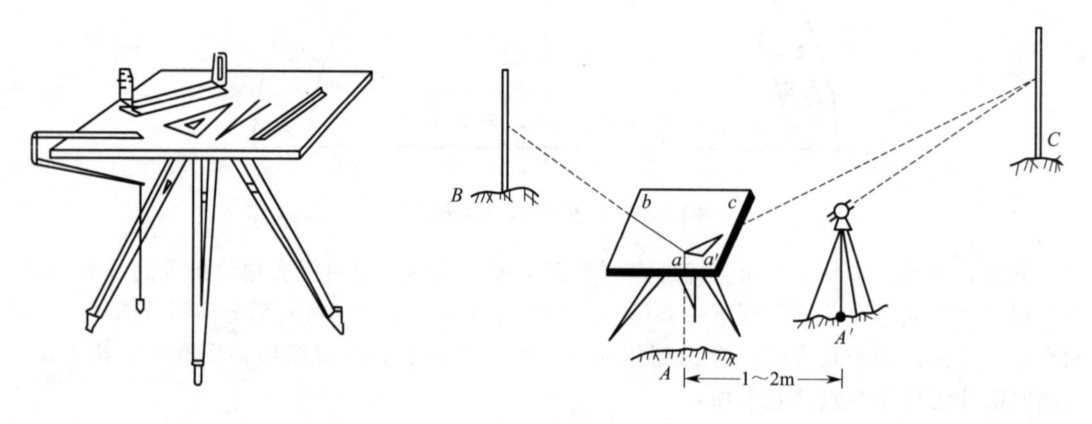

图 7-18　小平板与经纬仪联合测图法　　　图 7-19　碎部点测绘

（3）在图纸上标出经纬仪或水准仪位置。图板定向后，用照准仪照准小平板旁的经纬仪或水准仪中心，在尺边画出方向线，按比例定出经纬仪或水准仪在图纸上位置，如图 7-19 中 a'点。

(4) 测绘碎部点。观测员以照准器直尺边缘切于图上 a 点，瞄准碎部点 C 的尺子，在图纸上画出方向线 ac。此时经纬仪也瞄准 C 点，用视距法测出 A'点至 C 点的水平距离和高差。在图纸上以 a'为圆心，以 $A'C$ 距离为半径，与 ac 方向交出 C 点，点旁注以高程。同法，可测得其他碎部点的位置。

7.4.3 大平板仪测图法

(1) 大平板仪构造

大平板仪由脚架、基座、图板与照准仪构成。基座在脚架与图板之间，三者可以连接在一起。基座上的基座螺旋用于整平。照准仪（如图 7-20）由望远镜、竖直度盘、支柱、底板与平行尺组成。照准仪可以进行视距测量，照准碎部点，用平行尺描绘方向线。附件有：叉架式对中器（与小平板仪对点器类似），方盒罗盘及独立水准器。大平板仪在测站上安置步骤与小平板仪安置步骤相同，只是整平时用独立水准器。

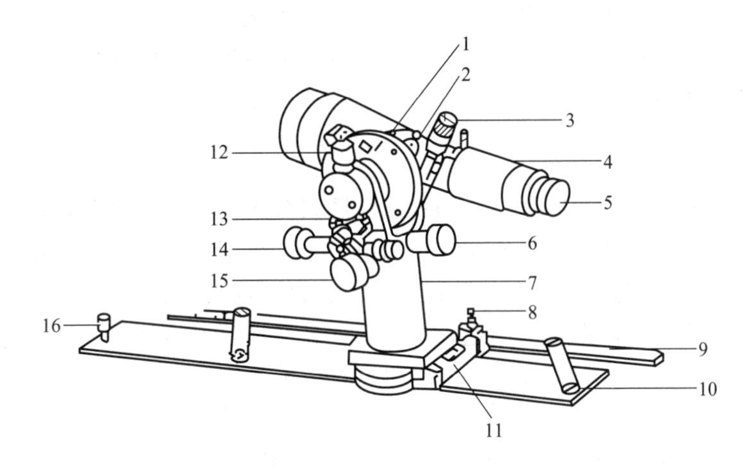

图 7-20 照准仪构造

1—竖盘；2—管水准器；3—读数显微镜；4—物镜对光螺旋；5—目镜对光螺旋；6—望远镜微动螺旋；7—支柱；8—校正螺旋；9—平行尺；10—直尺；11—横向水准器；12—望远镜制动螺旋；13—入光孔及反光镜；14—竖盘水准管微动螺旋；15—横轴调节螺旋；16—小握手

(2) 大平板仪的施测方法及步骤

将大平板仪正确安置在测站后，将照准仪置于图纸上测站点左侧，对准碎部点所立的标尺，用视距测量方法求出测站点至碎部点间的水平距离及高差。再打开底板上的平行尺，使平行尺边切准图纸上的测站点并描绘方向线，并按所测水平距离在图上标出碎部点位置，最后在碎部点旁注记该点高程。大平板仪这种确定点平面位置的方法仍属于利用极坐标原理测图的方法。在大比例尺地形图测绘中常用极坐标法测图。

7.4.4 全站仪数字化测图法

电子全站仪数字化测图，正在得到大力开发和推广应用。传统的纸质测图，其实质是图解法测图。在测图过程中，将测得的观测值——数字值按图解法转化为静态的线划地形图，这种转化使得所测数据精度大大降低，设计人员用图时又要产生解析误差。数字化测图技术的开发使得上述问题迎刃而解。

数字化测图的实质是解析法测图，将地形图形信息通过测绘仪器或数字化仪转化为数字量，输入计算机，以数字形式存储，从而便于传输与直接获得地形的数量指标，需要时通过显示屏显示或用绘图仪绘制出纸质地形图。因其数据成果易于存取，便于管理，所以是今后建立地理信息系统（GIS）的基础。

电子全站仪测图的主要设备配置如下。

7.4.4.1 电子全站仪

电子全站仪照准镜站目标后，可以自动测距、测角，亦可以得到高差、高程、坐标等。由于电子全站仪可以对采集到的数据进行预处理和自动存储，避免了读数、计算、记录数据的误差和可能发生的错误。又由于电子全站仪测距精度高，测定碎部点时其视距长度可以大大增加，因而大大减少了图根控制点，极大地减少了控制测量工作量。

7.4.4.2 电子计算机和绘图软件

电子全站仪在野外采集的数据，可以通过数据输出接口与计算机相连接，将野外采集的数据直接输入计算机，避免了大量数据转抄可能发生的错误。测图软件装在计算机内对外业数据进行处理并生成数字地图。

7.4.4.3 绘图仪

当需要使用纸质图时，还需配备绘图仪。绘图仪分为滚筒式和平台式，有多种类型和幅面。使用时用专用接口直接与计算机相连。用电子全站仪测图的作业模式还有：

（1）野外电子全站仪测得的数据通过远程无线通信直接传输给室内计算机。内业操作人员根据计算机上生成的图像存在的问题，通过远程无线通信遥控外业人员及时修测和补测。

（2）电子全站仪测得的数据通过数据输出接口输入野外的便携式电子计算机，在野外直接修测、补测，完成测图。

（3）由于电子全站仪测图视距可达几百米、上千米，因此测站上的人员对镜站处的地形、地物不甚清楚，一旦镜站编码出现问题，便会给测图带来麻烦。比较先进的方法是电子全站仪把测得的数据通过无线通信传输给镜站的便携式计算机——电子平板。由镜站人员将实地地形与站板上的图形相对照，边走边测，避免了可能发生的丢测、错测，提高了精度和速度。由此，亦有在全站仪上安装伺服马达由镜站人员遥控全站仪进行跟踪操作的。如此测图，全部工作只需镜站上一个人，故也称为“一人系统”。

7.5 数字化测图技术

7.5.1 数字化测图概念

地形测图主要包括两项工作：一是测量碎部点，二是绘制地形图。传统的作业方法中这两项工作都是由测绘人员手工完成的，速度慢，劳动强度大，成图质量低。随着电子计算机、数据采集仪器、数字测图软件的迅速发展，出现了数字测图这一全新技术。数字测图技术的出现，促进了测绘行业的自动化、现代化，使测量的成果不仅有绘在纸上的地形图，还有方便传输、处理和共享的数字信息，因此在测绘生产中很快得到了广泛应用。

数字测图是以计算机为核心，在外连输入输出设备条件下，通过计算机在测图软件的支持下对采集的地理空间数据进行数字化处理，从而得到数字地图的一种自动化作业过程。

按照数据采集方式的不同，数字测图可分为地面数字测图、航测数字测图、地图数字化测图等几种方法。大比例尺测图通常采用实地采集数据的成图方法，即地面数字测图，也称野外数字测图。

随着大比例尺数字化测图方法的日益普及，我国研制开发了一大批性能优越、操作简便的大比例尺数字测图软件，如南方 CASS 内外业一体化成图系统、武汉瑞得 RDMS 数字测图系统、清华三维 EPSW 电子平板测图系统、广州开思 SCS 成图系统等。这些软件的开发和使用已成为大比例尺测图由传统模式发展为自动化、智能化模式的一个重要标志。

7.5.2　数字地图的特点

（1）以数字形式表示地图内容

数字地图以数字坐标表示地物和地貌点的空间位置，以数字代码表示地形符号以及各种注记。它可以包含地表全部的空间位置信息，还可以将与空间位置有关的非图形信息一起在信息系统中进行管理。数字化测图的成果是分层存放的，不受图面负载量的限制，从而便于成果的加工利用，满足多用户、多用途需要。

（2）保持现实性

受各种因素影响，地形不断在发生变化，这就需要对地图进行连续的更新。数字测图只需将更新内容输入计算机，通过数据处理即可对原有数字地图及有关的信息做相应的修改、更新，使地图具有良好的现实性。

（3）成果形式的多样化

以数字形式储存的 1∶1 的数字地图，可以根据用户需要输出不同比例尺和不同幅面大小的地图，也可以输出各种分层叠合的专用地图，例如地籍图、管线图、地貌图等。

（4）具有较高的精度

数字化测图属于自动化或半自动化的作业过程，人为因素的影响很小，几乎没有精度损失，所以数字地图具有较高的测量精度。

（5）可作为 GIS 的重要信息源

地理信息系统（GIS）具有方便的信息查询检索功能、空间分析功能以及辅助决策功能，在国民经济、办公自动化及人们日常生活中都有着广泛的应用。要建立起地理信息系统，数据采集工作是重要的一环。数字化测图作为 GIS 重要的信息源，能及时准确地提供各类基础数据，适时更新 GIS 数据库，保证了地理信息的可靠性和现实性，为 GIS 的辅助决策和空间分析发挥了重要作用。

7.5.3　大比例尺数字测图的作业过程

大比例尺数字测图的作业过程分为野外数据采集、数据处理和图形输出三个阶段。

（1）野外数据采集。大比例尺数字测图野外数据采集通常采用全站仪进行，用全站仪内置的电子手簿记录测点的观测数据或经计算后的坐标数据，同时输入测点信息代码。

（2）数据处理。将全站仪的终端接口与计算机相连，通过测图软件对采集的数据进行处理。数据处理分为数据的预处理、地物点的图形处理和地貌点的等高线处理等环节。数据的预处理即检查原始数据、删除废点和修改错误的信息码，预处理后生成点文件。根据点文件形成图块文件，与地物有关的点记录将生成地物图块文件，与等高线有关的点记录将生成等高线图块文件。图块文件生成后即可在人机交互方式下进行地图编辑。

（3）图形输出。将计算机与绘图仪相连接，计算机将处理后的数据和绘图指令送往绘图仪，绘图仪即自动进行绘图。

7.6　地形图的拼接与整饰

7.6.1　地形图的拼接与检查

7.6.1.1　地形图的拼接

测区面积较大时，整个测区必须分为若干幅图进行施测。这样，在相邻图幅连接处，由于测量误差和绘图误差的影响，无论是地物轮廓线，还是等高线，往往不能吻合。图 7-21 表示相邻左右两幅图相邻边的衔接情况，房屋、道路、等高线都有偏差。拼接时，用宽 5～6cm 的透明纸蒙在左图幅的接图边上，用铅笔将坐标格网线、地物、地貌描绘在透明纸上，然后再把透明纸按坐标格网线位置蒙在右图幅衔接边上，同样用铅笔描绘地物和地貌；当用聚酯薄膜进行绘图时，不必描绘图边，利用其自身的透明性，可将相邻两幅图的坐标格网线重叠。若相邻处的地物、地貌偏差不超过表 7-4 中规定的 $2\sqrt{2}$ 倍时，则可取其平均位置，并据此改正相邻图幅的地物位置。

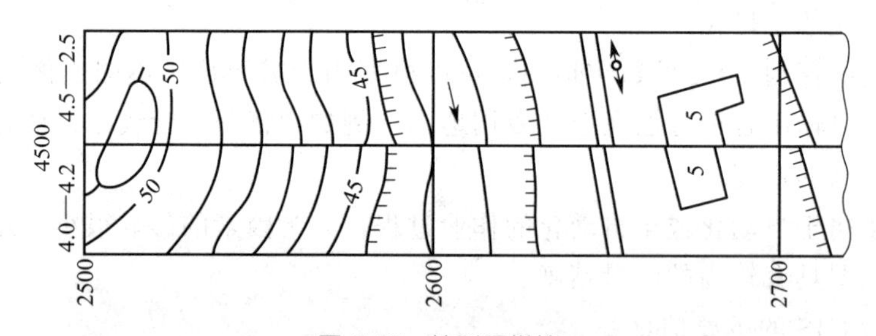

图 7-21　地形图拼接

表 7-4　地物点、地形点平面和高程中误差

地区分类	点位中误差（图上）/mm	邻近地物点间距中误差（图上）/mm	等高线高程中误差			
			平地	丘陵地	山地	高山地
城市建筑区和平地、丘陵地	≤0.5	≤±0.4	≤1/3	≤1/2	≤2/3	≤1
山地、高山地	≤0.75	≤±0.5				

7.6.1.2　地形图的检查

为了确保地形图的质量，除施测过程中加强检查外，在地形图测完后，必须对成图质量做一次全图的检查。

（1）室内检查。室内检查的内容有：图上地物、地貌是否清晰易读；各种符号注记是否正确；等高线与地形点的高程是否相符，有无矛盾或可疑之处；图边拼接有无问题等。如发现错误或疑点，应到野外进行实地检查修改。

（2）外业检查。根据室内检查的情况，有计划地确定巡视路线，进行实地对照查看。主要检查地物、地貌有无遗漏，等高线是否逼真合理，符号、注记是否正确等。

（3）仪器设站检查：根据室内检查和巡视检查发现的问题，到野外设站检查，除对发现的问题进行修正和补测外，还要对本测站所测地形进行检查，看原测地形图是否符合要求。仪器检查量每幅图一般为10%左右。

7.6.2　地形图整饰

当原图经过拼接检查后，还应清绘和整饰，使图面更加合理、清晰、美观。整饰的顺序是先图内后图外、先地物后地貌、先注记后符号（主要指半比例、非比例符号）。图上的标记、地物以及等高线均按规定的图式进行注记和绘制，但应注意等高线不能通过注记或部分地物符号。最后，应按图式要求写出图名、图号、比例尺、坐标系统、高程系统、施测单位、测图方法、测绘者和测绘日期等。

7.6.3　验收

验收是在检查的基础上进行的，以达到最后消除错误，鉴定各项成果是否合乎规范及有关技术指标要求的目的。验收时首先检查成果资料是否完全，然后在全部成果中抽取一部分再做全面的室内、外检查，室外检查时应当配合仪器打点检查，其余则进行一般性检查，以便对全部成果质量做出正确的评价。对成果质量的评价，一般分优、良、可三级。

7.6.4　地形图测绘的成果资料

地形图测绘应当提供的成果资料主要有：

（1）所有图根控制点资料及点位分布图和点之记资料；

（2）铅笔清绘整饰的地形图及地形图符号使用的说明；

（3）各测站的测量记录资料；

（4）地形图的检查、整饰、验收记录资料；

（5）地形图测绘的技术设计和技术总结资料等。

习题

1. 什么是比例尺精度？1∶500、1∶2000地形图的比例尺精度分别是多少？

2. 等高线有什么特性？

3. 试述经纬仪测图的作业步骤。

4. 地形图符号包括哪些类型？

5. 何谓地物？地物符号分为哪几类？每类符号能表示实际地物的哪些信息？

6. 什么是比例符号、非比例符号、半比例符号？各在什么情况下应用？

7. 使用规定的符号，将图7-22中的山头、鞍部、山脊线和山谷线标示出来（山头△、鞍部○、山脊线----、山谷线——）。

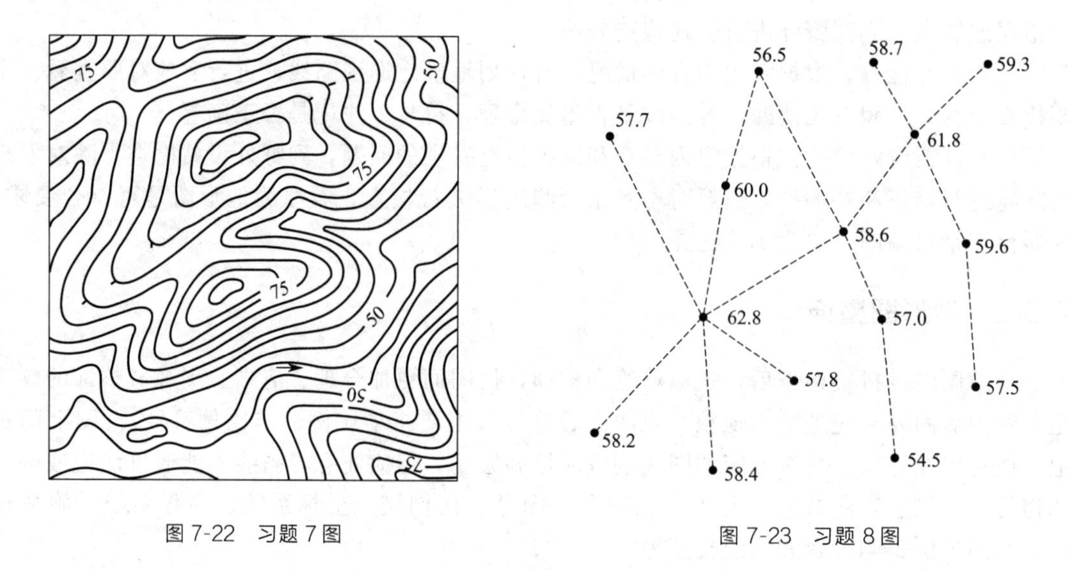

图 7-22 习题 7 图

图 7-23 习题 8 图

8. 根据图 7-23 上各碎部点的平面位置和高程，试勾绘等高距为 1m 的等高线。

第8章
地形图应用

本章导读

主要介绍地形图的主要用途、地形图的阅读，地形图应用的基本内容和地形图在工程中的一些主要应用。

8.1 地形图应用概述

8.1.1 地形图的主要用途

地形图是一种包含丰富自然地理、人文地理和社会经济信息的载体，也是一种全面反映地面上的地物、地貌相互位置关系的图纸。它是进行工程建设项目可行性研究的重要资料，也是工程规划、设计和施工的重要依据。

在进行工程建设的规划和设计阶段，首先应对规划地区的情况做系统而周密的调查研究，其中，现状地形图是比较全面、客观地反映地面情况的可靠资料。因此，地形图是国土整治、资源勘察、城乡规划、土地利用、环境保护、工程设计、矿藏采掘、水利工程、军事指挥、武器发射等工作不可缺少的重要资料，需要从地形图上获取地物、地貌、居民点、水系、交通、通信、管线、农林等多方面的信息，作为设计的依据。

在地形图上，可以确定点位、点与点之间的距离和直线间的夹角；可以确定直线的方位，进行实地定向；可以确定点的高程、两点间的高差以及地面坡度；可以在图上勾绘出集水线和分水线，标出洪水线和淹没线；可以根据地形图上的信息计算出图上一部分地面的面积和一定厚度地表的体积，从而确定在生产中的用地量、土石方量、蓄水量、矿产量等；可以从图上了解到各种地物、地类、地貌等的分布情况，计算诸如村庄、树林、农田等地形数据，获得房屋的数量、质量、层次等资料；可以从图上决定各设计对象的施工数据；可以从图上截取断面，绘制剖面图，以确定交通、管线、隧道等的合理位置。利用地形图作底图，可以编绘出一系列专题地图，如地质图、水文图、农田水利规划图、土地利用规划图、建筑物总平面图、城市交通图和地籍图等。

8.1.2 地形图的阅读

大比例尺地形图是各项工程规划、设计和施工的重要地形资料，尤其是在规划设计阶段，不仅要以地形图为底图进行总平面的布设，而且还要根据需要，在地形图上进行一定的量算工作，以便因地制宜地进行合理的规划和设计。

为了能正确地应用地形图，首先要能看懂地形图。地形图用各种规定的符号和注记表示地物、地貌及其他有关资料，通过对这些符号和注记的识读，可使地形图成为展现在人们面前的实地立体模型，以判断其相互关系和自然形态。

8.1.2.1 用图比例尺的选择

各种不同比例尺的地形图，所提供信息的详尽程度是不同的，要根据使用地形图的目的来选择。例如，对于一个城市的总体规划或一条河流的开发规划，涉及大片地区，需要的是宏观的信息，就得使用较小比例尺的地形图。对于居民小区和水利枢纽区的设计，则要用较大比例尺的地形图，以便在图上研究微地貌和安排各种各样的建筑物。

对于总体规划、厂址选择、区域布置、方案比较，多使用比例尺为 1∶10000 和 1∶5000 的图。详细规划和工程项目的初步设计，可以用 1∶2000 地形图。对于小区的详细规划，工程的施工图设计、地下管线和地下人防工程的技术设计、工程的竣工图、为扩建和管理服务的地形图、城镇建筑区的基本图，多使用比例尺为 1∶1000 和 1∶500 的图。当同一地区需要用到多种比例尺图时，可测其中比例尺最大的一种，其余靠缩编成图。

8.1.2.2 读图注意事项

(1) 了解地形图的平面坐标系统和高程系统

对于国家基本图幅地形图，如 1∶500、1∶1000、1∶2000 梯形分幅的国家基本图，一般采用国家统一规定的高斯平面直角坐标系。要注意区分其坐标系统是“1954 北京坐标系”，还是“1980 西安大地坐标系”，抑或是“2000 国家大地坐标系”。有些城市地形图使用城市坐标系，有些工程建设使用的地形图是独立坐标系。至于高程系统，要注意区分高程基准是采用“1956 年黄海高程系统”还是“1985 国家高程基准”，抑或是其他高程系、假定高程系等。

判定和了解这些坐标系对于图幅所在工程与图幅外工程或地域的相关位置关系具有重要的决策意义。

(2) 熟悉图例，学会判读

地形图的信息是通过图例符号传达的，图例符号是地形图的语言。用图时，首先要了解该幅图使用的是哪一种图例，并对图例进行认真阅读，了解各种符号的确切含义。此外，若要正确判读地形图还须在了解地形图符号的含义后，对其正确理解，将其具体化、形象化，使符号表达的地物、地貌在头脑中形成立体概念。

(3) 了解图的施测时间等要素

地形图反映的是测绘地形现状，读图用图时要注意图纸的测绘时间。对于未能在图纸上反映的地物、地貌变化，应予以修测、补测，原则上以选择最近测绘的、现实性强的图纸为好。另外还要注意图的类别，是基本图还是规划图、工程专用图；是详测图还是简测图等，注意区别这些图的精度和内容取舍的不同。

8.2 地形图应用的基本内容

8.2.1 在地形图上确定任一点的平面坐标

在地形图上作规划设计时，经常需要用图解的方法量测一些设计点位的坐标。例如，在地形图上设计一幢房屋，为了控制和图上已有房屋之间的最小距离，则需要确定图上已有房屋离设计房屋最近一角点的坐标。由于确定点的坐标的精度要求不高，故仅用图解法在图上求解点的平面坐标即可。

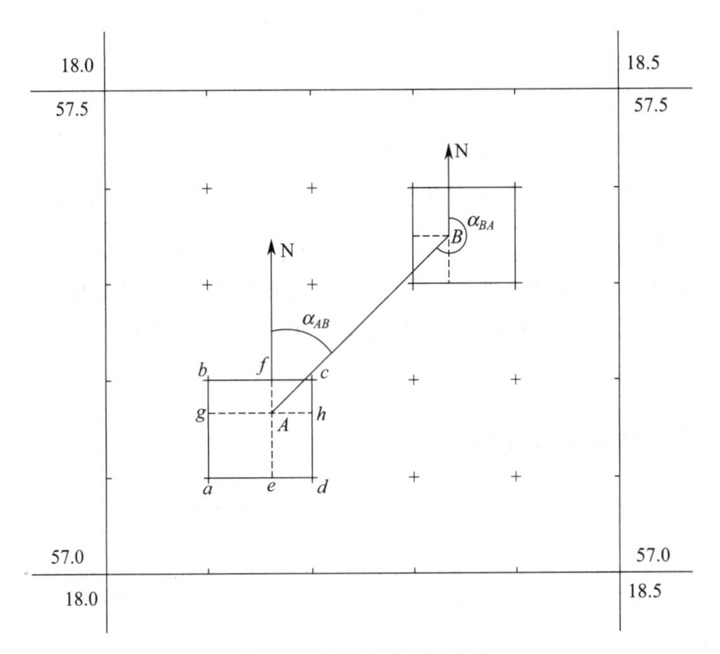

图 8-1　在图上求点的坐标

如图 8-1 所示，欲求图上 A 点的平面坐标，可先过 A 点分别作平行于直角坐标纵线和横线的两条直线 gh、fe，然后用比例尺分别量取线段 ae 和 ag 的长度，为了防止错误，以及考虑图纸变形的影响，还应量出线段 ed 和 gb 的长度进行检核，即

$$ag+gb=ae+ed=10\text{cm}$$

若无错误，则 A 点的坐标等于

$$\left.\begin{aligned}X_P&=X_A+agM\\Y_P&=Y_A+aeM\end{aligned}\right\}\tag{8-1}$$

式中　X_P，Y_P——P 点所在方格西南角点的坐标；

M——地形图比例尺的分母。

若图纸的伸缩过大，在图纸上量出方格边长（图上长度）不等于 10cm 时，为提高坐标的量测精度，就必须进行改正。这时 A 点的坐标可按下式计算

$$\left.\begin{aligned}X_P&=X_A+\frac{10}{ab}\times agM\\X_P&=X_A+\frac{10}{ab}\times aeM\end{aligned}\right\}\tag{8-2}$$

使用式(8-2) 时，注意右端计算单位的一致。

8.2.2　求图上两点间的距离

（1）图解法

在地形图上量测两点间的水平距离，可用直尺先量得图上两点间的长度，乘以比例尺分

母即得相应实地水平距离。例如，在1∶50000地形图上量得两点间的长度$d=32.2$mm，则它的实地水平距离$D=32.2\text{mm}\times 50000=1610\text{m}$。

大比例尺地形图上可以直接用三棱比例尺量取两点间实地水平距离。为了消减图纸伸缩误差，在每幅大比例尺地形图的图廓下方都绘有直线比例尺，只要用卡规两脚在图上卡取两点位置，即可直接在直线比例尺上得出其对应的实地水平距离。

(2) 解析法

若地形图上没有直线比例尺，且图纸变形较大，或是两点不在同一幅图内，此时，可用前述方法分别求出直线端点A、B的平面直角坐标，再运用坐标反算公式计算两点间水平距，即：

$$D_{AB}=\sqrt{(X_B-X_A)^2+(Y_B-Y_A)^2}=\sqrt{\Delta X^2+\Delta Y^2} \tag{8-3}$$

在实际工作中，有时需要确定曲线的距离。最简便的方法是用一细线使之与图上待测的曲线吻合，在细线上作出两端点的标记，然后量取细线两标记之间的长度，再按比例尺确定曲线的实地距离。

8.2.3 求图上直线的坐标方位角

如图8-1所示，欲求AB直线的坐标方位角，有图解法和解析法两种方法。

(1) 图解法

过A、B两点精确地作平行于坐标纵线的直线，然后用量角器量出AB的坐标方位角α_{AB}和BA的方位角α_{BA}。

同一直线的正、反方位角之差为180°。但是由于量测存在误差，设量测结果为α'_{AB}和α'_{BA}，则可按下式计算α_{AB}：

$$\alpha_{AB}=\frac{1}{2}(\alpha'_{AB}+\alpha'_{BA}\pm 180^\circ) \tag{8-4}$$

按图8-1的情况，上式右边括弧应取“−”号。

(2) 解析法

先求出A、B两点的坐标，然后再按下式计算AB的坐标方位角：

$$\alpha_{AB}=\arctan\frac{(Y_B-Y_A)}{(X_B-X_A)}=\arctan\frac{\Delta Y_{AB}}{\Delta X_{AB}} \tag{8-5}$$

当然，应根据AB直线所在的象限来确定坐标方位角的最后值。

8.2.4 在地形图上确定点的高程

在地形图上的任一点，可以根据等高线及高程标记确定其高程。如图8-2所示，p点正好在等高线上，则其高程与所在的等高线高程相同，从图上看为27m。如果所求点不在等高线上，如图中k点，则过k点作一条垂直于相邻等高线的线段mn，量取mn的长度d，再量取mk的长度d_1，则k点的高程H_k可按比例内插求得：

$$H_k=H_m+\Delta h=H_m+\frac{d_1}{d}h \tag{8-6}$$

式中，H_m为m点的高程；h为等高距，在图8-2中$h=1$m。

在图上求某点的高程时，通常可以根据相邻两等高线的高程目估确定。例如，图8-2中的k点的高程可以估计为27.7m，因此，其高程精度低于等高线本身的精度。规范规定，在平坦地区，等高线的高程误差不应超过1/3等高距；丘陵地区，不应超过1/2等高距。由此可见，如果等高距为1m，则平坦地区为0.3m，山区可达0.5m。所以，用目估确定点的高程是允许的。

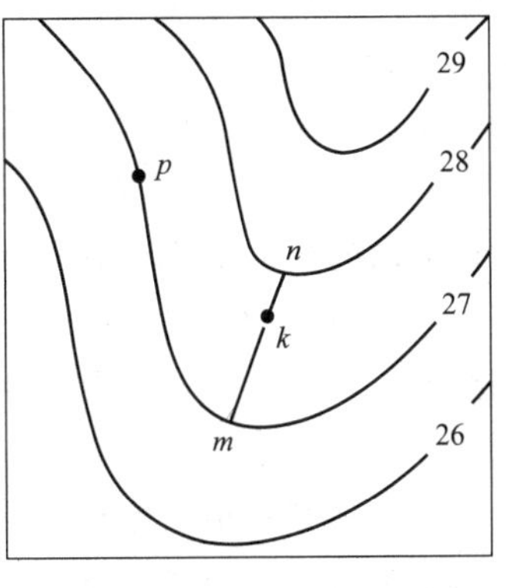

图8-2 求地形图上某点的高程

8.2.5 在地形图上确定两点间的坡度

欲求地形图上两点间的坡度，首先必须求得两点间的水平距离 d 和高差 h，然后，按下式计算两点间的坡度：

$$i=\tan\delta=\frac{h}{d} \tag{8-7}$$

式中 δ——地面的倾角。

坡度 i 一般用百分数或千分数表示，有正负之分，“+”为上坡，“−”为下坡。如果直线两端点间的各等高线平距相近，求得的坡度可以认为基本上符合实际坡度；如果两点间各等高线平距不等，则上式所求地面坡度为两点的平均坡度。

8.2.6 在地形图上按设计坡度选择最短路线

在道路、管线、渠道等工程设计时，都要求线路在不超过某一限制坡度的条件下，选择一条最短路线或等坡度线。

如图8-3所示，A、B 为一段线路的两端点，要求从 A 点起按5%的坡度选两条路线到达 B 点，以便进行分析、比较，从中选定一条便于施工、费用低的最短路线。

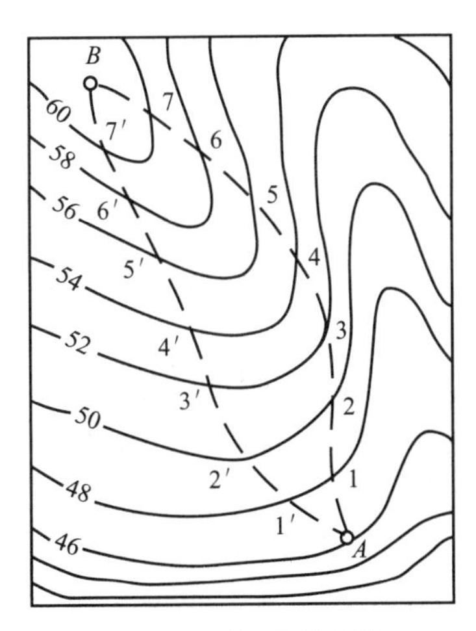

图8-3 选择等坡度线

首先要按照限定的坡度 i，等高距 h，地形图比例尺分母 M，求得该路线通过图上相邻两等高线之间的平距 d，即

$$d=\frac{h}{iM} \tag{8-8}$$

设等高距为2m，图比例尺为1∶5000，则 $d=\frac{2}{0.05\times5000}=0.008$。然后，以 A 点为圆心，d 为半径画弧，交48m等高线于点1，再以1点为圆心，d 为半径画弧，交50m等高线于点2，依次进行，直至 B 点为止。连接 A、1、2、…、B，便在图上得到符合限定坡度的路线。同法作出 A 点经1′、2′、…、B 的另一条符合限定坡度的路线。

如果图上等高距平距大于 d，表明实地坡度小于限定坡度，线路可按两点间最短路线的方向绘出。

8.3 地形图在工程建设中的应用

8.3.1 绘制地形断面图

断面图是表现某一方向地面起伏情况的一种图。它是以距离为横坐标，高程为纵坐标绘出的。在工程设计中，特别是各种线路工程的规划设计中，为了进行填挖方量的概算，以及合理确定线路的纵坡，都需要了解沿线路方向的地面起伏情况，为此，常需绘制沿指定方向的纵断面图、纵断面图可以在现场实测，也可以从地形图上获取资料而绘出。如图 8-4（a）所示，现要绘制 MN 方向的断面图，步骤如下：

（1）绘制直角坐标轴线，横坐标轴 D 表示水平距离，比例尺与图上比例尺相同；纵坐标轴 H 表示高程，为能更好显示地面起伏形态，其比例尺是水平距离比例尺的 10 或 20 倍。并在纵轴上注明高程，高程的起始值选择要恰当，使断面图位置适中。

（2）确定断面点，先用分规在地形图上分别量取 $M1$、$M2$、…、MN 的距离，再在横坐标轴 D 上，以 M 为起点，量出长度 $M1$、$M2$、…、MN 以定出 M、1、2、…、N 点。通过这些点作垂线，就得到与相应高程线的交点，这些点为断面点。

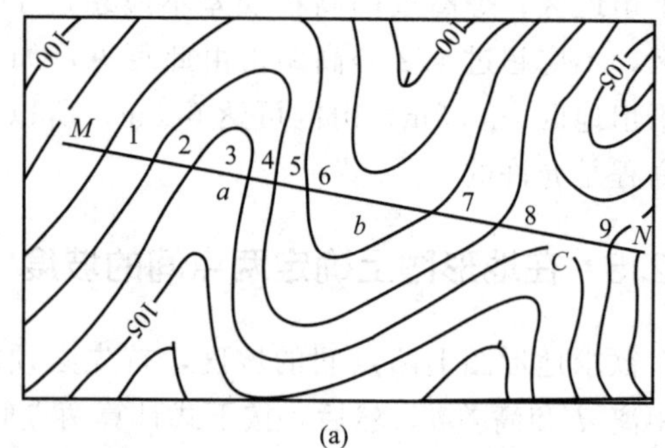

(a)

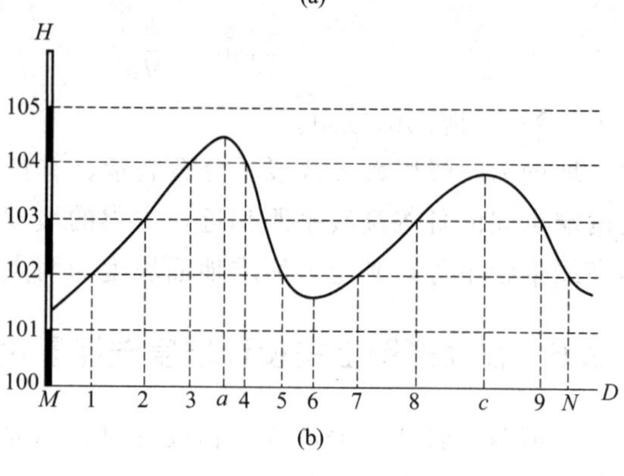

(b)

图 8-4　绘制断面图

（3）用光滑的曲线连接断面上的各点，即得 MN 方向的断面图，如图 8-4（b）。

8.3.2　确定汇水面积

在修建大坝、桥梁、涵洞和排水管道等工程时，都需要知道有多大面积的雨、雪水向这个河道或谷地里汇集，以便在工程设计中计算流量，这个汇水范围的面积亦称为汇水面积（或称集雨面积）。

由于雨水沿山脊线（分水线）向两侧山坡分流，所以汇水范围的边界线必然是由山脊线及与其相连的山头，鞍部等地貌特征点和人工构筑物（如坝和桥）等线段围成。如图 8-5 所示，欲在 A 处建造一个泄水涵洞。AE 为一山谷线，泄水涵洞的孔径大小应根据流经该处的水量决定，而水量又与山谷的汇水范围大小有关。从图 8-5 中可以看出，由山脊线 BC、CD、DE、EF、FG、GH 及道路 HB 所围成的边界，就是这个山谷的汇水范围。量算出该范围的面积即得汇水面积。

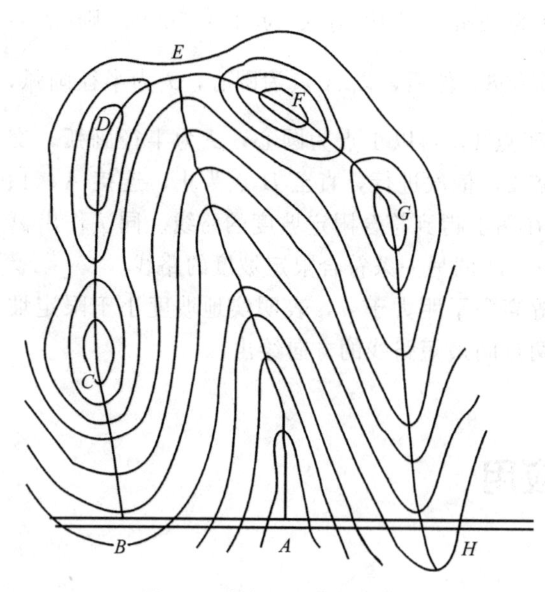

图 8-5　确定汇水面积边界线

在确定汇水范围时应注意以下两点：

① 边界线（除构筑物 A 外）应与山脊线一致，且与等高线垂直。

② 边界线是经过一系列山头和鞍部的曲线，并与河谷的指定断面（如图中 A 处的直线）闭合。

根据汇水面积的大小，再结合气象水文资料，便可进一步确定流经 A 处的水量，从而为拟建此处的涵洞提供设计依据。

8.3.3 填、挖土方量计算

在各种工程建设中，除对建筑物要作合理的平面布置外，往往还要对原地貌做必要的改造，以便适于布置各类建筑物、排除地面水以及满足交通运输和敷设地下管线等；这种地貌改造称之为平整场地。在平整场地的工作中，常需估算土石方的工程量，其方法有多种，其中方格网法（或设计等高线法）是应用最广泛的一种。下面分两种情况介绍该方法。

8.3.3.1 按设计要求平整成水平面

假设要求将原地貌按挖填土石方量平衡的原则改造成水平面，如图 8-6，其步骤如下：

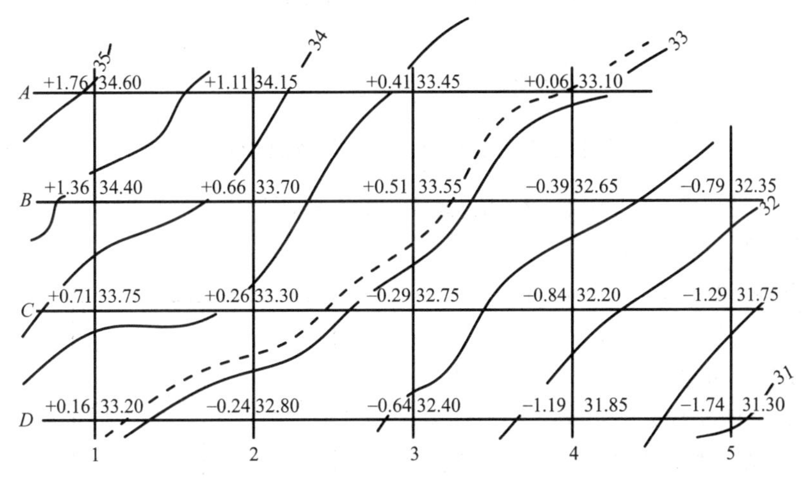

图 8-6 方格网法估算土石方量

（1）在地形图上绘制方格网

在地形图上拟建场地内绘制方格网。方格网的大小取决于地形复杂程度、地形图比例尺大小以及土石方量估算的精度要求，一般边长为实地 10m 或 20m。方格网绘制完后，根据地形图上的等高线，用内插法求出每一方格顶点的地面高程，并注记在相应方格顶点的右上方。

（2）计算设计高程

平整后场地的高程称为“设计高程”。先取每一方格四个顶点的平均地面高程，再取所有方格平均地面高程的平均值，得出的就是设计高程 H_0：

$$H_0=\frac{H_1+H_2+H_3+\cdots+H_n}{n} \tag{8-9}$$

式中，H_n 为每一方格的平均地面高程；n 为方格总数。

从计算过程中可以看出，由于是取方格四顶点高程的平均值，所以每点的高程要乘以 1/4。再从图中可以看出，像 A1、A4 等角点只用了一次，而像 A2、B1 等边点则用了两次，拐点 $B4$ 用了三次，而像 $B2$、$C2$ 等中点要用四次，所以求设计高程 H_0 的计算公式可写成：

$$H_0=\frac{\sum H_{角}+2\sum H_{边}+3\sum H_{拐}+4\sum H_{中}}{4n} \tag{8-10}$$

这样计算出的设计高程，可使填土和挖土的数量大致相等。将图 8-6 中各方格点高程代入式(8-10)，求出设计高程为 33.04m。在图上内插绘出 33.04m 等高线（图中虚线），即为不填不挖的边界线，也称为零线。

(3) 计算挖（填）高度

用方格顶点的地面高程和设计高程，可计算出各方格顶点的挖（填）高度，即：挖(填)高度＝地面高程－设计高程，将挖（填）高度注记在各方格顶点的左上方。正号为挖方，负号为填方。

(4) 计算挖（填）土石方量

挖（填）土石方量可按角点、边点、拐点、中点分别按下列公式计算：

$$\left.\begin{aligned}&角点:挖(填)高度\times\frac{1}{4}方格面积\\&边点:挖(填)高度\times\frac{1}{2}方格面积\\&拐点:挖(填)高度\times\frac{3}{4}方格面积\\&中点:挖(填)高度\times 1 方格面积\end{aligned}\right\} \tag{8-11}$$

(5) 计算总填、挖土方量

计算挖方量和填方量是否相等，即：$V_{总挖}=V_{总填}$。

例如图 8-7 所示：设每一方格面积为 400m^2，计算的设计高程是 25.2m，每一方格的挖深或填高数据分别利用“挖（填）高度＝地面高程－设计高程”计算出，并注记在方格顶点的左上方。于是，可按式(8-11) 列表(见表 8-1) 分别计算出挖方量和填方量。从计算结果可以看出，挖方量和填方量是相等的，满足“挖、填平衡”的要求。

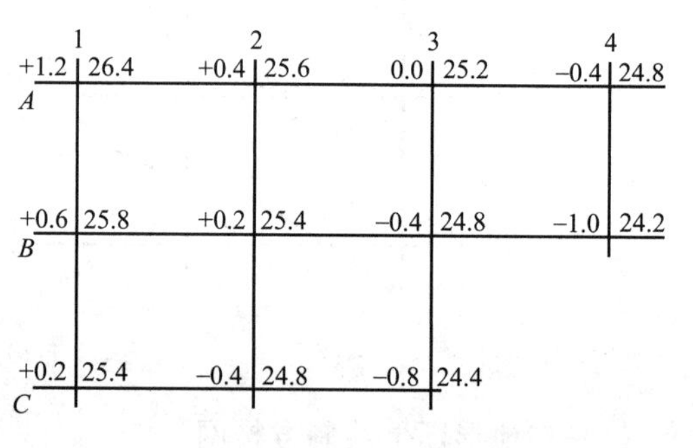

图 8-7 土方填、挖计算

表 8-1 挖、填土方计算表

点号	挖深/m	填高/m	所占面积/m^2	挖方量/m^3	填方量/m^3
A1	+1.2		100	120	
A2	+0.4		200	80	
A3	0.0		200	0	
A4		−0.4	100		40
B1	+0.6		200	120	
B2	+0.2		400	80	
B3		−0.4	300		120
B4		−1.0	100		100
C1	+0.2		100	20	

续表

点号	挖深/m	填高/m	所占面积/m^2	挖方量/m^3	填方量/m^3
C2		−0.4	200		80
C3		−0.8	100		80
Σ				420	420

8.3.3.2 按设计要求整理成倾斜面

将原地形改造成某一坡度的倾斜面，一般可根据“填、挖平衡”的原则，绘出设计倾斜面的等高线。但是有时要求所设计的倾斜面必须包含不能改动的某些高程点（称为设计斜面的控制高程点），例如，已有道路的中线高程点；永久性或大型建筑物的外墙地坪高程等。具体步骤如下：①确定设计等高线的平距；②确定设计等高线的方向；③插绘设计倾斜面的等高线；④计算填、挖土方量。

与前一方法相同，首先在图面上绘制方格网，并确定各方格顶点的挖深和填高。不同之处是各方格顶点的设计高程是根据等高线内插求得的，并注记在方格顶点的右下方。其填高和挖深量仍记在各顶点的左上方。挖方量和填方量的计算和前一方法相同。

8.3.4 图形面积量算

在规划设计中，常需要在地形图上量算一定轮廓范围内的面积。下面介绍几种常用的方法。

8.3.4.1 图解法

图解法是将欲计算的复杂图形分割成简单图形如三角形、平行四边形、梯形等再量算。如果图形的轮廓线是曲线，则可把它近似当作直线看待，精度要求不高时，可采用透明方格网法、平行线法等计算。

（1）透明方格网法

如图 8-8 所示，在图纸上画出欲测面积的范围边界，用透明的方格纸蒙在欲测面积的图纸上，统计出图纸上欲测面积边界所围方格的整格数和不完整格数，然后用目估法将不完整的格数凑整成整格数，再乘上每一小格所代表的实际面积，就可得到所测图形的面积。也可

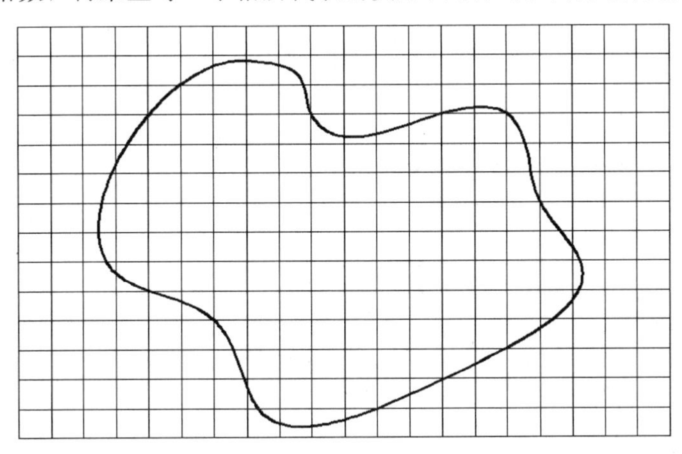

图 8-8 透明方格网法

以把不完整格数的一半当成整格数参与计算。

(2) 平行线法

如图 8-9 所示，在透明纸或透明膜片上绘制 1～2mm 间隔的平行线。量测时，将透明平行线膜片覆盖在欲量算的图斑（形）上，则所量图形的面积等于若干个等高梯形的面积之和。此法可以克服方格网膜片边缘方格凑整太多的缺点。图中平行虚线是梯形的中线。量测出各梯形的中线长度，则图形面积为：$S=H(ab+cd+ef+\cdots+yz)$，H 为平行线间隔长度。

8.3.4.2 坐标解析法

如果图形为任意多边形，且各顶点的坐标已在图上量出或已在实地测定，可利用各点坐标以解析法计算面积。解析法是根据图形边界线转折点的坐标来计算图形面积的大小。图形边界线转折点的坐标可以在地形图上通过坐标格网来量测，而有的图形边界线转折点的坐标是在外业实测的，可直接计算。

设四边形 1234 顶点的坐标为 (x_1, y_1)、(x_2, y_2)、(x_3, y_3)、(x_4, y_4)，由图 8-10 知其面积 S 为梯形 $122'1'$ 加梯形 $233'2'$ 减去梯形 $144'1'$ 与 $433'4'$，即

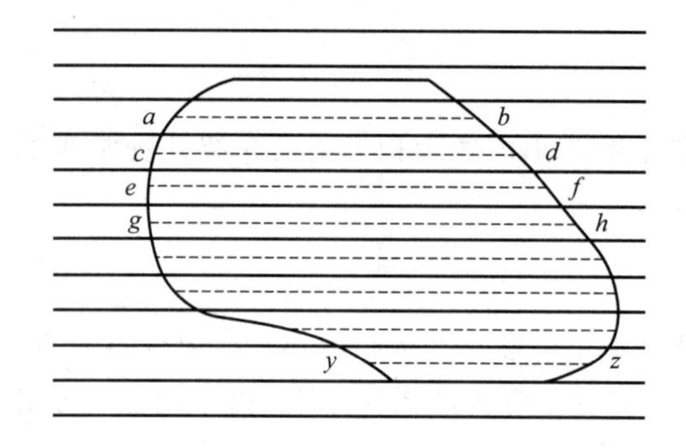

图 8-9 平行线法求面积

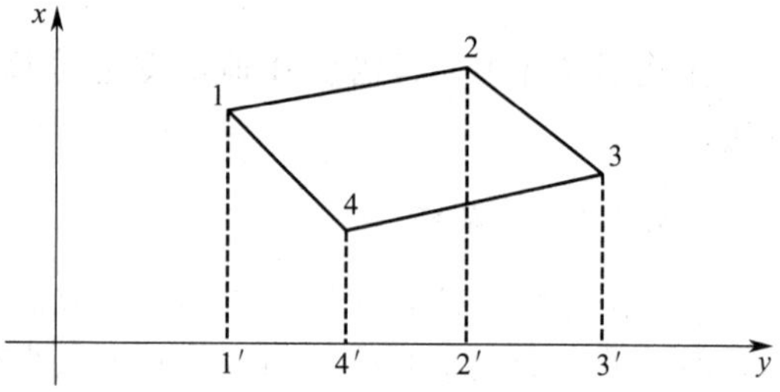

图 8-10 解析法求面积

$$S=\frac{(y_2-y_1)}{2}(x_2+x_1)+\frac{(y_3-y_2)}{2}(x_3+x_2)-\frac{(y_4-y_1)}{2}(x_4+x_1)-\frac{(y_3-y_4)}{2}(x_3+x_4)$$

整理后得

$$S=\frac{1}{2}[x_1(y_2-y_4)+x_2(y_3-y_1)+x_3(y_4-y_2)+x_4(y_1-y_3)]$$

推广至 n 边形：

$$S=\frac{1}{2}\sum_{i=1}^{n}x_i(y_{i+1}-y_{i-1}) \tag{8-12}$$

或

$$S=\frac{1}{2}\sum_{i=1}^{n}y_i(x_{i-1}-x_{i+1}) \tag{8-13}$$

式中，i 为各顶点的序号，当 $i=1$ 时，$i-1=0$，这时取 $x_{i-1}=x_0=x_n$；当 $i=n$ 时，$i+1=n+1$，这时取 $x_{i+1}=x_{n+1}=x_1$。

8.3.4.3 求积仪法

电子求积仪是采用集成电路制造的一种新型求积仪，其性能优越，可靠性好，操作简

便。图8-11为KP-90N型动极式电子求积仪。

求积仪法是面积计算工作中广泛采用的一种方法。其之所以被广泛采用，是因为它的计算速度快，方法简单，尤其便于计算各种不规则图形的地块面积。

若量测一不规则图形的面积（图8-12），具体操作步骤如下：

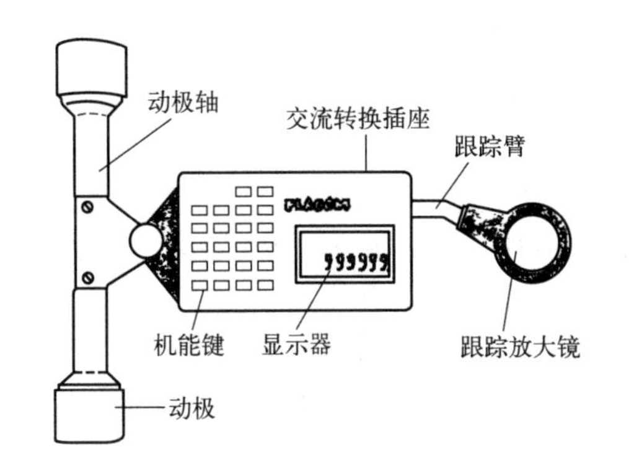

图8-11 KP-90N型动极式电子求积仪

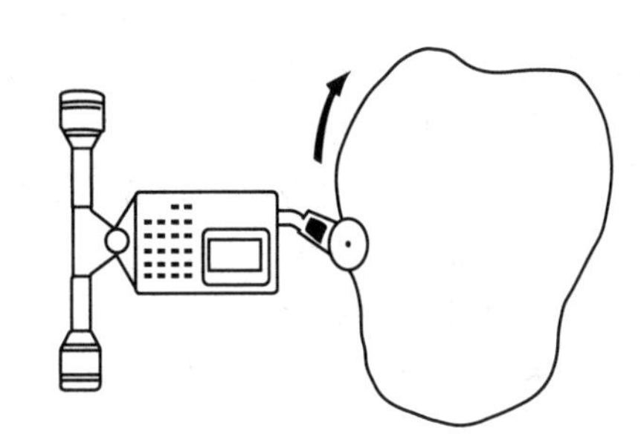

图8-12 KP-90N型电子求积仪使用

（1）打开电源。按下ON键，显示窗立即显示。

（2）设定单位。用UNIT-1键及UNIT-2键设定。

（3）设定比例尺。用数字键设定比例尺分母，按SCALE键，再按R-S键即可。若纵横比例尺不同时，如某些纵断面的图形，设横比例尺为1∶x，纵比例尺为1∶y，按键顺序为x，SCALE，y，SCALE，R-S即可。

（4）面积测定。将跟踪放大镜十字丝中心，瞄准图形上一起点，按START即可开始，对一图形重复测量两次取平均值，见表8-2。

表8-2 KP-90N型电子求积仪操作过程

键操作	符号显示	操作内容
START	cm^2 0	蜂鸣器发出声响，开始测量
第一次测量	cm^2 3401	脉冲计数显示
MEMO	MEMO cm^2 340.1	符号MEMO显示，从脉冲计数变为面积值，第一次测定值340.1cm^2被存储
START	MEMO cm^2 0	第二次测量开始，蜂鸣器发出声响，数字显示为0
第二次测量	MEMO cm^2 3399	脉冲计数显示
MEMO	MEMO cm^2 339.9	从脉冲计数变为面积值，第二次测定值339.9cm^2被存储
AVER	MEMO cm^2 340	重复两次的平均值是340cm^2

此外，面积量测设备还有光电面积扫描仪和图形数字转换仪等。对于数字地形图，目前的数字成图软件和GIS软件，都可以直接在软件中自动量取所选定图块的面积。在小范围的面积测定中，可以利用全站仪测量土地面积的功能进行测定。这里就不作具体

介绍了。

习题

1. 在地形图上如何确定点的坐标和高程？

2. 在地形图上如何确定直线的长度、坐标方位角和坡度？

3. 在地形图上如何确定汇水面的范围？

4. 试述用透明方格纸法和坐标解析法计算面积的方法。

5. 在 1∶1000 的地形图上，若等高距为 1m，现要设计一条坡度为 2%的等坡度最短路线，问路线上相邻等高线的最短间距应为多少？

6. 在绘制某一方向的断面图时，为什么要将高程方向的比例尺确定得大一些？

7. 设图 8-13 为 1∶10000 的等高线地形图，图下印有直线比例尺用以从图上量取长度。根据地形图用图解法解决以下三个问题：

（1）求 A、B 两点的坐标及 AB 连线的方位角；

（2）求 C 点的高程及 AC 连线的坡度；

（3）从 A 点到 B 点定出一条地面坡度 $i=5\%$ 的路线。

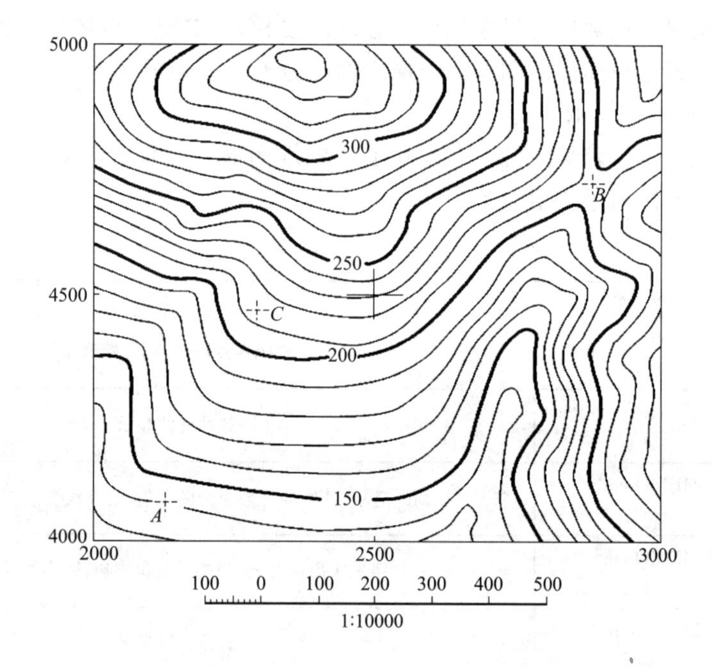

图 8-13 习题 7 图

8. 在图 8-14 所示的等高线地形图上设计一倾斜平面，倾斜方向为 AB 方向，要求该倾斜平面通过 A 点时的高程为 45m，通过 B 点时的高程为 50m，在图上作出填、挖边界线，并在填土部分画上斜阴影线。

9. 根据图 8-15 所示的等高线地形图，沿图上 AB 方向按图下已画好的高程比例作出其地形断面图（水平比例尺与地形图一致）。

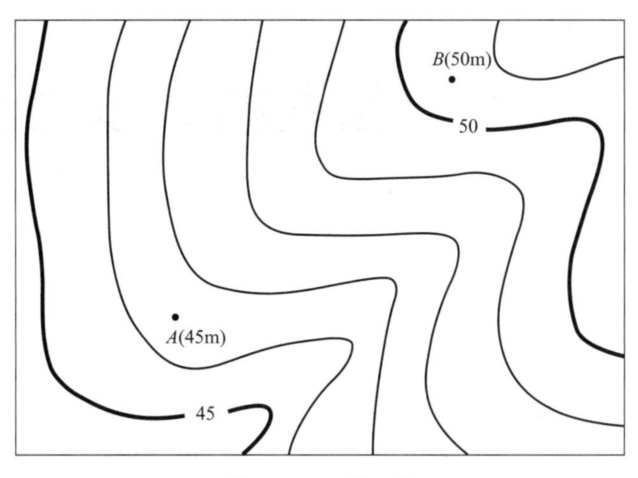

图 8-14　习题 8 图

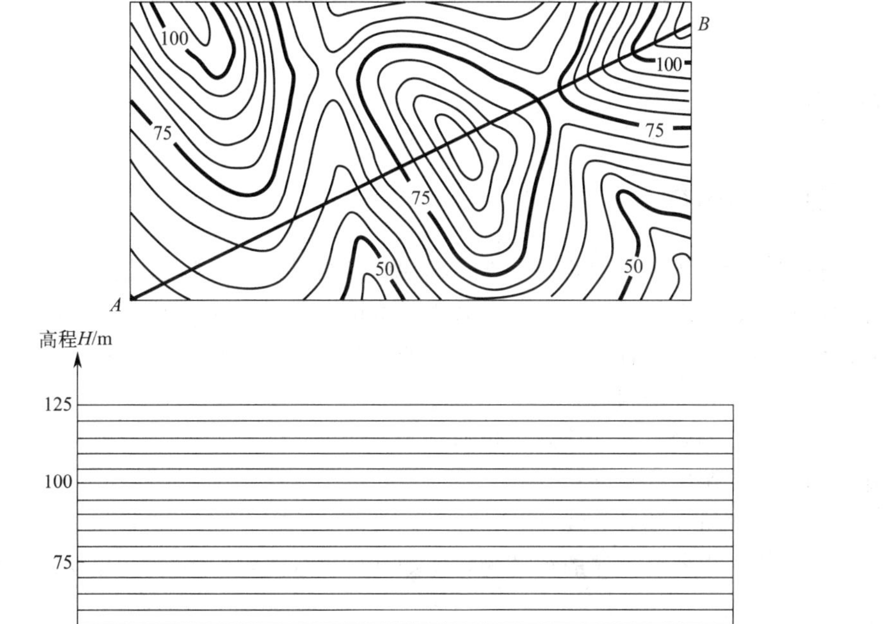

图 8-15　习题 9 图

第9章 测设的基本内容与方法

本章导读

本章详细介绍施工测量理论与技术，主要包括：施工控制网的布设，距离、水平角、高程的放样，平面位置的放样以及道路曲线的测设方法等内容。

9.1 概述

9.1.1 施工测设的内容

各种工程在施工阶段所进行的测量工作，称为施工测量。施工测量的目的是把设计图纸上规划设计的建筑物、构筑物的平面位置和高程，按设计要求，使用测量仪器，以一定的方法和精度测设到地面上，并设置标志，作为施工的依据；同时在施工过程中进行一系列的测量工作，以衔接和指导各工序间的施工。

施工测量贯穿施工的全过程，其内容包括：

(1) 施工前施工控制网的建立；

(2) 建筑物定位测量和基础放线；

(3) 主体工程施工中各道工序的细部测设，如基础模板测设、主体工程砌筑、构件和设备安装等；

(4) 工程竣工后，为了便于管理、维修和扩建，还应进行竣工测量并编绘竣工图；

(5) 施工和运营期间对高大或特殊建（构）筑物进行变形观测。

9.1.2 施工测量的特点

(1) 精度要求

一般情况下，施工测量的精度比测绘地形图的精度要高，而且根据建筑物、构筑物的重要性，根据结构材料及施工方法的不同，对施工测量的精度要求也有所不同。例如，工业建筑的测设精度高于民用建筑，钢结构建筑物的测设精度高于钢筋混凝土的建筑物，装配式建筑物的测设精度高于非装配式建筑物，高层建筑物的测设精度高于多层建筑物等。

(2) 工程知识

由于施工测量贯穿于施工全过程，施工测量工作直接影响工程质量及施工进度，所以测量人员必须了解工程有关知识，并详细了解设计内容、性质及对测量工作的精度要求，熟悉有关图纸，了解施工的全过程，密切配合施工进度进行工作。

（3）现场协调

建筑施工现场地面与高空各工种交叉作业，并有大量的土方填挖，地面情况变动很大，再加上动力机械及车辆频繁，因此，测量标志应埋设稳固，且不易被损坏，并要妥善保护，经常检查，如有损坏应及时恢复。同时，现场施工项目多，为保证工序间的相互配合、衔接，施工测量工作要与设计、施工等方面密切配合，并要事先充分做好准备工作，制订切实可行的施工测量方案。

目前，建筑平面、立面造型新颖且复杂多变，因此，测量人员应能因地、因时制宜，灵活适应，选择适当的测量放线方法，配备功能相适应的仪器。在高空或危险地段施测时，应采取安全措施，以防发生事故。

为了确保工程质量，防止因测量放线的差错造成损失，必须在整个施工的各个阶段和各主要部位做好验线工作，每个环节都要仔细检查。

9.1.3　施工测量的原则

（1）先整体后局部

施工测量必须遵循“先整体后局部”的原则。该原则在测量程序上体现为“先控制后碎部”，即，首先在测区范围内，选择若干点组成控制网，用较精确的测量和计算方法，确定出这些点的平面位置和高程，然后以这些点为依据再进行局部地区的测绘工作和放样工作。其目的是控制误差积累，保证测区的整体精度；同时也可以提高工效和缩短工期。

（2）逐步检查

施工测量同时必须严格执行“逐步检查”的原则，随时检查观测数据、放样定线的可靠程度以及施工测量成果所具有的精度。其主要目的是防止产生错误，保证质量。

9.2　施工控制网的布设

为工程施工所建立的控制网称为施工控制网，其主要目的是为建筑物的施工放样提供依据。另外，施工控制网也可为工程的维护保养、扩建改建提供依据。因此，施工控制网的布设应密切结合工程施工的需要及建筑场地的地形条件，选择适当的控制网形式和合理的布网方案。

9.2.1　施工控制网的特点

（1）控制的范围小，精度要求高

在工程勘测期间所布设的测图控制网，其控制范围总是大于工程建设的区域。对于水利枢纽工程、隧道工程和大型工业建设场地，其控制面积约在十几平方公里到几十平方公里，一般的工业建设场地大都在 $1km^2$ 以下。由于工程建设需要放样的点、线十分密集，没有较为稠密的测量控制点，将会给放样工作带来困难。至于点位的精度要求，测图控制网点是从满足测图要求出发提出的，其精度要求一般较低，而施工控制网的精度是从满足工程放样的要求确定的，精度要求一般较高。因此，工程施工控制网的精度要比一般测图控制网高。

（2）施工控制网的点位分布有特殊要求

施工控制网是为工程施工服务的，因此，为了施工测量应用方便，一些工程对点位的埋设有一定的要求，如桥梁施工控制网、隧道施工控制网和水利枢纽工程施工控制网要求在桥梁中心线、隧道中心线和坝轴线的两端分别埋设控制点，以便准确地标定工程的位置，减少放样测量的误差。

（3）控制点使用频繁、受施工干扰大

大型工程在施工过程中，不同的工序和不同的高程往往要频繁地进行放样，施工控制网点反复被使用，有的可能要多达数十次。另一方面，工程的现代化施工，经常采用立体交叉作业的方法，施工机械频繁调动，对施工放样的通视等条件产生了严重影响。因此，施工控制网点应位置恰当、坚固稳定、使用方便、便于保存，且密度也应较大，以便使用时有灵活选择的余地。

（4）控制网投影到特定的平面

为了使由控制点坐标反算的两点间长度与实地两点间长度之差尽量减小，施工控制网的长度不是投影到大地水准面上，而是投影到指定的高程面上。如工业场地施工控制网投影到厂区平均高程面上，桥梁施工控制网投影到桥墩顶高程面上等，有的工程要求长度投影到放样精度要求最高的平面上。

（5）采用独立的建筑坐标系

在工业建筑场地，还要求施工控制网点连线与施工坐标系的坐标轴相平行或相垂直，而且，其坐标值尽量为米的整倍数，以利于施工放样的计算工作。如以厂房主轴线、大坝主轴线、桥中心线等为施工控制网的坐标轴线。

当施工控制网与测图控制网联系时，应进行坐标换算，以便于以后的测量工作，换算方法如图 9-1 所示。

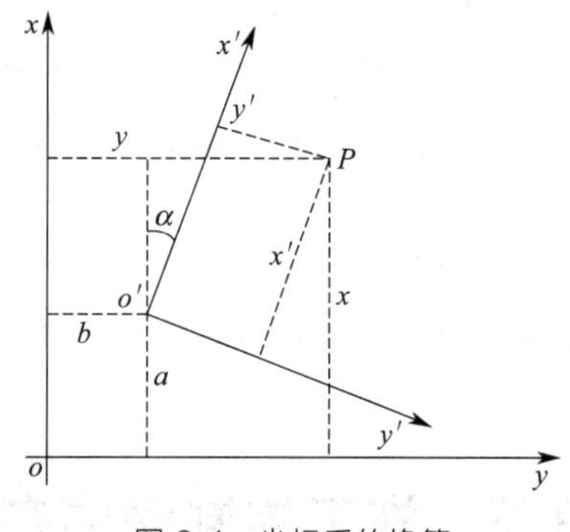

图 9-1　坐标系的换算

设 xoy 为第一坐标系统，$x'o'y'$ 为第二坐标系统，则 P 点在两个坐标系统中的坐标分别为：

$$\begin{bmatrix} x \\ y \end{bmatrix} = \begin{bmatrix} a \\ b \end{bmatrix} + \begin{bmatrix} \cos\alpha & -\sin\alpha \\ \sin\alpha & \cos\alpha \end{bmatrix} \begin{bmatrix} x' \\ y' \end{bmatrix} \tag{9-1}$$

$$\begin{bmatrix} x' \\ y' \end{bmatrix} = \begin{bmatrix} \cos\alpha & \sin\alpha \\ -\sin\alpha & \cos\alpha \end{bmatrix} \begin{bmatrix} x-a \\ y-b \end{bmatrix} \tag{9-2}$$

式中　a、b——坐标平移量；

α——坐标系旋转角。

这些数据一般由设计文件给定。

由于施工控制网具有上述特点，因而施工控制网应该成为施工总平面图设计的一部分，设计点位时应充分考虑建筑物的分布、施工的程序、施工的方法以及施工场地的布置情况，将施工控制网点画在施工总平面图相应的位置上，并教育工地上的所有人员爱护测量标志，注意保存点位。

9.2.2　平面控制网的建立

大型工程的施工控制网一般分两级布设，以首级控制网点控制整体工程及与之相关的重要附属工程，以二级网对工程局部位置进行施工放样。在通常情况下，首级施工控制网在工程施工前就应布设完毕，而二级加密网一般在施工过程中，根据施工的进度和工程施工的具体要求布设。

在布设施工控制网时，首先应根据工程的具体情况，在图上进行设计，并进行精度估算。当估算的精度达不到要求时，可通过下列三个途径提高精度：①提高观测值的精度。采用较精密的测量仪器测量角度和距离。②建立良好的控制网网形结构。在三角测量中，一般应将三角形布设成近似等边三角形。另外，测角网有利于控制横向误差（方位误差），测边网有利于控制纵向误差，如将两种网形结构组合成边角网的形式，可达到网形结构优化的目的。③增加控制网中的观测数，即增加多余观测。具体观测数的增加方案应根据实际的控制网形状分析确定。

控制网点位的确定主要取决于其控制的范围和是否便于施工放样，此外还应注意所选点位的通视、安全和施工干扰小等要求。为此，在控制网选点时，应参阅“施工组织设计”中的有关施工场地布置的内容，以保证控制点在施工过程中尽量少受破坏，在发生冲突时，应与施工组织部门协调。另外，在控制网选点前，应了解工程区域的地质情况，尽量将点位布设在稳固的区域，以保证点位的稳定性。

大型工程的建设工期长，控制网点使用频繁，为便于施工放样和提高精度，常用的控制网点宜建造混凝土观测墩，并埋设强制归心设备。为保证点位的稳定性，观测墩的基础应埋设到冻土层以下的原状土中，在条件允许时，可在基础下埋设钢管，以增加观测墩的稳定性。混凝土观测墩的基本构造见图 9-2。

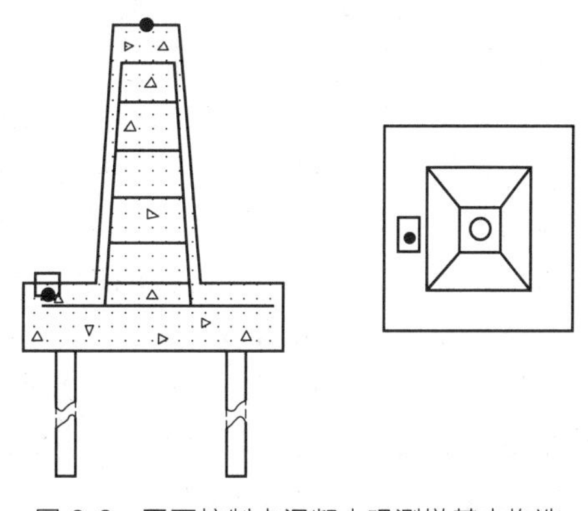

图 9-2　平面控制点混凝土观测墩基本构造

目前，常用的平面施工控制网形式有：三角网（包括测角三角网、测边三角网和边角网）、导线网、GPS 网等。对于不同的工程要求和具体地形条件可选择不同的布网形式，如对于位于山岭地区的工程（水利枢纽、桥梁、隧道等），一般可采用三角测量（或边角测量）的方法建网；对于地形平坦的建设场地，则可采用任意形式的导线网；对于建筑物布置密集而且规则的工业建设场地可采用矩形控制网（即所谓的建筑方格网）。有时布网形式可以混合使用，如首级网采用三角网，在其下加密的控制网则可以采用矩形控制网。由于测距比测角更方便，而且测距的效率比测角高得多，因此，目前基本上不采用纯三角网，而大多采用测边网。

在采用三角网形式建立施工控制网时，应使所选的控制网点有较好的通视条件，能构成较好的图形，避免大于 120°的钝角和小于 30°的锐角。对于利用交会法放样的工程，还应考虑到主要工程部位施工放样有较好的交会角度，以保证施工放样的精度。在采用 GPS 方法建立施工控制网时，应保证点位附近天空开阔，且没有电波辐射源和反射源。另外，由于施工测量大都采用全站仪进行，应至少保证两点之间通视，对于放样重要位置的控制点，应保证两个以上的通视控制点。

为保证工程施工的顺利进行，所建立的施工控制网必须与设计所采用的坐标系统相一致（一般为国家坐标系），但纯粹的国家坐标系统存在较大的长度变形，对工程的施工放样十分不利。因此，在建立施工控制网时，首先要保证施工控制网的坐标系和工程设计坐标系相一致。另外，还要使局部的施工控制网变形最小。为达到上述目的，应建立独立坐标系统的施工控制网。

控制网外业观测结束后，首先应进行外业观测精度的评定。对水平角观测值，在计算各三角形角度闭合差后，按菲列罗公式评定角度外业测量的精度；对边长往返测观测值，在经过气象改正以及测距仪加乘常数改正后，化为平距，再投影到控制网坐标基准面上，计算各边往返测距离的较差，再按公式评定水平距离每公里测距的单位权先验中误差。只有在外业观测精度评定达到其设计精度后，才可进行控制网的严密平差计算。

控制网的严密平差计算常采用间接平差进行，平差后给出各网点的坐标平差值及其点位中误差和点位误差椭圆要素，观测角度和观测边长的平差值及其中误差，各边的方位角平差值及其中误差、相对中误差、相对误差椭圆要素和控制网平差后的单位权中误差，等等，最后根据网中观测要素的验前精度评定结果和验后单位权中误差，以及网中最弱边的相对中误差和最弱点的点位中误差，评价施测后的施工控制网是否达到设计的精度要求。

9.2.3 高程控制网的建立

高程控制网是为了高程放样而建立的专用控制网，其主要作用是统一本工程的高程基准面并为工程的细部放样和变形监测服务。目前，建立高程控制网的常用方法有：水准测量、三角高程测量和 GPS 水准测量。

高程控制网可以一次全面布网，也可以分级布设，首级水准网必须与施工区域附近的国家水准点联测，布设成闭合（或附合）形式。首级高程控制网点应布设在施工区外，作为整个施工期间高程测量的依据。由首级点引测的临时性作业控制点，应尽可能靠近建筑物，以便做到安置一次或两次仪器就能进行高程放样。

高程控制网应采用该地区统一采用的高程系统，一般采用国家高程系统，或者按照工程设计所采用的高程系统。在选择已知点时，对资料的来源等应进行认真的认证和复核。由于国家基本水准点的建立时间不同，所经路线可能很长，控制点之间可能存在较大的误差，因此，在建立首级网时，一般只采用一个点作为已知点，其他纳入网内的基本水准点作检核，当通过检测，确认基本水准点之间不存在明显的系统误差时，才可将其一起作为已知点使用。

由于国家基本点一般离工程所在区域较远，为使测量方便，应在工程附近建立高程工作基点，工作基点需定期与基准点联测，以检验其稳定情况。

首级高程控制网是整个工程的高程基准，其基准点应稳定可靠，且能长期保存。为此，水准基点一般应直接埋设在基岩上，当覆盖层较厚时，可埋设基岩钢管标志（如图 9-3）。

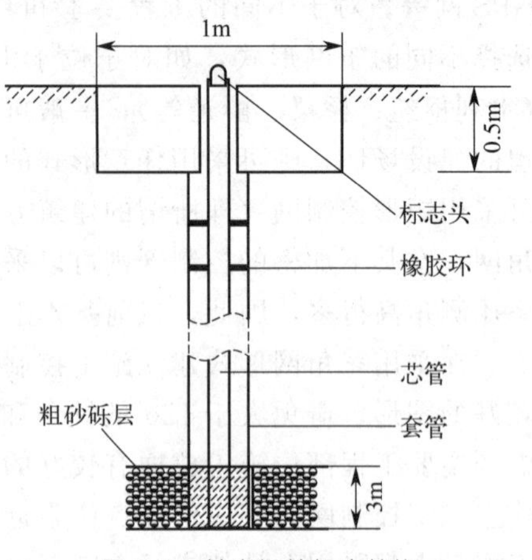

图 9-3 基岩钢管标志结构

在高差很大的工程施工中，常常需要采用精密三角高程测量方法进行高程控制点的加密。三角高程测量是根据两点间的竖直角和水平距离计算高差而求出高程的，其精度一般低于水准测量。三角高程测量可采用单一路线、闭合环、结点网或高程网的形式布设。三角高程路线一般由边长较短和高差较小的边组成，起讫于用水准联测的高程点。为保证三角高程网的精度，网中应有一定数量的已知高程点，这些点由直接水准测量或水准联测求得。为了尽可能消除地球曲率和大气垂直折光的影响，每边均应对向观测。

9.3　测设点的平面位置

9.3.1　点位测设的基本工作

测设点的平面位置的方法主要有下列几种，可根据施工控制网的形式、控制点的分布情况、地形情况、现场条件及待建建筑物的测设精度要求等进行选择。

9.3.2　点位平面位置测设的方法

9.3.2.1　直角坐标法

当建筑物附近已有彼此垂直的主轴线时，可采用此法。

如图9-4所示，OA、OB为两条互相垂直的主轴线，建筑物的两个轴线MQ、PQ分别与OA、OB平行。设计总平面图中已给定车间的四个角点M、N、P、Q的坐标，现以M点为例，介绍其测设方法。

设O点坐标$x=0$，$y=0$，M点的坐标x，y已知，先在O点上安置经纬仪，瞄准A点，沿OA方向从O点向A测设距离y得C点；然后将仪器搬至C点，仍瞄准A点，向左测设90°角，沿此方向从C点测设距离x即得M点，并沿此方向测设出N点。同法测设出P点和Q点。最后应检查建筑物的四角是否等于90°，各边是否等于设计长度，误差在允许范围之内即可。

上述方法计算简单，施测方便、精度较高，是应用较广泛的一种方法。

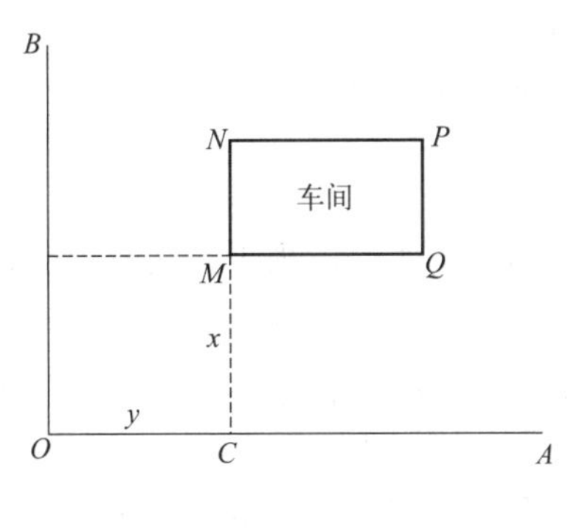

图9-4　直角坐标法

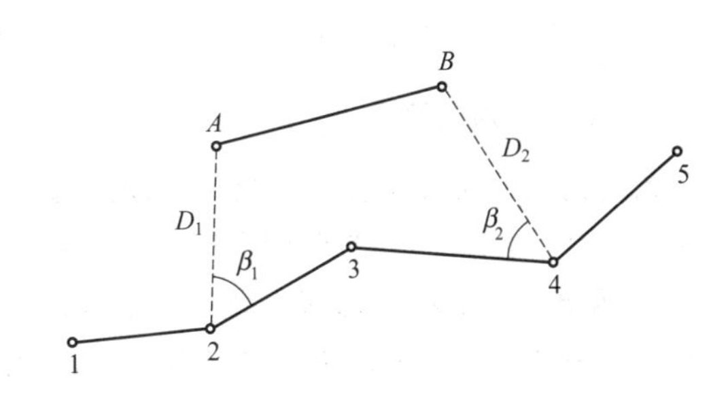

图9-5　极坐标法

9.3.2.2　极坐标法

极坐标法根据水平角和距离测设点的平面位置。适用于测设距离较短，且便于量距的情况。

图 9-5 中 A、B 是某建筑物轴线的两个端点，附近有测量控制点 1、2、3、4、5，用下列公式可计算测设数据 β_1、β_2 和 D_1、D_2。

设 α_{2A}、α_{4B}、α_{23}、α_{43} 表示相应直线的坐标方位角；控制点 1、2、3、4 和轴线端点 A、B 的坐标均为已知，则

$$\alpha_{2A}=\arctan\frac{\Delta y_{2A}}{\Delta x_{2A}}$$

$$\alpha_{4B}=\arctan\frac{\Delta y_{4B}}{\Delta x_{4B}}$$

$$\beta_1=\alpha_{23}-\alpha_{2A}$$

$$\beta_2=\alpha_{4B}-\alpha_{43}$$

$$\left.\begin{aligned}D_1&=\sqrt{(x_A-x_2)^2+(y_A-y_2)^2}=\frac{y_A-y_2}{\sin\alpha_{2A}}=\frac{x_A-x_2}{\cos\alpha_{2A}}\\D_2&=\sqrt{(x_B-x_4)^2+(y_B-y_4)^2}=\frac{y_B-y_4}{\sin\alpha_{4B}}=\frac{x_B-x_4}{\cos\alpha_{4B}}\end{aligned}\right\}\tag{9-3}$$

根据上式计算的 β 和 D，即可进行轴线端点的测设。

测设 A 点时，在点 2 安置经纬仪，先测设出 β_1 角（反拨），在 $2A$ 方向线上用钢尺测设 D_1，即得 A 点。再搬仪器至点 4，用同法定出 B 点。最后丈量 AB 的距离，应与设计的长度一致，以作检核。

如果使用电子速测仪或全站仪测设 A、B 点的平面位置（图 9-5），则非常方便，它不受测设长度的限制。测法如下：

（1）把电子速测仪安置在 2 点，置水平度盘读数为 0°00′00″，并瞄准 3 点；

（2）用手工输入 A 点的设计坐标和控制点 2、3 的坐标，就能自动计算出放样数据：水平角 β_1 和水平距离 D_1；

（3）照准部转动（反拨）一已知角度 β_1，并沿视线方向，由观测者指挥持镜者把棱镜在 $2A$ 方向上前后移动，当显示屏上显示的数值正好等于放样值 D 时，指挥持镜者定点，即得 A 点；

（4）把棱镜安置在 A 点，再实测 $2A$ 的水平距离，以作检核；

（5）同法，将电子速测仪移至 4 点，测设 B 点的平面位置；

（6）实测 AB 的水平距离，它应等于 AB 轴线的长度，以作检核。

9.3.2.3 角度交会法

此法又称方向线交会法。当待测设点远离控制点且不便量距时，采用此法较为适宜。如图 9-6 所示，根据 P 点的设计坐标及控制点 A、B、C 的坐标，首先算出测设数据 β_1、γ_1、β_2、γ_2 角值。然后将经纬仪安置在 A、B、C 三个控制点上测设 β_1、γ_1、β_2、γ_2 各角，并且分别沿 AP、BP、CP 方向线，在 P 点附近三个方向上各打两个小木桩，桩顶上钉上小钉，以表示 AP、BP、CP 的方向线。将各方向的两个木桩上的小钉用细线绳拉紧，即可交会出 AP、BP、CP 三个方向的交点，此点即为所求的 P 点。

由于存在测设误差，若三条方向线不交于一点时，会出现一个很小的三角形，称为误差三角形。当误差三角形边长在允许范围内时，可取误差三角形的重心作为 P 点的点位。如超限，则应重新交会。

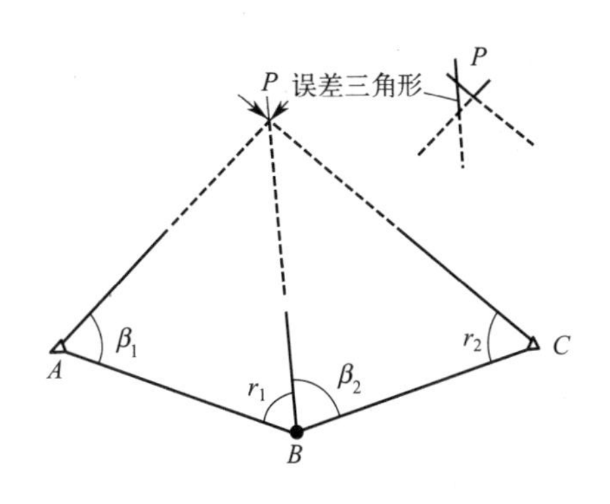

图 9-6　角度交会法

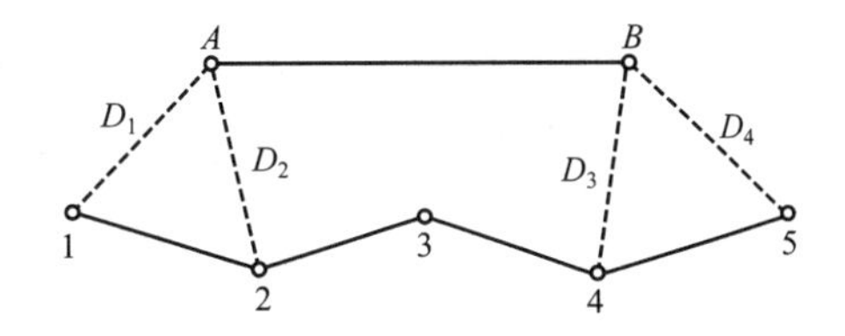

图 9-7　距离交会法

9.3.2.4　距离交会法

距离交会法是根据两段已知距离交会出点的平面位置。如建筑场地平坦，量距方便，且控制点离测设点又不超过一整尺的长度时，用此法比较适宜。在施工中细部位置测设常用此法。

具体做法如图 9-7 所示，设 A、B 是设计管道的两个转折点，从设计图纸上求得 A、B 点距附近控制点的距离分别为 D_1、D_2、D_3、D_4。用钢尺分别从控制点 1、2 量取 D_1、D_2；其交点即为 A 点的位置。同法定出 B 点。为了检核，还应量 AB 长度与设计长度比较，其误差应在允许范围之内。

9.4　距离、水平角和高程的放样

9.4.1　水平距离的测设

水平距离是指地面上两点之间的水平长度。测设水平距离是从地面上某一已知起点开始，沿某一已知方向，根据设计长度用钢尺或激光测距仪等工具，将另一端点测设到地面上。

测设水平距离的常用方法有两种，即往返测设分中法和归化测设法。

(1) 往返测设分中法

用这种方法测设水平距离时，先在已知起点上沿标定方向用钢尺等工具直接量取设计长度，并在地面上临时标出其端点，这一过程称为往测。然后，从终点向起点再量取其长度，称为返测。往测长度与返测长度之差称为较差。若往返测较差在设计精度范围以内，则可取平均值作为最终值，最后将终点沿标定的方向移动较差的一半，并用标志固定下来，测设工作即告完成。

测设的水平距离一般是根据控制点和待定点的坐标反算得到的，用钢尺放样时，应考虑钢尺的尺长改正。

采用这种方法测设水平距离既可提高测设精度，又可进行检核，防止出现差错。

若地面具有一定的坡度，则应特别注意将尺持平、拉直，标定点位一定要正确无误。若地面坡度比较均匀，则可用水准仪事先测定 A、B 之间的高差 h，借此可计算地面倾角 α 和倾斜距离S。测设时，可以直接从A点沿倾斜地面量取倾斜距离S，求出B点位置，并用临时标志标定下来。而后按上述方法进行返测、分中，确定B点的最终位置。

【例 9.1】 欲测设AB的水平距离$D=20.000\text{m}$，测得A、B两点高差$h=+0.500\text{m}$，测设时的温度$t=+26℃$，所用钢尺的尺长方程式为$\Delta l_t=30+0.004+1.25\times10^{-5}\times(t-20℃)\times30\text{m}$。求测设时在地面上应量的长度$D'$为多少？

【解】 首先按距离丈量中的方法求出三项改正。

尺长改正：$\Delta l_d=D\dfrac{l'-l_0}{l_0}=20\times\dfrac{30.004-30.000}{30.000}=+0.0027\text{m}$

温度改正：$\Delta l_t=D\alpha(t-t_0)=20.000\times1.25\times10^{-5}\times(26-20)=+0.0015\text{m}$

倾斜改正：$\Delta l_h=-\dfrac{h^2}{2D}=-\dfrac{0.500^2}{2\times20.000}=-0.0062\text{m}$

测设长度时，尺长、温度、倾斜改正数的符号与量距时相反，故测设的长度为：

$$
\begin{aligned}
D'&=D-\Delta l_d-\Delta l_t-\Delta l_h\\
&=20.000-(+0.0027)-(+0.0015)-(-0.0062)\\
&=20.002\text{m}
\end{aligned}
$$

所以，从A点开始沿AB方向实量20.002m得到B点，则AB的水平距离正好为20.000m。

（2）归化测设法

归化测设法是精密测设水平距离的方法之一。测设时，先确定欲测设距离的方向，并在该方向的起点上用钢尺量取设计长度，大致确定终点B'的位置，作为临时点标定在地面上。而后反复丈量多次，取其平均值作为S'的精确值（图 9-8）。根据设计值S与实量值S'计算距离归化值：

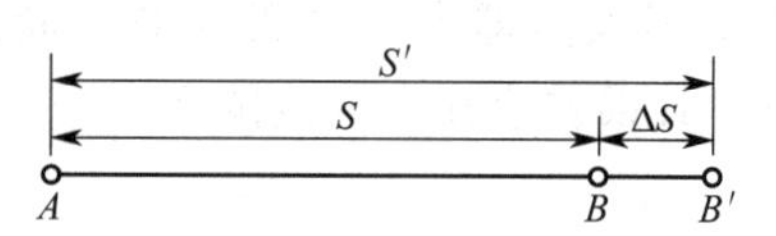

图 9-8 归化法测设水平距离

$$\Delta S=S'-S$$

根据ΔS的大小和符号，将B'点移到B点上，并在实地进行标定。当ΔS为正值时，B'点沿原方向退回至B点。在这种情况下，$B'B$的定向较为方便，因此在选择临时点B'时，通常使S'略大于S。

使用该法时必须使用经过检定的钢尺，设计长度中应减去尺长改正数、温度改正数和倾斜改正数。

（3）测距仪放样

采用激光测距仪或全站仪测设水平距离时，应备有带杆的反光棱镜，以便于在测设方向上前后移动。另外，放样时，可先在AB方向线上，目估安置反光棱镜，用测距仪测出的水平距离，设为S'，若S'与欲测设的距离S相差ΔS，则可前后移动反光棱镜，直到测出的水平距离为S为止。若测距仪有自动跟踪装置，可对反光棱镜进行跟踪，直到需测设的距离为止。

9.4.2 水平角的测设

测设水平角通常是在某一控制点上，根据某一已知方向及水平角的设计值，用仪器找出另一个方向，并在地面上标定出来。欲测设的水平角一般可利用三个点的平面坐标反算两个坐标方位角，并根据坐标方位角计算欲测设的水平角。如图 9-9 中的 A 为已知点，A_P 为已知方向，β 为待测设的水平角。测设的目的是确定 AB 方向，并将 B 点标定在地面上。

水平角的测设通常采用盘左盘右分中法和归化测设法两种。

(1) 盘左盘右分中法

采用盘左盘右分中法时，先把经纬仪安置于 A 点上。如图 9-9 所示，用盘左瞄准 P 点并读数，接着将望远镜沿顺时针方向转过 β 角，视准线指向 AB'方向，随即将 B'点标定在地面上。而后用盘右重新瞄准 P 点，并用同样的方法将 B''点标定在地面上。最后取 B'和 B''的中点作为 B 点的最终位置，此时$\angle PAB$ 即为测设到地面上的 β 角。

采用这一方法测设水平角可以消除或减弱经纬仪的视准轴、水平轴和度盘偏心等仪器误差的影响。该法测设简单、速度快，但精度较低。

(2) 归化测设法

用归化测设法测设水平角的原理如下：首先根据 β 角的设计值初步测设得 B'点，用木桩临时将其标定在地面上。接着采用测回法精确测定 β'角（图 9-10），并量取 AB'的水平距离 S。而后根据 β'值与设计值 β 计算两者之差 $\Delta\beta=\beta-\beta'$，并计算 AB'的垂距 $e=S\sin\Delta\beta$。

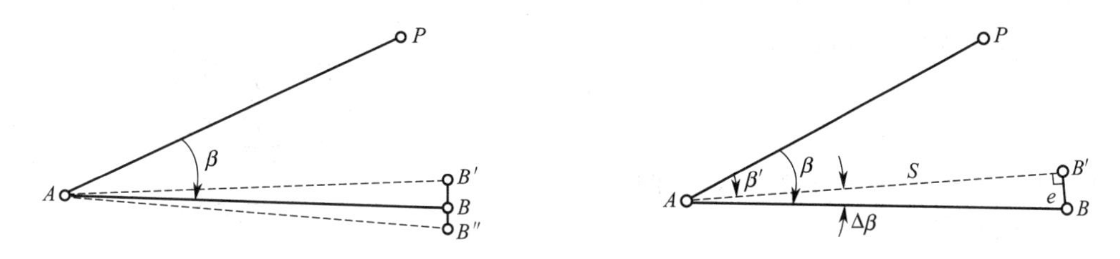

图 9-9 盘左盘右分中法

图 9-10 归化法测设水平角

由于 $\Delta\beta$ 值通常很小，所以

$$e=\frac{S\Delta\beta}{\rho''} \tag{9-4}$$

最后，沿 AB'的垂线方向用钢尺精确量取水平距离 e，得 B 点，并用标志将它固定在地面上。此时$\angle PAB$ 即为测设到地面上的 β 角。式中的 $\Delta\beta$ 称为角度归化值，e 称为线性归化值。

归化测设法测设水平角的精度取决于 β 角的测量精度和 e 的测设精度。

9.4.3 高程的测设（放样）

设地面有已知水准点 A，其高程为 H_A；待定点 B 的设计高程为 H_B，要求在实地定出与该设计高程相应的水平线或待定点顶面。

如图 9-11 所示，a 为水准点上水准尺的读数，则待放样点水准尺上的读数 b 可由下式算得：

$$b=(H_A+a)-H_B \tag{9-5}$$

当待放样的高程 H_B 高于仪器视线时，可以把尺底向上，即用“倒尺”法放样，如图 9-12 所示，这时：

$$b=H_B-(H_A+a) \tag{9-6}$$

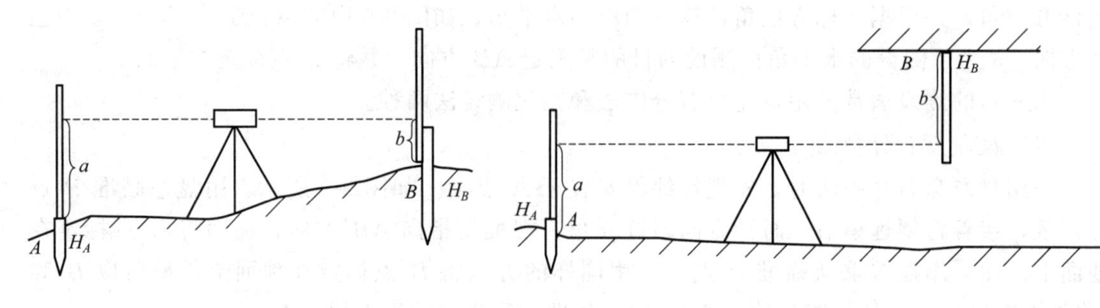

图 9-11 水准仪高程放样　　　　图 9-12 倒尺法放样法

当放样的高程点与水准点之间的高差很大时，可以用悬挂钢尺代替水准尺，以放样设计高程。悬挂钢尺时，零刻划端朝下，并在下端挂一个质量相当于钢尺鉴定时拉力的重锤，在地面上和坑内各放一次水准仪，如图 9-13 所示。设地面放仪器时对 A 点尺上的读数为 a_1，对钢尺的读数为 b_1；在坑内放仪器时对钢尺读数为 a_2，对 B 点尺上的应有读数为 b_2。

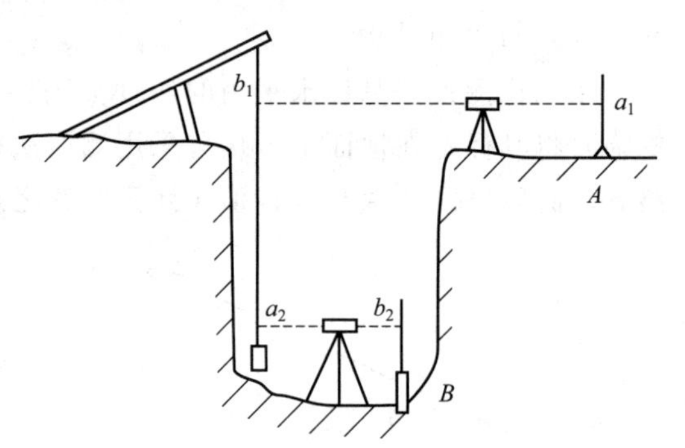

图 9-13 高程传递

由 $H_B-H_A=h_{AB}=(a_1-b_1)+(a_2-b_2)$，得：

$$b_2=a_2+(a_1-b_1)-h_{AB} \tag{9-7}$$

用逐渐打入木桩或在木桩上划线的方法，使立在 B 点的水准尺上读数为 b_2，就可以使 B 点的高程符合设计要求。

对一些高低起伏较大的工程放样，用水准仪放样就比较困难，这时可用全站仪无仪器高作业法直接放样高程。

如图 9-14 所示，为了放样 B、C、D、…目标点的高程，在 O 处架设全站仪，后视已知点 A（设目标高为 l，当目标采用反射片时：$l=0$），测得 $O\sim A$ 的距离 S_1 和垂直角 α_1，从而计算 O 点全站仪中心的高程为：

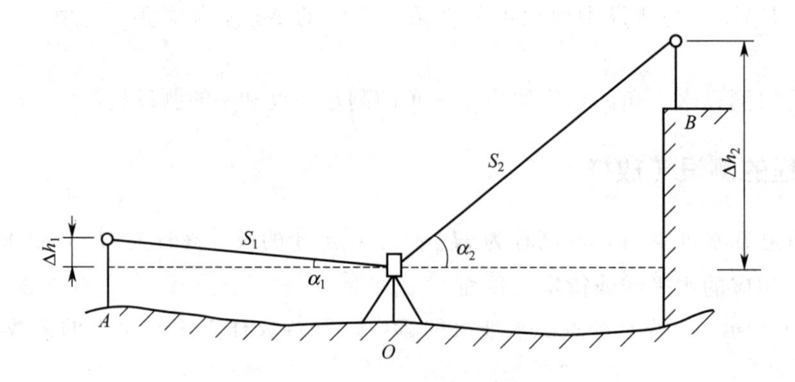

图 9-14 全站仪无仪器高作业法

$$H_O=H_A+l-\Delta h_1 \tag{9-8}$$

然后测得 $O\sim B$ 的距离 S_2 和垂直角 α_2，并结合式(9-8)，从而计算 B 点的高程为：

$$H_B=H_O+\Delta h_2-l=H_A-\Delta h_1+\Delta h_2 \tag{9-9}$$

将测得的 H_B 与设计值比较，指挥并放样出高程点 B。从式(9-9) 可以看出：此方法不需要测定仪器高，因而用无仪器高作业法同样具有很高的放样精度。

必须指出：当测站与目标点之间的距离超过150m时，以上高差就应该考虑大气折光和地球曲率的影响，即：

$$\Delta h = D\tan\alpha + (1-k)\frac{D^2}{2R} \tag{9-10}$$

式中 D——水平距离；

α——垂直角；

k——大气垂直折光系数，取0.14；

R——地球曲率半径，取6371km。

全站仪是目前施工放样中最常用的测量仪器，它的最大特点是可以直接放样出所需要的点位，另外，许多全站仪都有高精度的测距系统，能方便、快捷地测量出两点之间的距离。在施工放样时，如果将全站仪的望远镜对准天顶，则测出的距离实际上就是两点的高差，利用这个原理，可以实施高精度的高程传递。全站仪天顶法传递高程的误差主要来源于测距误差和量取仪器高的误差，在实际作业时，应精确测定各气象要素。在许多情况下，视线紧贴建筑物的表面，测距容易受到大气湍流的影响，实际作业宜在阴天等气象条件较好的时候进行。另外，棱镜经改装后，其常数一般会发生改变。因此，应对棱镜的常数进行检验。

9.4.4 已知坡度线的测设

坡度线测设是根据附近水准点的高程、设计坡度和坡度线端点的设计高程，用高程测设方法将坡度线上各点设计高程标定在地面上的测量工作。它常用于场地平整工作及管道、道路等线路工程中。坡度线的测设，可根据地面坡度大小，选用下面两种方法：

(1) 水平视线法

如图9-15所示，A、B为设计坡度线的两端点，A点设计高程为H_A，为了施工方便，每隔一定距离d打一木桩，并要求在桩上标定出设计坡度为i的坡度线。施测步骤如下：

① 按下列公式计算各桩点的设计高程

$$H_{设} = H_{起} + id$$

第1点的设计高程：$H_1 = H_A + id$；

第2点的设计高程：$H_2 = H_1 + id = H_A + 2id$；

……

B点的设计高程：$H_B = H_A + 4id$ 或 $H_B = H_A + iD$(检核)。

② 沿AB方向，按间距d标定出中间点1、2、3的位置。

③ 安置水准仪于水准点5附近，读后视读数a，并计算视线高程：

$$H_{视} = H_5 + a$$

④ 按高程放样的方法，先算出各桩点上水准尺的应读数：

$$b_{应} = H_{视} - H_{设}$$

然后根据各点的应读数指挥打桩，当各桩顶水准尺读数都等于各自的应读数$b_{应}$时，则各桩顶的连线即为设计坡度线，也可将水准尺沿木桩一侧上下移动，当水准尺的读数为$b_{应}$时，便可利用水准尺底面在木桩上画一横线，该线即在AB的坡度线上。如果木桩无法继续往下打或长度不够时，可立尺于桩顶，读得读数b，$b_{应}$与b之差即为桩顶的填、挖土高度。

此法适用于地面坡度小的地段。

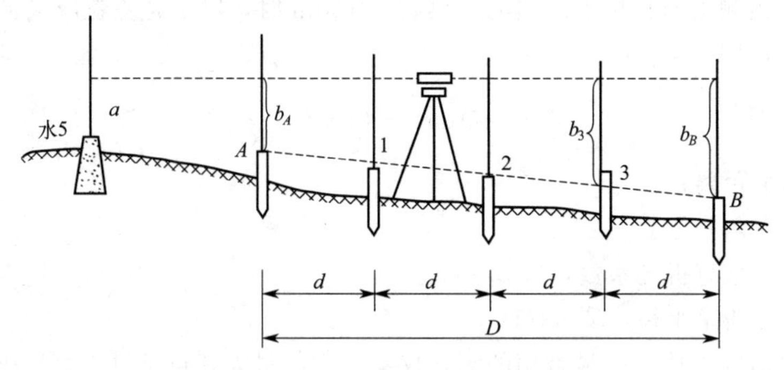

图 9-15 水平视线法测设坡度线

（2）倾斜视线法

倾斜视线法是根据视线与设计坡度线平行时，其竖直距离处处相等的原理，来确定设计坡度线上各点高程位置的一种方法，它适用于地面坡度较大且设计坡度与地面自然坡度较一致的地段。其施测步骤如下：

① 先用高程放样的方法，将坡度线两端点的设计高程标定在地面木桩上，如图 9-16 所示；

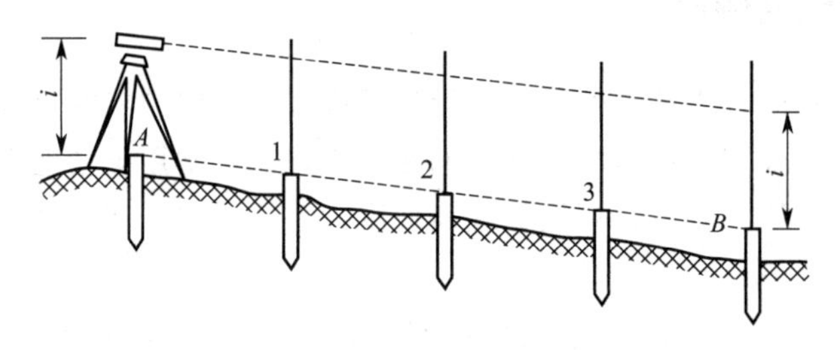

图 9-16 倾斜视线法测设坡度线

② 将水准仪安置在 A 点上，并量取仪器高 i，安置时使一个脚螺旋在 AB 方向上，另两个脚螺旋的连线大致与 AB 线垂直；

③ 旋转 AB 方向的脚螺旋或微倾螺旋，使视线在 B 尺上的读数为仪器高 i，此时视线与设计坡度线平行，当各桩点的尺上读数都为 i 时，则各桩顶的连线就是设计坡度线。

当坡度较大时，测设中间点的高程可以用经纬仪代替水准仪，旋转望远镜的微动螺旋就能迅速准确地使视线对准 B 桩水准尺读数为仪器高 i 处，此时视线平行于设计坡度线。其后，按上述水准仪的操作方法可测设得中间点的桩位。如果测设时难以使桩顶高程正好等于设计高程，可以使桩顶高程与设计高程差一分米的整倍数并将其差值注在桩上。

9.5 建筑基线的测设

根据施工场地条件的不同，建筑基线的测设方法有以下两种：

（1）根据建筑红线测设建筑基线

由城市测绘部门测定的建筑用地界定基准线，称为建筑红线。在城市建设区，建筑红线可用作建筑基线测设的依据。一般采用测设平行线或垂直线的方法来进行。

（2）根据已有控制点测设建筑基线

利用建筑基线的设计坐标和附近已有控制点的坐标，用极坐标法测设建筑基线。

习题

1. 术语解释：测定；测设。

2. 测设平距时，都有哪些方法？各有什么特点？

3. 测设点的平面点位时都有哪些方法？各有什么适用条件？

4. 在地面上要设置一段 29.000m 的水平距离 AB，所使用的钢尺方程式为 $l_t=30+0.004+0.000012(t-20)\times30\text{m}$。测设时钢尺的温度为 15℃，所施于钢尺的拉力与检定时的拉力相同，试计算在地面需要量出的长度？

5. 在地面上要求测设一个直角，先用一般方法测设出角$\angle AOB$，再测量该角若干测回取平均值为$\angle AOB=90°00'24''$，如图 9-17 所示。又知 OB 的长度为 100m，问在垂直于 OB 的方向上，B 点应该移动多少距离才能得到 90°的角？

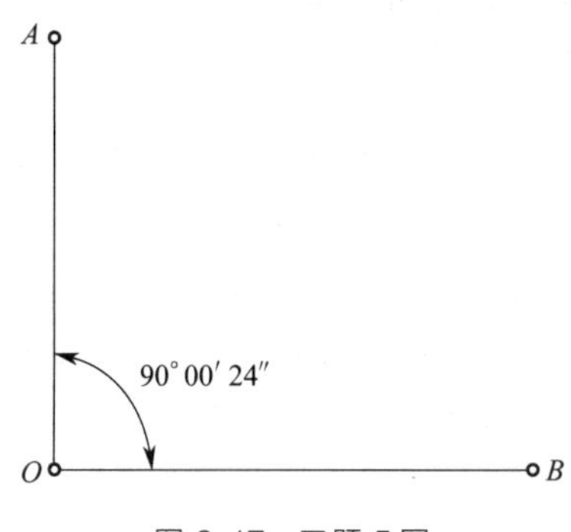

图 9-17　习题 5 图

6. 利用高程为 7.530m 的水准点，测设高程为 7.831m 的室内±0.000 标高。设尺立在水准点上时，按水准仪的水平视线在尺上画上了一条线，问在该尺上的什么地方画上一条线，才能使视线对准此线时，尺子底部就在±0.000 高程的位置。

7. 已知 $\alpha_{MN}=290°06'$，已知点 M 的坐标为 $x_M=15.00\text{m}$，$y_M=85.00\text{m}$；若要测设坐标为 $x_A=45.00\text{m}$，$y_A=85.00\text{m}$ 的 A 点，试计算仪器安置在 M 点用极坐标法测设 A 点所需的数据。

第 10 章
建筑施工测量

本章导读

为各种生产、建筑工程施工服务的测量工作称为施工测量。施工测量具有以下特点：内容、方法很多；工作贯穿于工程建设、生产运营的始终；施工测量的精度要求差异很大；作业的现场条件一般较差。本章仅介绍一般精度的建筑施工测量。

10.1 建筑场地的施工控制测量

在勘测时期建立的测图控制网，其点位的分布、密度和精度，都未考虑施工要求而难以满足施工测量的需要。因此在建筑场地要重新建立专门的施工控制网。

在面积不大又不十分复杂的建筑场地上，常布置两条或几条基线，作为施工测量的平面控制，称为建筑基线。在大中型建筑施工场地上，施工控制网多用正方形或矩形格网组成，称为建筑方格网（或矩形网）。下面分别简单地介绍这两种控制形式。

10.1.1 建筑基线

建筑基线的布置应根据建筑物的分布、场地的地形和原有控制点的状态而定。建筑基线应靠近主要建筑物并与其轴线平行，以便采用直角坐标法进行测设，通常可布置成图 10-1 所示的各种形式。

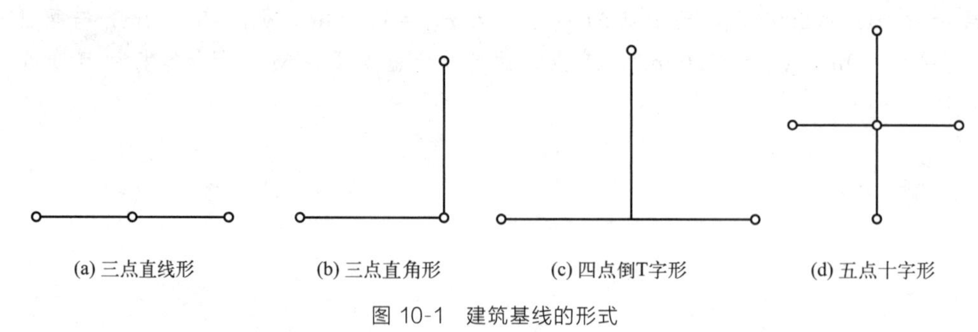

图 10-1 建筑基线的形式

为了便于检查建筑基线点有无变动，基线点数不应少于三个。

根据建筑物的设计坐标和附近已有的测量控制点，在图上选定建筑基线的位置，求算测设数据，并在地面上测设出来。如图 10-2 所示，根据测量控制点 1、2，用极坐标法分别测

设出 A、O、B 三个点。然后把经纬仪安置在 O 点，观测 $\angle AOB$ 是否等于 90°，其差值不得超过±10″。丈量 OA、OB 两段距离，分别与设计距离相比较，其差值对于民用建筑不得大于 1/2000，对于工业建筑不得大于 1/10000。否则，应进行必要的点位调整。

图 10-2 建筑基线布设

10.1.2 建筑方格网

10.1.2.1 建筑方格网的坐标系统

在设计和施工部门，为了工作方便，常采用一种独立的坐标系统，称为施工坐标系或建筑坐标系，如图 10-3 所示。施工坐标系的纵轴通常用 A 表示，横轴用 B 表示，施工坐标也叫 A、B 坐标。

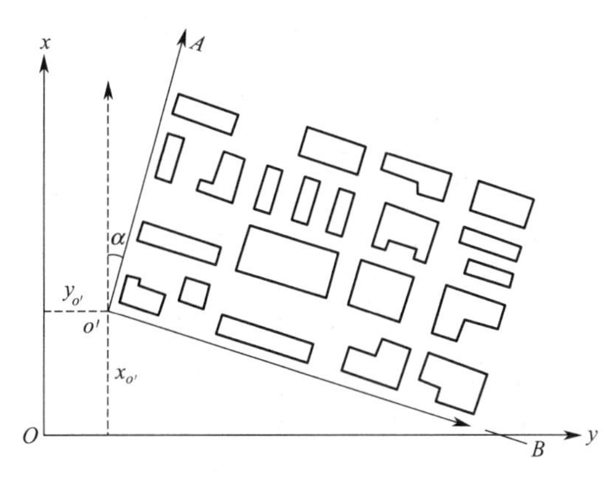

图 10-3 施工坐标系

施工坐标系的 A 轴和 B 轴，应与厂区主要建筑物或主要道路、管线方向平行。坐标原点设在总平面图的西南角，使所有建筑物和构筑物的设计坐标均为正值。施工坐标系与国家测量坐标系之间的关系，可用施工坐标系原点 O' 的国家测量坐标系坐标 xO'、yO' 及 $O'A$ 轴的坐标方位角 α 来确定。在进行施工测量时，上述数据由勘测设计单位给出。

10.1.2.2 建筑方格网的布设

（1）建筑方格网的布置和主轴线的选择

建筑方格网的布置，应根据建筑设计总平面图上各建筑物、构筑物、道路和各种管线的布设情况，结合现场的地形情况拟定。如图 10-4 所示，布置时应先选定建筑方格网的主轴线 MN 和 CD，然后再布置方格网。方格网的形式可布置成正方形或矩形，当场区面积较大时，常分两级。首级可采用“十”字形、“口”字形或“田”字形，然后再加密方格网。当场区面积不大时，尽量布置成全面方格网。

布网时方格网的主轴线应布设在厂区的中部，并与主要建筑物的基本轴线平行。方格网的折角应严格呈 90°，方格网的边长一般为 100～200m；矩形方格网的边长视建筑物的大小和分布而定，为了便于使用，边长尽可能为 50m 或它的整倍数。方格网的边应保证通视且便于量距和测角，点位标石应能长期保存。

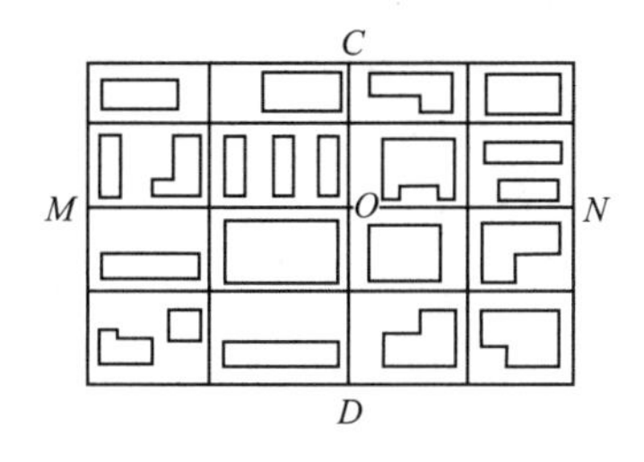

图 10-4 建筑方格网

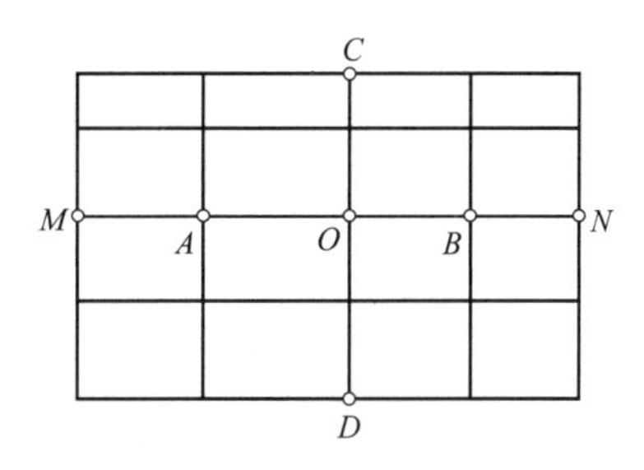

图 10-5 建筑方格网主轴线

（2）确定主点的施工坐标

如图 10-5，MN、CD 为建筑方格网的主轴线，它是建筑方格网扩展的基础，当场区很大时，主轴线很长，一般只测设其中的一段，如图中的 AOB 段，该段上 A、O、B 点是主轴线的定位点，称主点。主点的施工坐标一般由设计单位给出，也可以在总平面图上用图解法求得一点的施工坐标后，再按主轴线的长度推算其他主点的施工坐标。

（3）求算主点的测量坐标

当施工坐标系与国家测量坐标系不一致时，在施工方格网测设之前，应把主点的施工坐标换算为测量坐标，以便求算测设数据。

如图 10-6 所示，设已知 P 点的施工坐标为 A_P 和 B_P，换为测量坐标时，可按下式计算：

$$\left.\begin{aligned} x_P &= x_o' + A_P\cos\alpha - B_P\sin\alpha \\ y_P &= y_o' + A_P\sin\alpha - B_P\cos\alpha \end{aligned}\right\} \tag{10-1}$$

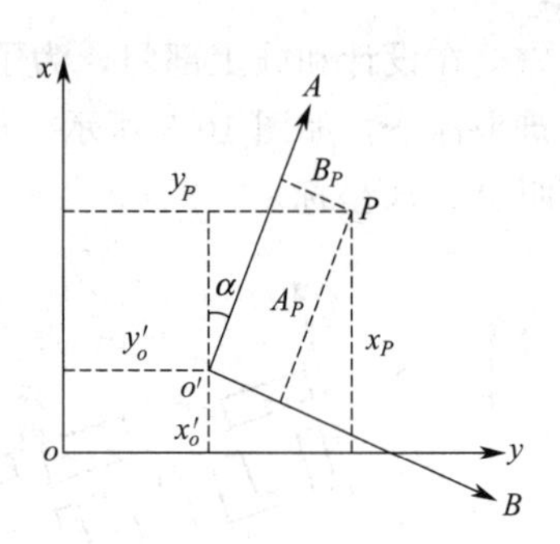

图 10-6　坐标转换

10.1.2.3　建筑方格网的测设

图 10-7 中的 1、2、3 点是测量控制点，A、O、B 为主轴线的主点，首先将 A、O、B 三点的施工坐标换算成测量坐标，再根据它们的坐标反算出测设数据 D_1、D_2、D_3 和 β_1、β_2、β_3，然后按极坐标法分别测设出 A、O、B 三个主点的概略位置，如图 10-8，以 A'、O'、B'表示，并用混凝土桩把主点固定下来。混凝土桩顶部常设置一块 10cm×10cm 的铁板，供调整点位使用，由于主点测设误差的影响，致使三个主点一般不在一条直线上，因此需在 O'点上安置经纬仪，精确测量 β 角值，β 与 180°之差超过限差时应进行调整。调整时，各主点应沿 AOB 的垂线方向移动同一改正值 δ，使三主点成一直线，δ 值可按式(10-2) 计算。图 10-8 中，u 和 r 角均很小，且有：

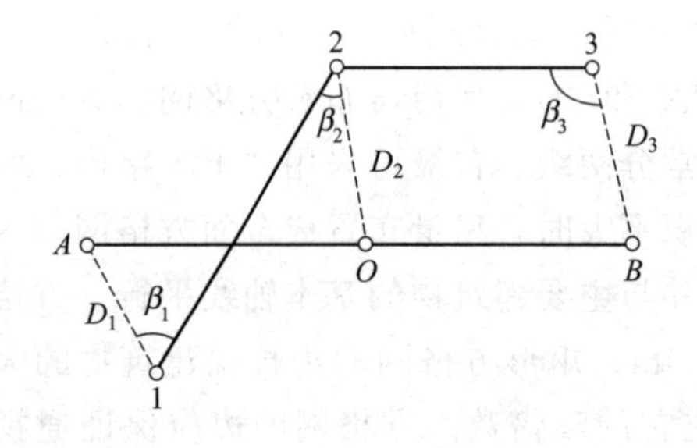

图 10-7　主轴线的测设

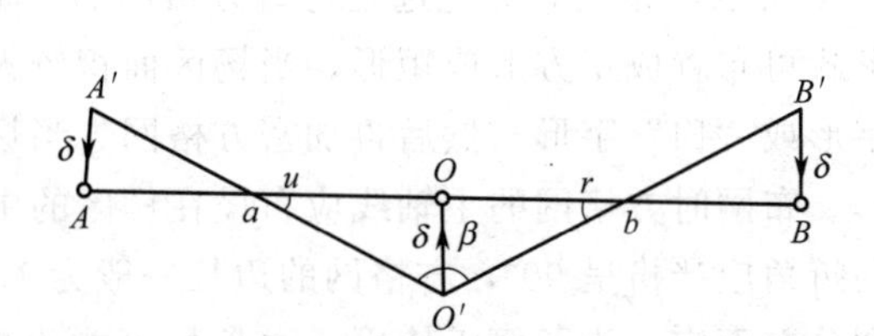

图 10-8　主轴线的调整（1）

$$\left.\begin{aligned} u &= \frac{\delta}{\frac{a}{2}}\rho'' = \frac{2\delta}{a}\rho'' \\ r &= \frac{\delta}{\frac{b}{2}}\rho'' = \frac{2\delta}{b}\rho'' \end{aligned}\right\}$$

而
$$180^\circ - \beta = u + r = \left(\frac{2\delta}{a} + \frac{2\delta}{b}\right)\rho'' = 2\delta\left(\frac{a+b}{ab}\right)\rho''$$

$$\delta=\frac{ab}{2(a+b)}\frac{1}{\rho''}(180°-\beta) \tag{10-2}$$

移动A'、O'、B'三点，再测量$\angle AOB$，如果测得的结果与180°之差仍超限，应再进行调整，直到误差在允许范围之内为止。

A、O、B三个主点测设好后，如图10-9所示，将经纬仪安置在O点。瞄准A点，分别向左、向右转90°，测设出另一主轴线COD，同样用混凝土桩在地上定出其概略位置C'和D'，再精确测出$\angle AOC'$和$\angle AOD'$，分别算出它们与90°之差ε_1和ε_2。并计算出改正值l_1和l_2。

$$l=L\frac{\varepsilon}{\rho''} \tag{10-3}$$

式中，L为OC'或OD'间的距离；ε的单位为秒；$\rho''=206265''$。

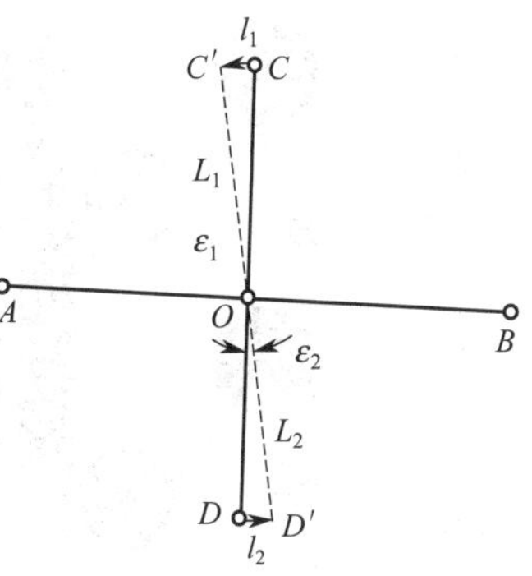

图10-9　主轴线的调整（2）

C、D两点定出后，还应实测改正后的$\angle COD$，它与180°之差应在限差范围内。然后精密丈量出OA、OB、OC、OD间的距离，在铁板上刻出其点位。主轴线测设好后，分别在主轴线端点上安置经纬仪，均以O点为起始方向，分别向左、右测设出90°角，这样就交会出田字形方格网点。为了进行校核，还要安置经纬仪于方格网点上，测量其角值是否为90°，并测量各相邻点间的距离，看它是否与设计边长相等，误差均应在允许范围之内。此后再以基本方格网点为基础，加密方格网中其余各点。

10.1.3　建筑场地的高程控制

在建筑场地上，水准点的密度应尽可能满足安置一次仪器即可测设出所需点的高程。如果该场地上可以利用的水准点数目不够，则还需增设一些水准点，一般情况下，建筑方格网点也可兼作高程控制点。

一般情况下，采用四等水准测量方法测定各水准点的高程，而对连续生产的车间或下水管道等，则需采用三等水准测量的方法测定各水准点的高程。

此外，为了测设方便和减少误差，一般在厂房的内部或附近应专门设置±0.000水准点，但需注意设计中各建（构）筑物的±0.000的高程不一定相等，应严格加以区别。

10.2　民用建筑施工测量

民用建筑按使用功能可分为住宅、办公楼、商店、食堂、俱乐部、医院和学校等。按楼层多少可分为单层、低层（2～3层）、多层（4～8层）和高层几种。对于不同的类型，其放样方法和精度要求有所不同，但放样过程基本相同。下面分别介绍多层和高层民用建筑施工测量的基本方法。

10.2.1　施工测量的准备工作

（1）熟悉设计图纸

图10-10、图10-11、图10-12分别为某建筑物的建筑总平面图、建筑平面图和基础剖面图。

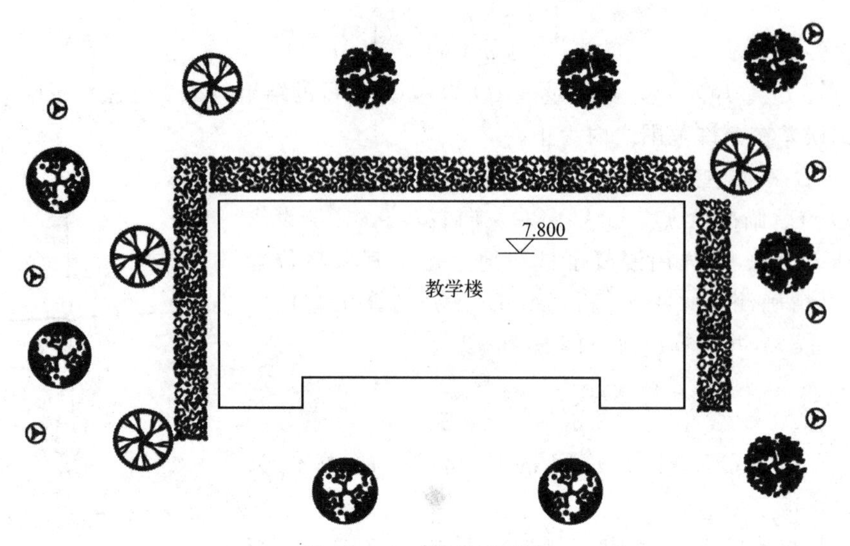

图 10-10 建筑总平面图

设计图纸是施工放样的主要依据，在施工测量前，应核对设计图纸，检查总尺寸和分尺寸是否一致，总平面图和大样详图尺寸是否相符，不符之处要向设计单位提出，及时进行修正。与测设有关的图纸主要有：建筑总平面图、建筑平面图、基础平面图和基础剖面图。

根据建筑总平面图可以了解设计建筑物与原有建筑物的平面位置和高程关系，是测设建筑物总体位置的依据。从建筑平面图中（包括底层和楼层平面图）可以查明建筑物的总尺寸和内部各定位轴线间的尺寸关系，它是放样的基础资料。从基础平面图上可以获得基础边线与定位轴线的尺寸关系，以及基础布置与基础剖面的位置关系，以确定基础轴线放样的数据。基础剖面图上则可以查明基础立面尺寸、设计标高，以及基础边线与定位轴线的尺寸关系，从而确定开挖边线和基坑底面的高程位置。

（2）了解施工放样精度

由于建筑物的结构特征不同，施工放样的精度要求也有所不同。施工放样前，应熟悉相应的技术参数，合理选用放样方法。表 10-1 为建筑物施工放样的主要技术要求。

表 10-1 建筑物施工放样的主要技术要求

建筑物结构特征	测距相对中误差	测角中误差/（″）	在测站上测定高差中误差/mm	根据起始水平面在施工水平面上测定高差中误差/mm	竖向传递轴线点中误差/mm
金属结构、装配式钢筋混凝土结构、建筑物高度 100～120m 或跨度 30～36m	1/20000	5	1	6	4
15 层房屋、建筑物高度 60～100m 或跨度 18～30m	1/10000	10	2	5	3
5～15 层房屋，建筑物高度 15～60m 或跨度 6～18m	1/5000	20	2.5	4	2.5
5 层房屋、建筑物高度 15m 或跨度 6m 及 6m 以下	1/3000	30	3	3	2
木结构、工业管线或公路铁路专用线	1/2000	30	5		

注：1. 对于具有两种以上特征的建筑物，应取要求高的中误差值；

2. 特殊要求的工程项目，应根据设计对限差的要求，确定其放样精度。

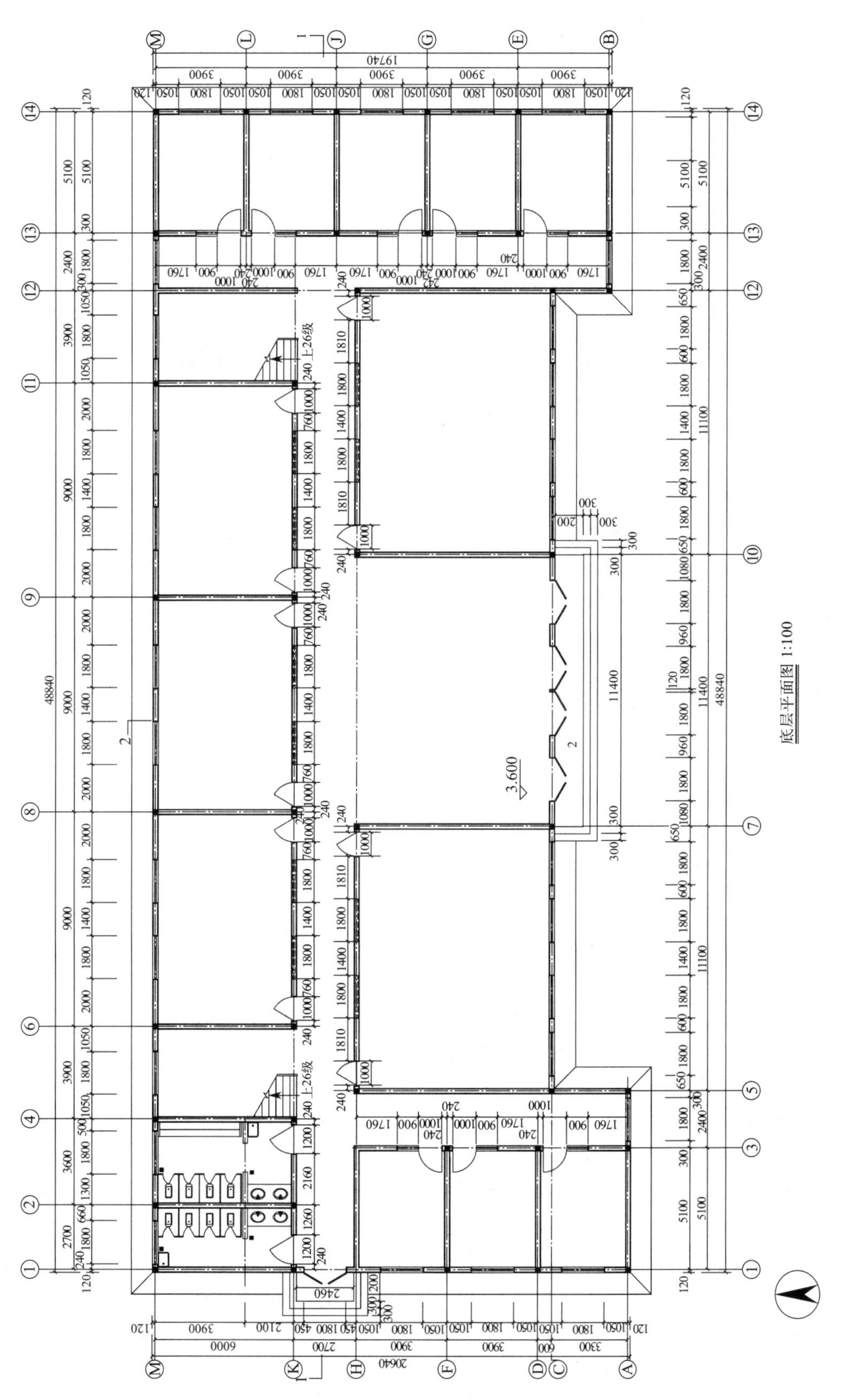

图 10-11　建筑平面图（底层）

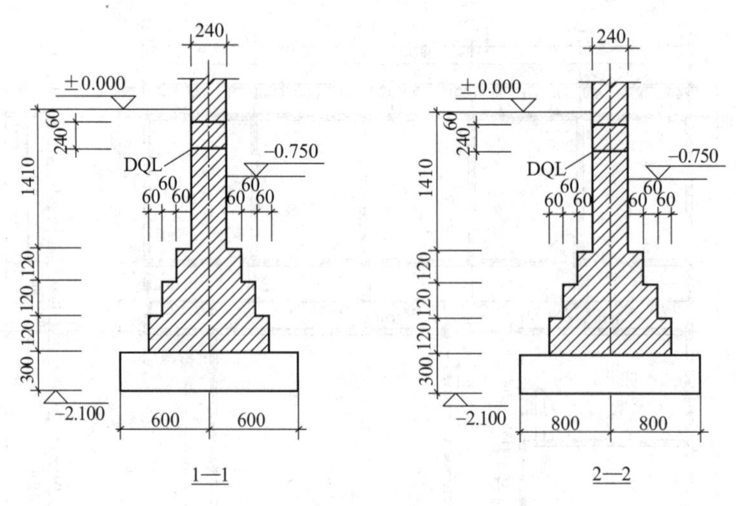

图 10-12 基础剖面图

(3) 拟定测设方案

在了解设计参数、技术要求和施工进度计划的基础上，对施工现场进行实地踏勘，清理施工现场，检测原有测量控制点，根据实际情况拟定测设方案，准备测设数据，绘制测设略图。还应根据测设的精度要求，选择相应等级的仪器和工具，并对所用的仪器、工具进行严格的检验和校正，确保仪器、工具的正常使用。

10.2.2 多层建筑施工测量

10.2.2.1 建筑物定位

建筑物定位就是在实地标定建筑物外廓轴线的工作。根据施工现场情况及设计条件，建筑物定位的方法主要有以下几种。

(1) 根据测量控制点测设

当设计建筑物附近有测量控制点时，可根据原有控制点和建筑物各角点的设计坐标，采用极坐标法、角度交会法、距离交会法等方法测设建筑物的位置。

(2) 根据建筑基线或建筑方格网测设

在布设有建筑基线或建筑方格网的建筑场地，可根据建筑基线或建筑方格网点和建筑物各角点的设计坐标，采用直角坐标法测设建筑物的位置。

(3) 根据建筑红线测设

建筑红线又称规划红线，是经规划部门审批并由国土管理部门在现场直接放样出来的建筑用地边界点的连线。测设时，可根据设计建筑物与建筑红线的位置关系，利用建筑用地边界点测设建筑物的位置。当设计建筑物边线与建筑红线平行或垂直时，采用直角坐标法测设。若设计建筑物边线与建筑红线不平行或垂直时，则采用极坐标法、角度交会法、距离交会法等方法测设。

如图 10-13 所示，A、BC、MC、EC、D 点为城市规划道路红线点，IP 为两直线段的交点，转角为 90°，BC、MC、EC 为圆曲线上的三点，设计建筑物 $MNPQ$ 与城市规划道路红线间的距离注于图上。测设时，首先在建筑红线上从 IP 点沿 $IP \sim A$ 的方向量 15m 得到 N'点，再量建筑物长度 l 得到 M'点；然后分别在 M' 和 N'点安置经纬仪或全站仪，测设

90°，并量 12m 得到 M、N 两点，再量建筑物宽度 d 分别得到 Q、P 两点；最后检查角度和边长是否符合限差要求。

（4）根据与原有建筑物的关系测设

在原有建筑群中增建房屋时，设计建筑物与原有建筑物一般保持平行或垂直关系。因此，可根据原有建筑物，利用延长直线法、直角坐标法、平行线法等方法测设建筑物的位置。

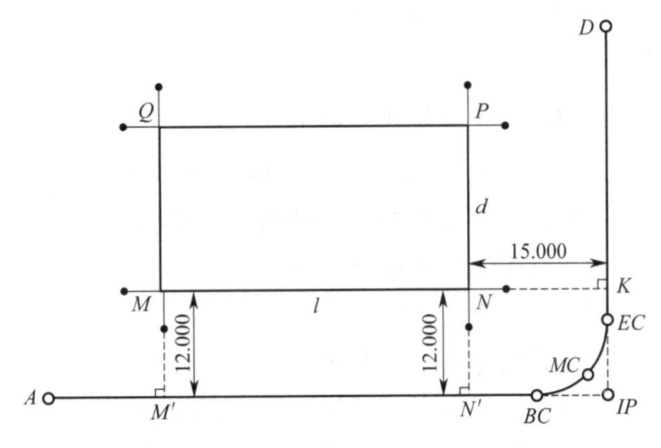

图 10-13　根据建筑红线测设建筑物轴线

图 10-14 为几种常见的设计建筑物与附近原有建筑物的相互关系，绘有斜线的为原有建筑物，没有斜线的表示设计建筑物。

如图 10-14（a）所示，可用延长直线法测设建筑物的位置，即先通过等距延长 CA、DB 获得 AB 边的平行线 $A'B'$，然后在 B' 安置经纬仪或全站仪，作 $A'B'$ 的延长线 $E'F'$，再分别安置仪器于 E' 和 F' 测设 90°，并根据设计尺寸定出 E、G 和 F、H 四点。

如图 10-14（b）所示，可用平行线法定位，即在 AB 边的平行线上的 A' 和 B' 安置经纬仪或全站仪，分别测设 90°，并根据设计尺寸定出 G、E 和 H、F 四点。

如图 10-14（c）所示，可用直角坐标法定位，即在 AB 边的平行线上的 B' 安置经纬仪或全站仪，作 $A'B'$ 的延长线至 E'，然后安置仪器于 E' 点测设 90°，并根据设计尺寸定出 E、F 两点，再在 E 点和 F 点安置仪器测设 90°，并根据设计尺寸定出 G、H 两点。

建筑物定位后，应进行角度和长度的检核，确认符合限差要求，并经规划部门验线后，方可进行施工。

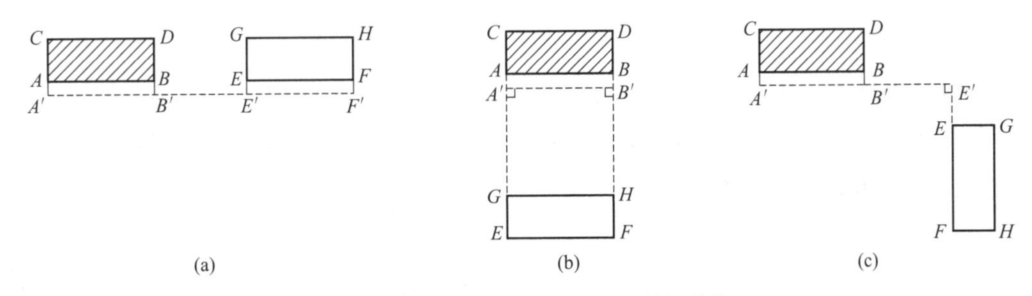

图 10-14　根据原有建筑物测设建筑物轴线

10.2.2.2　龙门板和轴线控制桩设置

建筑物定位后，所测设的轴线交点桩（或称角桩）在基槽开挖时将被破坏。因此，基槽开挖前，应将轴线引测到基槽边线以外的安全地带，以便施工时能及时恢复各轴线的位置。引测轴线的方法有龙门板法和轴线控制桩法。龙门板的施工成本较轴线控制桩高，当使用挖掘机开挖基槽时，极易妨碍挖掘机工作，现已很少使用，主要使用轴线控制桩法。

设置在基槽外建筑物轴线延长线上的桩称为轴线控制桩（或引桩）。它是开槽后各施工阶段确定轴线位置的依据。轴线控制桩离基槽外边线的距离根据施工场地的条件而定，以不受施工干扰、便于引测和保存桩位为原则。如果附近有已建建筑物，最好将轴线引测到建筑物上。为了保证控制桩的精度，一般将控制桩与定位桩一起测设，也可先测设控制桩，再测设定位桩。

10.2.2.3 基础施工测量

建筑物±0以下的部分称为建筑物的基础，按构造方式可分为：条形基础、独立基础、片筏基础和箱形基础等。基础施工测量的主要内容有：基槽开挖边线放线、基础开挖深度控制、垫层施工测设和基础放样。

(1) 基槽开挖边线放线

基础开挖前，先按基础剖面图的设计尺寸，计算基槽开挖边线的宽度，然后由基础轴线桩中心向两边各量基槽开挖边线宽度的一半，作出记号，在两个对应的记号点之间拉线并撒上白灰，就可以按照白灰线位置开挖基槽。

(2) 基础开挖深度控制

为了控制基槽的开挖深度，当基槽挖到一定的深度后，用水准测量的方法，在基槽壁上每隔2～3m及拐角处，测设离槽底设计高程为一分米整倍数（0.3～0.5m）的水平桩，并沿水平桩在槽壁上弹墨线，作为控制挖深和铺设基础垫层的依据，如图10-15所示。建筑施工中，将高程测设称为抄平或找平。

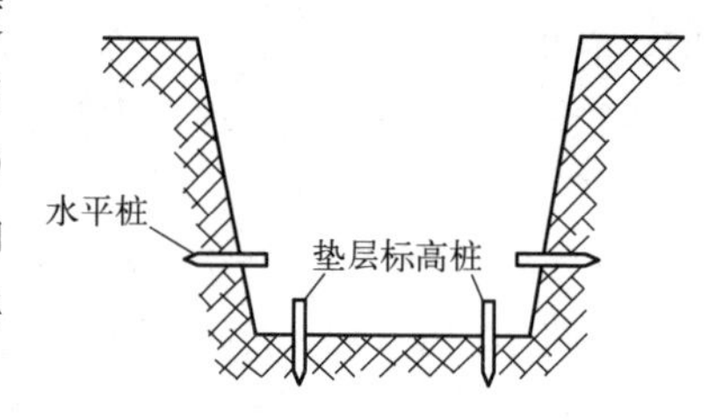

图10-15 基础开挖深度控制

基槽开挖完成后，应根据轴线控制桩或龙门板，复核基槽宽度和槽底标高。合格后，方可进行垫层施工。

(3) 垫层施工测设

基槽开挖完成后，可根据龙门板或轴线控制桩的位置和垫层的宽度，在槽底层测设出垫层的边线，并在槽底设置垫层标高桩，使桩顶面的高程等于垫层设计高程，作为垫层施工的依据，如图10-15所示。

(4) 基础放样

垫层施工完成后，根据龙门板或轴线控制桩，用拉线吊垂球的方法将墙基轴线投测到垫层上，用墨斗弹出墨线，用红油漆画出标记。墙基轴线投测完成后，应按设计尺寸严格校核。

10.2.2.4 主体施工测量

(1) 楼层轴线投测

建筑物轴线投测的目的是保证建筑物各层相应的轴线位于同一竖直面内。多层建筑物轴线投测最简便的方法是吊垂线法，即将垂球悬吊在楼板或柱顶边缘，当垂球尖对准基础上的定位轴线时，垂球线在楼板或柱边缘的位置即为楼层轴线端点位置，并画出标志线，经检查合格后，即可继续施工。

当风力较大或楼层较高，用垂球投测误差较大时，可用经纬仪或全站仪投测轴线。如图10-16（a）所示，③和Ⓒ分别为某建筑物的两条中心轴线，在进行建筑物定位时应将轴线控制桩3、3′、C、C'设置在距离建筑物尽可能远的地方（建筑物高度的1.5倍以上），以减小投测时的仰角，提高投测的精度。

随着建筑物的不断升高，应将轴线逐层向上传递。如图10-16（b）所示，将经纬仪或全站仪分别安置在轴线控制桩3、3′、C、C'点上，分别瞄准建筑物底部的a、a'、b、b'点，采用正倒镜分中法，将轴线③和Ⓒ向上投测到每一层楼的楼板上，得 a_i、a'_i、b_i、b'_i点，并弹墨线标明轴线位置，其余轴线均以此为基准，根据设计尺寸进行测设。

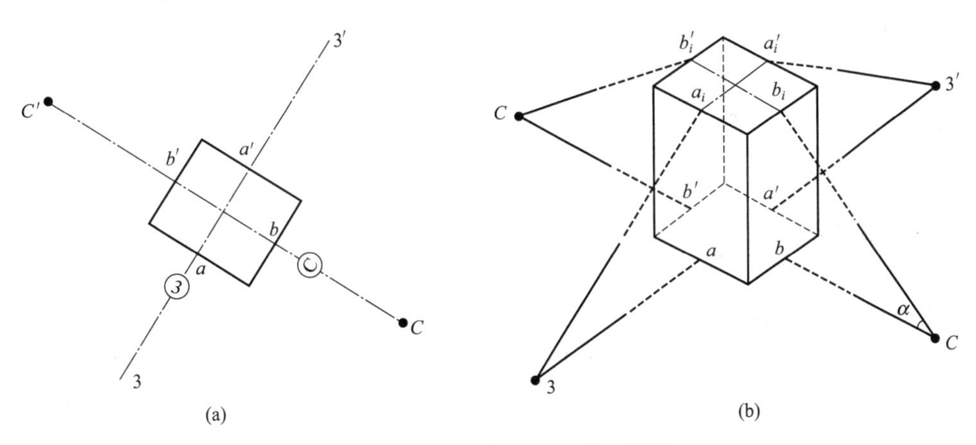

图 10-16　经纬仪或全站仪投测轴线

（2）楼层高程传递

墙体标高可利用墙身皮数杆来控制。墙身皮数杆根据设计尺寸按砖、灰缝厚度从底部往上依次标明±0、门、窗、过梁、楼板预留孔，以及其他各种构件的位置。同一标准楼层的皮数杆可以共用，不同标准楼层则应分别制作皮数杆。砌墙时，将皮数杆竖立在墙角处，使杆端±0 的刻划线对准基础墙上的±0 位置，如图 10-17 所示。楼层高程传递则用钢尺和水准仪沿墙体或柱身向楼层传递，作为过梁和门窗口施工的依据。

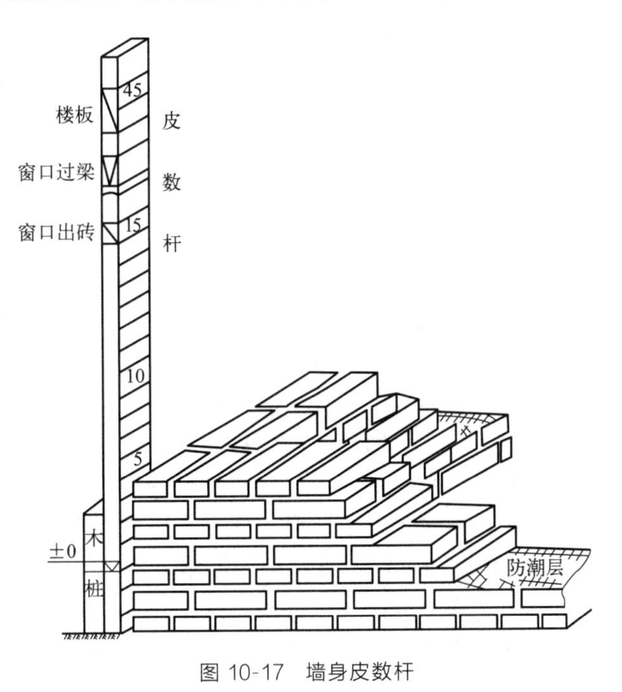

图 10-17　墙身皮数杆

10.2.3　高层建筑施工测量

高层建筑由于建筑层数多、高度大、施工场地狭窄，且多采用框架结构、滑模施工和先进施工器械，故在施工过程中，对于垂直度偏差、水平度偏差及轴线尺寸偏差都必须严格控制，对测量仪器的选用和观测方案的确定都有一定的要求。

10.2.3.1 基础及基础定位轴线测设

由于高层建筑物轴线的测设精度要求高，为了控制轴线的偏差，基础及基础定位轴线的测设一般采用工业厂房控制网和柱列轴线的测设方法进行。

10.2.3.2 高层建筑轴线投测

高层建筑轴线投测的方法主要有经纬仪或全站仪引桩投测法和激光垂准仪投测法两种。

（1）经纬仪或全站仪引桩投测法

在多层建筑物轴线投测中，利用经纬仪或全站仪可将建筑物的轴线向上投测到每一层楼的楼板上，如图 10-16（b）所示。但随着建筑物的增高，望远镜的仰角也不断增大，投测精度将随仰角的增大而降低。为了保证投测精度，应将轴线控制桩引测到更远的安全地点，或附近建筑物的屋顶上。如图 10-18 所示，将经纬仪或全站仪分别安置在某楼层的投测点（如 a_{10}、a'_{10}）上，瞄准地面上的轴线控制桩 3、3′，以正倒镜分中法分别将轴线投测到附近楼顶的 3-1 点或远处的 3′-1 点，其余各层即可在新引测的轴线控制桩上进行投测。

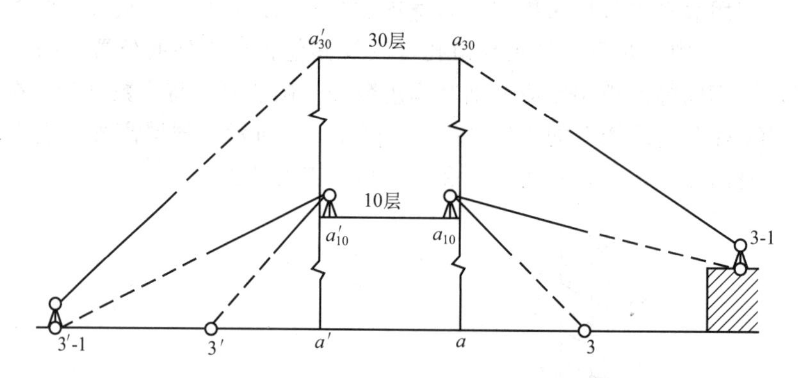

图 10-18 经纬仪或全站仪引桩投测

（2）激光垂准仪投测法

激光垂准仪是一种专用的铅直定位仪器，适用于高层建筑、烟囱和高塔架的铅直定位测量。图 10-19 为苏州一光仪器有限公司生产的 DZJ_2 型激光垂准仪。

它在光学垂准系统的基础上添加了半导体激光器，可以分别给出上下同轴的两根激光铅垂线，并与望远镜视准轴同心、同轴、同焦。安置仪器后，接通激光电源，当望远镜照准目标时，在目标处就会出现一个红色光斑，并可以从目镜中观察到；另一个激光器通过下面的对点系统将激光束发射出来，利用激光束照射到地面的光斑进行对中操作。

如图 10-20 所示，利用激光垂准仪向上投测轴线控制点进行铅直定位时，先应根据建筑物的轴线分布和结构情况设计好投测点位，投测点位离最近轴线的距离一般为 0.5～0.8m。基础施工完成后，将设计投测点位准确地测设到地坪层上，以后每层楼板施工时，都应在投测点位处预留 30cm×30cm 的垂准孔。轴线投测时，将激光垂准仪安置在首层投测点位上，打开电源，在投测楼层的垂准孔上，就可以看见一束可见激光，转动激光光斑调焦螺旋，使激光光斑聚焦于目标面上的一点，用压铁拉两根细线，使其交点与激光束重合，在垂准孔旁的楼板面上弹出墨线标记。也可以使用专用的激光接收靶，移动接收靶，使靶心与激光光斑

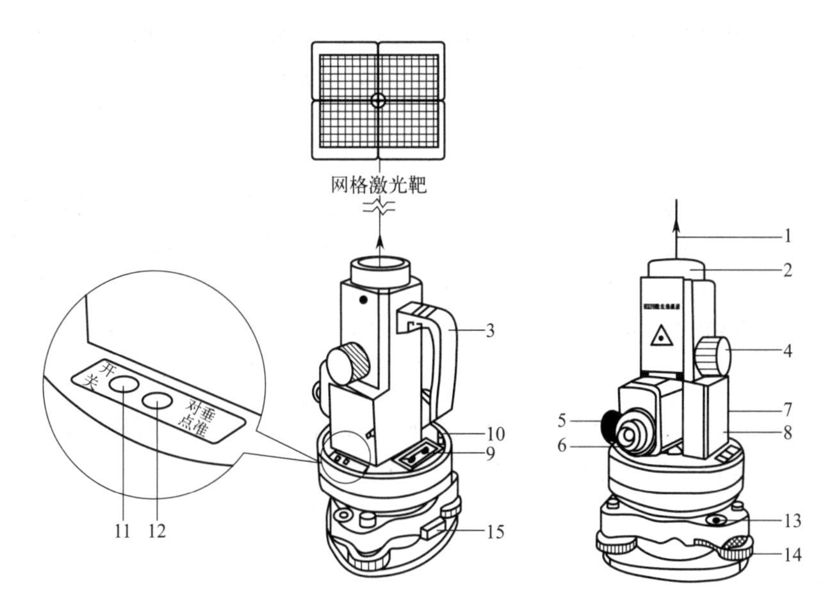

图 10-19 DZJ_2 型激光垂准仪

1—望远镜端激光束；2—物镜；3—手柄；4—物镜调焦螺旋；5—激光光斑调焦螺旋；
6—目镜；7—电池盒盖固定螺钉；8—电池盒盖；9—管水准器；10—管水准器校正螺钉；
11—电源开关；12—对点/垂准激光切换开关；13—圆水准器；14—脚螺旋；15—轴套锁定钮

重合，拉线将投测上来的点位标记在垂准孔旁的楼板面上，从而方便地将轴线从底层传至高层。

若利用具有自动安平补偿器的全自动激光垂准仪，只需通过圆水准器粗平后，就可以提供向上或向下的激光铅垂线，其投测精度优于普通激光垂准仪。

激光具有方向性好、发散角小、亮度高、适合夜间作业等特点。因此，激光垂准仪在高层建筑物轴线投测中得到了广泛的应用。

(3) 光学垂准仪投测法

光学垂准仪是一种能够瞄准铅垂方向的仪器。整平仪器后，仪器的视准轴指向铅垂方向，目镜则用转向棱镜设置在水平方向，以便进行观测。

投点时，将仪器安置在首层投测点位上，根据指向天顶的垂准线，在相应楼层的垂准孔上设置标志，就可以将轴线从底层传递到高层。有些光学垂准仪具有自动补偿装置，使用时只需使圆水准器气泡居中，就可以提供竖直光线，实现向上或向下的铅垂投点。

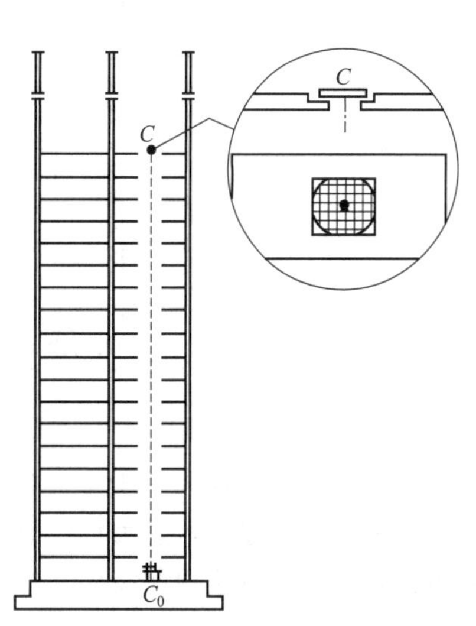

图 10-20 激光垂准仪投测轴线点

10.2.3.3 高层建筑高程传递

(1) 钢尺测量法

首先根据附近水准点，用水准测量方法在建筑物底层内墙面上测设一条+0.5m的标高线，作为底层地面施工及室内装修的标高依据；然后用钢尺从底层+0.5m的标高线沿墙体或柱面直接垂直向上测量，在支撑杆上标出上层楼面的设计标高线和高出设计标高＋0.5m的标高线。为了减少逐层读数误差的影响，可采用数层累计读数的测法，如每三层楼换一次钢尺。

（2）水准测量法

在高层建筑的垂直通道（楼梯间、电梯间、垃圾道、垂准孔等）中悬吊钢尺，钢尺下端挂一重锤，用钢尺代替水准尺，在下层与上层各架一次水准仪，根据底层＋0.5m的标高线将高程向上传递，从而测设出各楼层的设计标高线和高出设计标高＋0.5m的标高线。如图10-21所示，第二层＋0.5m标高线的水准尺读数应为：

$$b_2 = a_2 - l_1 - (a_1 - b_1) \tag{10-4}$$

上下移动水准尺使其读数为 b_2，沿水准尺底部在墙面画线，即可得到第二层＋0.5m的标高线。依此进行各楼层的高程传递，并注意在进行相邻楼层高程传递时，应保持钢尺上下稳定。

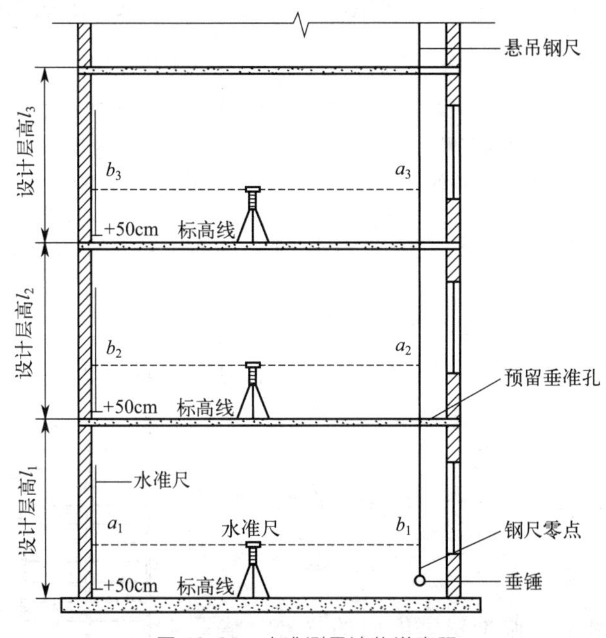

图10-21 水准测量法传递高程

（3）全站仪天顶测距法

对于超高层建筑，悬吊钢尺有困难时，可以在底层投测点或电梯井安置全站仪，通过对天顶方向测距的方法引测高程。如图10-22所示，首先将望远镜置于水平位置，读取竖立在底层＋0.5m标高线上水准尺的读数 a_1，测出全站仪的仪器标高。然后将望远镜指向天顶，在需传递高程的第 i 层楼面垂准孔上放置一块预制的圆孔铁板，并将棱镜平放在圆孔上，测出全站仪至棱镜的垂直距离 d，预先测出棱镜常数 k，再按式(10-5)获得第 i 层楼面铁板的顶面标高 H_i。最后通过安置在第 i 层楼面的水准仪测设出设计标高线和高出设计标高＋0.5m的标高线。

$$H_i = a_1 + d_i - k \tag{10-5}$$

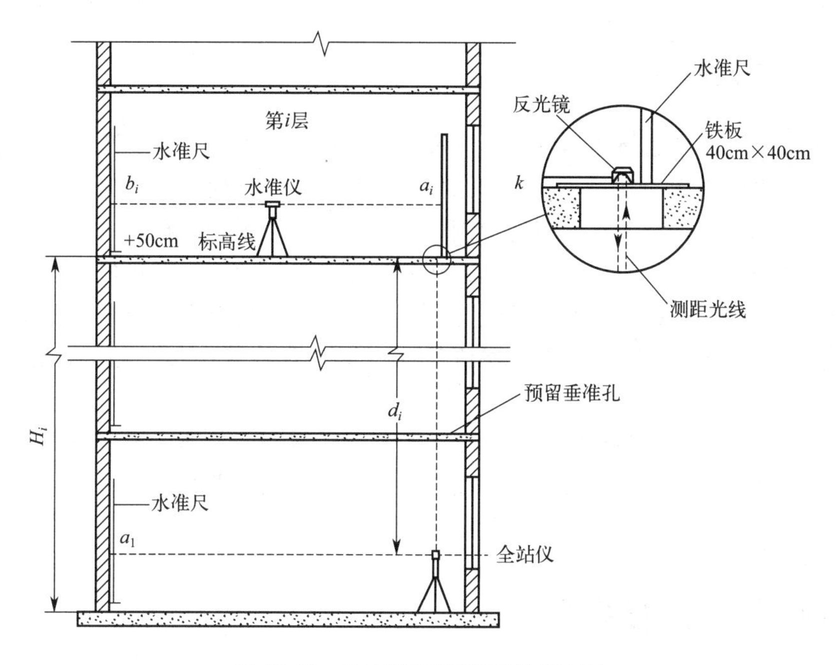

图 10-22　全站仪天顶测距法传递高程

10.3　竣工测量

竣工测量的目的主要在于编绘竣工总平面图。编绘竣工总平面图的作用在于：反映施工中对设计进行的变更，便于日后对建筑物内各种设施，特别是各种管道等隐蔽工程的检查和维修及为建筑物的改、扩建提供资料。

10.3.1　现场竣工测量

在每一个单项工程完成后，必须由施工单位进行竣工测量，给出工程的竣工测量成果。其内容包括以下各方面：

(1) 工业厂房及一般建筑物

包括房角坐标，各种管道进出口的位置和高程，并附房屋编号、结构层数、面积和竣工时间等资料。

(2) 铁路和公路

包括起止点、转折点、交叉点的坐标，曲线元素，桥涵等构筑物的位置和高程。

(3) 地下管网

窨井、转折点的坐标，井盖、井底、沟槽和管顶等的高程，并附注管道及窨井的编号、名称、管径、管材、间距、坡度和流向。

(4) 架空管网

包括转折点、节点、交叉点的坐标，支架间距，基础面高程。

(5) 其他

竣工完成后，应提交完整的资料，包括工程的名称、施工依据、施工成果，作为编绘竣工总平面图的依据。

10.3.2　总平面图的编绘

竣工总平面图应包括建筑方格网点、水准点、厂房、辅助设施、生活福利设施、架空及地下管线、铁路等的坐标和高程，以及厂区内空地和未建区的地形。有关建筑物、构筑物的符号应与设计图例相同，有关地形图的图例应使用国家地形图图式符号。

厂区地上和地下所有建筑物、构筑物绘在一张竣工总平面图上时，如果线条过于密集而不醒目，则可分类编图。如综合竣工总平面图、交通运输竣工总平面图和管线竣工总平面图等等。比例尺一般采用 1∶1000。如不能清楚地表示某些特别密集的地区，也可局部采用 1∶500 的比例尺。

如果施工的单位较多，多次转手，造成竣工测量资料不全，图面不完整或与现场情况不符时，只好进行实地施测，这样绘出的平面图，称为实测竣工总平面图。

10.4　建筑物变形监测

10.4.1　变形监测的目的与内容

10.4.1.1　变形监测的目的

工程建筑物的变形观测是随着工程建设的发展而兴起的一门年轻学科。改革开放以后，我国兴建了大量的水工建筑物、大型工业厂房和高层建筑物。由于工程地质、外界条件等因素的影响，建筑物及其设备在运营过程中都会产生一定的变形。这种变形常常表现为建筑物整体或局部发生沉陷、倾斜、扭曲、裂缝等。如果这种变形在允许的范围之内，则认为是正常现象。如果超过了一定的限度，就会影响建筑物的正常使用，严重的还可能危及建筑物的安全。例如，某重机厂柱子倾斜使行车轨道间距扩大，造成了行车下坠事故。不均匀沉降还会使建筑物的构件断裂或墙面开裂，使地下建筑物的防水措施失效。因此，在工程建筑物的施工和运营期间，都必须对它们进行变形观测，以监视建筑物的安全状态。此外，变形观测的资料还可以验证建筑物设计理论的正确性，修正设计理论上的某些假设和采用的参数。

变形体的变形可分为两类：变形体自身的形变和变形体的刚体位移。自身形变包括：伸缩、错动、弯曲和扭转四种变形；而刚体位移则含整体平移、整体转动、整体升降和整体倾斜四种变形。

引起建筑物变形的原因有外部原因和内部原因两个方面。外部原因主要有：建筑物的自重，使用中的动荷载、振动或风力等因素引起的附加荷载，地下水位的升降，建筑物附近新工程施工对地基的扰动，等等。内部原因主要有：地质勘探不充分、设计错误、施工质量差、施工方法不当等。分析引起建筑物变形的原因，对以后变形监测数据的分析解释是非常重要的。

总之，建筑物变形监测的主要目的包括以下几个方面：①分析估计建筑物的安全程度，以便及时采取措施，设法保证建筑物的安全运行；②利用长期的观测资料验证设计参数；

③反馈工程的施工质量；④研究建筑物变形的基本规律。

10.4.1.2　变形监测的特点

变形监测与常规的测量工作相比较具有以下特点：

（1）重复观测

变形观测的主要任务是周期性地对观测点进行重复观测，以求得其在观测周期内的变化量。为了最大限度地测量出建筑物的变形特征，减小测量仪器、外界条件等引起的系统性误差影响，每次观测时，测量的人员、仪器、作业条件等都应相对固定。

（2）网形较差而精度要求较高

变形监测的各测点是根据建筑物的重要性及其地质条件等布设的，测量人员无法按照常规测量那样考虑测点的网形。另外，变形监测的精度一般较高。

（3）各种观测技术的综合应用

在变形监测工作中，需要用到多方面的测量技术，常用的测量技术包括：

① 常规大地测量方法：三角测量、水准测量等；

② 专门的测量方法：基准线测量、倾斜仪观测、应力/应变计测量等；

③ 自动化观测方法：坐标仪测量、液体静力水准测量、裂缝计观测等；

④ 摄影测量方法：主要用于高边坡、滑坡等的监测；

⑤ GPS等新技术的应用：GPS技术、CT技术、光纤技术、测量机器人等。

（4）监测网着重于研究点位的变化

变形监测工作主要关心的是测点的点位变化情况，而对该点的绝对位置并不过分关注，因此，在变形监测中，常采用独立的坐标系统。

10.4.1.3　变形监测的主要内容

（1）工业及民用建筑物

对于工业与民用建筑物，主要进行沉陷、倾斜和裂缝的观测，即静态变形观测；对于高层建筑物，还要进行震动观测，即动态变形观测；对于大量抽取地下水及进行地下采矿的地区，则应进行地表沉降观测。主要监测项目如下：①基础沉降：单点沉降量、平均沉降量、相对沉降量、倾斜、弯曲、沉降速率。②水平位移：单点水平位移、位移速率、挠度。③滑坡监测。④裂缝监测。⑤内部监测：应力/应变监测、温度监测、地下水位监测。

（2）水工建筑物

对于大型水工建筑物，例如混凝土坝，由于水的侧压力、外界温度变化、坝体自重等因素的影响，坝体将产生沉降、水平位移、倾斜、挠曲等变化，因而需要进行相应内容的变形观测。对于某些重要建筑物，除了进行必要的变形监测外，还需要对其内部的应变、应力、温度、渗压等项目进行观测，以便综合了解建筑物的工作状态。主要监测项目如下：①现场巡视。②外部监测：沉降、水平位移、倾斜、挠度、裂缝、滑坡等。③内部监测：温度、应力/应变、渗压、渗流量、水力学观测、水文观测、泥沙。④环境监测：水位、气温、降雨量、风、地震、地下渗流场。

（3）大型桥梁工程

桥梁工程的变形监测从工程部位来划分，主要包括以下内容：

① 桥梁墩台变形观测。桥梁墩台的变形观测主要包括两方面：各墩台的垂直位移观测，主要包括墩台特征位置的垂直位移和沿桥轴线方向（或垂直于桥轴线方向）的倾斜观测；各墩台的水平位移观测，其中各墩台在上、下游的水平位移观测称为横向位移观测，各墩台沿桥轴线方向的水平位移观测称为纵向位移观测。两者中，以横向位移观测更为重要。

② 塔柱变形观测。塔柱在外界荷载的作用下会发生变形，及时而准确地观测塔柱的变形对分析塔柱的受力状态和评判桥梁的工作状态有十分重要的作用。塔柱变形观测主要包括：塔柱顶部水平位移监测、塔柱整体倾斜观测、塔柱周日变形观测、塔柱体挠度观测、塔柱体伸缩量观测。

③ 桥面挠度观测。桥面挠度是指桥面沿轴线的垂直位移情况。桥面在外界荷载的作用下将发生变形，使桥梁的实际线形与设计线形产生差异，从而影响桥梁的内部应力状态。过大的桥面线形变化不但影响行车的安全，而且对桥梁的使用寿命有直接的影响。

④ 桥面水平位移观测。桥面水平位移主要是指垂直于桥轴线方向的水平位移。桥梁水平位移主要由基础的位移、倾斜以及外界荷载（风、日照、车辆等）等引起，对于大跨径的斜拉桥和悬索桥，风荷载可使桥面产生大幅度的摆动，这对桥梁的安全运营十分不利。

桥梁工程的主要监测项目如下：①塔柱变形：基础沉降、倾斜、周日变形、压缩、膨胀。②结构应力/应变监测。③结构温度监测。④桥面线形监测。⑤结构震动监测。⑥索力监测。⑦环境监测（风、气温、地震、车流量、水流量、流速等）。⑧河床变化监测。

10.4.2　建筑物的沉降观测

10.4.2.1　观测点的布置

观测点的标志形式，如图 10-23～图 10-25 所示。图 10-23、图 10-24 为墙上观测点，分别使用了螺纹钢筋和角钢；图 10-25 为基础上的观测点。

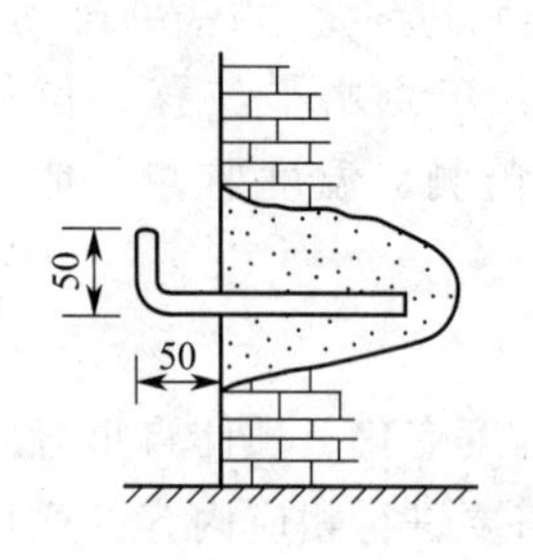

图 10-23　螺纹钢筋观测点

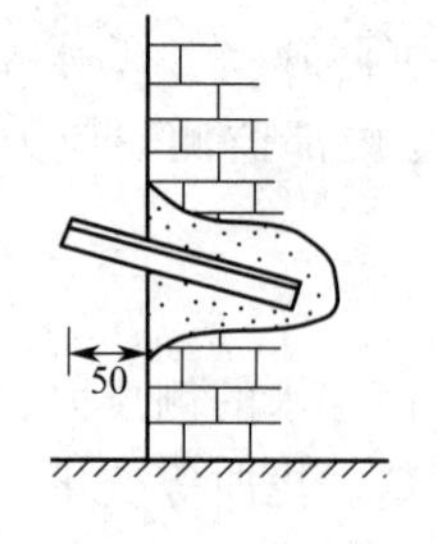

图 10-24　角钢观测点

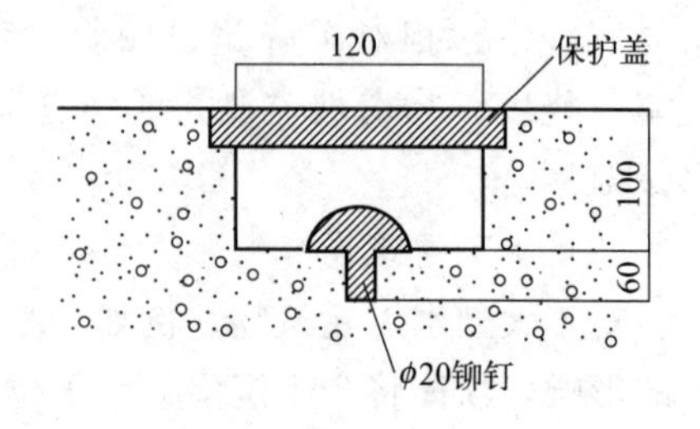

图 10-25　基础上的观测点

10.4.2.2　观测方法

（1）水准点的布设

建筑物的沉降观测是依据埋设在建筑物附近的水准点进行的，为了相互校核并防止由于某个水准点的高程变动造成差错，一般至少埋设三个水准点。它们埋在建筑物、构筑物基础影响范围以外，锻锤、轧钢机、铁路、公路等震动影响范围以外，离开地下管道至少 5m，埋设深度至少要在冰冻线及地下水位变化范围以下 0.5m。水准点离开观测点不要太远（不应大于 100m），以便提高沉降观测的精度。

（2）观测时间

一般在增加较大荷重之后（如浇灌基础、回填土、安装柱子和厂房屋架、砌筑砖墙、设备安装、设备运转、烟囱高度每增加 15m 左右等）要进行沉降观测。施工中，如果中途停工时间较长，应在停工时和复工前进行观测。当基础附近地面荷重突然增加，周围大量积水及暴雨或地震后，或周围大量挖方等，均应观测。竣工后要按沉降量的大小，定期进行观测。开始可隔 1～2 个月观测一次，以每次沉降量在 5.10mm 以内为限度，否则要增加观测次数。以后，随着沉降量的减小，可逐渐延长观测周期，直至沉降稳定为止。

（3）沉降观测

沉降观测实质上是根据水准点用精密水准仪定期进行水准测量，测出建筑物上观测点的高程，从而计算其下沉量。水准点是测量观测点沉降量的高程控制点，应经常检测水准点高程有无变动。测定时一般应用 DS_1 级水准仪往返观测。对于连续生产的设备基础和动力设备基础，高层钢筋混凝土框架结构及地基土质不均匀区的重要建筑物，往返观测水准点间的高差，其较差不应超过 $\pm 1\sqrt{n}$ mm（n 为测站数）。观测应在成像清晰、稳定的时间内进行，同时应尽量在不转站的情况下测出各观测点的高程，以便保证精度，前后视观测最好用同一根水准尺，水准尺离仪器的距离不应超过 50m，并用皮尺丈量，使之大致相等。测完观测点后，必须再次后视水准点，先后两次后视读数之差不应超过 ±1mm。对一般厂房的基础或构筑物，往返观测水准点的高差较差不应超过 $\pm 2\sqrt{n}$ mm，同一后视点先后两次后视读数之差不应超过 ±2mm。

10.4.2.3　成果整理

沉降观测应有专用的外业手簿，并须将建筑物、构筑物施工情况详细注明，随时整理，其主要内容包括：建筑物平面图及观测点布置图；基础的长度、宽度与高度；挖槽或钻孔后发现的地质土壤及地下水情况；施工过程中荷重增加情况；建筑物观测点周围工程施工及环境变化的情况；建筑物观测点周围笨重材料及重型设备堆放的情况；施测时所引用的水准点号码、位置、高程及其有无变动的情况；地震、暴雨日期及积水的情况；裂缝出现日期，裂缝开裂长度、深度、宽度的尺寸和位置示意图；等等。如中间停止施工，还应将停工日期及停工期间现场情况加以说明。

沉降观测成果表格可参考表 10-2 的格式。

为了预估下一次观测点沉降的大约数值和沉降过程是否渐趋稳定或已经稳定，可分别绘制时间与沉降量的关系曲线和时间与荷重的关系曲线，如图 10-26 所示。

时间与沉降量的关系曲线系以沉降量 S 为纵轴，时间 T 为横轴，根据每次观测日期和每次下沉量按比例画出各点位置，然后将各点连接起来，并在曲线一端注明观测点号码，便成为 S-T 关系曲线图（图 10-26）。

时间与荷重的关系曲线系以荷载的重量 P 为纵轴，时间 T 为横轴。根据每次观测日期和每次荷载的重量画出各点，将各点连接起来便成为 P-T 关系曲线图（图 10-26）。

表 10-2 沉降观测成果表

沉降观测记录								归档编号：×××
工程名称：			建设单位：				水准点标高（绝对）：35.679m	
观测点平面布置图			#-1 #-2 #-3 #-6 #-5 #-4					
	次数	一	二	三	四	五	六	七
	日期	08-7-15	08-8-1	08-8-15	08-9-6	08-9-28	08-10-19	08-11-15
#-1	实测标高/m	36.94056	36.94001	36.93955	36.93848	36.93602	36.93512	36.93411
	本次沉降/mm		−0.55	−0.46	−1.07	−2.46	−0.90	−1.01
	累计沉降/mm		−0.55	−1.01	−2.08	−4.54	−5.44	−6.45
#-2	实测标高/m	37.65781	37.65912	37.65729	37.65453	37.65218	37.65131	37.65101
	本次沉降/mm		1.31	−1.83	−2.76	−2.35	−0.87	−0.30
	累计沉降/mm		1.31	−0.52	−3.28	−5.63	−6.50	−6.80
#-3	实测标高/m	37.64929	37.65016	37.64822	37.64770	37.64563	37.64379	37.64346
	本次沉降/mm		0.87	−1.94	−0.52	−2.07	−1.84	−0.33
	累计沉降/mm		0.87	−1.07	−1.59	−3.66	−5.50	5.83
#-4	实测标高/m	37.60423	37.60328	37.60338	37.60166	37.60033	37.59949	37.59902
	本次沉降/mm		−0.95	0.10	−1.72	−1.33	−0.84	−0.47
	累计沉降/mm		−0.95	−0.85	−2.57	−3.90	−4.74	−5.21
#-5	实测标高/m	37.64970	37.64892	37.64832	37.64628	37.64397	37.64302	37.64275
	本次沉降/mm		−0.78	−0.60	−2.04	−2.31	−0.95	−0.27
	累计沉降/mm		−0.78	−1.38	−3.42	−5.73	−6.68	−6.95
#-6	实测标高/m	37.34077	37.33958	37.33924	37.33764	37.3357	37.33498	37.33447
	本次沉降/mm		−1.19	−0.34	−1.60	−1.94	−0.72	−0.51
	累计沉降/mm		−1.19	−1.53	−3.13	−5.07	−5.79	−6.30
每次观测工程进度状态								
监理工程师：×××		测量技术负责人：×××		计算：×××		测量：×××		

注：1. 观测点较多时，本表可向下接和换页使用，当观测次数较多时，本表可向右接长（换页使用）。

2. 监理工程师应对施工期间沉降数据核查负责。

3. 附各观测点的观测时间-沉降曲线表。

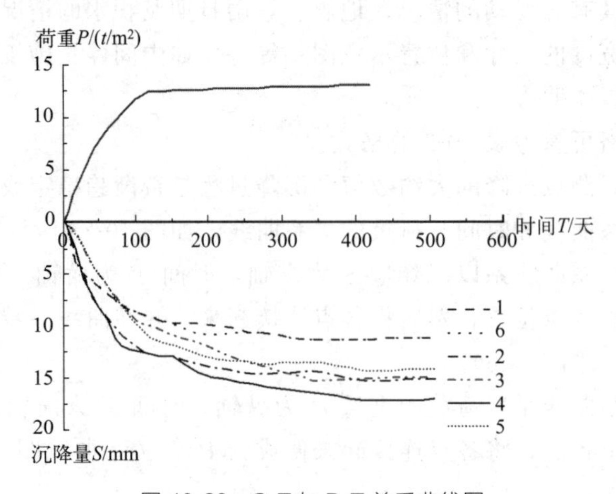

图 10-26 S-T 与 P-T 关系曲线图

10. 4. 2. 4　观测注意事项

（1）在施工期间，经常遇到沉降观测点被毁，为此一方面可以适当地加密沉降观测点，对重要的位置如建筑物的四角可布置双点。另一方面观测人员应经常注意观测点变动情况，如有损坏及时设置新的观测点。

（2）建筑物的沉降量一般应随着荷重的加大及时间的延长而增加，但有时却出现回升现象，这时需要具体分析产生回升现象的原因。

（3）建筑物的沉降观测是一项较长期的系统的观测工作，为了保证获得资料的正确性，应尽可能地固定观测人员，固定所用的水准仪和水准尺，按规定日期、方式及路线从固定的水准点出发进行观测。

10. 4. 3　建筑物的倾斜观测

测定一般建筑物的倾斜，可以用经纬仪照准墙体（或墙角）上端标志，再向下投影，通过量取投影点与墙体（或墙角）下端的距离 a，求出建筑物的倾斜值

$$i=\frac{a}{h}$$

式中　h——上端标志相对于下端点的高度。

对圆形建筑物和构筑物（如烟囱、水塔等）的倾斜观测是在两个相互垂直的方向上测定其顶部中心 O'点对底中心 O 点的偏心距，即倾斜量 $\delta=OO'$[图 10-27(a)]。现以测定烟囱倾斜为例介绍具体做法：

在距烟囱的距离尽可能大于 $1.5H$（H 为烟囱高度）的相互垂直方向上设立测站点 1 和测站点 2，如图 10-27（b）所示。

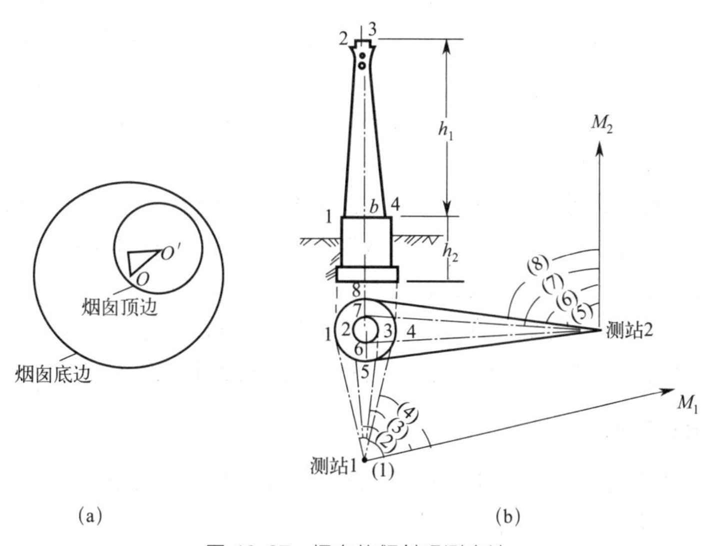

图 10-27　烟囱的倾斜观测方法

在烟囱上标出作为观测用的标志点 1、2、3 和 4，同时选择通视良好的不动点 M_1 和 M_2。在测站 1 用经纬仪测量水平角（1）、（2）、（3）和（4），计算烟囱上部中心角值 a_1 和烟囱勒脚部分中心角值 b_1。

$$a_1=\frac{[(2)+(3)]}{2},b_1=\frac{[(1)+(4)]}{2}$$

若测站 1 至烟囱中心的距离为 L_1，则测站 1 方向上烟囱的倾斜量 δ_A 为：

$$\delta_A=\frac{L_1(a_1-b_1)}{\rho''},\rho''=206265''$$

以同样方法测出测站 2 方向烟囱的倾斜量 δ_B，则烟囱的倾斜量 δ 为：

$$\delta=(\delta_A^2+\delta_B^2)^{\frac{1}{2}}$$

若以测站 1 到烟囱的方向为假定标准方向，则烟囱倾斜的假定方位角为

$$\alpha=\tan^{-1}\left(\frac{\delta_B}{\delta_A}\right)$$

知识拓展

建筑物的位移观测。

建筑物的裂缝观测。

10.4.4 监测数据的统计分析

10.4.4.1 概述

欲使变形观测起到监视建筑物安全使用和充分发挥工程效益的作用，除了进行现场观测取得第一手资料外，还必须对观测资料进行整理分析，即对变形观测数据作出正确分析处理。变形观测数据处理工作的主要内容包括两个方面：资料整编和资料分析。

对观测资料进行汇集、审核、整理、编排，使之集中化、系统化、规格化和图表化，并刊印成册称为观测资料的整编。其目的是便于应用分析，向需用单位提供资料和归档保存。观测资料整编，通常是在平时对资料已有计算、校核甚至分析的基础上，按规定及时对整编年份内的所有观测资料进行整编。

对工程及有关的各项观测资料进行综合性的定性和定量分析，找出变化规律及发展趋势称为观测资料分析。其目的是对工程建筑物的工作状态作出评估、判断和预测，达到有效地监视建筑物安全运行的目的。观测资料应随时观测、随时分析，以便发现问题，及时处理。观测资料分析是根据建筑物设计理论、施工经验和有关的基本理论和专业知识进行的。观测资料分析成果可指导施工，同时也是进行科学研究、验证和提高建筑物设计理论和施工技术的基本资料。

10.4.4.2 资料整编

目前，对观测资料的采集和编排，已逐渐趋向自动化。20 世纪 70 年代以来，美国、意大利、日本等一些国家均已应用自动化技术，采集和整编观测数据，并存入数据库，供随时调用。中国在 20 世纪 80 年代已制成自动化检测装置，可以对内部观测仪器的测值自动采集并按整编格式显示打印，已在许多大型工程上安装使用。

(1) 收集资料

① 工程或观测对象的资料：勘测、设计、施工、管理等资料和有关部位平面图、剖面图；

② 考证资料：观测设备的布置图、结构详图、安装情况、测点改变及增设、测次调整

情况等；

③ 观测资料：记录表、计算表、检查观察记录、平时分析成果等；

④ 有关文件：上级指示、批文和技术规定等。

（2）审核资料

① 检查收集的资料是否齐全；

② 审查数据是否有误或精度是否符合要求；

③ 对可疑数据进行考证核定；

④ 对间接资料进行转换计算；

⑤ 对各种需要修正的资料进行计算修正；

⑥ 审查平时分析的结论意见是否合理。

（3）填表和绘图

① 将审核过的数据资料分类填入成果统计表；

② 绘制各种过程线、相关线、等值线图等；

③ 按一定顺序进行编排。

（4）编写整编成果说明

① 工程或其他观测对象情况：基本情况和整编年份内发生的重大问题和处理结果等；

② 观测情况：观测设备变动情况，观测方法、精度、测次情况，观测中发生的问题等；

③ 观测成果说明：对资料考证、鉴定、改进或删除的说明，概述本整编年份内资料变化的某些特点和规律，概述平时分析的结论意见，对工程或观测对象进行简要评价，指出观测工作中存在的问题并提出改进意见，指出使用本整编成果应注意的问题等。

（5）刊印

经过仔细校对无误后付印。

习题

1. 术语解释：施工测量、建筑基线、建筑方格网、建筑方格网的主点、建筑物定位的龙门板及轴线控制桩法。

2. 施工放样与测绘地形图有什么根本的区别？

3. 施工测量为何也应该按照“从整体到局部”的原则？

4. 施工放样的基本工作有哪些？它们与测定时的量距、测角、测高差的区别是什么？

5. 测设平面点位有哪几种方法？各适用于什么场合？

6. 测设铅垂线有哪几种方法？各适用于什么场合？

7. 如图 10-28 所示，A、B 为已有的平面控制点，其坐标为

$$\begin{cases} x_A = 1048.60\text{m} \\ y_A = 1086.30\text{m} \end{cases}, \begin{cases} x_B = 1110.50\text{m} \\ y_B = 1332.40\text{m} \end{cases}$$

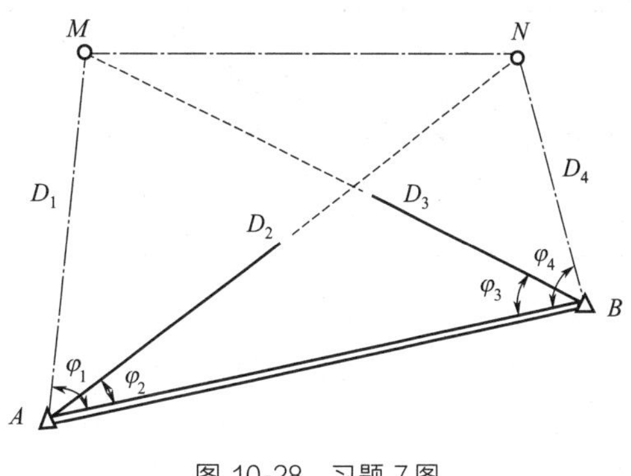

图 10-28 习题 7 图

M、N 为待测设的点，其设计坐标为

$$\begin{cases}x_M=1220.00\text{m}\\y_M=1100.00\text{m}\end{cases},\begin{cases}x_N=1200.00\text{m}\\y_N=1300.00\text{m}\end{cases}$$

在表 10-3 中用极坐标法和角度交会法测设 M、N 点的角度和距离（角度算至整秒，距离算至 0.01m）。

表 10-3 极坐标法和角度交会法测设数据计算

方向	坐标增量/m		边长 D/m		方位角 α /(° ′ ″)	交会角度 φ /(° ′ ″)		起始边	
	Δx	Δy							
A—B									
B—A									
A—M			D_1			φ_1		AB	
A—N			D_2			φ_2		AB	
B—M			D_3			φ_3		BA	
B—N			D_4			φ_4		BA	

8. 设建筑坐标系的原点 O' 在测量坐标系中的坐标为：$x_O=8745.326$m，$y_O=5378.664$m，x' 轴在测量坐标系中的方位角 $\alpha=21°56'18''$，如图 10-29 所示。建筑方格网的主轴线点 A、M、B 的建筑坐标如图中所示。在表 10-4 中计算，A、M、B 点的测量坐标系坐标。

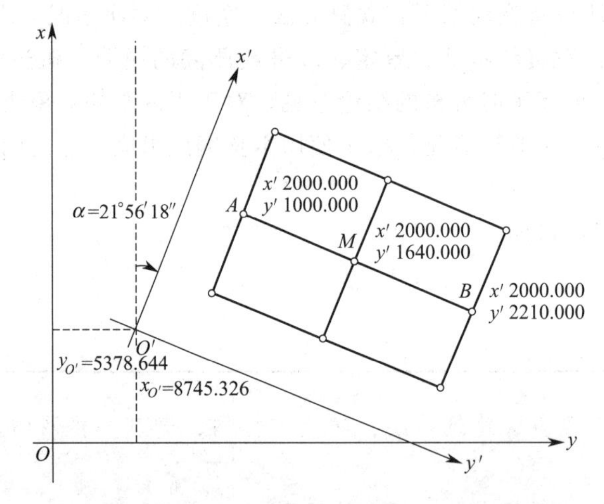

图 10-29 建筑坐标系与测量坐标系的坐标换算

表 10-4 建筑坐标与测量坐标的换算

x_O' =			y_O' =		α =	
点号	建筑坐标		cos α	sin α	测量坐标	
	x'	y'			x	y
A						
M						
B						

9. 如何测设建筑物轴线？

10. 如何进行高层建筑平面控制点的垂直投影？

11. 为什么要进行建筑物的变形观测？建筑物变形观测有哪些内容？

第 11 章
路桥施工测量

本章导读

本章主要介绍路桥工程测量中的中线测量、控制测量及施工中经常性的测设工作。GPS、全站仪等新仪器新设备使路线工程测量更快捷、方便，精度更高，为满足现代化的要求，本章也介绍了它们的使用。管线工程测量属路线测量，但因其特殊性又列一章，在第 12 章中介绍。

11.1 道路施工测量

道路工程主要指铁路工程和公路工程，其中铁路线路由路基和轨道组成，公路线路由路基和路面所构成。道路施工测量是将道路中线及其构筑物在实地按设计文件要求的位置、形状及规格正确地进行放样。道路施工测量的主要工作包括：恢复中线测量、施工控制桩测设、路基边桩与边坡测设及竖曲线测设等。

11.1.1 恢复中线测量

从工程勘测、设计到开始施工的这段时间里，往往有一部分道路中线桩（包括交点桩和里程桩）点被碰动或丢失。为了保证线路中线位置的准确可靠，施工前应根据原定测资料进行复核，并将丢失损坏或碰动过的中线桩恢复和校正好，以满足施工的需要。这项工作称为恢复中线测量，其方法与中线测量相同。

11.1.2 施工控制桩测设

施工开挖后，道路中线桩会被挖掉，为了在施工中能及时、方便、准确地控制道路中线位置，需在不易受施工破坏、便于引测、易于保存桩位的地方测设施工控制桩（也称护桩），通常有平行线法和延长线法两种测设方法。

（1）平行线法

平行线法是在设计路基宽度以外，距线路中线等距离处分别测设两排平行于中线的施工控制桩，如图 11-1 所示。平行线法通常用于地势平坦、直线段较长的线路。为了便于施工，控制桩的间距一般为 10～20m。

（2）延长线法

延长线法是在道路转弯处的中线延长线上以及曲线中点至交点的延长线上，分别设置施

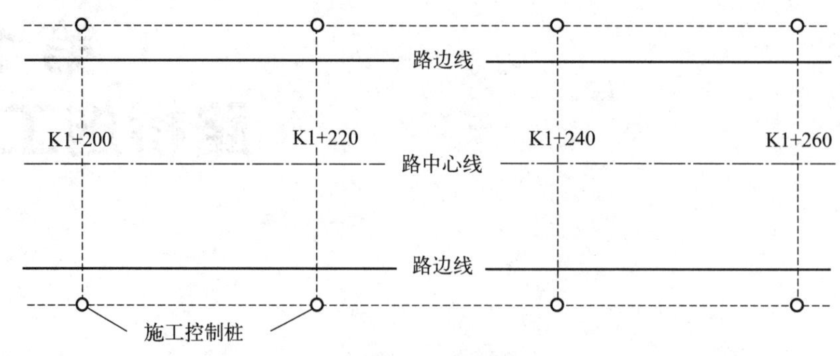

图 11-1 平行线法测设道路施工控制桩

工控制桩，主要用于控制交点桩的位置，如图 11-2 所示。延长线法通常用于地势起伏较大、直线段较短的山区道路。为了便于恢复损坏的交点，应量出各控制桩至交点的距离。

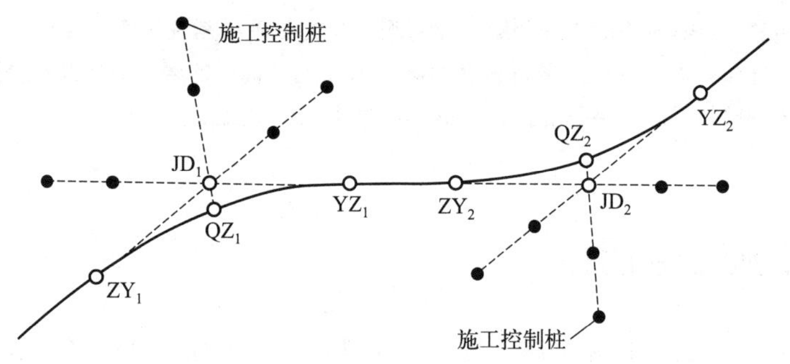

图 11-2 延长线法测设道路施工控制桩

11.1.3 路基测设

路基测设包括路基边桩测设和路基边坡测设两方面内容。

11.1.3.1 路基边桩测设

路基施工前，应实地测设路基边桩（即设计路基两侧的边坡与原地面相交的坡脚点或坡顶点）的位置，以便施工。边桩的位置按路基的填土高度或挖土深度、边坡设计坡度及边坡处的地形情况而定，其测设方法主要有以下两种。

（1）图解法

在绘有路基设计断面的横断面图上，直接量出中桩至坡脚点（或坡顶点）的水平距离，然后在实地用卷尺沿横断面方向测设出该长度，即得边桩的位置。

（2）解析法

解析法是通过计算求出路基中桩至边桩的水平距离，然后现场测设该距离，得到边桩的位置。对于智能型全站仪，可直接输入路基设计参数进行自动计算，并现场测设边桩位置。在平地与山区计算和测设的方法不同。

① 平坦地段路基边桩的测设

填方路基称为路堤，如图 11-3（a）所示，中桩至边桩的距离为：

$$l_{左}=l_{右}=\frac{B}{2}+mh \tag{11-1}$$

挖方路基称为路堑，如图 11-3（b）所示，中桩至边桩的距离为：

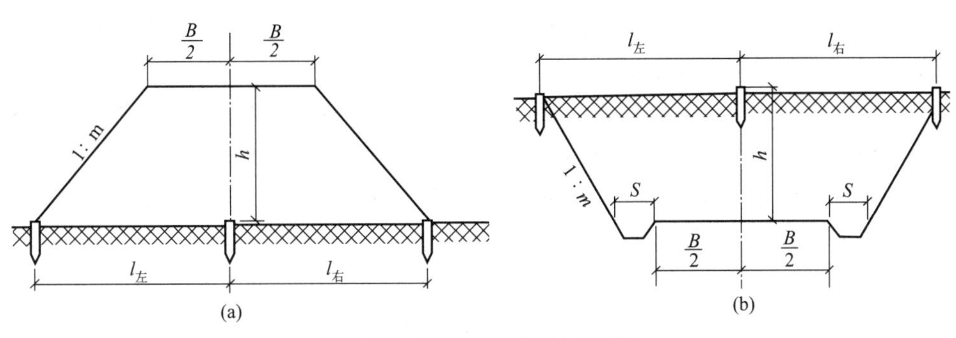

图 11-3　平坦地段路基边桩测设

$$l_{左}=l_{右}=\frac{B}{2}+S+mh \tag{11-2}$$

式中　B——路基设计宽度；

m——路基边坡坡度；

h——填土高度或挖土深度；

S——路堑边沟顶宽。

② 倾斜地段路基边桩的测设

图 11-4 所示为倾斜地段的路基，由图 11-4（a）可得路堤左、右边桩至中桩的距离分别为：

$$l_{左}=\frac{B}{2}+m(h+h_1) \tag{11-3}$$

$$l_{右}=\frac{B}{2}+m(h+h_2) \tag{11-4}$$

由图 11-4（b）可得路堑左、右边桩至中桩的距离分别为：

$$l_{左}=\frac{B}{2}+S+m(h-h_1) \tag{11-5}$$

$$l_{右}=\frac{B}{2}+S+m(h-h_2) \tag{11-6}$$

式中　h_1——斜坡上侧边桩与中桩的高差；

h_2——斜坡下侧边桩与中桩的高差。

式(11-3)～式(11-6)中，B、m、h、S 均为设计数据，$l_{左}$ 和 $l_{右}$ 随 h_1 和 h_2 而变化，h_1 和 h_2 在边桩定出前是未知数，在实际作业时，通常采用逐渐趋近法测设边桩位置。

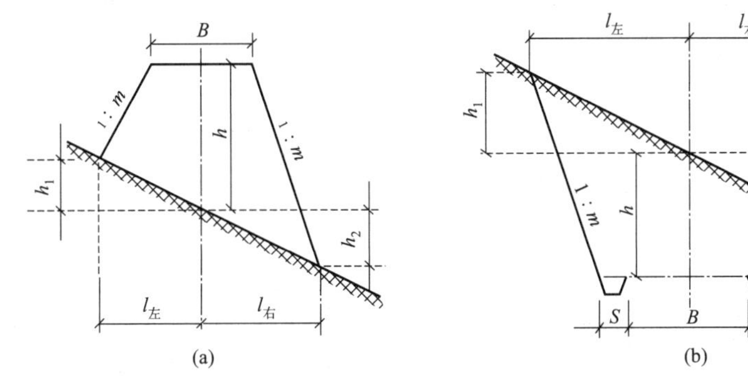

图 11-4　倾斜地段路基边桩测设

【例 11.1】　在图 11-4（b）中，设左侧路基加边沟宽度为 5.2m，右侧路基加边沟宽度为 4.7m，中桩处挖深为 5.0m，边坡设计坡度为 1∶1，试以左侧为例说明边桩的测设过程。

【解】 可按以下步骤进行左侧路基边桩的测设：

(1) 根据地面实际情况大致估计边桩位置，参考路基横断面图，估计边桩至中桩的距离 $l'_{估}$，按估计距离实地定出估计桩位。若地面平坦，则左侧边桩的距离应为 $5.2+5.0\times1=10.2$m。而实际地形左侧地面较中桩处高，估计边桩地面比中桩处高 1.5m，则 $h_1=-1.5$m，利用式(11-5) 得左侧边桩与中桩的近似距离为：

$$l'_{估}=5.2+1\times[5.0-(-1.5)]=11.7\text{m}$$

在地面自中桩向左测量 11.7m，定出估计桩位 A 点。

(2) 实测估计桩位与中桩间的高差，按此高差用式(11-5) 算出与其对应的边桩至中桩的距离 $l''_{估}$。如 $l''_{估}$ 与 $l'_{估}$ 相符，则估计桩位就是实际边桩位置。否则，需重新估计边桩位置。若 $l''_{估}>l'_{估}$，则将原估计位置向路基外侧移动。反之，则向路基内侧移动。设实测估计桩位 A 点与中桩间的高差为 -1.0m，则 A 点距中桩的距离应为：

$$l''_{估}=5.2+1\times[5.0-(-1.0)]=11.2\text{m}$$

此值比初次估计值 11.7m 小，说明边桩的正确位置应在 A 点的内侧。

(3) 重新估计边桩的位置，此时边桩的正确位置应在 11.2～11.7m 之间，假设在距中桩 11.5m 处定出地面点 B。

(4) 重复以上工作，逐渐趋近，直到计算值与估计值相符或非常接近为止，从而定出边桩位置。若实测 B 点与中桩间的高差为 -1.3m，则 B 点距中桩的距离应为

$$l'_{估}=5.2+1\times[5.0-(-1.3)]=11.5\text{m}$$

该值与估计值相符，故 B 点即为左侧边桩的位置。

11.1.3.2　路基边坡测设

路基边坡测设后，为了保证路基填挖边坡按设计要求进行施工，应将设计边坡在实地标定出来。路基边坡测设的方法主要有以下两种。

(1) 竹竿绳索法

当路堤填土不高时，可用一次挂线的方法测设边坡。如图 11-5 所示，设 O 为中桩，A、B 为路基边桩，在地面上定出 C、D 两点，使 CO 及 DO 的水平距离均为路基设计宽度的一半。放样时，在 C、D 处竖立竹竿，在其上等于填土高度处做记号 C'、D'两点，用绳索连接 AC'、BD'，即得设计边坡。

当路堤填土较高时，可采用分层挂线的方法测设边坡，如图 11-6 所示。在每层挂线前都应当标定中线并对层面进行抄平。

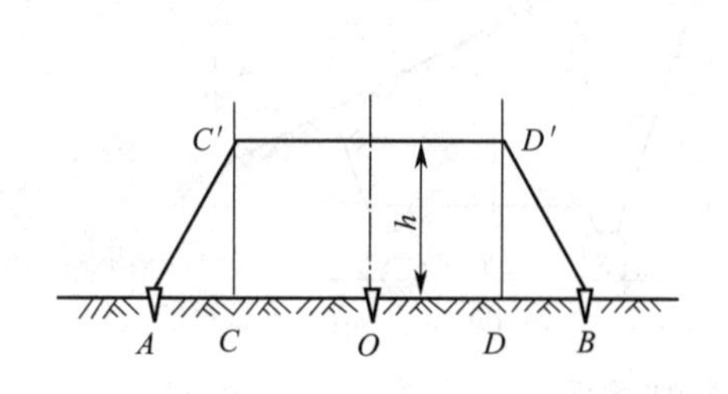

图 11-5　一次挂线测设边坡

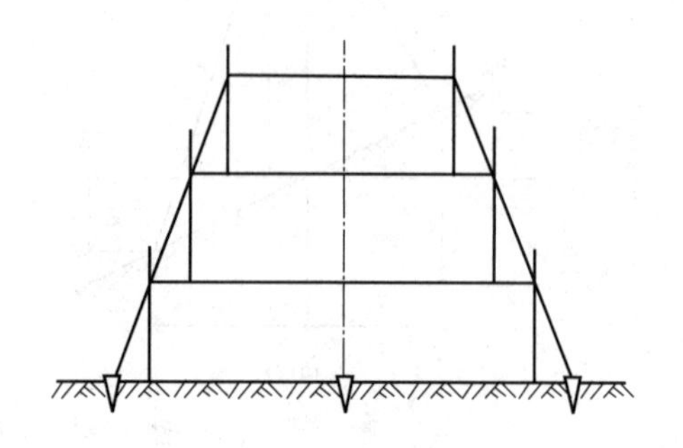
图 11-6　分层挂线测设边坡

(2) 边坡样板法

测设前先按照设计边坡坡度做好边坡样板，施工时利用边坡样板放样。如图 11-7 所示为活动边坡样板测设边坡的情形。当边坡样板上的水准器气泡居中时，边坡尺斜边指示的方向即为设计边坡，借此可指示与检查路堤边坡的填筑。如图 11-8 所示为固定边坡样板测设边坡的情形。在开挖路堑时，在坡顶桩外侧按设计边坡设立固定样板，施工时可随时指示开挖及检查修整路堑边坡。

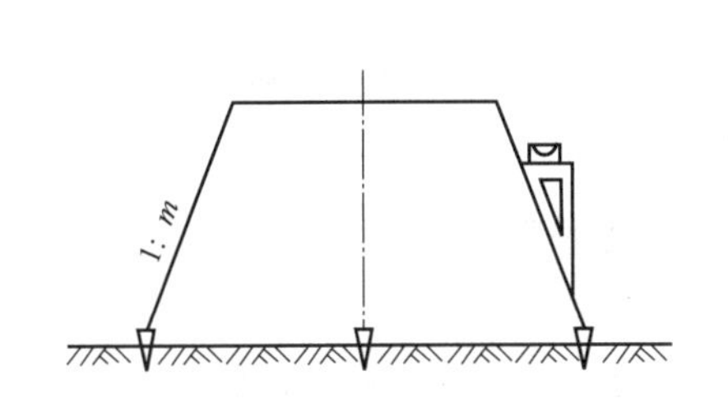

图 11-7 活动边坡样板测设边坡

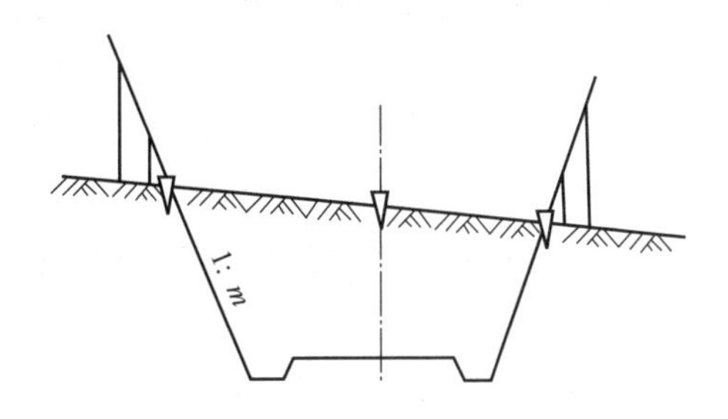

图 11-8 固定边坡样板测设边坡

11.2 桥梁施工测量

桥梁是道路跨越河流、山谷或其他公路铁路交通线时的主要构筑物。桥梁按功能可分为铁路桥、公路桥、铁路公路两用桥、人行桥等。按轴线长度可分为特大桥（>500m）、大桥（100～500m）、中桥（30～100m）、小桥（<30m）等。按结构类型可分为梁式桥、拱桥、斜拉桥、悬索桥等。桥梁结构通常可分为上部结构和下部结构。上部结构是桥台以上部分，一般包括梁、拱、桥面和支座等。下部结构包括桥墩、桥台及其基础。

为了保证桥梁施工的精度，施工时必须做好各部分的测量工作，施工测量的方法及精度要求随桥梁轴线长度而定。桥梁施工测量的内容主要包括桥梁施工控制网的建立、桥梁墩台测设及桥梁上部结构的测设等。

11.2.1 桥梁施工控制测量

(1) 平面控制测量

为保证桥梁与相邻线路在平面位置上正确衔接和进行桥梁施工放样，必须在桥址两岸的线路中线上埋设控制桩。两岸控制桩的连线称为桥轴线，两控制桩之间的水平距离称为桥轴线长度。施工前只有精确测得桥轴线的长度，才能精确定出桥墩台的位置。而桥梁轴线的位置是在桥位勘测设计时，根据线路的走向、地形、地质、河床等情况选定设计的。

对于小型桥梁，可利用电磁波测距仪或检定过的钢尺按精密测距方法直接测定河流两岸线路中线上两桥位控制桩的距离，即得桥轴线长度。

对于河面较宽而不能直接测量桥轴线长度的大、中型桥梁，可采用三角测量、边角测量或 GPS 测量的方法建立桥梁施工平面控制网。根据桥长和施工要求，控制网可布设成如图 11-9 所示的双三角形、大地四边形和双大地四边形等形式。桥梁控制点应选在不被水淹、不受施工干扰的地方；桥位控制桩应包含在桥三角网中；边长要适宜，一般为河宽的 0.5～1.5 倍；基线不宜过短，一般为河宽的 0.7 倍。

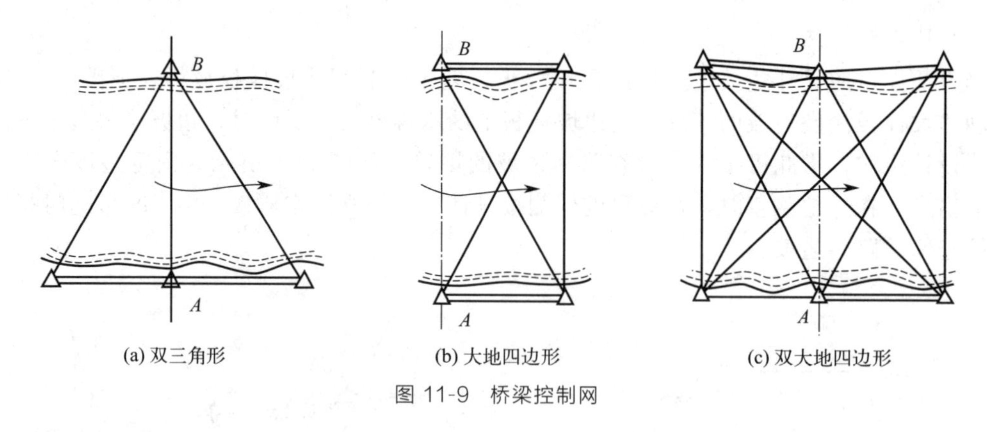

图 11-9 桥梁控制网

对于大型桥梁，目前普遍采用 GPS 技术建立桥梁施工平面控制网。

（2）高程控制测量

在桥梁施工阶段，为了在河流两岸建立可靠而统一的高程系统，需将高程由河的一岸传递到另一岸。桥梁高程控制可采用跨河水准测量或光电测距三角高程的方法建立。高程控制点应设在不受水淹、不受施工干扰、便于观测的稳固处，并尽可能接近施工场地，以便于施工及检核工作。桥位高程控制点应与线路水准点或附近的其他水准点联测，采用国家高程系统；当联测有困难时，可引用桥位附近的其他水准点，或使用假定高程系统。

当水准路线跨越江河，视线长度在 200m 以内时，可用普通水准测量方法，变换仪器高进行测站检核。当视线长度超过 200m 时，应根据跨河宽度和仪器设备等情况，选用跨河水准测量或光电测距三角高程方式进行观测。

跨河水准测量的地点应尽量选择在桥渡附近河宽最窄处，两岸测站点和立尺点可布设成如图 11-10 所示的对称图形。图中，A、B 为立尺点，1、2 为测站点，要求 $A2$ 与 $B1$ 基本相等，$A1$ 与 $B2$ 基本相等且不小于 10m，视线离水面的高度宜大于 3m。观测时，用两台水准仪同时作一次对向观测，或用一台水准仪分别在两岸作一次观测，即完成一个测回。

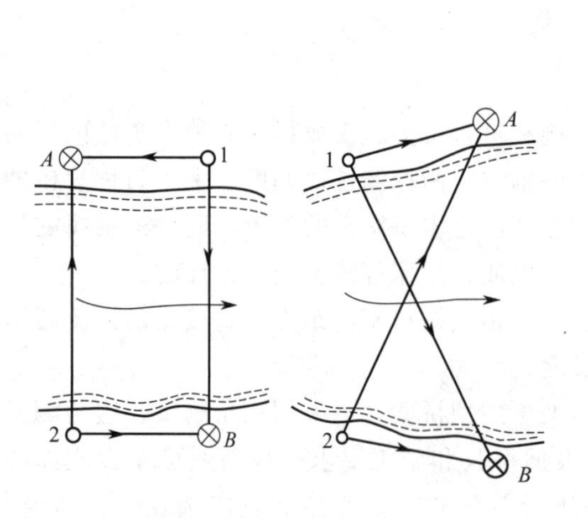

图 11-10 跨河水准测量测站点和立尺点布设

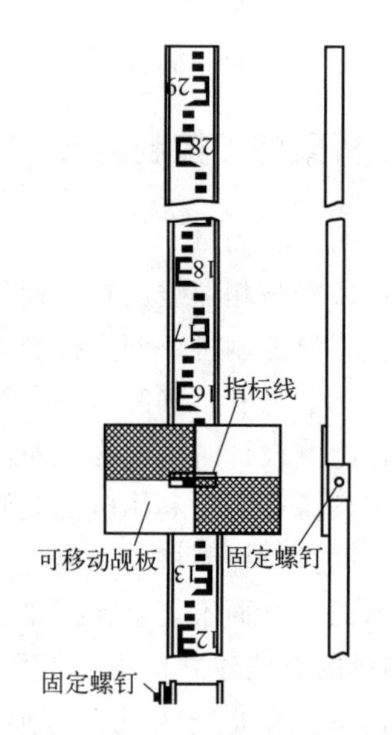

图 11-11 跨河水准测量观测觇板

由于跨河水准测量视线较长，远尺读数困难，可在水准尺上安装一块可以沿尺上下移动的觇板，如图 11-11 所示。观测时，由观测员指挥立尺员上下移动觇板，使觇板上的水平指标线落在水准仪十字丝横丝上，由立尺员根据觇板中心孔在水准尺上读数。

11.2.2　桥梁墩台测设

11.2.2.1　桥梁墩台定位测量

桥梁中线长度测定后，即可根据设计桥位的桩号在中线上测设出桥梁墩台的中心位置，再根据墩台的设计尺寸测设出各部分的位置。桥梁墩台定位测量是桥梁施工测量中的关键性工作。测设方法有直接丈量法、方向交会法和极坐标法等。

（1）直接丈量法

直接丈量法只适用于直线桥梁的墩台测设。如图 11-12 所示，首先根据桥轴线控制桩（A、B）、各桥墩中心（P_1、P_2、P_3）的里程计算控制桩至桥墩中心的距离，然后用钢尺、测距仪或全站仪沿桥梁中线方向测设各段距离，定出墩台中心的位置，并进行相应的检核。

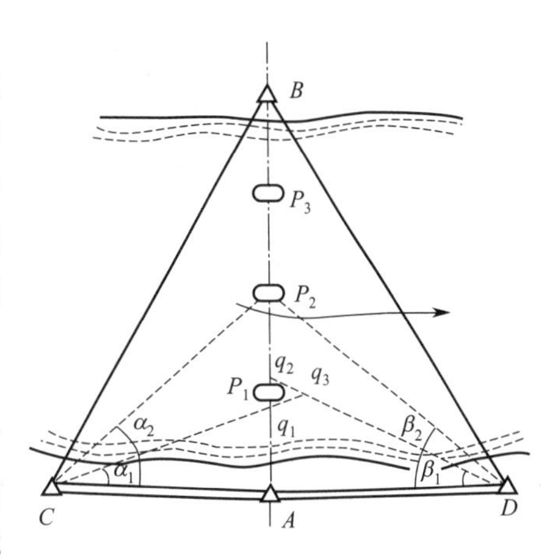

图 11-12　桥梁墩台测设

（2）方向交会法

大中型桥梁的桥墩一般位于水中，其中心位置可用经纬仪或全站仪按方向交会法进行测设。如图 11-12 所示，A、B 为桥轴线控制桩，C、A、D 都是桥梁三角网的控制点。根据 C、A、D 点的已知坐标以及桥墩点 P_i（P_1、P_2、P_3）的设计坐标，则可计算出放样数据 α_i、β_i。在 C、D、A 三点各安置一台经纬仪或全站仪，自 A 点照准 B 点，定出桥轴线方向；在 C 点及 D 点分别测设 α_i、β_i 角，以正倒镜分中法交会出 P_i 点的位置。

在图 11-12 中，由于测量误差的影响，从 C、D、A 三点测设 P_i 点的三方向线不正好交于一点，而构成误差三角形$\triangle q_1q_2q_3$。若误差三角形在桥轴线方向的边长 q_1q_2 不超过规定的数值（墩底放样为 2.5cm、墩顶放样为 1.5cm），则取 q_3 在桥轴线上的投影点 P_i 作为桥墩的中心位置。

（3）极坐标法

在桥梁的设计图纸上，一般已给出墩台中心的坐标。因此，对于智能型全站仪可直接将控制点坐标和墩台中心的设计坐标输入全站仪，自动计算方位角和水平距离；对于非智能型全站仪，则先计算出方位角和水平距离，然后按极坐标法精确而方便地测设墩台的中心位置。如图 11-12 中，将全站仪安置在桥轴线点 A 或 B，照准另一轴线点作为定向，指挥棱镜安置在该方向上，测设 AP_i 或 BP_i 的距离，即可测设出桥墩的中心位置 P_i。若采用无协作目标的全站仪，将会使桥梁墩台定位测量更为方便和精确。

桥墩中心位置定出后，应测设出桥墩定位桩，根据桥墩定位桩及桥墩的设计尺寸可放样出桥墩各部分的位置。

11.2.2.2　桥梁上部结构测设

桥梁墩台施工完成后，即可进行桥梁上部结构的施工。为了保证预制梁安全准确地架设，首先要在桥墩、桥台上测设出桥梁中线的位置，并根据设计高程进行桥梁墩台高程的检核，使桥梁中线及高程与道路线路平面、纵断面的衔接符合设计的要求。

桥梁的上部有多种不同结构，所以在安装时应根据各自的特点进行测设。对于预埋部件，在桥梁墩台施工过程中应及时、准确地按设计要求进行放样及施工。

桥梁全线架通后，应进行方向、距离和高差的全面测量，其成果作为钢梁整体纵、横移动和起落调整的施工依据。

11.3 隧道施工测量

地下隧道工程按照使用功能可分为公路隧道、铁路隧道和矿山隧道等。按所在平面线形及长度，隧道可分为特长隧道、长隧道和短隧道。直线形隧道长度在 3000m 以上的为特长隧道，长度在 1000～3000m 的属长隧道，长度在 500～1000m 的为中隧道，长度在 500m 以下的为短隧道。同等级的曲线形隧道，其长度界限为直线形隧道的一半。

隧道施工测量的主要任务是：测出洞口、井口、坑口的平面位置和高程，指示掘进方向；隧道施工时，标定线路中线控制桩及洞身顶部地面上的中线桩；在地下标定出地下工程建筑物的设计中心线和高程，以保证隧道按要求的精度正确贯通；放样隧道断面的尺寸，放样洞室各细部的平面位置与高程，放样衬砌的位置等。

隧道施工的掘进方向在贯通前无法通视，完全依据测设支导线形式的隧道中心线指导施工。所以在工作中要十分认真细致，按规范的要求严格检验与校正仪器，注意做好校核工作，减少误差积累，避免发生错误。

在隧道施工中，为了加快工程进度，一般由隧道两端洞口进行相向开挖。长隧道施工时，通常还要在两洞口间增加平洞、斜井或竖井，以增加掘进工作面，加快工程进度，如图 11-13 所示。隧道自两端洞口相向开挖，在洞内预定位置挖通，称为贯通，又称贯通测量。

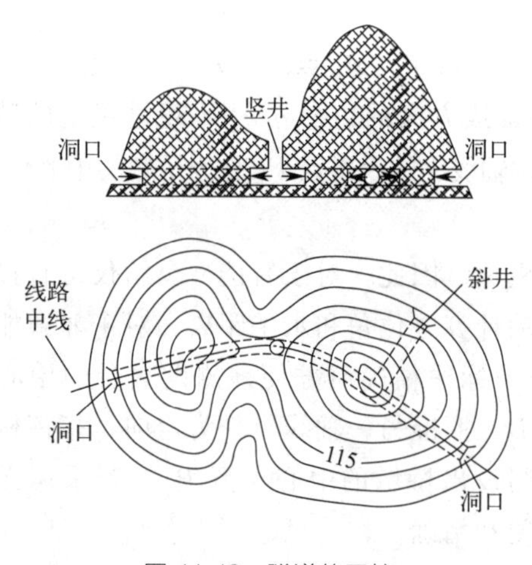

图 11-13 隧道的开挖

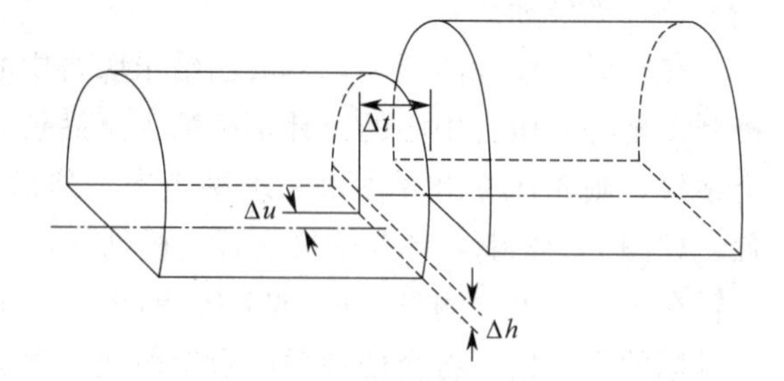

图 11-14 隧道贯通误差

若相向开挖隧道的方向偏离设计方向，其中线不能完全吻合，使隧道不能正确贯通，这种偏差称为贯通误差。如图 11-14 所示，贯通误差包括纵向误差 Δt、横向误差 Δu、高程误差 Δh，其中纵向误差仅影响隧道中线的长度，施工测量时较易满足设计要求，因此一般只规定贯通面上横向及高程的误差。例如《既有铁路测量技术规则》中规定：长度小于 4km

的铁路隧道，横向贯通误差允许值为 100mm，高程贯通误差允许值为 50mm。《公路勘测规范》规定：两相向开挖洞口间长度小于 3km 的公路隧道，横向贯通误差允许值为 150mm，高程贯通误差允许值为 70 mm；3～6km 的公路隧道，横向贯通误差允许值为 200mm，高程贯通误差允许值为 70mm。隧道测量按工作的顺序可以分为洞外控制测量、洞内控制测量、洞内中线测设和洞内构筑物放样等。

隧道施工测量的主要工作包括在地面上平面、高程控制测量，建立地下隧道统一坐标系统的联系测量，地下隧道控制测量，隧道施工测量。

11.3.1 地面控制测量

为保证隧道工程在多个开挖面的掘进中，施工中线在贯通面上的横向及高程能满足贯通精度的要求，必须建立地面控制测量。

地面控制测量包括平面控制测量和高程控制测量。一般要求在每个洞口应测设不少于 3 个平面控制点和 2 个高程控制点。直线隧道上，两端洞口应各设一个中线控制桩，以两控制桩连线作为隧道的中线。平面控制点应尽可能包括隧道洞口的中线控制点，以利于提高隧道贯通精度。在进行高程控制测量时，要联测各洞口水准点的高程，以便引测进洞，保证隧道在高程方向正确贯通。

地面控制测量的主要内容是：复核洞外中线方向以及长度和水准基点的高程；设置各开挖洞口的引测点，为洞内控制测量做好准备；测定开挖洞口各控制点的位置，并和路线中心线联系以便根据洞口控制点进行开挖，使隧道按设计的方向和坡度以及规定的精度贯通。

11.3.1.1 地面平面控制测量

地面平面控制测量的主要任务是测定各洞口控制点的相对位置，以便根据洞口控制点按设计方向进行开挖，并能以规定精度正确贯通。地面平面控制测量的方法有：中线法、三角测量法、导线测量法、GPS 测量法。

（1）中线法

由于中线长度误差对贯通影响很小，所以较短的直线隧道一般采用中线法。如图 11-15 所示，A、B 为两洞口中线控制点，但互不通视。中线法就是在 AB 方向间按一定距离将 1、2 等点在地面标定出来，作为洞内引测方向的依据。

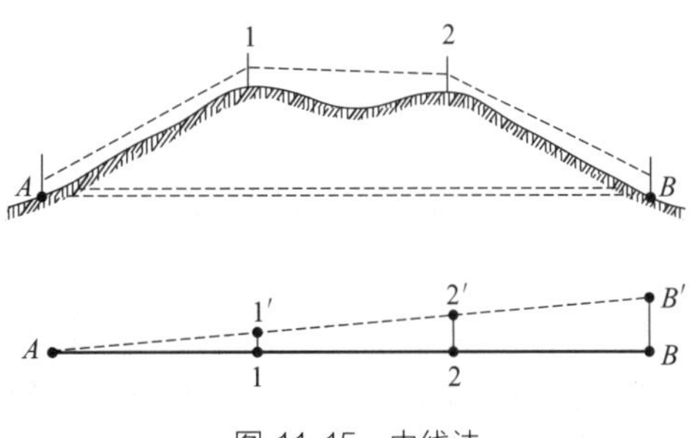

图 11-15　中线法

安置经纬仪于 A 点，按 AB 的概略方位角定出 $1'$点。然后迁站至 $1'$点以正倒镜分中法延长直线定出 $2'$，按同法逐点延长直线至 B'点。在延长直线的同时测定 $A1'$、$1'2'$、$2'B'$的距离和 BB'的长度，根据相似三角形可求得 2 点的偏距 $22'$的长度。

在 $2'$点按近似垂直 $2'B'$方向量取 $22'$长定出 2 点。安置仪器于 2 点，同理延长直线 $B2$ 至 1 点，再从 1 点延长至 A 点，若不和 A 点重合，再进行第二次趋近。直至 1、2 两点位于 AB 直线上为止。最后用测距仪分段测量 AB 间的距离，其测距相对误差 $K \leqslant 1/5000$。

若用于曲线隧道，则应首先精确标出两切线方向，然后精确测出转向角，将切线长度正确地标定在地表上，以切线上的控制点为准，将中线引入洞内。中线法简单、直观，但其精度不太高。

（2）三角测量法

当隧洞较长、地形复杂、量距困难时可采用三角测量法。如图 11-16 所示，隧道小三角控制网一般布设成沿隧道路线方向延伸的单三角锁，尽可能垂直于贯通面。直线隧道最好尽量沿洞口连线靠近中线方向布设成直伸型三角锁（三角锁的一边尽量位于中线上），以减小边长误差对横向贯通的影响。由于三角锁各边边长是根据基线推算出来的，所以起始边基线测量精度要求较高，不低于 1/300000。测角精度要求为±2″。根据各控制点坐标可推算开挖方向的进洞角度。如在 A 点安置仪器，C 点定向，转角 $360°-\beta_1$，即得进洞的中线方向。

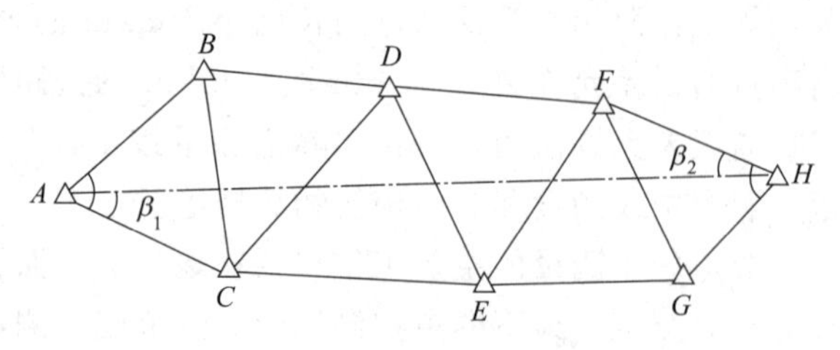

图 11-16 隧道小三角控制网

（3）导线测量法

用导线测量法建立地面控制的主要仪器为测距仪或全站仪。由于其测距方便且灵活，所以已成为对地形复杂、量距困难的隧道进行地面平面控制的主要方法。直线隧道的导线应尽量沿两洞口连线的方向，即沿隧道中线布设成直伸形式，因为直伸导线的量距误差主要影响隧道的长度，而对横向贯通误差影响较小。曲线隧道的导线两端应沿切线布设导线点，中部为直线时，则中部沿中线布设导线点；整个隧道都是曲线应尽量沿两端洞口的连线布设导线点，导线应尽可能通过隧道两端洞口及各辅助坑道的进洞点，并使这些点成为主导线点。为了增加校核条件、提高导线测量的精度，可将导线布设成主副导线闭合环。

（4）GPS 测量法

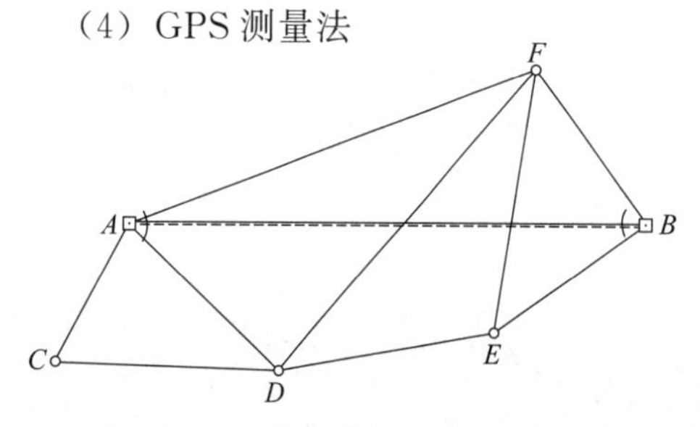

图 11-17 隧道 GPS 控制网布网方案

用全球定位系统 GPS 技术建立隧道地面控制网，布设灵活方便、工作量小、速度快、精度高。建议大、中型隧道地面控制网用 GPS 来建立。用 GPS 作地面平面控制时，只需要布设洞口控制点和定向点且相互通视，以便施工定向之用，最好选在线路中线上。除要求洞口点与定向点通视外，定向点之间不要求通视。与国家控制点之间的联测也不需要通视。定位网由隧道各开挖口的控制点组成，每个开挖口应多布测几个控制点。整个控制网应由一个或若干个独立观测环组成，每个独立观测环的边数最多不超过 12 个，应尽可能减少。图 11-17 为一隧道 GPS 控制网布网方案，图中 AB 两点间连线为独立基线，网中每个点尽量与多一点的边相连，其可靠性会更好。

由上述各种方法比较看出，中线法控制形式最简单，但由于方向控制较差，故只能用于较短的隧道；三角测量方法其方向控制精度最高，但其三角点的布设要受到地形、地物条件的限制，而且基线边要求精度高，使丈量工作复杂，平差计算工作量大；导线测量法由于布设简单、灵活、地形适应性强、外业工作量少且可以同时用三角高程法测量高程，因而逐渐成为隧道控制的主要形式和首选方案。

11.3.1.2 地面高程控制测量

高程控制测量的任务是按规定的精度测定洞口附近水准点的高程，作为高程引测进洞的依据。每一洞口埋设的水准点应不少于 2 个。水准线路应形成闭合环或敷设 2 条互相独立的水准路线，以达到测站少、精度高的要求。水准测量的等级取决于隧道的长度和地形情况。一般情况下，3000m 以上特长隧道应采用三等水准测量，1000～3000m 长隧道应采用四等水准测量，1000m 以下隧道可采用等外水准测量。

11.3.2　隧洞内控制测量

为了保证隧道掘进方向的正确，并准确贯通，应进行洞内控制测量。由于隧道场地狭小，故洞内平面控制常采用中线或导线两种形式。其目的是建立与地面控制测量相符的地下坐标系统，根据地下导线点坐标，放样出隧道中线，指导隧道开挖的方向，保证隧道贯通符合设计和规范要求。

（1）地下中线形式

地下中线形式是指洞内不设导线，用中线控制点直接进行施工放样。测设中线点的距离和角度数据由理论坐标值反算，以规定的精度测设出新点，再将测设的新点重新测角、量距，算出实际的新点精确点位，和理论坐标相比较，若有差异，应将新点移到正确的中线位置上。这种方法一般用于较短的隧道。

（2）地下导线形式

地下导线形式指洞内控制依靠导线进行，施工放样用的中线点由导线测设，中线点的精度能满足局部地段施工要求即可。导线控制的方法较中线形式灵活，点位易于选择，测量工作也较简单，而且具有多种检核方法；当组成导线闭合环时，角度经过平差，还可提高点位的横向精度。导线控制方法适用于长隧道。

导线的起始点通常设在由地面控制测量测定的隧道洞口控制点上，地下导线的特点是：它为随隧道开挖进程向前延伸的支导线，沿坑道内敷设导线点，选择余地小而不可能将全部导线一次测完；导线的形状完全取决于坑道的形状；为了很好地控制贯通误差，应先敷设精度较低的施工导线，然后再敷设精度较高的基本控制导线，采取逐级控制和检核。导线点的埋石顶面应比洞内地面低 20～30cm，上面加设护盖、填平地面，以免施工中遭受破坏。

由于地下导线布设成支导线，而且测一个新点后，中间要间断一段时间，所以当导线继续向前测量时，须先进行原测点检测。在直线隧道中，只进行角度检核；在曲线隧道中，还须检核边长。在有条件时，尽量构成闭合导线。

（3）洞内中线测量

隧道洞内施工，是以中线为依据进行的。隧道衬砌后两个边墙间隔的中心即为隧道中心。在直线部分则与线路中线重合；曲线部分由于隧道衬砌断面的内外侧加宽不同，所以线路中心线就不是隧道中心线。当洞内测设导线之后，应根据导线点位的实际坐标和中线点的理论坐标，反算出距离和角度，利用极坐标法，根据导线点测设出中线点。一般直线地段 150～200m，曲线地段 60～100m，应测设一个永久的中线点。

由导线建立新的中线点之后，还应将经纬仪安置在已测设的中线点上，测出中线点之间的夹角，将实测的检查角与理论值相比较作为另一种检核，确认无误即可挖坑埋入带金属标志的混凝土桩。

为了方便施工，可在近工作面处采用串线法确定开挖方向。先用正倒镜分中法延长直线在洞顶设置三个临时中线点，点间距不宜小于 5m。定向时，一人在始点指挥，另一人在作业面上用红油漆标出中线位置。随着开挖面的不断向前推进，地下导线应按前述方法进行检查复核，不断修正开挖方向。

(4) 地下高程控制测量

当隧洞内坡度小于8°时，采用水准测量方法测量高程；当坡度大于8°时，可采用三角高程方法测量高程。

随着隧道的掘进，结合洞内施工特点，可每隔50m在地面上设置一个洞内高程控制点，也可埋设在洞壁上，亦可将导线点作为高程控制点。每隔200～500m设立两个高程点以便检核。地下高程控制测量采用支水准路线测量时，必须往返观测进行检核，视线长度不宜大于50m，若有条件尽量闭合或附合，测量方法与地面基本相同。采用三角高程测量时，应进行对向观测，限差要求与洞外高程测量的要求相同。洞内高程点作为施工高程的依据，必须定期复测。

当隧道贯通之后，求出相向两支水准的高程贯通误差，并在未衬砌地段进行调整。所有开挖、衬砌工程应以调整后的高程指导施工。

11.3.3 竖井联系测量

在地下工程中，可使用平硐、斜井及竖井进行地下的开挖工作。为保证地下工程沿设计方向掘进，应通过平硐、斜井及竖井将地面的平面坐标系统和高程系统传递到地下，该项工作称为联系测量。通过平硐、斜井的联系测量可由导线测量、水准测量、三角高程测量完成。竖井联系测量工作分为平面联系测量和高程联系测量。平面联系测量又分为几何定向(包括一井定向和两井定向)和陀螺定向。

在隧道施工中，除了通过开挖平硐、斜井以增加工作面外，还可以采用开挖竖井的方法来增加工作面，将整个隧道分成若干段，实行分段开挖。为了保证地下各方向的开挖面能准确贯通，必须将地面的平面坐标系统及高程系统通过竖井传递到地下，这项工作称为竖井联系测量。其中坐标和方向的传递称为竖井定向测量。

竖井施工前，根据地面控制点把竖井的设计位置测设于地面。竖井向地下开挖，其平面位置用悬挂大锤球或用垂准仪测设铅垂线，可以将地面的控制点垂直投影至地下施工面。以便能在竖井的底层确定隧道的开挖方向和里程。工作原理和方法与高层建筑的平面控制点垂直投影完全相同。由于竖井的井口大小有限，用于传递方位的两根铅垂线的距离相对较短(一般仅为3～5m)，垂直投影的点位误差会严重影响井下方位定向的精度。高程控制点的高程传递可以用钢卷尺垂直丈量法。

11.3.3.1 竖井定向测量

竖井平面联系测量包括两项内容：一是投点，即将地面一点向井下作垂直投影，以确定地下导线起始点的平面坐标，一般采用垂球投点或用激光铅垂仪投点；二是投向（定向），即确定地下导线边的起始方位角。

在竖井平面联系测量中，定向是关键。因为投点误差一般都能保证在10mm左右，而由于存在定向误差，将使地下导线各边方位角都偏扭同一个误差值，使得地下导线终点的横向位移随导线伸长而增大。

如图11-18所示，竖井定向是在井筒内挂两条吊垂线，在地面根据井口控制点测定两吊垂线的坐标 x、y 及其连线的方位角。在井下，根据投影点的坐标及其连线的方位角，确定地下导线点的起算坐标及方位角。

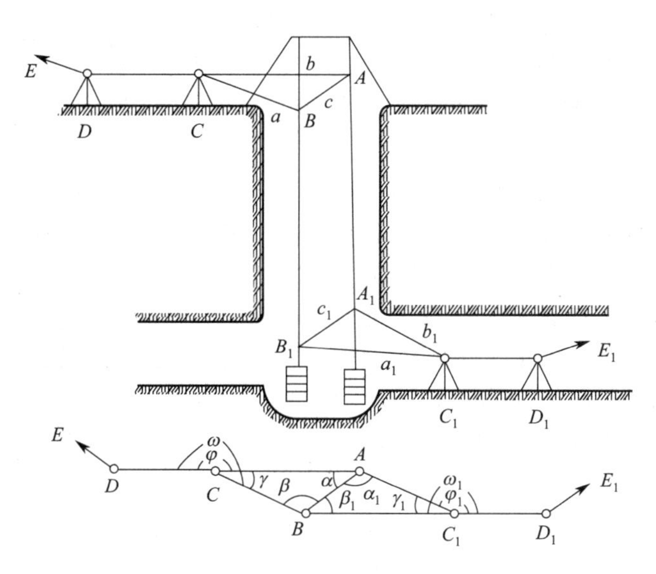

图 11-18 竖井定向测量

(1) 投点

通常采用重荷稳定投点法。投点重锤重量与钢丝直径随井深而异（如井深＜100m 时，锤重 30～50kg，钢丝直径 0.7mm）。投点时，先在钢丝上挂以较轻的垂球用绞车将钢丝导入竖井中，然后在井底换上作业重锤，并将它放入油桶中，使其稳定。由于井筒内气流影响致使重锤线发生偏移或摆动，若摆幅＜0.4mm，即认为是稳定的。

(2) 连接测量

如图 11-18 所示，A、B 为井中悬挂的两个重锤线，C、C_1 为井上、井下定向连接点，从而形成了以 AB 为公共边的两个联系三角形$\triangle ABC$ 与$\triangle A_1B_1C_1$。D 点坐标和方位角为已知。经纬仪安置在 C 点较精确观测连接角 ω、φ 和$\triangle ABC$ 的内角 γ，用钢尺准确丈量 a、b、c，用正弦定理计算出角度 α、β，按导线 $D\sim C\sim A\sim B$ 算出 A、B 的坐标及其连线的方位角。在井下经纬仪安置于 C_1 点，较精确测量连接角 ω_1、φ_1 和井下$\triangle ABC_1$ 的内角 γ_1，丈量边长 a_1、b_1、c_1，按正弦定理可求得 α_1、β_1。在井下根据 B 点坐标和 AB 方位角便可推算 C_1、D_1 点的坐标及 D_1、E_1 的方位角。

为了提高定向精度，在点的设置和观测时，两重锤之间的距离应尽可能大；两重锤连线所对的 γ、γ_1 应尽可能小，最大应不超过 3°，α/c 和 α_1/c_1 的比值不超过 1.5；联系三角形的边长应使用检定过的钢尺，施加标准拉力在垂线稳定时丈量 3～4 次，读数估读 0.5mm，每次较差不应大于 2mm，取平均值作为最后结果。另外要求井上与井下同时丈量两钢丝间距之较差，应不大于 2mm，两钢丝间实量间距与按余弦定理计算所得间距，其差值一般应不超过 2mm。在观测水平角时应采用 DJ_2 经纬仪观测 3～4 个测回。

11.3.3.2 竖井高程传递

通过竖井传递高程（也称导入高程）的目的是将地面的高程系统传递到井下高程起始点上，建立井下高程控制，使地面和井下是统一的高程系统。在进行坑内高程测量之前，首先要将地面高程系统引至地下，称为坑内高程引测。对于通过竖井开挖的地下坑道，其高程则需设法从竖井中导入，此项作业又称为导入标高。导入高程的方法有：钢尺导入法、钢丝导入法、测长器导入法及光电测距仪导入法。这里以钢尺导入法为例介绍一下高程传递方法。在传递高程时，应同时用两台水准仪，两根水准尺和一把钢尺进行观测，其布置如图 11-19 所示。将钢尺悬挂在架子上，其零端放入竖井中，并在该端挂一重锤（一般为 10kg）。为防止重锤晃动，可将重锤放入一油桶内。一台水准仪安置在地面上，另一台水准仪安置在隧道中。地面上水准仪在起始水准点 A 的水准尺上读取读数 a，而在钢尺上读取读数 a_1；地下水准仪在钢尺上读取读数 b_1，在水准点 B 的水准尺上读取读数 b，a_1 及 b_1 必须在同一时刻观测，而观测时应量取地面及地下的温度。B 点高程为 $H_B=H_A+(a_1-b_1)-(a-b)$。

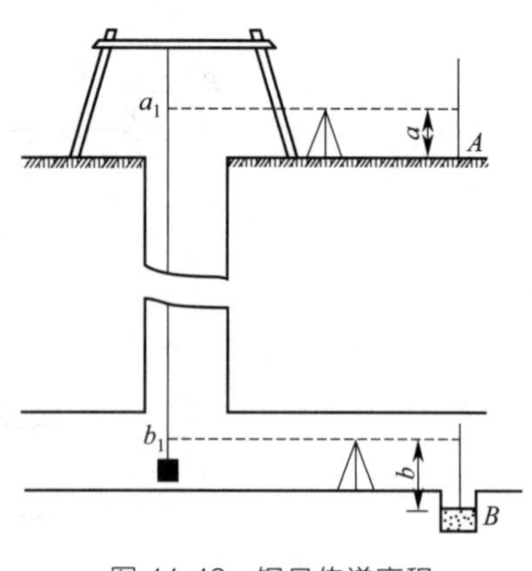

图 11-19 钢尺传递高程

导入高程均需独立进行两次（第二次需移动钢尺，改变仪器高度）。加入各项改正数后，前后两次导入高程之差不得超过 $L/8000$（L 为井深）。

11.3.4 地下洞内施工测量

隧道是边开挖、边衬砌的，为保证开挖方向正确、开挖断面尺寸符合设计要求，施工测量工作必须紧紧跟上，同时要保证测量成果的正确性。

（1）隧道平面掘进方向的标定

当隧道从最前面一个临时中线点继续向前掘进时，在直线上延伸不超过 30m，曲线上不超过 20m 的范围内，可采用串线法延伸中线。用串线法延伸中线时，应在临时中线点前或后用仪器再设置 2 个中线点。串线时可在这 3 个点上挂上垂球线，先检验 3 点是否在一条直线上。如正确无误，可用肉眼瞄直，在工作面上给出中线位置，指导掘进方向。当串线延伸长度超过临时中线点的间距时，则应设立一个新的临时中线点。在曲线导坑中，常用弦线偏距法和切线支距法进行延伸测量。

（2）隧洞高程和坡度的测设

用洞内水准测量控制隧道施工的高程。隧道向前掘进，每隔 50m 应设置一个洞内水准点，并据此测设腰线。隧道的腰线可以指示隧道在竖直面内的倾斜方向，定腰线就是在隧道壁上标定出隧道的设计坡线。通常情况下，可利用导线点作为水准点，也可将水准点埋设在洞顶或洞壁上，但都应力求稳固和便于观测。洞内水准线路也是支水准线路，除应往返观测外，还需经常进行复测。

地下高程的测设方法用水准测量法。水准测量常用倒尺法传递高程。高差计算仍为 $h_{AB}=a-b$，但倒尺读数应作为负值参与计算。在隧道开挖过程中，常用腰线法控制隧道的坡度和高程。作业时在两侧洞壁每隔 5～10m 测设出高于洞底设计高程约 1m 的腰线点。腰线点设置一般采用视线高法。水准仪后视水准点，读取后视读数，得仪器高。根据腰线点的设计高程，可分别求出腰线点与视线间的高差，据此可在边墙上定出腰线点。相邻点的连线即为腰线。当隧道具有一定坡度时要测设腰点桩。

（3）开挖断面的测设

在隧道施工中，为使开挖断面能较好地符合设计断面，在每次掘进前，应在开挖断面上，根据中线和洞顶高程，标出设计断面尺寸线。

隧洞断面测设时，首先用串线法（或在中线桩上安置经纬仪），在工作面上定出断面中垂线，根据腰线定出起拱线位置。然后根据设计图纸，采用支距法测设断面轮廓，从上至下每0.5m（拱部和曲墙）和1m（直墙）向左右量测支距。量支距时，应考虑到曲线隧道中心与线路中心的偏移值和施工预留宽度。在衬砌之前，还应进行衬砌放样，包括立拱架测量、边墙及避车洞和仰拱的衬砌放样，洞门砌筑施工放样等一系列的测量工作。

特别强调，为了保证施工安全，在隧道掘进过程中，还应设置变形观测点，以便监测围岩的位移变化。腰桩、洞壁和洞顶的水准点可作为变形观测点。

（4）竣工测量

隧道工程竣工后，为了检查工程是否符合设计要求，并为设备安装和运营管理提供基础信息，需要进行竣工测量，绘制竣工图。由于隧道工程是在地下，因此隧道竣工测量具有独特之处。

验收时检测隧道中心线。在隧道直线段每隔50m、曲线段每隔20m检测一点。地下永久性水准点至少设置两个，长隧道中每1km设置一个。

隧道竣工时，还要进行纵断面测量和横断面测量。纵断面应沿中线方向测定底板和拱顶高程，每隔10～20m测一点，绘出竣工纵断面图，在图上套绘设计坡度线进行比较。直线隧道每隔10m、曲线隧道每隔5m或者隧道变化处测一个横断面。横断面测量可以用直角坐标法或极坐标法。直角坐标法测量是以横断面的中垂线为纵轴，以起拱线为横轴，量出起拱线至拱顶的纵距和中垂线至各点的横距，还要量出起拱线至底板中心的高度等，依此绘制竣工横断面图。用极坐标法测量竣工横断面是用一个有刻度的度盘，将度盘上0°～180°刻度线的连线方向放在横断面中垂线位置上，度盘中心的高程从底板中心高程量出。用长杆挑一皮尺零端指着断面上某一点，量取至度盘中心的长度，并在度盘上读出角度，即可确定点位。在一个横断面上测定若干特征点，就能据此绘出竣工横断面图。

当隧道中线检测闭合后，在直线上每200～500m处和曲线上的主点，均应埋设永久中线桩；洞内每1km应埋设一个水准点。无论中线点或水准点，均应在隧道边墙上画出标志，以便以后养护维修时使用。

11.3.5 隧道贯通测量

贯通测量的任务是指导贯通工程的施工，以保证隧道能在预定贯通点贯通。由于地面控制测量、竖井联系测量以及地下控制测量中的误差，使得贯通工程的中心线不能相互衔接，所产生的偏差即为贯通误差。其中在施工中线方向的投影长度称为纵向贯通误差，在水平面内垂直于施工中线方向上的投影长度称为横向贯通误差，在竖直方向上的投影长度称为高程贯通误差。纵向贯通误差仅影响隧道的长度，对隧道的质量没有影响。高程要求的精度，使用一般水准测量方法即可满足，高程贯通误差对施工质量也无影响。而横向贯通误差直接影响施工质量，严重者甚至会导致隧道报废。所以一般所说的贯通误差，主要是指隧道的横向贯通误差。

为了加快隧道施工进度，一般除进、出口两个开挖面外，还常采用横洞、斜井、竖井、平行导坑等来增加开挖面。隧道的开挖总是沿线路中线向洞内延伸的，保证隧道在贯通时两相向开挖施工中线的相对错位不超过规定的限值，是隧道施工测量的关键问题。作业前应根据贯通误差容许值，进行贯通测量的误差预计，保证贯通所必需的精度。

贯通测量误差预计，就是预先分析贯通测量中所要实施的每一项测量作业的误差对于贯通面在重要方向上的影响，并估算出贯通误差可能出现的最大值。通过贯通测量的误差预计，可以选择较合理的贯通测量方案，从而既能避免盲目提高贯通测量精度，也不会出现因精度过低而造成返工。

各种贯通工程的容许贯通误差视工程性质而定。例如，铁路隧道工程中规定4km以下的隧道横向贯通误差容许值为±0.1m，高程贯通误差容许值±0.05m；矿山开采和地质勘探中的隧道横向贯通误差容许值为±(0.3～0.5)m，高程贯通误差容许值为±(0.2～0.3)m。

工程贯通后的实际横向偏差值可以采用中线法测定，即将相向掘进的隧道中线延伸至贯通面，分别在贯通面上钉立中线的临时桩，量取两临时桩间的水平距离，即为实际横向贯通误差。也可在贯通面上设立一个临时桩，分别利用两侧的地下导线点测定该桩位的坐标，利用两组坐标的差值求得横向贯通误差。

对于实际高程贯通误差的测定，一般是从贯通面一侧有高程的腰线点上用水准仪联测到另一侧有高程的腰线点，其高程闭合差就是贯通隧道在竖向上的实际偏差。

11.4 新技术在路线工程测量中的应用

前四节所述的是常用的测量仪器和测量方法，而新仪器新方法不断涌现并应用于各种工程测量中，现就GPS及全站仪等新仪器在路线工程测量中从控制到局部所涉及的测量工作及测量方法予以简介，同时在本节也将新旧方法的技术要求一一列出，以备对照及应用。

11.4.1 路线控制测量的基本要求

路线工程的最大特点是呈带状延伸形，其纵向长度从数十公里到数千公里不等。此类工程的勘测、设计、施工一般要分段进行，而作为路线工程的整体最后必须按要求连通起来；路线及其桥梁、隧道等大型工程还要和沿线城市的相关设施正确衔接；另外，建立的路线控制网又将是沿线其他工程的测量控制基础。因此，路线控制测量是十分重要的，是保证路线工程质量的基础技术工作。

路线控制测量包括平面控制测量和高程控制测量。

(1) 路线平面控制测量

路线平面控制测量，包括路线、桥梁、隧道及其他大型建筑物的平面控制测量。路线平面控制网是铁（公）路平面控制测量的主干控制网，沿线各种工程的平面控制均应联测于该主干网上。主干控制网应控制全线并应统一平差。布设路线平面控制网的方法，可采用全球定位系统（GPS）测量、三角测量、三边测量和导线测量等方法。路线平面控制测量的等级当采用三角测量、三边测量时依次为二、三、四等和一、二级小三角。

三角测量的主要技术要求应符合表11-1的规定。

表 11-1　三角测量技术要求

等级	测角中误差/(″)	平均边长/km	起始边边长相对中误差	最弱边边长相对中误差	三角形闭合差/(″)	测回数			
						$DJ_{0.5}$	DJ_1	DJ_2	DJ_3
二等	±1.0	9.0	1/250000	1/120000	3.5	9	12	—	—
三等	±1.8	4.5	1/150000	1/70000	7	4	6	9	—
四等	±2.5	2.0	1/100000	1/40000	9	2	4	6	—
一级小三角	±5.0	1.0	1/40000	1/20000	15	—	—	3	4
二级小三角	±10.0	0.5	1/20000	1/10000	30	—	—	1	3

三边测量的主要技术要求应符合表 11-2 的规定。

表 11-2　三边测量技术要求

等级	平均边长/km	测距相对中误差
二等	3.0	1/250000
三等	2.0	1/150000
四等	1.0	1/100000
一级小三角	0.5	1/400000
二级小三角	0.3	1/20000

当采用导线测量方法且导线等级依次为三、四等和一、二、三级时，其主要技术要求应符合表 11-3 的规定。

表 11-3　导线测量方法主要技术指标

等级	测角中误差/(″)	平均边长/km	每边测距中误差/mm	方位角闭合差/(″)	导线全长相对闭合差	附合导线长度/km	测回数			
							$DJ_{0.5}$	DJ_1	DJ_2	DJ_3
三等	1.8	3	20	$\pm 3.6\sqrt{n}$	1/55000	30	4	6	10	—
四等	2.5	1.5	18	$\pm 5\sqrt{n}$	1/35000	20	2	4	6	—
一级	5.0	0.5	15	$\pm 10\sqrt{n}$	1/15000	10	—	—	2	4
二级	8.0	0.25	15	$\pm 16\sqrt{n}$	1/10000	6	—	—	1	3
三级	12.0	0.1	15	$\pm 30\sqrt{n}$	1/5000	—	—	—	1	2

注：表中 n 为测站数。

当采用 GPS 控制网时，分为一级、二级、三级、四级共四个等级，其主要指标技术应符合表 11-4 的规定。

表 11-4　GPS 控制网主要技术指标

级别	每对相邻平均距离 d/km	固定误差 a/mm		比例误差 b/(mm/km)		最弱相邻点点位中误差/mm	
		路线	特殊构造物	路线	特殊构造物	路线	特殊构造物
一级	4.0	≤10	5	≤2	1	50	10
二级	2.0	≤10	5	≤5	2	50	10
三级	1.0	≤10	5	≤10	2	50	10
四级	0.5	≤10	—	≤20	—	50	—

注：1. 各级 GPS 控制网每对相邻点间的最小距离应不小于平均距离的 1/2，最大距离不宜大于平均距离的两倍；
2. 特殊构造物指对施工测量精度有特殊要求的桥梁、隧道等构造物。

平面控制点位置应沿路线布设，距路中心的位置宜大于 50m 且小于 300m，同时应便于测角、测距及地形测量和定测放线。路线平面控制点的设计，应考虑沿线桥梁、隧道等构筑物布设控制网的要求。大型构筑物的两侧应分别布设一对平面控制点。

水平角方向观测法各项限差应符合表 11-5 的规定。

表 11-5　水平角方向观测法的各项限差

等级	经纬仪型号	半测回归零差/(″)	一测回中两倍照准差(2C)互差/(″)	同一方向各测回间较差/(″)
四等及以上	$DJ_{0.5}$	≤3	≤5	≤3
	DJ_1	≤6	≤9	≤6
	DJ_2	≤8	≤13	≤9
一等及以下	DJ_2	≤12	≤18	≤12
	DJ_6	≤18	—	≤24

注：当某观测方向的垂直角超过±3°的范围时，一测回内 2C 互差可按相邻测回同方向进行比较，比较值应满足表中一测回内 2C 互差的限值。

三角网的基线边、测边网及导线网的边长，应采用光电测距仪施测。一、二级小三角的基线边或二、三级导线的边长测量，受设备限制时，可采用普通钢尺测量。

光电测距仪按精度分级见表 11-6。

表 11-6　光电测距仪按精度分级

测距仪等级	每公里测距中误差 m_D/mm
Ⅰ级	$0<m_D\leqslant 5$
Ⅱ级	$5<m_D\leqslant 10$
Ⅲ级	$10<m_D\leqslant 20$

光电测距的技术要求如表 11-7 所示。

表 11-7　光电测距技术要求

控制器等级	测距仪精度等级	观测次数		总测回数	测回读数较差/mm	单程各测回数较差/mm	往返较差
		往	返				
二、三等	Ⅰ	1	1	6	≤5	≤7	$\leqslant\sqrt{2}(a+bD)$
	Ⅱ			8	≤10	≤15	
四等	Ⅰ	1	1	6	≤5	≤7	
	Ⅱ			8	≤10	≤15	
一级	Ⅱ	1		2	≤10	≤15	
	Ⅲ			4	≤20	≤30	
二级	Ⅱ	1		2	≤10	≤15	
	Ⅲ			4	≤20	≤30	

注：式中 a 为固定误差，mm；b 为比例误差，mm/km；D 为测距长度，km。

采用普通钢尺丈量基线长度时应符合表 11-8 的规定。

表 11-8　普通钢尺丈量基线的技术要求

等级	定向偏差/cm	最大高差/cm	每尺段往返高差之差/mm		最小读数/mm	三组读数之差/mm	同段尺长差/mm		全长各尺之差/mm	外业手簿计算单位/mm		
			30m	50m			30m	50m		尺长	改正	高差
一级、二级	5	4	4	5	0.5	1	2	3.0	$30\sqrt{K}$	0.1	0.1	1

注：表中 K 为基线全长的公里数。

一、二级导线采用普通钢尺丈量边长时，其技术要求应符合表 11-9 的规定。

表 11-9　普通钢尺丈量基线的技术要求

等级	定线偏差/cm	每尺段往返高差之差/mm	最小读数/mm	三级读数之差/mm	同级尺长差/mm	外业手簿计算取值/mm		
						尺长	各项改正	高差
一级	5	1	1	2	3	1	1	1
二级	5	1	1	3	4	1	1	1

注：每尺段指两根普通钢尺同向丈量或单尺往返丈量。

内业计算中数字取值精度应符合表11-10的规定。

表11-10 内业计算数字取值精度

等级	观测方向值及各项改正数/(″)	边长观测值及各项改正数/m	边长与坐标/m	方位角/(″)
四等及以上	0.1	0.001	0.001	0.1
一等及以下	1	0.001	0.001	1

上述分别介绍了三角测量、三边测量、导线测量、GPS技术的等级及其主要技术要求。综合起来，路线工程平面控制测量的等级及其适用条件（各种重要建筑物对测量精度级别的要求）参见表11-11。

表11-11 路线平面控制测量等级

等级	公路路线控制测量	桥梁桥位控制测量	隧道洞外控制测量
二等三角	—	>5000m	>5000m
三等三角、导线	—	2000～5000m	2000～5000m
四等三角、导线	—	500～2000m	500～2000m
一级小三角、导线	高速公路、一级公路	<500m	<500m
二级小三角、导线	二级及以下公路	—	—
三级导线	三级及以下公路	—	—

（2）路线高程控制测量

公路高程系统，宜采用1985国家高程基准。同一条公路应采用同一个高程系统，不能采用同一个高程系统时，应给定高程系统的转换关系。独立工程或三级以下公路联测有困难时，可采用假定高程。公路高程控制测量采用水准测量。在采用水准测量确有困难的山岭地带及沼泽、水网地区，四、五等水准测量可用光电测距三角高程测量。

公路水准测量等级及适用条件，见表11-12。

表11-12 公路水准测量等级及适用条件

等级	适用条件	水准路线最大长度/km
三等	4000m以上特长隧道、2000m以上特大桥	50
四等	高速公路、一级公路、1000～2000m特大桥、2000～4000长隧道	16
五等	二级及其以下公路、1000m以下桥梁、2000m以下隧道	10

水准测量的精度应符合表11-13的规定。

表11-13 水准测量的精度

等级	每公里高差中数中误差/mm		往返较差、附合或环线闭合差/mm		检测已测测段高差之差/mm
	偶然中误差	全中误差	平原微丘区	山岭重丘区	
三等	±3	±6	$\pm12\sqrt{L}$	$\pm3.5\sqrt{n}$或$\pm15\sqrt{L}$	$\pm20\sqrt{L_1}$
四等	±5	±10	$\pm20\sqrt{L}$	$\pm60\sqrt{L}$或$\pm25\sqrt{L}$	$\pm30\sqrt{L_1}$
五等	±8	±16	$\pm30\sqrt{L}$	$\pm45\sqrt{L}$	$\pm40\sqrt{L_1}$

注：计算往返较差时，L为水准点间的路线长度，km；计算附合或环线闭合差时，L为附合或环线的路线长度，km。n为测站数。L_1为检测测段长度，km。

水准点的布设。水准点应沿路线布设，宜设于中心线两侧50～300m范围之内。水准点间距宜为1～1.5km；山岭重丘区可根据需要适当加密；大桥、隧道口及其他大型构筑物两端，应增设水准点。

水准测量的观测方法应符合表 11-14 的规定。

表 11-14 水准测量观测方法

等级	仪器类别	水准尺类型	观测方法		
二等	DS_1、DSZ_1	铟瓦	光导观测法	往返	后—前—前—后(奇数站)； 前—后—后—前(偶数站)
三等	DS_1、DSZ_1	铟瓦	光导观测法	往返	后—前—前—后
	DS_1、DSZ_1	双面	中丝读数法	往	后—前—前—后
四等	DS_3、DSZ_3	双面	中丝读数法	往	后—后—前—前
五等	DS_3、DSZ_3	单面	中丝读数法	往	后—前

水准测量的技术要求应符合表 11-15 的规定。

表 11-15 水准测量技术要求

等级	仪器类型	视线长度/m	前后视较差/m	前后视累计差/m	视线离地面最低高度/m	红黑面读数差/mm	黑红面高差较差/mm
二等	DS_1、DSZ_1	50	1.0	3.0	0.5	0.5	0.7
三等	DS_1、DSZ_1	100	3.0	6.0	0.3	1.0	1.5
	DS_3、DSZ_3	75				2.0	3.0
四等	DS_3、DSZ_3	100	5.0	10.0	0.2	3.0	5.0
五等	DS_3、DSZ_3	100	大致相等	—	—	—	—

光电测距三角高程测量应采用高一级的水准测量，联测一定数量的控制点，作为三角高程测量的起闭依据。视距长度不得大于 1km，垂直角不得超过 15°。高程导线的最大长度不应超过相应等级水准路线的最大长度。

光电测距三角高程测量的技术要求应符合表 11-16 的规定。

表 11-16 光电测距三角高程测量的技术要求

等级	仪器	测距边测回数	垂直角测回数		指标差较差/(″)	垂直角较差/(″)	对向观测高差较差/mm	闭合或者环线闭合差/(″)
			三丝法	中丝法				
四等	DS_2	往返各 1	—	3	≤7	≤7	$\leqslant 40\sqrt{D}$	$\leqslant 20\sqrt{\Sigma D}$
五等	DS_2	1	1	2	≤10	≤10	$\leqslant 60\sqrt{D}$	$\leqslant 30\sqrt{\Sigma D}$

注：D 为光电测距边长度，km。

内业计算时，垂直角度的取位应精确至 0.1″，高程的取值应精确至 1mm。水准测量计算时数字的取位，应符合表 11-17 的规定。

表 11-17 水准测量计算数字取位 单位：mm

等级	往返距离总和	往返距离中数	各测站高差	往返测高差总和	往返高差中数	高程
各等	0.1	0.1	0.1	0.1	1	1

11.4.2 GPS 控制网布设

GPS 控制网的布设应根据公路等级、沿线地形地物、作业时卫星状况、精度要求等因素进行综合设计，并编制技术设计书。

路线过长时，可视需要将其分为多个投影带。在各分带交界附近应布设一对相互通视的 GPS 点。同一路线工程中的特殊构筑物的测量控制网应同路线控制网一次完成设计、施测和平差。当特殊构筑物测量控制网的等级要求高时，宜以其作为首级控制网，并据以扩展其他测量控制网。

当 GPS 控制网作为路线工程首级控制网，且需采用其他测量方法进行加密时，应每隔5km 设置一对相互通视的 GPS 点。

当 GPS 首级控制网直接作为施工控制网时，每个 GPS 点至少应与一个相邻点通视。

设计 GPS 控制网时，应由一个或若干个独立观测环构成，并包含较多的闭合条件。

GPS 控制网由非同步 GPS 观测边构成多边形闭合环或附合路线时，其边数应符合下列规定：

（1）一级 GPS 控制网应不超过 5 条；

（2）二级 GPS 控制网应不超过 6 条；

（3）三级 GPS 控制网应不超过 7 条；

（4）四级 GPS 控制网应不超过 8 条。

一、二级 GPS 控制网应采用网连式、边连式布网；三、四级 GPS 控制网宜采用铰链导线式或点连式布网。GPS 控制网中不应出现自由基线。

GPS 控制网应同附近等级高的国家平面控制网点联测，联测点数应不少于 3 个，并力求分布均匀，且能控制本控制网。路线附近具有高等级的 GPS 点时，应予以联测。同一路线工程的 GPS 控制网分为多个投影带时，在分带交界附近应同国家平面控制点联测。GPS 点尽可能和高程点联测，可采用使 GPS 点与水准点重合或 GPS 点与水准点联测的方法。此时的 GPS 点同时兼作路线工程的高程控制点。

平原、微丘地形联测点的数量不宜少于 6 个，必须大于 3 个；联测点的间距不宜大于20km，且应均匀分布。重丘、山岭地形联测点的数量不宜少于 10 个。各级 GPS 控制网的高程联测应不低于四等水准测量的精度。

11.4.3 GPS 控制网的观测工作

GPS 外业观测是利用接收机接收来自 GPS 卫星发出的无线电信号的过程，它是外业的核心工作。

GPS 控制网观测的基本技术指标应符合表 11-18 的规定。

表 11-18 GPS 网观测的基本技术指标

项目		一级	二级	三级	四级
卫星高度/(°)		≥15	≥15	≥15	≥15
数据采集间隔/s		≥15	≥15	≥15	≥15
观测时间	静态定位/min	≥90	≥60	≥45	≥40
	快速静态/min		≥20	≥15	≥10
点位几何图形强度因子 GDOP		≤6	≤6	≤8	≤8
重复测量的最小基线数/%		≥5	≥5	≥5	≥5
施测时段数		≥2	≥2	≥15	≥1
有效观测卫星总数		6	6	4	4

外业观测前要做好精密计划。首先编制 GPS 卫星可见性预报表。预报表包括可见卫星号、卫星高度角、方位角、最佳观测星组、最佳观测时间、点位几何图形强度因子、概略位置坐标、预报历元、星历龄期等。

（1）安置天线

为了避免严重的重影及多路径现象干扰信号接收，确保观测成果质量，必须妥善安置天线。

天线要尽量利用脚架安置，直接在点上对中。当控制点上建有觇标时，应在安置天线之前先放倒觇标或采取其他措施。只有在特殊情况下，方可进行偏心观测，此时归心元素应以解析法测定。

天线定向标志线应指向正北。其中一、二级在顾及当地磁偏角修正后，定向误差不应大于 5°。天线底盘上的圆水准气泡必须居中。

天线安置后，应在每时段观测前后各量取天线高一次。对备有专门测高标尺的接收设备，将标尺插入天线的专用孔中，下端垂准中心标志，直接读出天线高。对其他接收设备，可采用测量方法，从脚架互成 120°的三个空档测量天线底盘下表面至中心标志面的距离，互差小于 3mm 时，取平均值为 L，若天线底盘半径为 R，厂方提供平均相位中心至底盘下表面的高度 h_c，按下式计算天线高：

$$h=\sqrt{L^2-R^2}+h_c$$

（2）观测作业

观测作业的主要任务是捕获 GPS 卫星信号，并对其进行跟踪、处理、量测，以获得所需要的定位信息和观测数据。

在天线附近安放接收机，接通接收机至电源、天线、控制器的连接电缆，并经过预热和静置，即可启动接收机进行观测。

接收机开始记录数据后，观测员可用专用功能键和选择菜单，查看测站信息、接收卫星数量、通道信噪比、相位测量残差、实时定位的结果及其变化、存储介质记录情况等。

观测员操作要细心，在静置和观测期间严防接收设备震动。防止人员和其他物体碰动天线和阻挡信号。

对于接收机操作的具体方法，用户可按随机的操作手册进行。

（3）外业成果记录

在外业观测过程中，所有信息资料和观测都要妥善记录。记录的形式主要有以下两种：

① 观测记录。观测记录由接收设备自动完成，均记录在存储介质（磁带、磁卡等）上，记录项目包括：载波相位观测值及其相应的 GPS 时间、GPS 卫星星历参数、测站和接收机初始信号（测站名、测站号、时段号、近似三维坐标、天线及接收机编号、天线高）。

存储介质的外面应贴标签，注明文件名、网区名、点名、时段号、采集日期、观测手簿编号等。

接收机内存数据文件转录到外存介质上时，不得进行任何剔除或删改，不得调用任何对数据实施重新加工组合的操作指令。

② 观测手簿。观测手簿是在接收机启动前与作业过程中，由观测员及时填写的。路线工程 GPS 控制网的观测手簿见表 11-19。

观测记录和观测手簿都是 GPS 精密定位的依据，必须妥善保管。

表 11-19　GPS 观测手簿

<table>
<tr><td>点名</td><td colspan="2"></td><td colspan="2">等级</td><td colspan="2"></td></tr>
<tr><td>观测者</td><td colspan="2"></td><td colspan="2">记录者</td><td colspan="2"></td></tr>
<tr><td>接收机名称</td><td colspan="2"></td><td colspan="2">接收机编号</td><td colspan="2"></td></tr>
<tr><td>定位模式</td><td colspan="6"></td></tr>
<tr><td>开机时间</td><td colspan="2">h　　min</td><td colspan="2">关机时间</td><td colspan="2">h　　min</td></tr>
<tr><td>站时段号</td><td colspan="2"></td><td colspan="2">日时段号</td><td colspan="2"></td></tr>
<tr><td>天线高/mm</td><td>测前</td><td></td><td>测后</td><td></td><td>平均</td><td></td></tr>
<tr><td>日期</td><td></td><td colspan="3">存储介质编号及数据文件名</td><td colspan="2"></td></tr>
</table>

续表

时间	跟踪卫星号(PRN)	干温/℃	湿温/℃	气压/MPa	测站大地高/m	GDOP
经度(° ′ ″)				纬度(° ′ ″)		
备注						

11.5 路线带状地形图测绘

为了了解路线中线两侧的地形状况，准确计算土方量，合理地解决占用耕地、拆迁房屋、砍伐树木等问题，还需要测绘带状地形图。所谓带状地形图是指在路线工程建设中，按一定走向（沿中线方向）和带状宽度测绘的地形图。带状宽度约100m至300m不等。

路线工程中线点及其横断面线点（如果各断面线平均间距取20m，断面线长100～200m，即中线一侧为50～100m），可作为地形图的碎部点。问题是对所有碎部点如何编码，及对特殊地物如何处理，本节主要介绍这类问题。

11.5.1 地形点的描述

按测量学定义，测量的基本工作是测定点位。即通过测量水平角、竖直角、距离、高差来确定点位，或直接测定点的直角坐标来确定点位。传统的测图工作均是用仪器测得点的三维坐标，然后由绘图员按坐标（或角度与距离）将点展绘到图纸上，司尺员根据实际地形向绘图员报告，测的是什么点（如房角点），这个（房角）点应该与哪个（房角）点连接等等。绘图员则当场依据展绘的点位按图式符号将地物（房子）描绘出。就这样一点一点地测和绘，一幅地形图也就生成了。数字测图经过计算机软件自动处理（自动识别、自动检索、自动连接、自动调用图式符号等），自动绘出所测的地形图。因此，对地形点必须同时绘出点位信息和绘图信息。

综上所述，数字测图中地形点的描述必须具备3类信息：

(1) 测点的三维坐标；

(2) 测点的属性，即地形点的特征信息，绘图时必须知道该点是什么点，地貌点还是地物点（房角、消火栓、电线杆……），有什么特征等等；

(3) 测点间的连接关系，据此可将相关的点连成一个地物。

前一项是点位信息，后两项是绘图信息。

测点的点位是全站仪在外业测量中测得的，最终以x，y，z（H）三维坐标表示。测点时要标明点号，点号在测图系统中应该是唯一的，根据它可以提取点位坐标。

测点的属性是用地形编码表示的，有编码就知道它是什么点，图式符号是什么。反之，外业测量时知道测的是什么点，就可以给出该点的编码并记录下来。

测点的连接信息，是用连接点和连接线型表示的。

野外测量时，知道测的是什么点，是房屋还是道路等，当场记下该测点的编码和连接信息；显示成图时，利用测图系统中的图式符号库，只要知道编码，就可以从库中调出与该编码对应的图式符号成图。也就是说，如果测得点位，又知道该点与哪个点相连，还知道它们对应的图式符号，就可以将所测的地形图绘出来了。这一少而精、简而明的测绘系统工作原理，是由面向目标的系统编码、图式符号、连接信息一一对应的设计原则所实现的。

11.5.2 地形编码

大比例尺数字测图方法在其他一些书籍中都有比较全面地介绍，该法测图在我国已普遍应用，并取得很好的效果。

本节介绍的带状地形图测绘，是在进行路线工程测量（测设中线点和横断点）的同时完成带状地形图测绘工作的。它可以利用测设的中线点和横断点作为带状地形图的碎部点，因此，在地形编码方面有自己的特殊性。

(1) 地貌点的编码

因为测设的中线点和横断点是三维坐标 x、y、z (H)，完全可兼作带状地形的碎部点(地貌点)。一般每隔 20m 测一条横断面，在横断面线上凡特征点均要立点，所以从碎部点的密度讲，是完全能满足规范要求的。这就是说测设的中线点和横断点就作为带状地形图的地貌点，中线点是指地图上沿道路中心线等距分布的点，其编码方法多采用“K0＋公路、省界或管理点编号＋米数”的方式。其中，“K”表示该点为中线点，“0”表示该点在该公路中是第一个中线点，“公路、省级或管理点编号”表示该点所在的公路、省界或管理点的编号，“米数”则表示该点距离该段公路、省界或管理点起点的距离。横断点是指地图上不在中线上，而是在道路的横向控制点上的地貌点，其编码方法则多采用“S＋4 位数字”的方式。其中，“S”表示该点为横断点，“4 位数字”是该点的独立编码，可以根据实际需要进行设定，一般是按照道路的交点顺序逐一编号，例如 S0001、S0002 等。

(2) 地形简单地区地物点的编码

一般考虑拆迁、经济等因素，路线通过地区的地物不会太复杂，也不会太多，因此可采用野外草图加编码的办法，即绘出野外草图并在图上注明编码，编码可采用 3 位数（以和中线点及横断点 4 位数编码相区别）。此时应特别注意草图上的编码和全站仪 PC 卡记录的编码要一致。

习题

1. 控制桩的测量方法有哪些？请简要说明其原理和优缺点。

2. 道路中线测量的内容有什么？它如何测设？

3. 在路基边桩测设实际操作中，有哪些常见的问题和注意事项需要特别关注？请列举至少两个。

4. 路线纵、横断面测量的任务是什么？

5. 桥墩定位有哪几种方法？

6. 请说明隧道贯通误差产生的原因，及允许误差的范围。

7. 如用全站仪直接测设道路中线，其方法步骤如何？

8. 简述隧道控制的常用方法步骤。

9. 在图 11-12 中，A、B、C、D 为桥梁施工控制网点，其中 A、B 位于桥轴线上，P_1、P_2、P_3 为三个桥墩的中心位置，已知 $x_A=0.000$m，$y_A=0.000$m，$x_B=78.000$，

$y_A=0.000$m，$D_{AC}=46.144$m，$D_{AD}=52.187$m，$D_{BC}=98.245$m，$D_{BD}=88.479$m，$D_{AP1}=20.000$m。试分别计算用方向交会法和极坐标法测设 P_1 的放样数据。

10. 桥梁测量的内容分哪几部分？各如何进行？请重点介绍何谓墩台施工定位？简述其定位常用的几种方法步骤。

11. 路线平面控制测量与高程控制测量各分哪几个等级？精度技术要求如何？施测方法怎样？它们各自适用条件怎样？

12. 在测设路线工程图的同时测绘带状地形图有什么优点？地物点如何编码？

第 12 章 管线工程测量

本章导读

本章主要介绍了管线工程测量的内容。其中管道中线测量包括管道主点的测设、中桩的测设、转向角的测量和绘制里程桩手簿；管道断面测绘包括纵断面测绘和横断面测绘；管道施工测量包括施工前的测量工作、施工过程中的测量工作，以及架空管道的施工测量；顶管施工测量包括顶管测量的准备工作和顶进过程中的测量工作；最后一部分是管道竣工测量。

12.1 管道中线测量

随着我国城市化的发展、科技的进步和人民生活水平的提高，城市、工矿企业中敷设的给水、排水、燃气、热力、输电、输油、通信、电视等管线越来越多。为这些管线设计和施工服务的测量工程称管线（Pipeline）工程测量。它的任务有两个方面：一是为管线工程的设计提供地形图和断面图；二是按设计要求将管道位置测设到实地。其工作内容主要有：

（1）收集规划区域大比例尺地形图以及原有管道平面图和断面图等资料；

（2）结合现场勘察，利用已有资料，进行规划设计，纸上定线；

（3）根据初步规划线路，实测（或修测）管线附近带状地形图；

（4）管道中线测量，即在地面上定出管道中心线位置的测量；

（5）测量并绘制管道纵横断面图；

（6）管道施工测量，即管道的实地放样；

（7）管道竣工测量并绘制反映管道实际敷设情况的竣工图，为日后管理、维修、改扩建提供依据。

管线工程多敷设于地下，且各种管道常常互相上下穿插，纵横交错，如果在设计、施工中出现差错，一经埋设，将会为日后留下隐患或带来严重后果。因此管线测量工作必须采用规划区域内统一的坐标及高程系统，并且严格按设计要求进行测量工作，确保工程质量。

管道中线测量就是将设计确定的管道位置测设于实地，用木桩（里程桩）标定，并绘制里程桩手簿。

12.1.1 管道主点的测设

管道的起点、终点和转向点称为管道的主点。主点数据的采集方法，根据管道设计所给的条件和精度要求可采用下述方法。

（1）图解法

当管道规划设计图的比例尺较大，而且管道主点附近又有明显可靠的地物时，可按图解法来采集测设数据。如图 12-1，A、B 是原有管道检查井位置，Ⅰ、Ⅱ、Ⅲ点是设计管道的主点。欲在地面上定出Ⅰ、Ⅱ、Ⅲ等主点，可根据比例尺在图上量出长度 D、a、b、c、d 和 e，即为测设数据。然后沿原管道 AB 方向，从 B 点量出 D 即得Ⅰ点；用直角坐标法从房角量取 a，并垂直房边量取 b 即得Ⅱ点，再量 e 来校核Ⅱ点是否正确；用距离交会法从两个房角同时量出 c、d 交出Ⅲ点。图解法受图解精度的限制，精度不高。在管道中线精度要求不高的情况下，可以采用此方法。

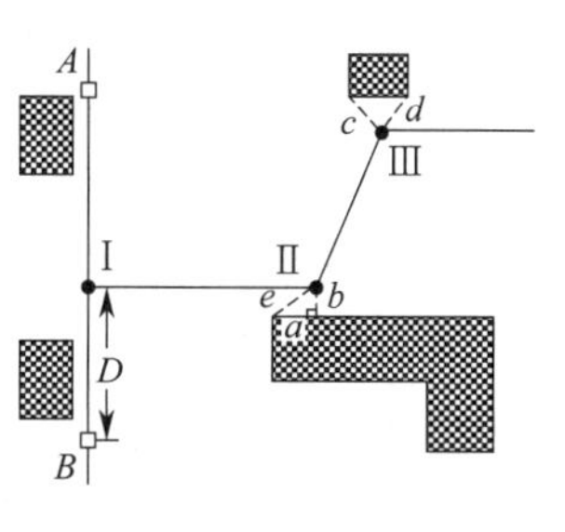

图 12-1　图解法

（2）解析法

当管道规划设计图上已给出管道主点的坐标，而且主点附近又有控制点时，可用解析法来采集测设数据。图 12-2 中 1、2 等为导线点，A、B 等为管道主点，如用极坐标法测设 B 点，则可根据 1，2 和 B 点坐标，按极坐标法计算出测设数据 $\angle 12B$ 和距离 D_{2B}。测设时，安置经纬仪于 2 点，后视 1 点，转 $\angle 12B$，得出 $2B$ 方向，在此方向上用钢尺测设距离 D_{2B}，即得 B 点。其他主点均可按上述方法进行测设。

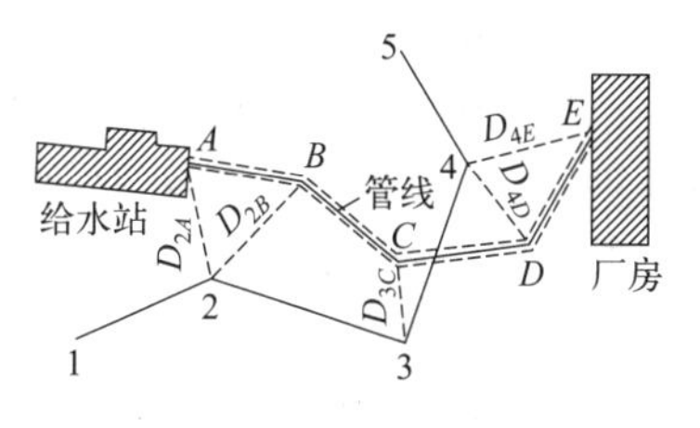

图 12-2　解析法

主点测设工作必须进行校核，其校核方法是：先用主点的坐标计算相邻主点间的长度；然后在实地量取主点间距离，看其是否与算得的长度相符。

如果在拟建管道工程附近没有控制点或控制点不够时，应先在管道附近敷设一条导线，或用交会法加密控制点，然后按上述方法采集测设数据，进行主点的测设工作。

在管道中线精度要求较高的情况下，均用解析法测设主点。

12.1.2　中桩的测设

为了测定管道的长度、进行管线中线测量和测绘纵横断面图，从管道起点开始，需沿管线方向在地面上设置整桩和加桩，这项工作称为中桩测设。从起点开始按规定每隔某一整数设一桩，这个桩叫整桩。不同管线，整桩之间距离不同，一般为 20m、30m，最长不超过 50m。相邻整桩间管道穿越的重要地物处（如铁路、公路、旧有管道等）及地面坡度变化处要增设加桩。

为了便于计算，管道中桩都按管道起点到该桩的里程进行编号，并用红油漆写在木桩侧面，如整桩号为 0＋150，即此桩离起点 150m（“＋”号前的数为公里数），如加桩号 2＋182，即表示离起点距离为 2182m。故管道中线上的整桩和加桩都称为里程桩。为了避免测设中桩错误，量距一般用钢尺丈量两次，精度为 1/1000。不同的管道，其起点也有不同规定，如给水管道以水源为起点；煤气、热力等管道以来气方向为起点；电力电信管道以电源为起点；排水管道以下游出水口为起点。

12.1.3　转向角的测量

管道改变方向时，转变后的方向与原方向的夹角称为转向角（或称偏角）。转向角有左、右之分，如图 12-3 所示，以 $\alpha_{左}$ 和 $\alpha_{右}$ 表示。测量转向角时，安置经纬仪于点 2，盘左瞄准点 1，在水平度盘上读数，纵转望远镜瞄准点 3，并读数，两读数之差即为转向角；用盘右按上法再观测一次，取盘左、盘右的平均数为转向角的结果。转向角也可以测量转折角 β 计算获得。但必须注意转向角的左、右方向。如管道主点位置均用设计坐标决定时，转向角应以计算值为准。如计算角值与实测角值相差超过限差，应进行检查和纠正。

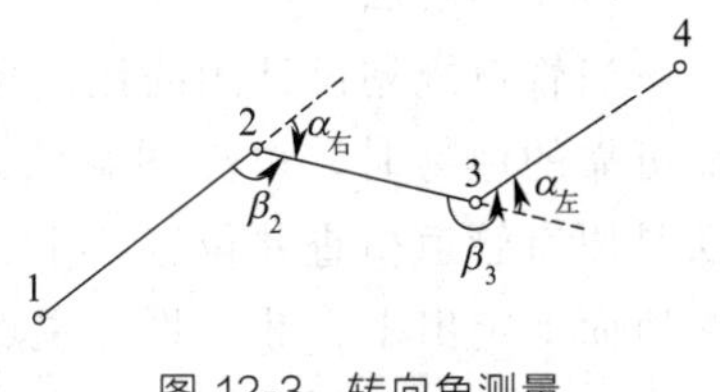

图 12-3 转向角测量

有些管道转向角要满足定型弯头的转向角的要求，当给水管道使用铸铁弯头时，转向角有 90°、45°、22.5°、11.25°、5.625°等几种类型。当管道主点之间距离较短时，设计管道的转向角与定型弯头的转向角之差不应超过 1°～2°。排水管道的支线与干线汇流处，不应有阻水现象，故管首转向角不应大于 90°。

12.1.4 绘制里程桩手簿

在中桩测量的同时，要在现场测绘管道两侧带状地区的地物和地貌，这种图称为里程桩手簿。里程桩手簿是绘制纵断面图和设计管道时的重要参考资料，如图 12-4 所示，此图绘在毫米方格纸上，图中的粗直线表示管道的中心线，0＋000 为管道的起点，0＋340 处为转向点，转向后的管线仍按原直线方向绘出，但要用箭头表示管道转折的方向，并注明转向角值，图中转向角 $\alpha_右=30°$。0＋450 和 0＋470 是管道穿越公路的加桩，0＋182 和 0＋265 是地面坡度变化的加桩，其他均为整桩。

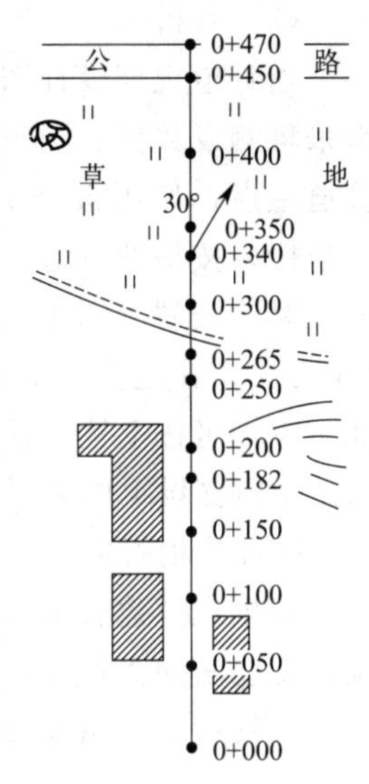

图 12-4 里程桩手簿

测绘管道带状地形图时，其宽度一般为左右各 20m，如遇到建筑物，则需测绘到两侧建筑物，并用统一图式表示。测绘的方法主要用皮尺以交会法或直角坐标法进行。必要时也用皮尺配合罗盘仪以极坐标法进行测绘。

当已有大比例尺地形图时，应充分予以利用，某些地物和地貌可以从地形图上摘取，以减少外业工作量，也可以直接在地形图上标示出管道中线和中线各桩位置及其编号。

12.2 管道断面测绘

12.2.1 纵断面测绘

管道纵断面测量是根据管线附近的水准点，用水准测量方法测出管道中线上里程桩和加桩点的高程，绘制纵断面图，为设计管道埋深、坡度和计算土方量提供资料。为了保证管道全线各桩点高程测量精度，应沿管道中线方向上每隔 1.2km 设一固定水准点，300m 左右设置一临时水准点，作为纵断面水准测量分段闭合和施工引测高程的依据。

纵断面水准测量可从一个水准点出发，逐段施测中线上各里程桩和加桩的地面高程，然后附合到邻近的水准点上以便校核，允许高差闭合差为 $\pm 12\sqrt{n}$（mm）。如图 12-5 所示，管

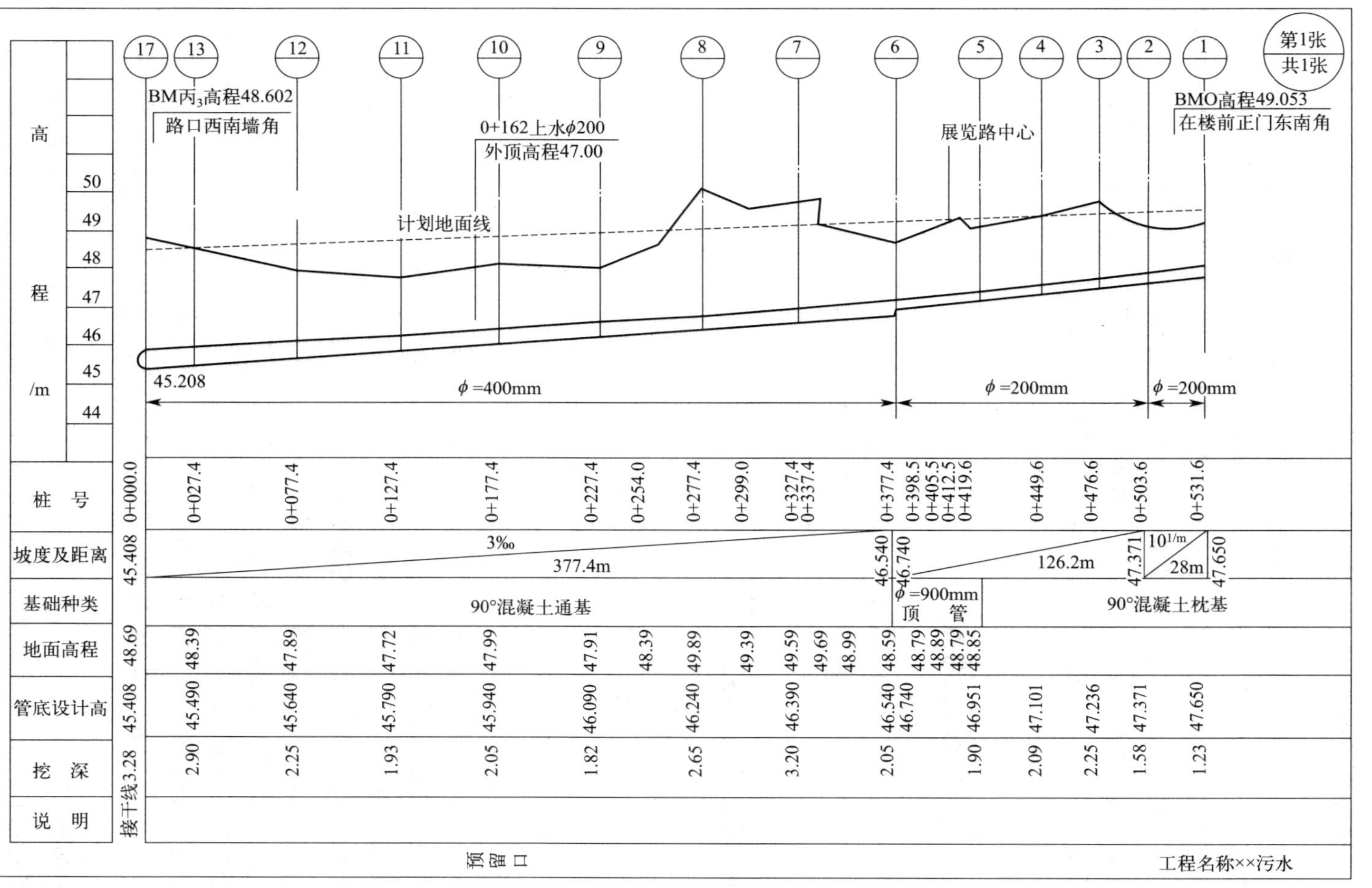
第1张
共1张
BM丙3高程48.602
路口西南墙角
0+162上水φ200
外顶高程47.00
展览路中心
BMO高程49.053
在楼前正门东南角
计划地面线
45.208
φ=400mm
φ=200mm
φ=200mm
高程/m
桩号
坡度及距离
基础种类
地面高程
管底设计高
挖深
说明
3‰
377.4m
126.2m
90°混凝土通基
φ=900mm顶管
90°混凝土枕基
接干线3.28
预留口
工程名称××污水

图 12-5　纵断面绘图

道纵断面图绘制的要点为：一是管道纵断面图的上部，要把本管线和旧管线相连接处以及交叉处的高程和管径按比例画在图上；二是图的下部格式没有中线栏，但有说明栏。

12.2.2 横断面测绘

管道横断面测量测定各里程桩和加桩处垂直于中线两侧地面特征点到中线的距离和各点与桩点间的高差，据此绘制横断面图，供管线设计时计算土石方量和施工时确定开挖边界之用。

横断面测量施测的宽度由管道的直径和埋深来确定，一般每侧为 10～20m。横断面测量方法与道路横断面测量相同。当横断面方向较宽、地面起伏变化较大时，可用经纬仪视距测量的方法测得距离和高程。如果管道两侧平坦、工程面窄、管径较小、埋深较浅时，一般不做横断面测量，可根据纵断面图和开槽的宽度来估算土（石）方量。

12.3 管道施工测量

管道施工测量的主要任务是根据工程进度要求，为施工测设各种标志，使施工技术人员便于随时掌握中线方向及高程位置。施工测量的主要内容为施工前的测量工作和施工过程中的测量工作。

12.3.1 施工前的测量工作

（1）熟悉图纸和现场情况

应熟悉施工图纸、精度要求、现场情况，找出各主点桩、里程桩和水准点位置并加以检测。拟定测设方案，计算并校核有关测设数据，注意对设计图纸的校核。

（2）恢复中线和施工控制桩的测设

在施工时中桩要被挖掉，为了在施工时控制中线位置，应在不受施工干扰、引测方便、易于保存点位的地方测设施工控制桩。施工控制桩分中线控制桩和位置控制桩。

① 中线控制桩的测设。一般是在中线的延长线上钉设木桩并做好标记，如图 12-6 所示。

② 附属构筑物位置控制桩的测设。一般是在垂直于中线方向上钉两个木桩。控制桩要钉在槽口外 0.5m 左右，与中线的距离最好是分米的整倍数。恢复构筑物时，将两桩用小线连起，则小线与中线的交点即为其中心位置。

当管道直线较长时，可在中线一侧测设一条与其平行的轴线，利用该轴线恢复中线和构筑物的位置。

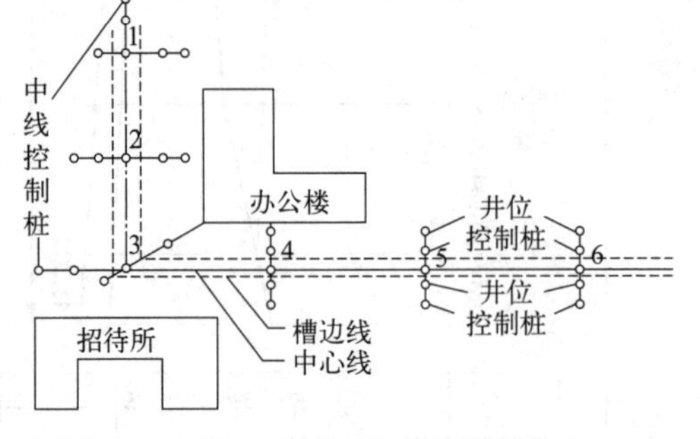

图 12-6 中线控制桩和位置控制桩

（3）加密水准点

为了在施工中引测高程方便应在原有水准点之间每 100～150m 增设临时施工水准点。精度要求根据工程性质和有关规范规定来确定。

（4）槽口放线

槽口放线的任务是根据设计要求、埋深土质情况和管径大小等计算出开槽宽度，并在地面上定出槽边线位置作为开槽边界的依据。

① 当地面平坦时，如图 12-7(a) 所示，槽口宽度 B 的计算方法为

$$B=b+2mh \tag{12-1}$$

② 当地面坡度较大，管槽深在 2.5m 以内时中线两侧槽口宽度不相等，如图 12-7(b) 所示。

$$\left.\begin{aligned} B_1&=\frac{b}{2}+mh_1 \\ B_2&=\frac{b}{2}+mh_2 \end{aligned}\right\} \tag{12-2}$$

③ 当槽深在 2.5m 以上时，如图 12-7(c) 所示。

$$\left.\begin{aligned} B_1&=\frac{b}{2}+m_1h_1+m_3h_3+C \\ B_2&=\frac{b}{2}+m_2h_2+m_3h_3+C \end{aligned}\right\} \tag{12-3}$$

式中　b——管槽开挖宽度；

m_i——槽壁坡度系数（由设计或规范给定）；

h_i——管槽左或右侧开挖深度；

B_i——中线左或右侧槽开挖宽度；

C——槽肩宽度。

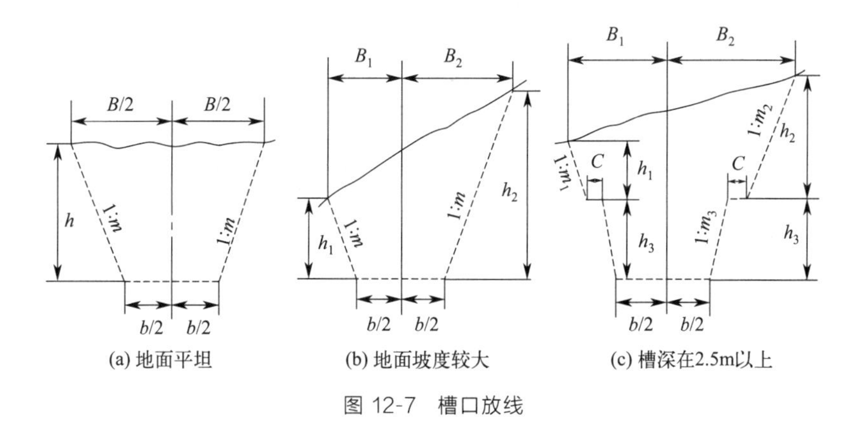

图 12-7　槽口放线

12.3.2　施工过程中的测量工作

管道施工过程中的测量工作，主要是控制管道中线和高程。一般采用坡度板法和平行轴腰桩法。

(1) 坡度板法

① 埋设坡度板。坡度板应根据工程进度要求及时埋设，其间距一般为 10～15m，如遇检查井、支线等构筑物时应增设坡度板。当槽深在 2.5m 以上时，应待挖至距槽底 2.0m 左右时，再在槽内埋设坡度板。坡度板要埋设牢固，不得露出地面，应使其顶面近于水平，如图 12-8 所示。

② 测设中线钉。坡度板埋好后，将经纬仪安置在中线控制桩上将管道中心线投测在坡

度板上并钉中线钉，中线钉的连线即为管道中线挂垂线可将中线投测到槽底定出管道平面位置。

③ 测设坡度钉。在各坡度板上中线钉的一侧钉一坡度立板在坡度立板侧面钉一个无头钉或扁头钉，称为坡度钉；使各坡度钉的连线平行于管道设计坡度线，并距管底设计高程为一分米整倍数，称为下返数。利用这条线来控制管道的坡度、高程和管槽深度。为此按下式计算出每一坡度板顶向上或向下量的调整数，使下返数为预先确定的一个整数。

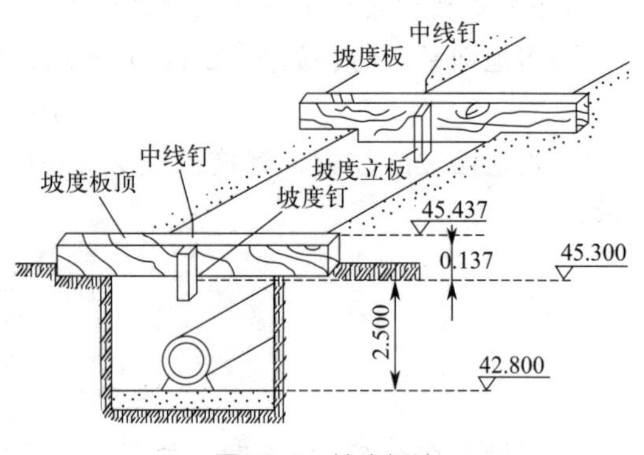

图 12-8 坡度板法

调整数＝预先确定的下返数－(坡度板顶高程－管底设计高程)

调整数为负值时，坡度板顶向下量；反之则向上量。

例如，根据水准点，用水准仪测得 0＋000 坡度板中心线处的板顶高程为 45.437m，管底的设计高程为 42.800m，那么从板顶向下量 45.437－42.800＝2.637（m），即为管底高程。现根据各坡底板的板顶高程和管底高程情况，选定一个统一的分米整倍数 2.5m 作为下返数，见表 12-1，只要从板顶向下量 0.137m，并用小钉在坡度立板上标明这一点的位置，此点即为坡度钉，其高程等于板顶高程减去下返数，且由坡度钉向下量 2.5m 即为管底高程。坡度钉钉好后，应该对坡度钉高程进行测量，并将其与表 12-1 中第 9 列计算出的坡度钉高程进行比较，检核是否相等。

表 12-1 坡度钉测设手簿

里程	距离/m	设计坡度	管底设计高程/m	板顶高程/m	管顶至管底高差/m	下返数/m	调整数/m	坡度钉高程/m
1	2	3	4	5	6	7	8	9
0＋000			42.800	45.437	2.637		－0.137	45.300
	10							
0＋010			42.770	45.383	2.613		－0.113	45.270
	10							
0＋020		－3‰	42.740	45.364	2.624	2.500	－0.124	45.240
	10							
0＋030			42.710	45.315	2.605		－0.105	45.210
	10							
0＋040			42.680	45.310	2.630		－0.130	45.180
	10							
0＋050			42.650	45.246	2.596		－0.096	45.150

用同样方法在这一段管线的其他各坡度板上也定出下返数为 2.5m 的点，则坡度钉的连线与管底的坡度线平行。

(2) 平行轴腰桩法

当精度要求较低或现场不便采用坡度板法时可采用平行轴腰桩法。开工之前，在管道中线一侧或两侧设置一排或两排平行于管道中线的平行轴线桩，桩位应落在开挖槽边线以外，如图 12-9 所示。平行轴线离管道中线的距离为 a，各间距以 15～20m 为宜，在检查井处的轴线应与井位对应。为了控制管底高程，在槽沟坡上距槽底约 1m 测设一排与平行

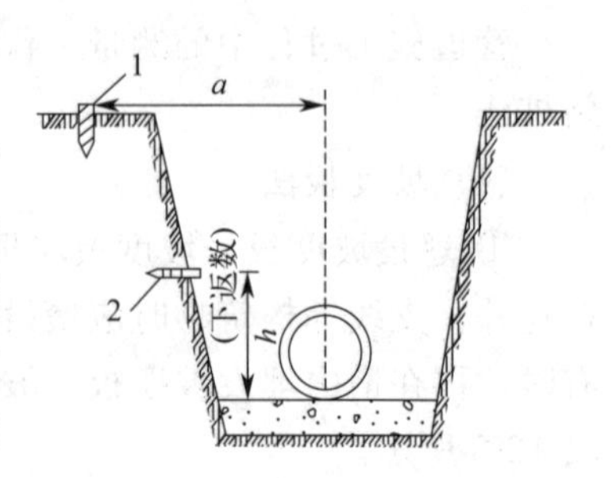

图 12-9 平行轴腰桩法
1—平行轴线柱；2—腰柱

轴线桩相对应的桩，这排桩称为腰桩（又称水平桩），作为挖槽深度、修平槽底和打基础垫层的依据。在腰桩上钉一小钉，使小钉的连线平行管道设计坡度线，并距管底设计高程为一分米的整倍数，即为下返数 h。

12.3.3 架空管道的施工测量

（1）管架基础施工测量。在架空管道基础施工中，要根据支架的中心桩来测设支架基础控制桩。

管线上每个支架的中心桩在开挖基础时将被挖掉，需将其位置引测到互相垂直的四个控制桩 a、b、c、d 上，如图 12-10 所示。根据控制可恢复支架中心 1 的位置并确定开挖边线，进而进行基础施工。

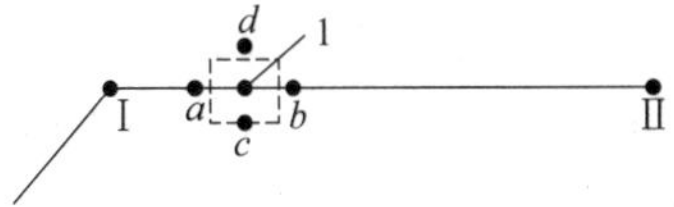

图 12-10 管架基础测量

（2）支架安装测量。架空管道安装在钢筋混凝土支架或钢支架上。管道支架安装时，应进行柱子垂直校正等测量工作，其测量方法、精度要求均与厂房柱子安装测量相同。管道安装前，应在支架上测设中心线和标高。中心线投点和标高测量容许误差均不得超过±3mm。

12.4 顶管施工测量

在管道穿越铁路、公路、河流或建筑物时，由于不能或不允许开槽施工，常采用顶管施工方法。另外，为了克服雨季和严冬对施工的影响，减轻劳动强度和改善劳动条件等也常采用顶管施工方法。

顶管施工时，应在放顶管的两端先挖好工作坑，在工作坑内安装导轨（铁轨或方木），并将管材放置在导轨上，用顶镐将管材沿管线方向顶进土中，然后从管内将土方挖出来。顶管施工测量的主要任务是控制好顶管中线方向、高程和坡度。

（1）顶管测量的准备工作

① 中线桩的测设。中线桩是工作坑放线和坡度板中线钉测设的依据。测设时应根据设计图纸的要求，根据管道中线控制桩，用经纬仪将顶管中线桩分别引测到工作坑的前后并钉以大铁钉或木桩以标定顶管的中线位置（图 12-11）。中线钉好后即可根据它定出工作坑的开挖边界，工作坑的底部尺寸一般为 4m×6m。

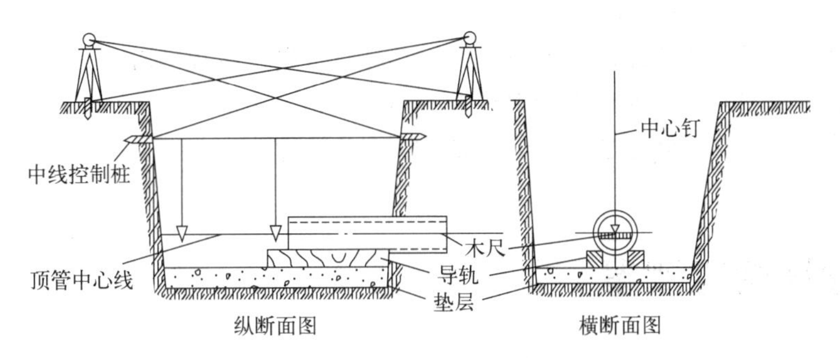

图 12-11 顶管施工中线桩测设

② 临时水准点的测设。为了控制管道按设计高程和坡度顶进，应在工作坑内设置临时

水准点。一般在坑内顶进起点的一侧钉设一大木桩，使桩顶或桩一侧小钉的高程与顶管起点管内底设计高程相同。

③ 导轨的安装。导轨一般安装在土基础或混凝土基础上。基础面的高程及纵坡都应当符合设计要求。根据导轨宽度安装导轨，根据顶管中线桩及临时水准点检查中心线及高程，检查无误后，将导轨固定。

(2) 顶进过程中的测量工作

① 中线测量。如图 12-12 所示通过顶管的两个中线桩拉一条细线，并在细线上挂两个垂球，然后贴靠两垂球线再拉紧一水平细线，这根水平细线即标明了顶管的中线方向。为了保证中线测量的精度，两垂球间的距离应尽可能远些。这时在管内前端横放一水平尺，其上有刻划和中心钉，尺长等于或略小于管径。顶管时用水准器将尺找平。通过拉入管内的小线与水平尺的中点比较，可知管中心是否有偏差。为了及时发现顶进时中线是否有偏差，中线测量以每顶进 0.5～1.0m 量一次为宜。其差值可直接在水平尺上读出，若左右偏差超过 15cm，则需要进行中线校正。

这种方法用于短距离顶管是可行的，当距离较长时，应分段施工，可在管线上每隔 100m 设一工作坑采用对顶施工方法。在顶管施工过程中可采用激光经纬仪和激光水准仪进行导向，从而可保证施工质量，加快施工进度。

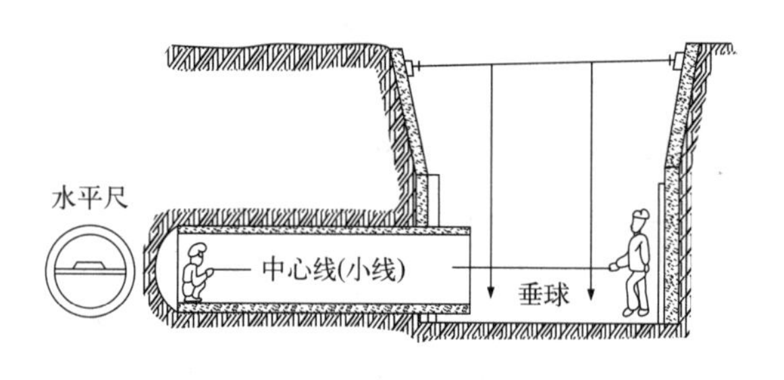

图 12-12　顶管施工中线测量

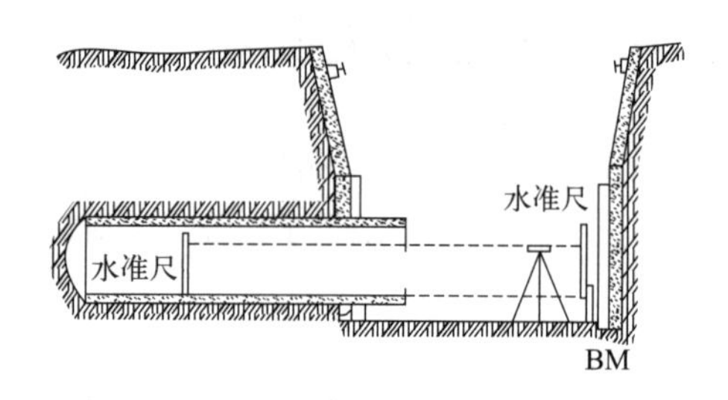

图 12-13　顶管施工高程测量

② 高程测量。如图 12-13 所示，将水准仪安置在工作坑内，后视临时水准点，前视顶管内待测点，在管内使用一根小于管径的标尺，即可测得待测点的高程。将测得的管底高程与管底设计高程进行比较，便可知道校正顶管坡度的数值。一般以工作坑内水准点为依据，按设计纵坡用比高法检验。例如，管道的设计坡度为 5‰，每顶进 1.0m 高程就应升高 5mm，该点的水准尺上读数就应小 5mm。

顶管施工时应满足以下几点要求：

a. 高程偏差：不得高于设计高程 10mm，不得低于设计高程 20mm。

b. 中线偏差：左右不得偏离设计中线 30mm。

c. 管子错口：一般不得超过 10mm，贯通时不得超过 30mm。

12.5　管道竣工测量

管道工程在施工过程中要及时进行竣工测量，整理并编绘全面的竣工资料和竣工图。竣工图是管道建成后进行管理、维修和扩建时不可缺少的依据。

管道竣工图有两个内容：一是管道竣工带状平面图；二是管道竣工断面图。

竣工平面图应能全面地反映管道及其附属构筑物的平面位置。测绘的主要内容有管道的主点、检查井位置以及附属构筑物施工后的实际平面位置和高程。图上还应标有检查井编号、井口顶高程和管底高程，以及井间的距离、管径等。对于给水管道中的阀门、消火栓排气装置等，应用符号标明。图 12-14 是管道竣工平面图示例。

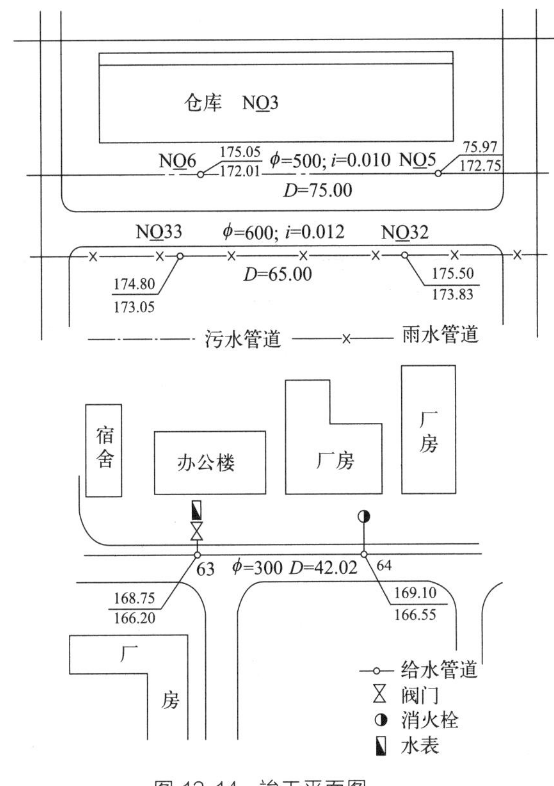

图 12-14　竣工平面图

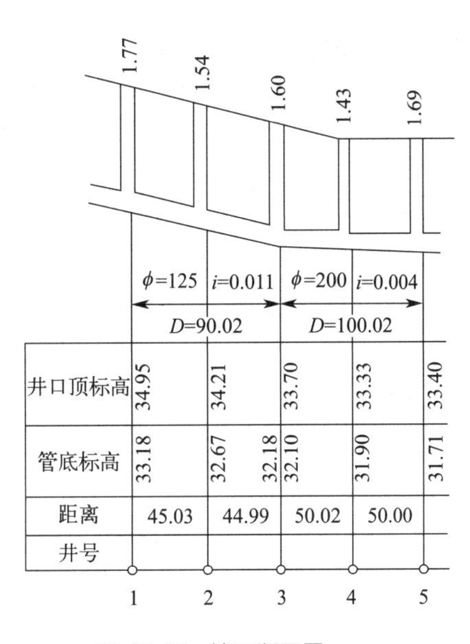

图 12-15　竣工断面图

管道竣工平面图的测绘，可利用施工控制网测绘竣工平面图。当已有实测详细的平面图时，可以利用已测定的永久性建筑物来测绘管道及其构筑物的位置。

管道竣工纵断面图应能全面地反映管道及其附属构筑物的高程。一定要在回填土以前测定检查井口和管顶高程。管底高程由管顶高程和管径、管壁厚度计算求得，井间距离用钢尺丈量。如果管道互相穿越，在断面图上应标示出管道的相互位置，并注明尺寸。图 12-15 是管道竣工断面图示例。

习题

1. 管道工程测量的主要内容有哪些？它的要求是什么？
2. 管道的主点有哪些？主点的测设方法有哪两种？
3. 如何进行管道纵横断面测量？
4. 采用坡度板法进行管道施工测量时如何控制管道中线和高程？
5. 顶管施工测量时如何控制顶管中线方向、高程和坡度？
6. 管道竣工图的内容有哪些？

第13章
地质勘探工程测量

本章导读

本章主要介绍了地质勘探工程测量。其中第一部分是概述，第二部分是地质剖面测量，第三部分是地质填图测量。

13.1 概述

地质勘探一般指包括普查、详查和勘探在内的地质勘探工作。地质勘探工程测量主要为地质勘探工作服务，其主要任务是：

(1) 根据地质勘探工作的需要，为地质勘探区提供相关的控制测量资料和地形图资料。

(2) 按照地质勘探工程的设计要求，在实地定点、定线，提供相关工程的施工位置和方向，指导地质勘探工程的施工。

(3) 及时准确地测量已施工的相关工程的平面坐标和高程，为编写地质报告和计算储量提供必要的测绘资料。

地质勘探工程测量的主要内容包括地质填图测量，勘探线及勘探网的测设，钻孔、探井、探槽等项目的勘探工程测量，地质剖面测量。

进行地质勘探工程测量时，首先在地质勘探区建立测量控制网作为地质勘探工程测量的依据。勘探区的首级平面控制网可以根据勘探区的勘探面积、勘探网的密度和现场地形条件，布设成四等独立控制网、导线网或GPS网，以首级平面控制网为基础，可以采用线形锁、交会法及导线法加密平面控制网点。勘探区的首级高程控制网可以采用四等水准测量的方法或者精密三角高程测量的方法实测，加密点的高程可以首级高程控制网为基础，采用一般水准测量或一般三角高程测量的方法实测。如果地质勘探区在进行地形测量时布设有地形测量控制网，且地形测量控制网的精度能够满足地质勘探工程测量的要求时，可以将其作为地质勘探工程测量的控制网，若密度不够时可采用适当的方法进行加密。

13.2 地质剖面测量

地质剖面测量一般按给定的勘探方向进行。通过剖面测量，测定勘探方向上剖面点（包括钻孔、探井等勘探工程点以及地质点、地物点、地形特征点）的点位，并按一定的比例绘制成地质剖面图。

地质剖面测量的目的是了解各个时代的地层层序、地层或岩层的厚度、岩性特征、标志层以及地质构造形态等。对于精度要求不高的地质剖面，可以在现有的地形地质图上进行切绘。如果地形地质图的精度不能满足绘制剖面图的要求，或者在半暴露或全暴露地区，其地质剖面必须在现场实测。

进行地质剖面测量时，首先进行剖面定线，建立剖面线上的起讫点和转点，然后进行剖面测量，最后绘制地质剖面图。

（1）剖面定线

剖面定线的目的是在实地确定剖面线的位置和方向。如果剖面线是由地质人员根据设计资料结合现场实际情况选定的，那么剖面线端点的坐标和高程应由测量人员根据附近控制点的坐标和高程采用一定的方法测定。如果剖面线端点的坐标已经设计好，那么测量人员应根据附近控制点的坐标采用一定的方法将剖面线端点的平面位置测设到实地并实测剖面线端点的高程。如果剖面线两个端点之间距离太长或者两个端点之间互不通视，则需要在剖面线上适当的位置增设转点，并用木桩作为标记，转点的布设及实测方法与端点基本相同。剖面测量时，通常要在端点和转点上竖立标杆，供照准和标定方向使用。

（2）剖面测量方法

剖面测量方法以及所使用的仪器，应根据剖面图的比例尺及现场地形条件等方面的因素进行选择。如果剖面图的水平比例尺为 1∶10000 或者大于 1∶10000，则必须使用经纬仪、全站仪或者 GPS 进行测量。如果使用经纬仪或全站仪进行剖面测量，其施测方法如图 13-1 所示，将仪器安置在 a 点，照准剖面线上的端点或者转点，标定出视线方向，测量 a 点与剖面点 b、c、d 之间的水平距离及 b、c、d 点的高程。如果视线较长或者通视条件较差，可将仪器从 a 点移至转 Z 点，继续往前进行剖面测量，直到剖面线的末端为止。有条件的可以采用动态 GPS 测量的方法进行剖面测量，以便提高剖面测量的效率。

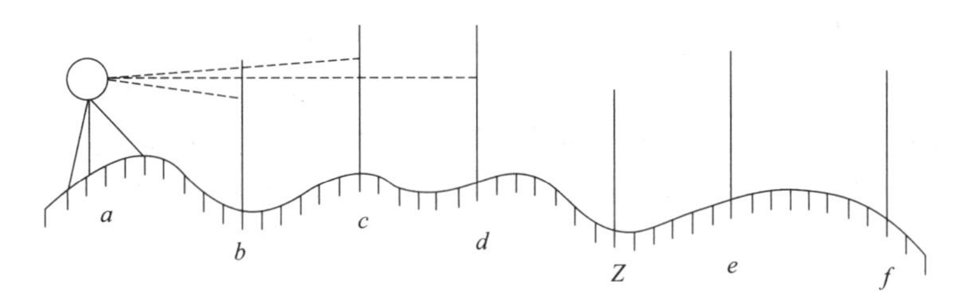

图 13-1　剖面测量

剖面点的密度取决于剖面图的比例尺、现场地形条件、勘探工程点及地质点的分布情况，一般在剖面图上每隔 1cm 施测一个剖面点。

（3）剖面图的绘制

剖面图一般根据各点的高程及各点之间的水平距离进行绘制。其方法如图 13-2 所示，首先在方格纸上画一条水平线，根据各点间的水平距离，按规定的水平比例尺将各点标出，再根据各点的高程，按竖直比例尺（一般与水平比例尺相同）分别在各点的竖直线上定出各剖面点的位置，并将相邻剖面点连成光滑的曲线即为剖面图。对于勘探工程点以及主要地质点应在剖面图上加注编号等注记。剖面图也可以直接用 CAD 绘制。

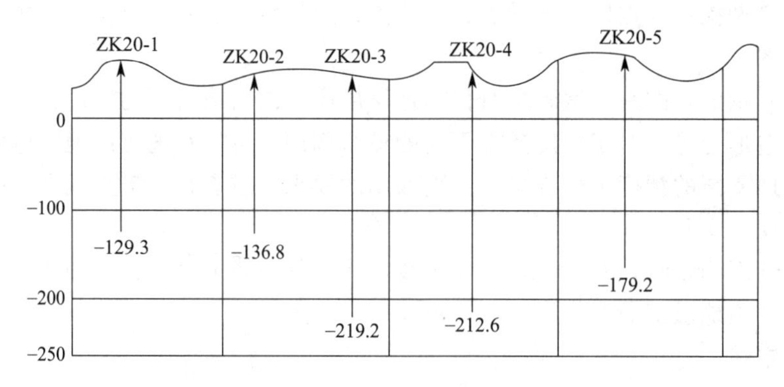

图 13-2　某矿区剖面图

13.3　地质填图测量

13.3.1　概述

在地质勘探阶段，一般需进行大比例尺地质填图，以便详细地弄清地面的地质情况，为下一步的勘探工作提供依据。地质填图一般以地形图作为底图，将矿体的分布范围及品位变化、围岩的岩性及地层的划分、矿区的地质构造类型及水文地质情况填绘到图上，形成一张地质图。地质图可用作地质综合分析，解释成矿的地质条件和矿床类型，为矿区的勘探工程设计和矿产储量计算提供依据。

如果矿床的生成条件较为简单，产状比较规律、规模较大、品位变化较小，则采用的填图比例尺可以小一些，否则，采用的填图比例尺应大一些。勘探阶段的地质填图比例尺通常为 1∶10000、1∶5000、1∶2000、1∶1000。对于煤、铁等沉积矿床，地质填图比例尺一般为 1∶10000、1∶5000；对于铜、铅、锌等有色金属的内生矿床，地质填图比例尺一般为 1∶2000、1∶1000；对于某些稀有金属矿床，地质填图比例尺一般为 1∶500。

无论何种比例尺的地质填图测量，其基本工作都是从地质点测量开始，然后根据地质点描绘各种岩层和矿体的界线，并用规定的符号填绘到图上，最后生成所需的地质图。因此，地质填图测量包括地质点测量和地质界线测量两个步骤，其中地质点测量是地质填图测量的基本工作。

13.3.2　地质点测量

地质点包括露头点、构造点、岩体和矿体的界线点、水文点和重砂点等。地质点一般以控制点为基础，采用极坐标法施测。在测区内应布设有足够的控制点作为测站点。

（1）施测前的准备工作。施测前应准备好作为底图的地形图、地质点分布图及控制点资料，并对控制点进行图上对照检查，拟定好工作实施计划。

（2）测站点的选择。进行地质点测量时，要充分利用测区内已有的控制点，如果控制点较少，可采用适当的方法进行加密。对于 1∶10000～1∶2000 的地质填图测量，可采用图解交会法进行加密。

如果测区地形地质图的等高距为 0.5m，则测站点的高程采用等外水准测量的方法测定；如果测区地形地质图的等高距为1m，则测站点的高程可采用一般三角高程测量方法测定。

(3) 地质点的测定。地质点的位置一般由地质人员确定，并由测量人员在现场测定。地质点的测定方法与地形测量中碎部测量的方法基本相同。首先在测站点上安置全站仪或者经纬仪，对中、整平后瞄准另一控制点，然后测量测站点与另一控制点及测站点与地质点之间的水平角、测站点到地质点的水平距离、地质点的高程，然后用极坐标法将地质点展绘到图上。有条件时可采用动态GPS测量方法直接测定地质点的坐标和高程。

13.3.3　地质界线的圈定

在测定地质点的基础上，根据矿体和岩层产状与实际地形的关系，将同类地质界线点连接起来，形成地质界线。地质界线的圈定一般由地质人员在现场进行，也可以由地质人员根据现场记录在室内完成。图13-3是以地形图作为底图测绘出的某矿区地质图，图中虚线表示地质界线，其中虚线1-2表示侏罗系（J）和三叠系（T）的地层分界线，P为二叠系、C为石炭系、D为泥盆系、S为志留系。

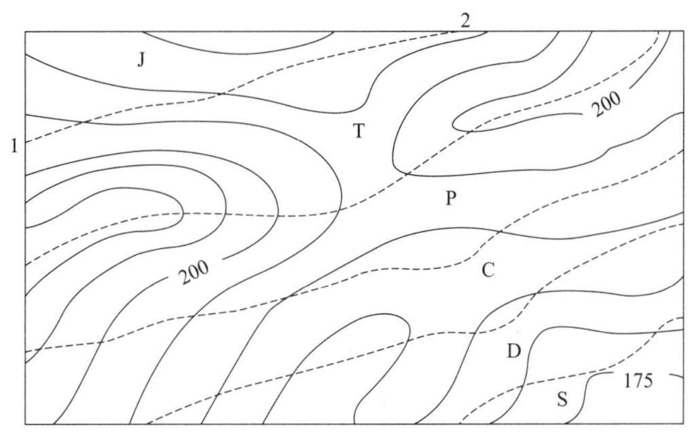

图13-3　某矿区地质图

地质工程勘探网一般由基线（如图13-4中的双线）和与之相垂直的若干条勘探线（如图13-4中的单线）组成。基线一般选择在主矿体中部且通视条件良好的地方。根据地质工程设计要求，需布设一些勘探线，勘探线两端点应设立地面标志并测定其坐标。地质钻孔一般布设在勘探线上，因此需进行勘探线的剖面测量。

勘探网的布设一般由地质人员在勘探网设计图或者地形地质图上进行。如果测区布设有测量控制网，勘探网的起算数据可由地质人员在现场指定某一基点及一方位，再与已知控制点联测确定。

勘探网中各交叉点的理论坐标按勘探网的间距根据起算数据进行推算，再按设计数据计算各勘探线端点、勘探线上工程点的理论坐标。若勘探线通过山顶、山脊等点位处，可选作剖面控制点（简称剖控点），对于剖控点，其理论坐标也需要计算出来。勘探线端点、工程点、剖控点的位置可根据其理论坐标由控制点的坐标采用全站仪极坐标法、角度交会法确定。经纬仪视距极坐标法由于精度较低一般用于工程点位的布设。有条件时可采用动态GPS的方法布设勘探线端点、工程点、剖控点的点位。如果勘探网中各交叉点不是工程点，这些交叉点只有理论设计意义，不必布设于实地。

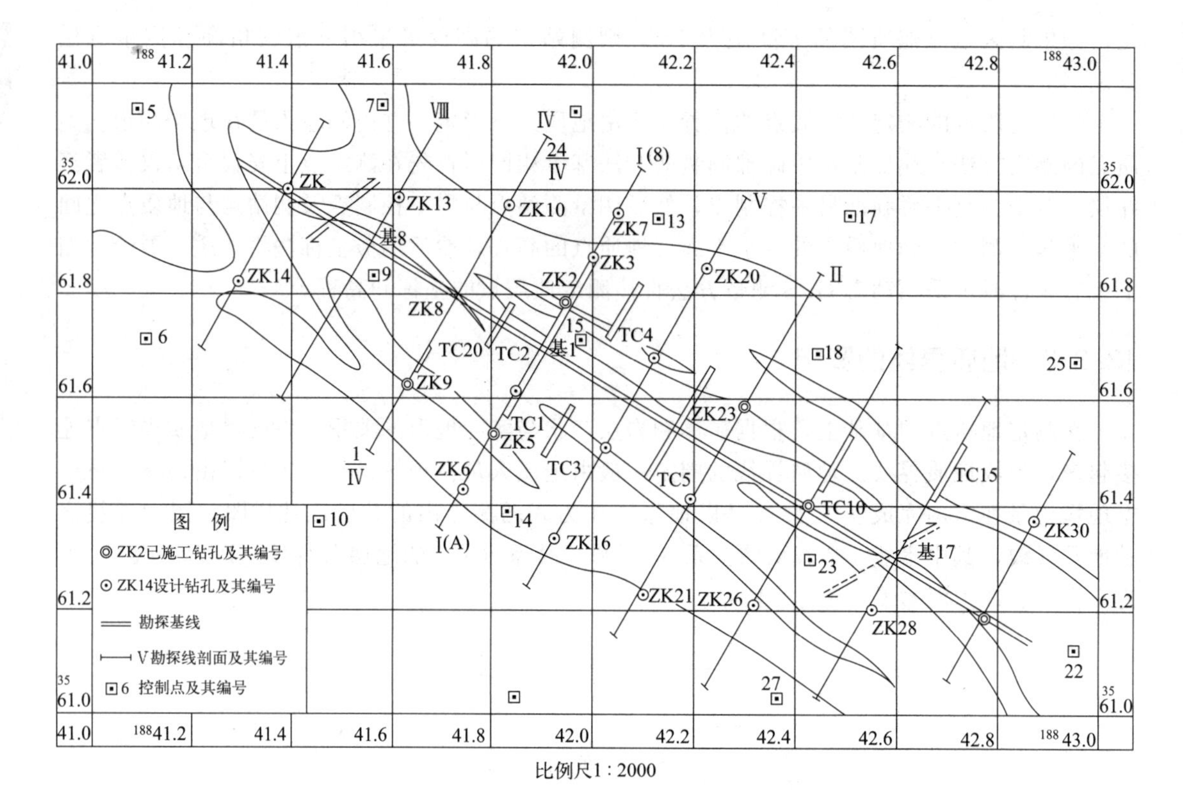

图 13-4 某矿区勘探工程设计平面图

如果测区没有布设测量控制网，则需测设勘探基线作为勘探工程测量的基础。测设勘探基线时，一般由地质人员确定某一基点和某一方位后，按设计的勘探剖面线间距，施测基线上各交叉点的位置。

勘探基线测设前，应先定线，定线时应尽量选择较远的前方制高点作为定向点，且应采用正倒镜观测。定线过程中同时确定基线与剖面线的交叉点以及基线上的转站点。在转站点上以后视方向继续向前定向时，也应进行正倒镜观测。经定线和量距确定的转站点及交叉点，应用木桩或标石进行标记。勘探基线的距离测量一般采用全站仪往返观测一测回，有条件时可采用GPS进行勘探基线的测量。

习题

1. 地质勘探工程测量的主要任务是什么？
2. 地质勘探工程测量包括哪些内容？
3. 简述剖面测量的方法。
4. 地质填图测量包括哪些内容？
5. 如何测设勘探网点的平面位置？

第 14 章 矿山测量

本章导读

本章主要介绍了矿山测量。第一部分是矿山测量概述，其中包括矿山测量的任务，矿山测量的作用以及矿山测量的工作特点；第二部分是矿井测量，包括矿井平面控制测量，矿井高程测量，矿井平面联系测量以及矿井高程联系测量；第三部分是 MAPGIS 在矿山测量中的应用，其中包括矿山测量技术概述，地理信息系统的应用以及 MAPGIS 的结构及功能；第四部分是摄影测量在矿山测量中的应用，包括摄影测量概述，摄影测量的基本知识，数字摄影测量的设计与实施和几种常见的摄影仪。

14.1 矿山测量概述

14.1.1 矿山测量的任务

矿山测量（Mine Survey）是矿山建设与生产时期全部测量工作的总称。矿山测量为采矿工程提供各种信息和保证，它的主要任务是：

（1）建立矿区地面控制网和测绘 1/5000～1/500 的地形图；

（2）进行矿区地面与井下各种工程的施工测量和验收测量；

（3）测绘和编制各种采掘工程图和矿山专用图；

（4）进行岩层与地表移动的观测与研究，为合理利用矿产资源和安全开采提供资料；

（5）参加采矿计划的编制，并对资源利用及生产情况进行检查和监督。

14.1.2 矿山测量的作用

我国幅员辽阔，矿产资源丰富，矿山开采有着悠久的历史。几十年来，我国的矿山测量工作也有了很大提高，各矿山建立了专门的测量机构，对于保证和促进采矿工业安全、经济、合理的高速发展，起着重要作用。矿山测量的作用主要体现在以下几个方面：

（1）在编制生产计划方面

现代化的矿山，具有开拓在不同方向上和不同深度的复杂的地下井巷系统，这个系统在时间上和空间上又都在不断地变化着。矿山测量及时地、准确地掌握和提供这个系统的各方面信息，成为编制生产计划和指挥生产的可靠依据。

（2）在安全生产方面

对于地下具有多个工作面的立体化生产体系，矿山测量为其提供准确的地下工程之间的相互位置，地下工程的地质环境与位置，地上、下构筑物与工程间的相互位置，对于避免工程事故和对自然灾害进行有效救援，起着重要作用。

(3) 在资源利用方面

矿山测量通过对岩层及地表移动的观测，研究开采破坏规律，提出合理的保安设计，使矿产资源得到充分的开采。另外，矿山测量在勘探与生产的各个阶段，亦可以通过准确的测定与测设，使矿产资源得到充分利用，有效地减少开采损失。

(4) 在保证工程质量方面

矿山工程和所有建设工程一样其工程设计的实施、工程质量的保证，离不开准确的测设、质量检查和工程验收等一系列测量工作。所不同的是，在地下开采形成的特殊空间里，由于互不通视，测量工作显得更加重要和必不可少。所以矿山测量被称为采矿工程的“眼睛”。

14.1.3 矿山测量工作的特点

矿山测量由于其大量井下作业的特殊性，因此具有下述特点：

(1) 测量对象方面

矿山测量的对象与地面测量的对象在实质上并无区别，因为都是点位的问题。但是，地面测量的对象具有一定的相对稳定性，而矿山测量的对象则在时间与空间上是不断变化的，测量工作必然受到时间与空间的限制。因此要求矿山测量工作必须跟随采矿工程的进展而进行。

(2) 工作条件方面

井下测量的空间是各种巷道与采场，由于巷道狭窄，加之各种管道、车辆、行人、风流等都在其中通过或活动，必然对测量工作产生干扰或阻碍，此外还有照明条件差，通视困难等。因此要求在井下测量时，应尽量避开行人、车辆和管道，采用专门的照明设备和特殊的仪器工具，使之适应这样的工作条件。有时甚至需要暂时停产，否则就无法完成测量工作。

露天矿山虽然空间大，但是由于采场中运输紧张、灰尘大、生产台阶高，不仅通视困难而且随着台阶的推移，控制点不断遭到破坏，所以测量方法也要与之相适应。

(3) 测量精度分布方面

地面测量，由于空间开阔，可以根据测量工作的原则，一次完成全面控制网布设并进行统一平差。这样，测区各控制点的精度是基本相同的，同一比例尺图的精度分布也是均匀的。而在井下测量，只能随着采掘工程的进展，从无到有，从小到大，逐渐延伸，所以测量精度的分布就不均匀。当然，随着陀螺经纬仪的使用，其方位精度已得到改善。

14.2 矿井测量

14.2.1 矿井平面控制测量

14.2.1.1 井下平面控制测量概述

(1) 井下平面控制测量的主要目的

在井下建立统一的平面坐标系统，为井下生产提供可靠的数据。

（2）井下平面控制测量的特点

井下测量时，受井下条件所限，只能沿巷道设点，最初只能布设成支导线的形式，随着巷道不断向前延伸及巷道数量的不断增多，逐渐可以布设成闭合导线、复合导线及导线网等。

（3）井下经纬仪导线的形状

井下经纬仪导线的形状也和地面一样有复合导线、闭合导线、支导线及导线网等。一般来说，基本导线在主要巷道时多布设成支导线形式，但当已掘巷道增多时，则可形成闭合导线、复合导线及导线网。

（4）井下经纬仪导线点的分类及编号

井下导线点按其使用时间的长短分为永久点和临时点两类。永久点使用时间较长，应设置在便于使用和便于保存的稳定的硐顶上或巷道顶、底板的岩石内；临时点保存时间较短，一般设在顶板上或牢固的棚梁上。

我国绝大多数矿井都将导线点设置在巷道的顶板上或棚梁上，这是因为点在顶板上不仅使用方便，容易寻找，不再易被井下行人或运输车辆破坏，而且用垂球对中时，仪器在点下对中比点上对中要精确一些。只有在顶板岩石松软、破碎、容易移动或某些特殊的情况下，才将其设置在巷道的底板上。

永久导线点应设置在矿井的主要巷道内，一般每隔300～500m设置一组，每组不得少于3个点，有条件时，可在主要巷道内全部埋设永久导线点。

至于临时点，可设置在棚梁上，也可用水泥或水玻璃粘在顶板上。

导线点的编号应力求简单易记，并能根据编号推知测点所在巷道的位置。用罗马字母、英文字母以及阿拉伯数字的适当组合可达到上述要求。

14.2.1.2 井下经纬仪导线的外业

（1）导线点的选择和设置

选择导线点时，应综合考虑以下要求；

① 导线点应尽量设在稳固的硐顶、棚梁或顶板的岩石中，选择能避开电缆和淋水且不影响运输之处，以便保存和观测。

② 相邻导线点应通视良好，间距尽量大而均匀。基本控制导线边长不小于30m，钢尺量边时以90m左右为宜，采区控制导线的边长应不小于15m。

③ 凡巷道分岔、拐弯、变坡点和已停止掘进的工作面等处均应设点，从选定该处点以前的2～3个测点开始，应注意调整边长，避免出现较长边与较短边相邻的情况。

④ 选点时应综合考虑各种情况，使测点的分布更为合理。永久点应于施测前1～2天设置完毕，临时点和次要巷道的点也可边选边测。

（2）人员构成

水平角观测井下测量组一般由5人组成，测角时，观测，记录，前、后视，照明各一人。

（3）边长测量

边长测量通常在测角之后进行，有钢尺量边和光电测距仪量边两种方法。

① 钢尺量边。采用钢尺量边时，两人拉尺，两人读数，一人记录并测记温度。用钢尺丈量基本控制导线边长时，应遵守以下规定：

a. 用一定的拉力将钢尺悬挂起来，在空中进行长度的测量，并测量此时的温度。

b. 分段丈量时，最小尺段长度不得小于10m，定线偏差小于5cm。

c. 每尺段应以不同起点读数3次，读至毫米，长度互差不应大于3mm。

d. 导线边长必须往返丈量，丈量结果加入尺长、温度、垂曲、倾斜改正数变为水平边长后，互差不得大于该边长的1/6000。

在边长小于15m或倾斜角大于15°的倾斜巷道中丈量边长时，往返丈量水平边长的允许互差可适当放宽，但不得大于该边长的1/4000。

e. 丈量采取控制导线边长时，可凭经验拉力，不测温度，采用往返丈量或错动钢尺位置1m以上的方法丈量两次，其互差均不得大于该边长的1/2000。

② 光电测距仪量边。光电测距仪量边方法已经在矿井测量中广泛采用，当井下采用光电测距仪测量边长时，应遵守以下作业要求：

a. 作业前，应对测距仪进行必要的检查和校正。

b. 气压的测定应读至100Pa，温度的测定应读至1℃。

c. 每条边的测回数不得少于两个，采用单向观测或往返（或同时间）观测时，其限差为：一测回读数较差不得大于10mm，单测回间较差不得大于15mm；往返（或不同时间）观测同一条边长时，换算为水平距离（经气象和倾斜改正）后的互差，不得大于该边长的1/6000。

d. 作业人员必须经过专业训练，并按测距仪使用说明书的规定进行操作和维护仪器。

e. 仪器严禁淋水和拆卸，应建立电源使用卡片，定时充电。

f. 仪器在井下使用时，应严格遵守《煤矿测量规程》的有关规定。

（4）导线的延长及检查

井下导线都是随巷道掘进分段测设的，亦即逐段向前延测。一般规定，基本控制导线每隔300～500m延测一次；采区控制导线随巷道掘进每30～100m延测一次。

14.2.1.3 井下经纬仪导线测量的内业

井下经纬仪导线测量的内业是在外业工作全部完成之后进行的，在内业计算前，应根据《规程》要求，对外业记录和计算进行严格的检查，在确认准确无误后，方可进行计算。

通过内业计算，求得各导线边的方位角和各导线点的坐标，并展点绘图，以便为后续测量及施工提供准确的资料。

内业计算步骤同地面导线测量。

14.2.2 矿井高程测量

（1）井下高程概述

井下高程测量的目的就是要解决各种采掘工程在竖直方向上的几何关系问题。其具体任务有以下几项：

① 在井下建立与地面统一的高程系统。

② 确定井下各主要巷道内水准点与永久导线的高程以建立井下高程控制网。

③ 巷道掘进时，给定巷道在竖直面内的方向。

④ 确定巷道底板的高程。

井下高程测量以矿井高程联系测量得到的高程起始点为依据，测定井下导线点和高程点的标高。同地面一样，确定井下点的高程仍可采用水准测量和三角高程测量的方法。

井下高程点应埋设在巷道顶、底板或两帮的稳定岩石中、碉体上或井下永久固定设备的基础上。永久导线点也可作为高程点。所有的高程点都应统一编号，并将编号明显地标记在高程点的附近。

高程点一般应每隔 300～500m 设置一组，每组至少应由三个高程点组成，两高程点间距离以 30～80m 为宜。

（2）井下水准测量

当巷道的倾角不超过 8°时，宜采用水准测量方式来测定高程点间的高差。

井下水准测量路线可布设成附合路线、闭合路线、水准网及水准支线等形式。

由于井下高程点有的设在底板上，有的设在顶板上，因此观测时水准尺应相应地正立或倒立。这样在计算高差时，可能出现如图 14-1 所示的四种情况。

① 后视立尺点在顶板（尺须倒立），前视立尺点在底板，如图 14-1(a) 所示，则

$$h=-a-b=(-a)-b \tag{14-1}$$

② 前、后视立尺都在底板上，如图 14-1(b) 所示，则

$$h=a-b \tag{14-2}$$

③ 后视立尺点在底板，前视立尺点在顶板上（尺子须倒立），如图 14-1(c) 所示，则

$$h=a-(-b) \tag{14-3}$$

④ 前、后视立尺点都在顶板上（前、后视尺均倒立），如图 14-1(d) 所示，则

$$h=b-a=(-a)-(-b) \tag{14-4}$$

在上述四种情况中，不难看出，凡水准尺倒立于顶板时，只需在读数前面加上负号就可参加计算，计算两点间的高差仍和地面一样，即 $h=a-b$。测点在顶、底、左右帮的位置可用符号“┬”“┴”“├”“┤”形象地表示。

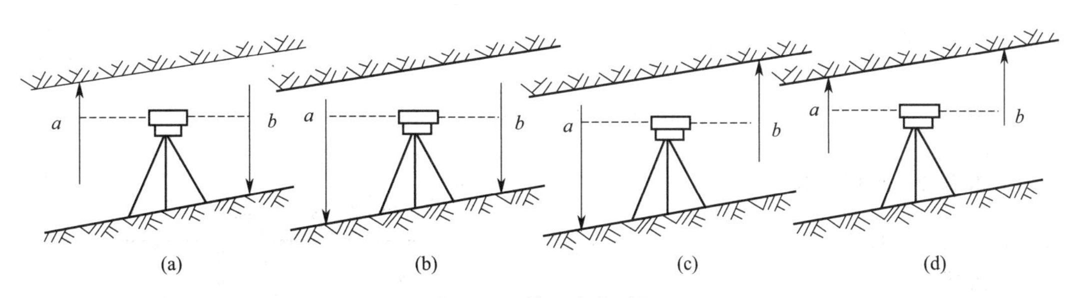

图 14-1　井下水准测量

（3）井下三角高程测量

适用于倾角大于 8°的主要倾斜巷道。

高差可按下式计算：

$$h=L\sin\delta+i-v \tag{14-5}$$

式中，L 为加各项改正数后的倾斜长。

由于测点所处的位置不同，利用上式计算高差时，应当注意，当测点在顶板上时 i 和 v 的数值前面应加上“－”号；δ 的符号则由实测的倾角决定，仰角时为“＋”，俯角时为“－”。

14.2.3 矿井平面联系测量

为了满足矿井日常生产、管理和安全等需要，要将矿井地面测量和井下测量联系起来，建立统一坐标系统。这种把井上、井下坐标系统统一起来所进行的测量工作就称为矿井联系测量。矿井联系测量分为矿井平面联系测量和矿井高程联系测量。矿井平面联系测量解决的是井上、井下平面坐标系统的统一问题；矿井高程联系测量解决的是井上、井下高程系统的统一问题。

14.2.3.1 矿井平面联系测量概述

(1) 矿井平面联系测量的任务：根据地面已知点的平面坐标和已知边的方位角，确定井下导线起算点的平面坐标和起算边的方位角。

(2) 矿井平面联系测量的方法：主要分为几何定向和物理定向两种。几何定向又分为一井定向和两井定向两种；物理定向即陀螺定向。

矿井平面联系测量，简称“定向”，其原理是方位角和倾角测量，如图 14-2 所示。定向测量是使用专门的仪器（如陀螺仪、方位仪等）测量矿井的方位角（水平方向）和倾角（垂直方向）。这些仪器可以通过感应地球磁场或利用加速度计等，确定矿井在三维空间中的方向和倾斜程度。通过定向测量，可以确定矿井在地下的位置和走向，有助于地质勘探、导航和矿井工程设计等。定向测量技术可以提供准确的地下空间信息，为矿山和隧道工程的规划和建设提供重要的参考数据。

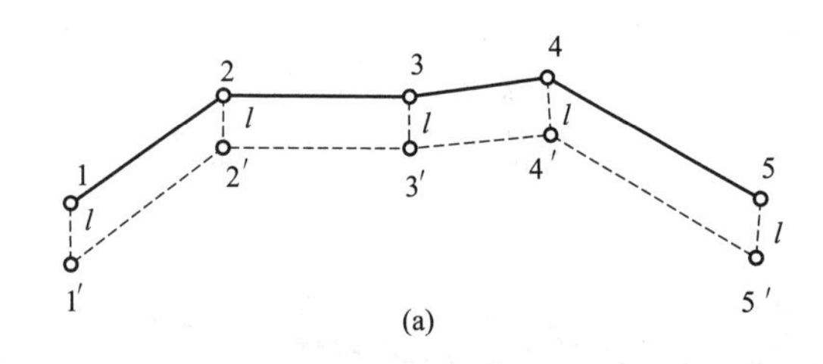

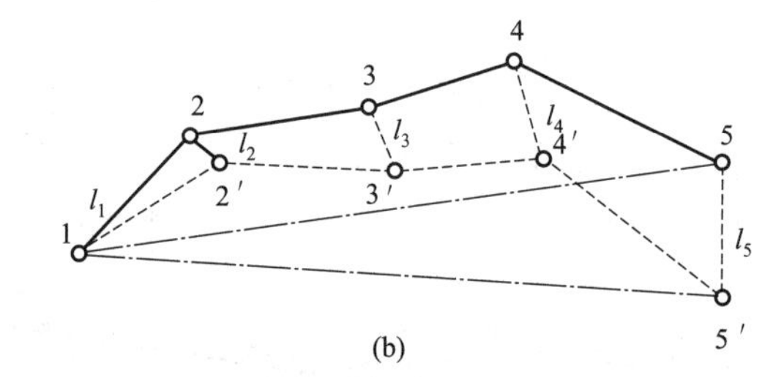

图 14-2 矿井平面联系测量

14.2.3.2 几何定向

(1) 一井定向

① 概述

通过一个竖井进行定向，就是在井筒内挂两条吊锤线，在地面上根据控制点测定两吊锤线的坐标以及连线的方位角。在井下，根据投影点的坐标及其连线方位角，确定地下导线的起算坐标与方位角（见图 14-3）。一井定向工作分为投点（由地面向定向水平投点）和连接（地面和定向水平上与悬挂的钢丝连接）两个部分。

a. 投点是以井筒中悬挂的两根钢丝形成的竖直面将井上的点位和方向角传递到井下的过程。

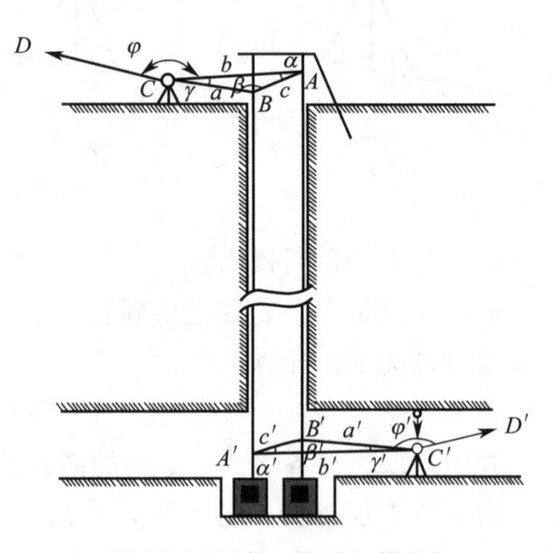

图 14-3 连接三角法一井定向

b. 连接测量分为地面连接测量和井下连接测量两部分。地面连接测量是在地面测定两钢丝的坐标及其连线的方位角的工作；井下连接测量是在定向水平上根据两钢丝的距离及其连线的方位角确定井下导线起始点的坐标与起始边的方位角的工作。

② 原理

a. 连接三角形法应满足的条件包括：点 C 与 D 及点 C' 与 D' 要彼此通视，且 CD 与 $C'D'$ 的边长要大于 20m；三角形的锐角 γ 和 γ' 要小于 2°；a/c 与 a'/c' 的值要尽量小一些，一般应小于 1.5。

b. 连接三角形法的外业。地面连接测量是在 C 点安置经纬仪测量出如 α，φ 和 γ 三个角度，并丈量 a，b，c 三条边的边长。同样，井下连接测量是在 C' 点安置仪器测量出 α'，φ' 和 γ' 三个角度，并丈量 a'，b'，c' 三条边的边长。

c. 连接三角形的解算。

(a) 运用正弦定理解算出 α，β，α'，β'。

$$\sin\alpha = \frac{a\sin\gamma}{c},\ \sin\beta\frac{b\sin\gamma}{c} \tag{14-6}$$

$$\sin\alpha' = \frac{a'\sin\gamma'}{c'},\ \sin\beta'\frac{b'\sin\gamma'}{c'} \tag{14-7}$$

(b) 检查测量和计算成果。

首先，连接三角形的三个内角 α，β，γ 以及 α'，β'，γ' 的和均应为 180°。若有少量残差，可平均分配到 α，β 或 α'，β' 上。

其次，井上丈量所得的两钢丝间的距离 $c_{丈}$ 与按余弦定理计算出的距离 $c_{计}$ 相差应不大于 2mm；井下丈量所得的两钢丝间的距离 $c'_{丈}$ 与计算出的距离 $c'_{计}$ 相差应不大于 4mm。若符合上述要求，可在丈量的 a，b，c 及 a'，b'，c' 中加入改正数 V_a，V_b，V_c 及 $V_{a'}$，$V_{b'}$，$V_{c'}$：

$$V_a = V_c = -\frac{c_{丈} - c_{计}}{3},\ V_b = \frac{c_{丈} - c_{计}}{3} \tag{14-8}$$

$$V_{a'} = V_{c'} = -\frac{c_{丈} - c_{计}}{3},\ V_{b'} = \frac{c_{丈} - c_{计}}{3} \tag{14-9}$$

将井上、井下连接图形视为一条导线，如 $DCABC'D'$，按照导线的计算方法求出井下起始点 C' 的坐标及井下起始边 $C'D'$ 的方位角。

(2) 两井定向

① 概述

当矿井有两个竖井，且在顶向水平有巷道相同，并能进行测量时，就可采用两井定向（见图 14-4）。

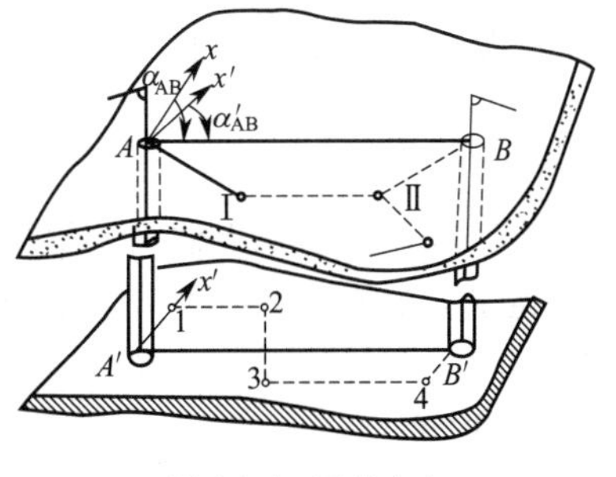

图 14-4 两井定向

两井定向测量工作也包括投点、连接测量、计算。

② 两井定向的内业计算

a. 根据地面连接测量的成果，按照导线的计算方法，计算出地面两钢丝点 A，B 的平面坐标 (x_A, y_A)，(x_B, y_B)。

b. 计算两钢丝点 A，B 的连线在地面坐标系统中的方位角 α_{AB}：

$$\tan\alpha_{AB} = \frac{y_B - y_A}{x_B - x_A} \tag{14-10}$$

c. 以井下导线起始边 $A'1$ 为 x'轴，A'点为坐标原点建立假定坐标系，计算井下导线各连接点在此假定坐标系中的平面坐标，设 B 点的假定坐标为(x'_B, y'_B)。

d. 计算 A'，B'连线在假定坐标系中的方位角 α'_{AB}：

$$\tan\alpha'_{AB}=\frac{y'_B-y'_A}{x'_B-x'_A} \tag{14-11}$$

e. 计算井下起始边在地面坐标系统中的方位角 α_{A1}：

$$\alpha_{A1}=\alpha_{AB}-\alpha'_{AB} \tag{14-12}$$

f. 根据 A 点的坐标(x_A, y_A)和计算出的 $A1$ 边的方位角 α_{A1}，计算出井下导线各点在地面坐标系统中的坐标方位。

14.2.3.3 陀螺定向

陀螺经纬仪是陀螺仪和经纬仪组合而成的定向仪器，能直接测定真北方位角。陀螺经纬仪定向的方法。

运用陀螺经纬仪进行矿井定向的常用方法主要有逆转点法和中天法。以逆转点法为例来说明测定井下未知边方位角的全过程。

(1) 在地面已知边上采用 2～3 个测回测定仪器常数 $\Delta_{前}$。

由于仪器加工等多方面的原因，陀螺轴的实际平衡位置往往与测站真子午线的方向不重合，它们之间的夹角称为陀螺经纬仪的仪器常数。并用 Δ 表示。要在地面已知边上测定 Δ，关键是要测定已知边的陀螺方位角 $T_{ab陀}$。

测定 $T_{ab陀}$ 的步骤如下：

第一步，在 A 点安置陀螺经纬仪，严格整平对中，并以两个镜位观测测线方向 AB 的方向值——测前方向值 M_1。

第二步，将经纬仪的视准轴大致对准北方向（对于逆转点法要求偏离陀螺子午线方向不大于 $60'$）。

第三步，测量悬挂带零位值——测前零位，同时用秒表测定陀螺摆动周期。

测定零位的方法：下放陀螺灵敏部，从读数目镜中观测灵敏部的摆动，在分划板上连续读三个逆转点（即陀螺轴围绕子午线摆动时偏离子午线的两侧最远位置）的读数 a_i，估读至 0.1 格，并按下式计算零位：

$$L=\frac{1}{2}\left(\frac{a_1+a_3}{2}\right)+a_2 \tag{14-13}$$

第四步，用逆转点法精确测定陀螺北方向值 N_T，启动陀螺马达，缓慢下放灵敏部，使摆幅在 1°～3°范围内。调节水平微动螺旋使光标像与分划板零刻度线随时保持重合，达到逆转点后，记下经纬仪水平度盘读数。连续记录 5 个逆转点的读数 μ_1，μ_2，μ_3，μ_4，μ_5 并按下式计算 N_T：

$$\begin{aligned} N_1&=\frac{1}{2}\left(\frac{\mu_1+\mu_3}{2}\right)+\mu_2 \\ N_2&=\frac{1}{2}\left(\frac{\mu_2+\mu_4}{2}\right)+\mu_3 \\ N_3&=\frac{2}{3}\left(\frac{\mu_3+\mu_5}{2}\right)+\mu_4 \end{aligned} \tag{14-14}$$

第五步，进行测后零位观测，方法同测前零位观测。

第六步，再以两个镜位测定 AB 边的方向值——测后方位值 M_2。

第七步，计算 $T_{ab陀}$。

于是可得

$$\Delta_{前}=T_{ab}-T_{ab陀}=\alpha_{AB}+r_A-T_{ab陀} \tag{14-15}$$

（2）在井下定向边上采用两测回测定陀螺方位角 $T_{ab陀}$，如图 14-5 所示。

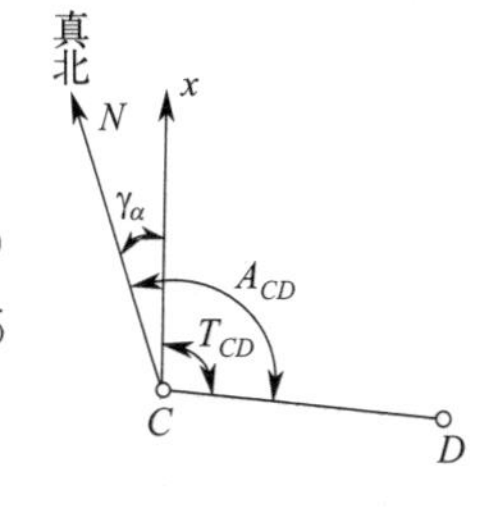

图 14-5　测定陀螺方位角

（3）返回地面后，及时再在已知边 AB 上测定仪器常数 $\Delta_{后}$。

（4）井下未知边的坐标方位角 α_{ab}。

$$\alpha_{ab}=T_{ab陀}+\Delta_{平}-\gamma_\alpha \tag{14-16}$$

式中，γ_α 为 α 点的子午线收敛角；$\Delta_{平}$ 为仪器常数。

14.2.4　矿井高程联系测量

矿井高程联系测量又称导入标高，其目的是建立井上、井下统一高程系统。采用平硐或斜井开拓的矿井，高程联系测量可采用水准测量或三角高程测量，将地面水准点的高程传递到井下。采用竖井开拓的矿井则须采用专门的方法来传递高程，常用的竖井导入标高方法有长钢尺法、钢丝法和光电测距仪法。

（1）长钢尺法（见图 14-6）

（2）钢丝法导入标高

采用钢丝法导入标高时，首先应在井筒中部悬挂一钢丝，在井下一端悬挂一重锤，使其处于自由悬挂状态（见图 14-7）；然后，在井上、井下同时用水准仪测得 A，B 处水准尺上的读数 a 和 b，并用水准仪瞄准钢丝，在钢丝上做标记（I 为钢丝上两标志间的长度）。井下水准基点 B 的高程 H_B 可通过下式求得：

$$H_B=H_A-I+(a-b) \tag{14-17}$$

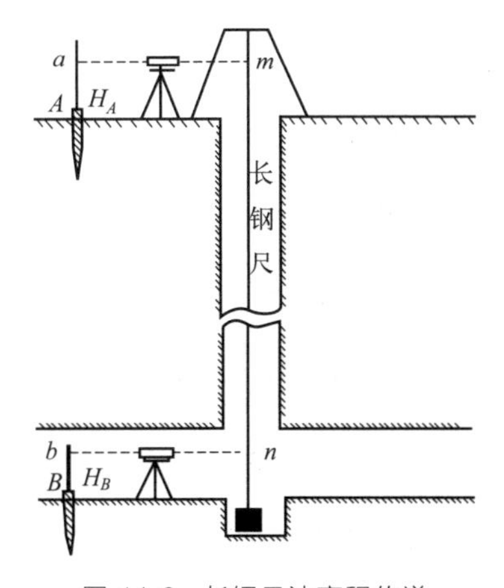

图 14-6　长钢尺法高程传递

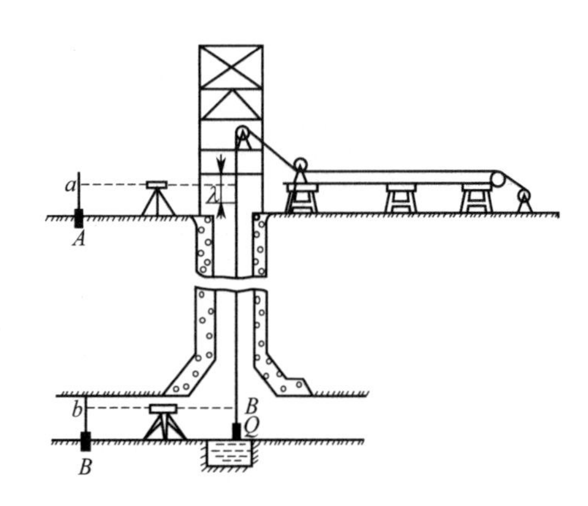

图 14-7　长钢丝导入标高

（3）光电测距仪导入标高

如图 14-8 所示，光电测距仪导入标高的基本方法：在井口附近的地面上安置光电测距仪，在井口和井底的中部，分别安置反射镜；井上的反射镜与水平面呈 45°夹角，井下的反射镜处于水平状态；通过光电测距仪分别测量出仪器中心至井上和井下反射镜的距离 I，S，从而计算出井上与井下反射镜中心间的铅垂线 H：

$$H=S-I+\Delta I \tag{14-18}$$

式中，ΔI 为光电测距仪的总改正数。

然后，分别在井上、井下安置水准仪，测量出井上反射镜中心与地面水准基点间的高差 h_{AE} 和井下反射镜中心与井下水准基点间的高差 h_{FB}，则可按下式计算出井下水准基点 B 的高程 H_B：

$$\left.\begin{aligned} H_B &= H_A + h_{AE} - H + h_{FB} \\ h_{AE} &= a - e \\ h_{FB} &= f - b \end{aligned}\right\} \tag{14-19}$$

式中，a、b、e、f 分别为井上、井下水准基点和井上、井下反射镜处水准尺的读数。

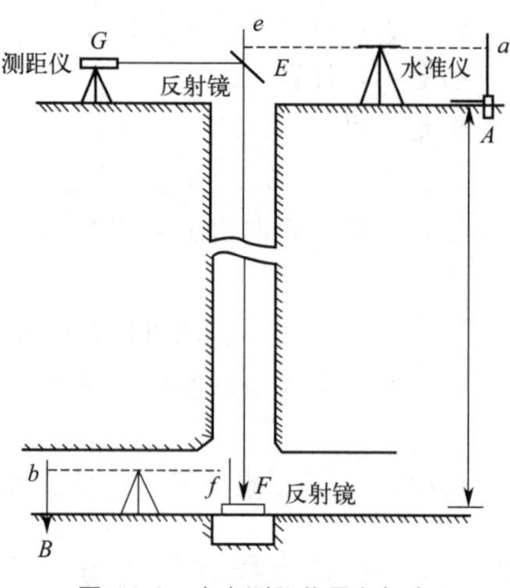

图 14-8　光电测距仪导入标高

运用光电测距仪导入标高也要测量两次，其互差不应超过 $H/8000$。

14.3　MAPGIS 在矿山测量中的应用

14.3.1　矿山测量技术概述

目前，以“3S”为主导的空间信息技术将逐渐应用于矿山测量及矿山建设与生产中，为现代化采矿工业提供优质高效服务并起到辅助决策的作用。现代矿山测量的任务与技术支撑如图 14-9 所示。

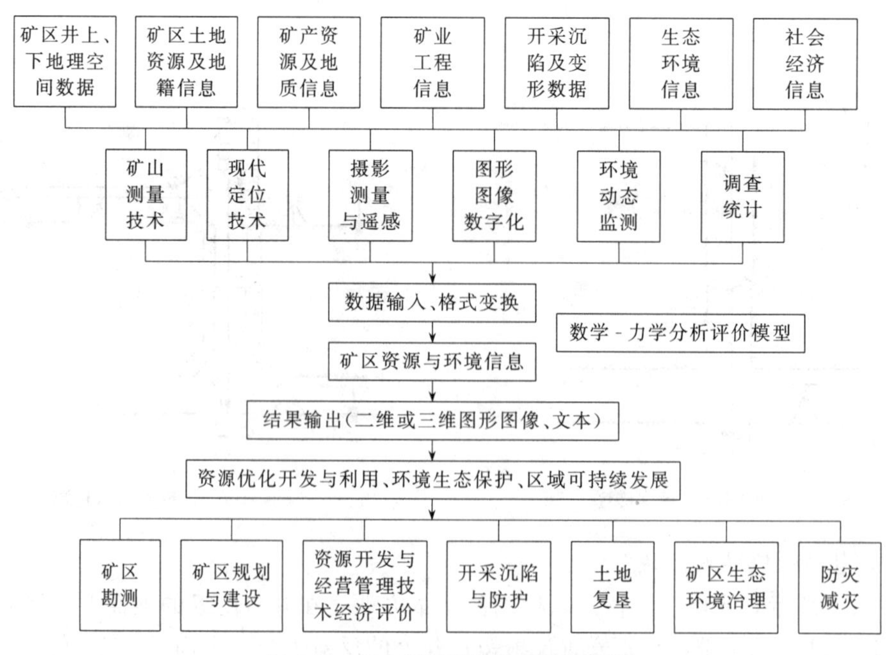

图 14-9　矿山测量的任务与技术支撑

14.3.2 地理信息系统的应用

（1）地理信息系统概述

地理信息系统是一项以计算机为基础的新兴技术，围绕着这项技术的研究、开发和应用，形成了一门交叉性、边缘性的学科。它是管理和研究空间数据的技术系统，在计算机软硬件支持下，它可以对空间数据按地理坐标或空间位置进行各种处理，对数据进行有效管理，研究各种空间实体及相互关系。通过对多因素的综合分析，它可以迅速地获取满足应用需要的信息，并能以地图、图形或数据的形式表示处理的结果。

地理信息系统在矿业界出现了应用推广与理论研究并重的局面。应用研究涉及矿山地测信息系统、矿山安全、工况监测及生产调度指挥系统等专业信息系统的开发研制。应用研究还涉及基于 GIS 的矿区资源评价、开采沉陷环境影响评价、土地复垦规划、煤岩煤质资料分析、矿井地质构造及煤矿底板突水预测、煤矿通风网络表达、矿体实体模型建立等方面。

（2）地理信息系统软件简介

由于 GIS 应用受到广泛的重视，各种 GIS 软件平台纷纷涌现，据不完全统计，目前有近 500 种。各种 GIS 软件厂商在 GIS 功能方面都在不断创新、相互包容。大多数著名的商业遥感图像软件都汲取了 GIS 的功能，而一些 GIS 软件如 Arc/Info 也都汲取了图像虚拟可视化技术。为了更好地使广大用户对不同平台软件功能有所了解，一些国家机构还专门对各种软件进行测试，我国也多次对优秀国产软件进行测评。总体来说，各种软件各有千秋，互为补充，目前市面上用户使用较多的软件平台有 Arc/Info，Mapinfo，MAPGIS 等软件。

（3）MAPGIS 在矿山测量中的应用

MAPGIS 可以对矿山资源与环境信息进行采集、存储、处理，建立矿区数据库及软件系统，实现对信息的查询检索、综合分析、动态预测和评价、信息输出等功能，从而为矿区环境工程和矿产资源开发管理进行规划、判断和决策提供科学依据。

矿山测量工作伴随着矿山建设、生产的全过程，MAPGIS 在此过程中的作用大致分为四类：一是在生产前期工程地质勘测中的应用；二是在矿山生产规划设计中的应用；三是在矿山生产后期管理中的应用；四是 MAPGIS 具有强大的数据管理、计算、分析功能，可在矿山资源管理中发挥其功能。

① MAPGIS 在地质勘测中的应用

矿山工程地质勘测数据可以基于 MAPGIS 的空间数据库高效地存储管理。MAPGIS 可以有效地管理矿山工程地质图，并实现图形及其属性关联，其关键问题在于图形表达编辑能力要强。MAPGIS 可以像 CAD 一样绘制矿山资源开发所需要的柱状图，还可利用钻孔数据和柱状图，或者基于空间数据库，自动绘制剖面图和等值线图。在矿山的边坡控制和疏干排水中，MAPGIS 可以帮助矿山工作者解决矿山疏干排水、采场边坡设计与稳定性分析等工程问题。

② MAPGIS 在矿山生产规划与设计中的应用

用 MAPGIS 技术建立境界的可视化模型是非常有效的，在传统的 GIS 软件中建立地质统计学模型可以较好地模拟开采境界和品位优化，并且实现境界的动态圈定。

利用 MAPGIS 技术可以对矿山的采场进行交互式的可视化设计。通过在 GIS 软件中建立专业的分析模型，对采场的设计效果进行分析，可改进设计效果。矿山设计者可以用在

GIS中建立的专业模型（如网络模型、动态规划模型等）优化露天矿生产系统，如用GIS的最佳路径分析功能来优化露天运输线路的位置和布局，缩短矿岩运距，从而降低运输成本。采用MAPGIS进行露天矿的设计和规划，不仅可以交互式绘制各种所需图件，而且可以建立图形元素与其属性数据的连接，这是手工图或CAD图所没有的功能。

③ MAPGIS在矿山管理中的应用

在制订矿山生产计划和调度方案方面，可以利用MAPGIS技术建立块状矿床模型，通过计算机可视化显示矿山的矿岩分布和当前开采状态，建立开采优化模型确定哪些块段在哪个计划期开采，则得到一个优化的开采方案。目前，国内大部分矿山采用电铲-卡车间断工艺系统，采运成本占露天矿总成本的60%以上。因此，基于MAPGIS的矿山生产调度监控系统，实现对电铲、卡车等设备的实时优化调度，使运输系统高效运行，从而提高矿山的经济效益。

二维矿图管理是目前GIS技术非常成熟的应用，也是GIS技术比较基础的应用。MAPGIS的最终输出产品是电子矿图，MAPGIS用于矿山的矿图管理，其实质是建立空间数据库，实现对矿图及其元素属性的存储、编辑、查询和输出，为其他高层次的应用建立基础。

④ MAPGIS在资源管理中的应用

矿山资源储量和品位管理是矿山资源管理的基础，利用GIS技术进行矿山资源管理，实现矿山资源储量和上覆岩土剥离量的自动快速计算、动态管理及分析、表达，反映矿山资源的数量和分布情况，最终保证资源的合理开采和充分利用。对于矿山的伴生矿物，建立基于MAPGIS的数据库，有利于伴生矿物的综合开发。

14.3.3 MAPGIS的结构及功能

（1）MAPGIS系统的总体结构

MAPGIS是具有国际先进水平的完整的地理信息系统，其MAPGIS6.7分为“图形编辑”“库管理”“空间分析”“图像处理”“实用服务”五大部分，如图14-10所示。根据地学信息来源多种多样、数据类型多、信息量庞大的特点，该系统采用矢量和栅格数据混合的结构，力求矢量数据和栅格数据形成一个整体的同时，又考虑栅格数据既可以和矢量数据相对独立存在，又可以作为矢量数据的属性，以满足不同问题对矢量、栅格数据的不同需要。

（2）MAPGIS的主要功能

① 数据输入

a. 数字化输入。数字化输入也就是实现数字化的过程，即实现空间信息从模拟式到数字式的转换，一般数字化输入常用的仪器为数字化仪。

b. 扫描矢量化输入。扫描矢量化子系统，通过扫描仪输入扫描图像，然后通过矢量追踪，确定实体的空间位置。对于高质量的原资料，扫描是一种省时、高效的数据输入方式。

c. GPS输入。GPS是确定地球表面精确位置的新工具，它根据一系列卫星的接收信号，快速地计算地球表面特征的位置。由于GPS测定的三维空间位置以数字坐标表示，因此不需做任何转换，可直接输入数据库。

d. 其他数据源输入。MAPGIS升级子系统可接收低版本数据，实现6.×与5.×版本数据的相互转换，即数据可升可降，供MAPGIS使用。MAPGIS还可以接收AutoCAD，

Arc/Info，Mapinfo 等软件的公开格式文件，同时提供了外业测量数据直接成图功能，从而实现了数据采集、录入、成图一体化，大大提高了数据精度和作业流程。

② 数据处理

输入计算机后的数据及分析、统计等生成的数据在入库、输出的过程中常常要进行数据校正、编辑、图形整饰、误差消除、坐标变换等工作。MAPGIS 通过图形编辑子系统及投影变换、误差校正等系统来完成。

a. 图形编辑。该系统用来编辑修改矢量结构的点、线、区域的空间位置及其图形属性，增加或删除点、线、区域边界，并适时自动校正拓扑关系。图形编辑子系统对图形数据库中的图形进行编辑、修改、检索、造区等，从而使输入的图形更准确、更丰富、更漂亮。

b. 投影变换。地图投影的基本问题是如何将地球表面（椭球面或圆球面）表示在地图平面上。这种表示方法有多种，而不同的投影方法可实现不同图件的需要，因此在进行图形数据处理中很可能要从一个地图投影坐标系统转换到另一个投影坐标系统，该系统就是为实现这一功能服务的，它提供了 20 种不同投影间的相互转换及经纬网生成功能。通过图框生成功能可自动生成不同比例尺的标准图框。

c. 误差校正。在图件数字化输入过程中，通常的输入法有：扫描矢量化、数字化仪跟踪数字化、标准数据输入法等。通常由于图纸变形等因素，使输入后的图形与实际图形在位置上出现偏差，个别图元经编辑、修改后可满足精度要求，但有些图元由于发生偏移，经编辑很难达到实际要求的精度，说明图形经扫描输入或数字化输入后，存在着变形或畸变。出现变形的图形，必须经过数据校正，消除输入图形的变形，才能使之满足实际要求，该系统就是为这一目的服务的。通过该系统即可实现图形的校正，达到实际需求。

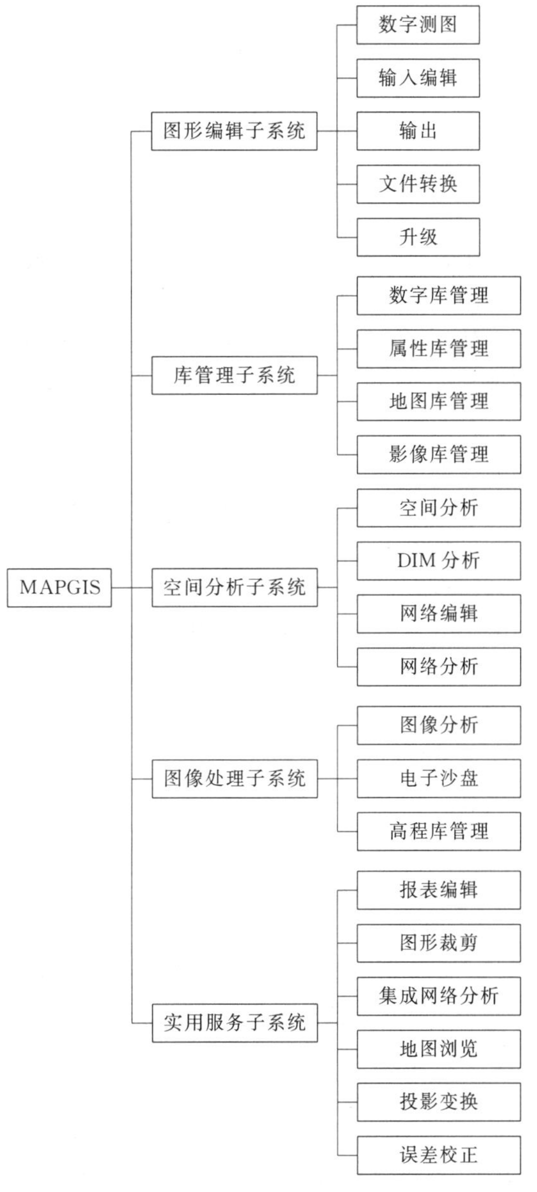

图 14-10 MAPGIS 6.7 的总体结构

d. 镶嵌配准。图像镶嵌配准系统是一个 32 位专业图像处理软件，该系统以 MSI 图像为处理对象。本系统提供了强大的控制点编辑环境，以完成 MSI 图像的几何控制点的编辑处理；当图像具有足够的控制点时，MSI 图像的显示引擎就能实时完成 MSI 图像的几何变换、重采样和灰度变换，从而实时完成图像之间的配准，图像与图形的配准，图像的镶嵌，图像几何校正、几何变换、灰度变换等功能。

e. 符号库编辑。系统库编辑子系统是为图形编辑服务的。它将图形中的文字、图形符号、注记、填充花纹及各种线型等抽取出来，单独处理，经过编辑、修改，生成子图库、线型库、填充图案库和矢量字库，自动存放到系统数据库中，供用户编辑图形时使用。

③ 数据库管理

MAPGIS 数据库管理分为网络数据库管理、地图库管理、属性库管理和影像库管理四个子系统。

a. 网络数据库管理，专门用于 MAPGIS 网络数据库的初始化、配置、监控、管理等方面。主要有表管理、权限管理、数据库维护、登录用户角色管理等部分。

b. 地图库管理。图形数据库管理子系统是地理信息系统的重要组成部分。在数据获取过程中，它用于存储和管理地图信息；在数据处理过程中，它既是资料的提供者，也是处理结果的归宿；在检索和输出过程中，它是形成绘图文件或各类地理数据的数据源。图形数据库中的数据经拓扑处理，可形成拓扑数据库，用于各种空间分析。MAPGIS 的图形数据库管理系统可同时管理数千幅地理底图，数据容量可达数十千兆，主要用于创建、维护地图库，在图幅进库前建立拓扑结构，对输入的地图数据进行正确性检查，根据用户的要求及图幅的质量，实现图幅配准、图幅校正和图幅接边。

c. 属性库管理。GIS 系统应用领域非常广，各领域的专业属性差异甚大，以至不能用一已知属性集描述概括所有的应用专业属性。因此建立动态属性库是非常必要的。动态就是根据用户的要求能随时扩充和精简属性库的字段（属性项），修改字段的名称及类型。具备动态库及动态检索的 GIS 软件，就可以利用同一软件管理不同的专业属性，也就可以生成不同应用领域的 GIS 软件。如管网系统，可定义成“自来水管网系统”“通信管网系统”“煤气管网系统”等。

该系统能根据用户的需要，方便地建立一个动态属性库，从而成为一个有力的数据库管理工具。

d. 影像库管理。该系统支持海量影像数据库的管理、显示、浏览及打印；支持栅格数据与矢量数据的叠加显示；支持影像库的有损压缩和无损压缩。

④ 空间分析

地理信息系统与机助制图的重要区别就是它具备对空间数据和非空间数据进行分析和查询的功能，它包括矢量空间分析、数字高程模型（DTM）、网络分析、图像分析和电子沙盘 5 个子系统。

a. 矢量空间分析。空间分析系统是 MAPGIS 的一个十分重要的部分，它通过空间叠加分析方法、属性分析方法、数据查询检索来实现 GIS 对地理数据的分析和查询。

b. 数字高程模型。该系统主要具有离散数据网格化、数据插密、绘制等值线图、绘制彩色立体图、剖面分析、面积体积量算、专业分析等功能。

c. 网络分析。MAPGIS 网络分析子系统提供方便地管理各类网络（如自来水管网、煤气管网、交通网、电信网等）的手段，用户可以利用此系统迅速直观地构造整个网络，建立与网络元素相关的属性数据库，可以随时对网络元素及其属性进行编辑和更新；系统提供了丰富有力的网络查询检索及分析功能，用户可用鼠标指点查询，也可输入任意条件进行检索，还可以查看和输出横断面图、纵断面图和三维立体图；系统还提供网络应用中具有普遍意义的关阀搜索、最短路径、最佳路径、资源分配、最佳围堵方案等功能，从而可以有效支持紧急情况处理和辅助决策。

d. 图像分析。多源图像处理分析系统是一个新一代的 32 位专业图像（栅格数据）处理分析软件。多源图像处理分析系统能处理栅格化的二维空间分布数据，包括各种遥感数据、航测数据、航空雷达数据、各种摄影的图像数据以及通过数据化和网格化的地质图、地形图、各种地球物理、地球化学数据和其他专业图像数据。

e. 电子沙盘。电子沙盘系统是一个32位专业软件。该系统提供了强大的三维交互地形可视化环境，利用DEM数据与专业图像数据，可生成近实时的二维和三维透视景观，通过交互地调整飞行方向、观察方向、飞行观察位置、飞行高度等参数，就可生成近实时的飞行鸟瞰景观。系统提供了强大的交互工具，可实时地调节各三维透视参数和三维飞行参数；此外，系统也允许预先精确地编辑飞行路径，然后沿飞行路径进行三维场景飞行浏览。

电子沙盘系统的主要用途包括地形踏勘、野外作业设计、野外作业彩排、环境监测、可视化环境评估、地质构造识别、工程设计、野外选址（电力线路设计及选址、公路铁路设计及选址）、DEM数据质量评估等。

⑤ 数据的输出

如何将GIS的各种成果变成产品供各种用途的需要，或与其他系统进行交换，是GIS中不可缺少的一部分。GIS的输出产品是指经系统处理分析，可以直接提供给用户使用的各种地图、图表、图像、数据报表及文字报告。MAPGIS的数据输出可通过输出子系统、电子表定义输出系统来实现文本、图形、图像、报表等的输出。

a. 输出。MAPGIS输出子系统可将编排好的图形显示到屏幕上或在指定的设备上输出，具有版面编排、矢量或栅格数据处理、不同设备的输出、光栅数据生成、光栅输出驱动、印前出版处理功能。

b. 报表定义输出。电子表定义输出系统是一个强有力的多用途报表应用程序。应用该系统可以方便地构造各种类型的表格与报表，在表格内随意地编排各种文字信息，并根据需要打印出来。它可以实现动态数据链接，接收由其他应用程序输出的属性数据，并将这些数据以规定的报表格式打印出来。

c. 数据转换。数据文件交换子系统为MAPGIS系统与其他CAD、CAM软件系统间架设了一道桥梁，实现了不同系统间所用数据文件的交换，从而达到数据共享的目的。输入/输出交换接口提供AutoCAD的DXF文件，Arc/Info文件的公开格式、标准格式、E00格式、DLG文件与本系统内部矢量文件结构相互转换的能力。

14.4 摄影测量在矿山测量中的应用

14.4.1 摄影测量概述

① 摄影测量的概念

国际摄影测量与遥感学会（ISPRS）于1988年在日本京都召开的第十六届大会上作出定义：摄影测量与遥感乃是对非接触传感器系统获得的影像及其数字表达进行记录、量测和解译，从而获得自然物体和环境的可靠信息的一门工艺、科学和技术。简言之，它是影像信息获取、处理、分析和成果表达的一门信息科学。

摄影测量与遥感的主要任务是用于测制各种比例尺地形图，建立地形数据库，并为各种地理信息系统和土地信息系统提供基础数据。摄影测量与遥感的主要特点是在像片上进行量测和解译，无须接触物体本身，因而很少受到自然和地理条件的限制，而且可摄得瞬间的动态物体影像。像片及其他各种类型影像均是客观物体或目标的真实反映，信息丰富、逼真，人们可以从中获得所研究物体的大量几何信息和物理信息。

② 摄影测量按距离远近分为航天摄影测量、航空摄影测量、地面摄影测量、近景摄影测量、显微摄影测量。按用途分为地形摄影测量与非地形摄影测量，地形摄影测量主要用来测绘国家基本地形图，工程勘察设计和城镇、农业、林业、交通等各部门的规划与资源调查用图及建立相应的数据库；非地形摄影测量主要用于解决资源调查、变形监测、环境监测、军事侦察、弹道轨道、爆破及工业、建筑、考古、地质工程及生物和医学等各方面的科学技术问题。按处理手段分为模拟摄影测量、解析摄影测量和数字摄影测量，模拟摄影测量的结果通过机械或齿轮传动方式可直接在绘图桌上绘出各种图件来，如地形图或各种专题图，它们必须经过数字化才能进入计算机；解析和数字摄影测量的成果是各种形式的数字产品和可视化产品，数字产品包括数字地图、数字高程模型（DEM)、数字正射影像图、测量数据库、地理信息系统（GIS）和土地信息系统（LIS）等，可视化产品包括地形图、专题图、纵横剖面图、透视图、正射影像图、电子地图、动画地图等。

14.4.2 摄影测量的基本知识

（1）航空摄影基本知识

① 航空摄影与航摄像片的一般介绍

如图 14-11 所示，航空摄影是指安装在航摄飞机上的航摄仪从空中一定角度对地面物体进行摄影，飞行航线一般为东西方向，要求航线相邻两张像片应有 60%左右的重叠度，相邻航线的像片应有 30%左右的重叠度，航摄机在摄影曝光的瞬间物镜主光轴保持垂直地面。

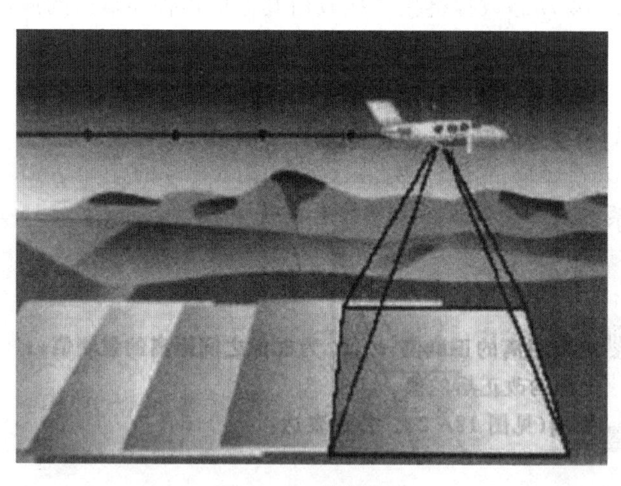

图 14-11 航空摄影

摄影比例尺是指航摄像片上一线段 l 与地面上相应线段的水平距 L 之比。由于摄影像片有倾角，地形有起伏，所以摄影比例尺在像片上处处不等。我们一般指的摄影比例尺，是把摄影像片当作水平像片，地面取平均高程，这时像片上的一线段 l 与地面上相应线段的水平距 L 之比，称为摄影比例尺 $1/m$，即

$$\frac{1}{m}=\frac{l}{L}-\frac{f}{H} \tag{14-20}$$

式中，f 为航摄机主距；H 为平均高程面的航摄高度，称为航高。

比例尺越大，像片地面分辨率越高，但工作量和费用相应提高。当我们选定了摄影机和摄影比例尺后，即 m 和 f 为已知，航空摄影时就要求按计算的航高 H 飞行摄影，以获取要求的摄影像片。飞行中很难精确确定航高，但差异一般不得大于5%。同一航线内，各摄影站的航高差不得大于50m。

飞行完毕后，将感光的底片进行摄影处理，得到航摄底片，称为负片。利用负片接触晒印在相纸上，得到正片。对像片进行色调、重叠度、航线弯曲等方面的检查与评定，不合要求时要重摄或补摄。

航摄像片是地面景物的摄影构像，这种影像是由地面上各点发出的光线通过航空摄影机物镜投射到底片感光层上形成的，这些光线汇聚于物镜中心 S，称为摄影中心。因此，航摄像片是所摄地面景物的中心投影。已感光的底片经摄影处理后，得到的是负片，利用负片接触晒印在相纸上，得到的是正片，通常将负片和正片统称为像片。航摄像片为量测像片，有光学框标和机械框标。航摄像片的大小为18cm×18cm，23cm×23cm，30cm×30cm。

② 物理因素引起的像片影像误差及处理

造成影像误差的物理因素主要有摄影机物镜畸变、摄影感光材料变形、大气折光及地球曲率。

③ 中心投影透视变换成图

航摄像片是地面景物的中心投影构像，地图在小范围内可认为是地面景物的正射投影，这是两种不同性质的投影。影像信息的摄影测量处理，就是要把中心投影的影像，变换为正射投影的地图信息，如图14-12所示。

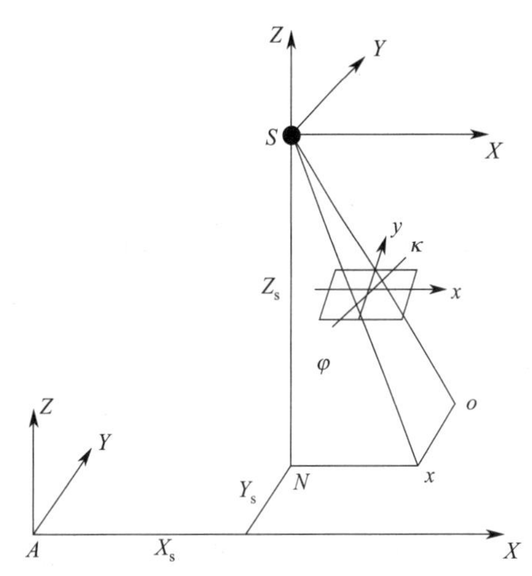

图14-12 摄影测量中心投影构像

如图14-13所示，中心投影的特点是摄影光线均交于同一点 S；地图是正射投影，所有投影光线相互平行并与投影面正交。由于投影的差异，只有在地面水平且像片也水平时，这两种投影方无差异。对于平坦地区而言，要将中心投影的像片变为正射投影的地图，就要将具有倾角的像片变为水平的像片，这种变换称为中心投影的变换。

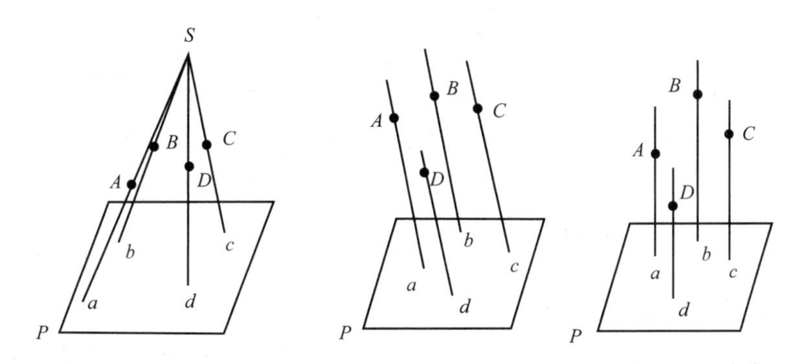

图14-13 中心投影与水平投影

将倾斜投影的像片变为水平投影的像片，是一种平面对平面的投影变换，用此条件代入中心投影构像方程式，得

$$\left.\begin{aligned}X_A-X_S=H\frac{a_1x+a_2y-a_3f}{c_1x+c_2y-c_3f}\\Y_A-Y_S=H\frac{b_1x+b_2y-b_3f}{c_1x+c_2y-c_3f}\end{aligned}\right\}\tag{14-21}$$

上式中除 H 为常数外，c_3f 也为常数，各项除以 $-c_3f$，并将 H 常数乘进，新的系数用新的符号表示，得

$$\begin{cases}X_A-X_S=\dfrac{a_{11}x+a_{12}y+a_{13}}{a_{31}x+a_{32}y+1}\\Y_A-Y_S=\dfrac{a_{21}x+a_{22}y+a_{23}}{a_{31}x+a_{32}y+1}\end{cases}\tag{14-22}$$

上式左边的坐标为一平移坐标，用新的符号表示，得

$$\overline{X}=\frac{a_{11}x+a_{12}y+a_{13}}{a_{31}x+a_{32}y+1},\ \overline{Y}=\frac{a_{21}x+a_{22}y+a_{23}}{a_{31}x+a_{32}y+1}\tag{14-23}$$

上式为中心投影平面变换的一般公式。摄影测量中将任意倾角的像片变为规定比例尺的水平像片（即规定比例尺的影像地图）称为像片纠正，上式即为像片纠正的变换原理。

对于高差大的地区，上述变换需逐点进行，或按不同高程分为不同带面，进行像片纠正。

（2）像片的内外方位元素

用摄影测量方法研究被摄物体的几何信息和物理信息时，必须建立该物体与像片之间的数学关系。为此，首先要确定航空摄影瞬间摄影中心与像片在地面设定的空间坐标系中的位置和姿态，描述这些位置和姿态的参数称为像片的方位元素。其中，表示摄影中心与像片之间相关位置的参数称为内方位元素，表示摄影中心和像片在地面坐标系中的位置和姿态的参数称为外方位元素。

① 内方位元素

内方位元素是描述摄影中心与像片之间相关位置的参数，包括三个参数，即摄影中心 S 到像片的垂距 f 及像主点 O 在像空间坐标系中的坐标（x_0，y_0）。如图 14-14 所示。

在摄影测量作业中，将像片装入投影镜箱后，若保持摄影时的三个内方位元素值，并用灯光照明，即可得到与摄影时完全相似的投影光束，它是建立测图所需要的立体模型的基础。

内方位元素值一般视为已知，它由制造厂家通过摄影机鉴定设备检验得到，检验的数据写在仪器说明书上。在制造摄影机时，一般应将像主点置于框标连线交点上，但安装中有误差，所以内方位元素中的 x_0、y_0 是一个微小值。内方位元素值的正确与否，直接影响测图的精度，因此对航摄机须作定期的鉴定。

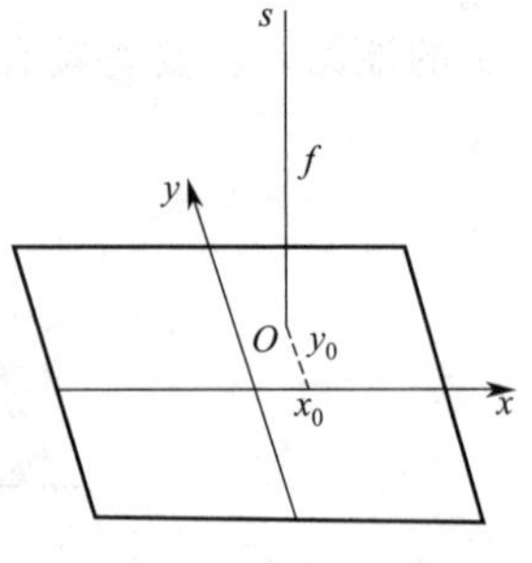

图 14-14 像片的内方位元素

② 外方位元素

在恢复了内方位元素的基础上，确定摄影光束在摄影瞬间空间位置和姿态的参数，称为外方位元素。一张像片的外方位元素包括 6 个参数，其中有 3 个是直线元素，用于描述摄影中心的空间坐标值；另外 3 个是角元素，用于表达像片面的空间姿态。

a. 3 个直线元素。3 个直线元素是反映摄影瞬间，摄影中心 S 在选定的地面空间坐标系

中的坐标值，用（X_S, Y_S, Z_S）表示。通常选用地面摄影测量坐标系，如图 14-15 所示。

b. 3 个角元素。外方位 3 个角元素可看作是摄影机光轴从起始的铅垂方向绕空间坐标轴某种次序连续三次旋转形成的。先绕第一轴旋转一个角度，其余两轴的空间方位随同变化；再绕变动后的第二轴旋转一个角，两次旋转的结果为恢复摄影机主光轴的空间方位；最后绕经过两次变动后的第三轴旋转一个角度，亦即像片在其自身平面内绕像主点旋转一个角度。

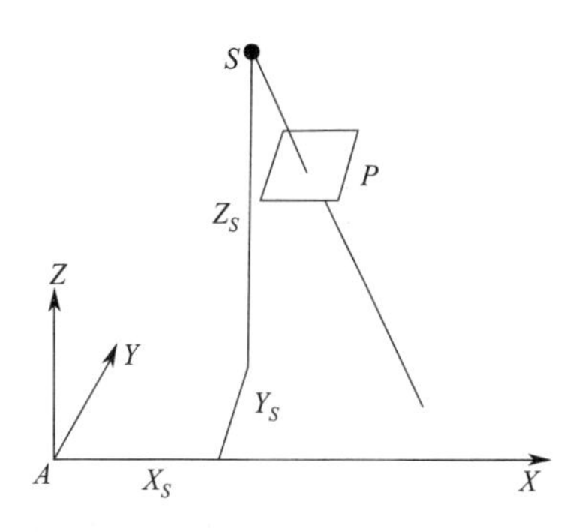

图 14-15　三个直线外方位元素

所谓第一轴是绕它旋转第一个角度的轴也称为主轴，它的空间方位是不变的。第二轴也称为副轴，当绕主轴旋转时，其空间方位也发生变化。根据不同仪器的设计需要，角元素有以下三种表达形式。

(a) 以 Y 轴为主轴的平 φ-ω-κ 系统。以摄影中心 S 为原点，建立像空间辅助坐标系 S-XYZ，与地面摄影测量坐标系 D-$X_{tp}Y_{tp}Z_{tp}$ 轴系相互平行，如图 14-16 所示。其中 φ 表示航向倾角，它是指主光轴 So 在 XZ 平面的投影与 Z 轴的夹角；ω 表示旁向倾角，它是指主光轴与其在 XZ 平面上的投影之间的夹角；κ 表示像片旋角，它是指 YSo 平面在像片上的交线与像平面坐标系的 Y 轴之间的夹角。

φ 角可理解为绕主轴（Y）旋转形成的一个角度；ω 是绕副轴（绕 Y 轴旋转 φ 角后的 X 轴，图中未表示）旋转形成的角度；κ 角是绕第三轴（经过 φ，ω 角旋转后的 Z 轴，即主光轴 So）旋转的角度。

转角的正负号：国际上规定绕轴逆时针方向旋转为正，反之为负。我国习惯上规定 φ 角顺时针方向旋转为正，ω，κ 角以逆时针方向旋转为正。

(b) 以 X 轴为主轴的 ω'-φ'-κ' 系统。如图 14-17 所示，ω' 表示旁向倾角，它是指主光轴 So 在 YZ 平面上的投影与 Z 轴的夹角；φ' 表示航向倾角，它是指主光轴 So 与其在 XZ 平面的投影之间的夹角；κ' 表示像片旋角，它是指像平面上 x 轴与 XSo 平面在像平面上的交线之间的夹角。

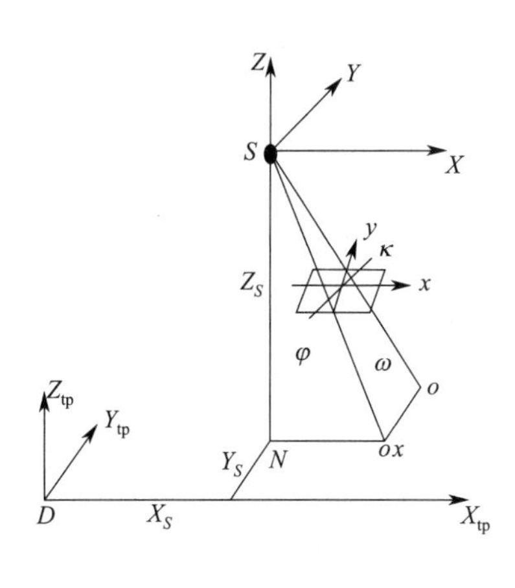

图 14-16　φ-ω-κ 系统

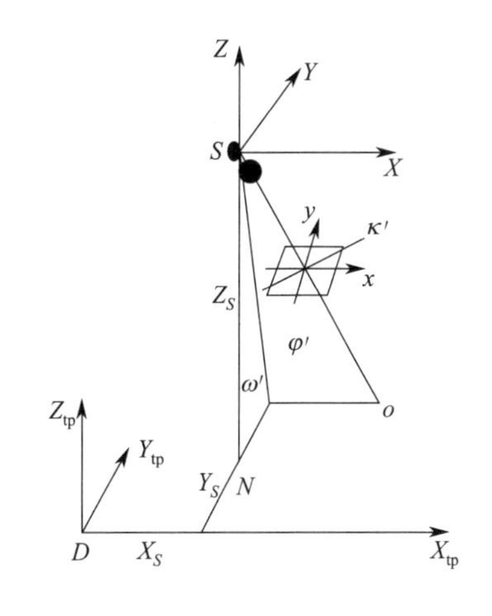

图 14-17　ω'-φ'-κ' 系统

(c) 以 Z 轴为主轴的 A-α-κ_v 系统。如图 14-18 所示，A 表示像片主垂面的方向角，亦

即摄影方向线与 Y_{tp} 轴之间的夹角；α 表示像片倾角，它是指主光轴 So 与铅垂光线 S_N 之间的夹角；κ_v 表示像片旋角，它是指像片上主纵线与像片 y 轴之间的夹角。

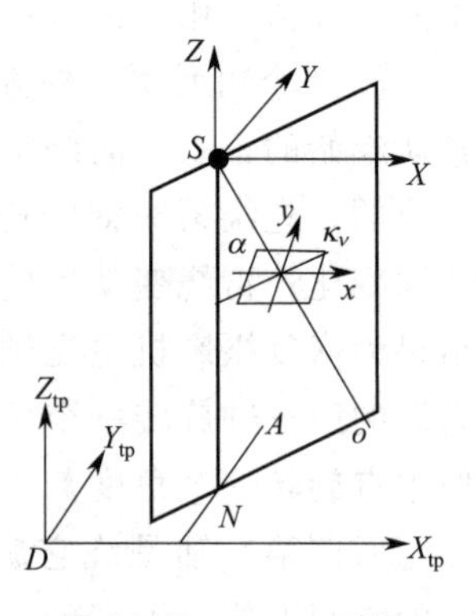

图 14-18 A-α-κ_v 系统

主垂面的方向角 A 可理解为绕主轴 Z 顺时针方向旋转得到的；像片倾角 α 是绕副轴（旋转 A 角后的 X 轴，图中未表示）逆时针方向旋转得到的，而 κ_v 角是像片经过 A，α 角旋转后的主光轴 So 逆时针方向旋转得到的，图中表示的角度均为正角。

上面讲述的三种角元素表达方式中，用模拟摄影测量仪器处理单张像片时，多采用 A-α-κ_v 系统；立体测图中，则采用 φ-ω-κ 或 ω'-φ'-κ' 系统；在解析摄影测量中，则都采用 φ-ω-κ 系统。

综上所述，当求得像片的内外方位元素后，就能在室内恢复摄影光束的形状和空间位置，重建被摄景物的立体模型，用以获取地面景物的几何和物理信息。

（3）摄影测量常用的坐标系和坐标变换

摄影测量几何处理的任务是根据像片上像点的位置确定相应的地面点的空间位置，为此，首先必须选择适当的坐标系来定量地描述像点和地面点，然后才能够实现坐标系的变换，从像方的量测值求出相应点在物方的坐标。摄影测量中常用的坐标系有两大类，一类用于描述像点的位置，称为像方空间坐标系；另一类用于描述地面点的位置，称为物方空间坐标系。

① 像方空间坐标系

a. 像平面坐标系。像平面坐标系用以表示像点在像平面上的位置，通常采用右手坐标系。x，y 轴的选择按需要而定，在解析和数字摄影测量中，常根据框标来确定平面坐标系，称为像框标坐标系。

如图 14-19 所示，以像片上对边框标的连线作为 x，y 轴，其交点 P 作为坐标原点，与航线方向相近的连线为 x 轴。在坐标量测中，像点坐标值常采用此坐标系表示。若框标位于像片的四个角，则以对角框标连线夹角的平分线确定 x，y 轴，交点为坐标原点。

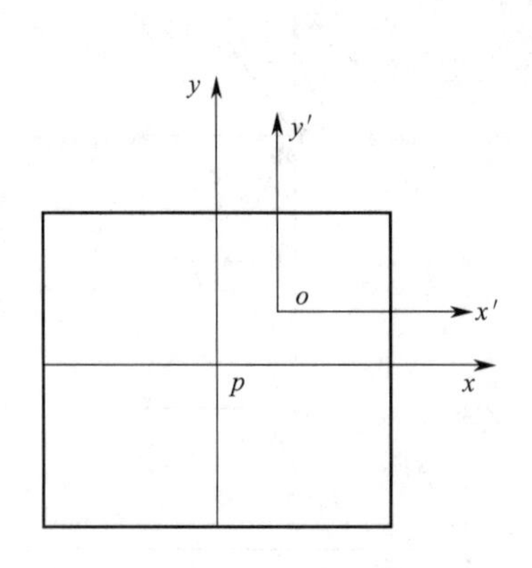

图 14-19 像平面坐标系

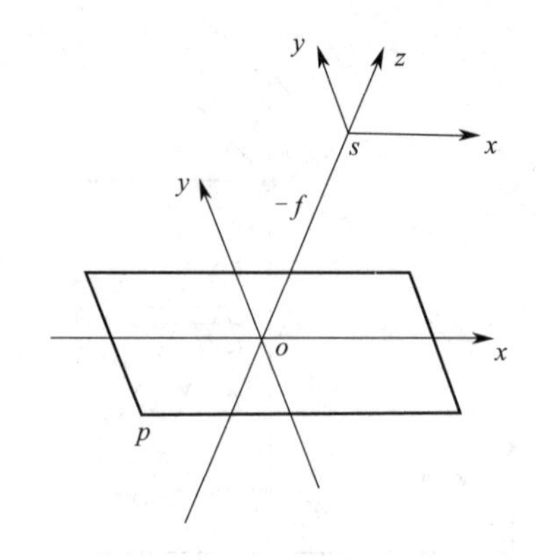

图 14-20 像空间坐标系

在摄影测量解析计算中，像点坐标应采用以像主点为原点的像平面坐标系中的坐标，为此，当像主点与框标连线交点不重合时，须将像框标坐标系平移至像主点。当像主点在像框标坐标系中的坐标为（x_0，y_0）时，则量测出的像点坐标（x，y）换算到以像主点为原点的像平面坐标系中的坐标为（$x-x_0$，$y-y_0$）。

b. 像空间坐标系。为了便于进行空间坐标转换，需要建立起描述像点在像空间位置的坐标系，即像空间坐标系。以摄影中心 S 为坐标原点，x，y 轴与像平面坐标系的 x，y 轴平行，z 轴与主光轴重合，形成像空间右手直角坐标系 s-xyz，如图 14-20 所示。

在这个坐标系中，每个像点的 z 坐标都等于 $-f$，而 x，y 坐标也就是像点的像平面坐标（x，y），因此，像点的像空间坐标（x，y，$-f$）表示像空间坐标系随着像片的空间位置而定，所以每张像点的像空间坐标系是各自独立的。

c. 像空间辅助坐标系。像点的空间坐标可直接以像平面坐标求得，但这种坐标的特点是每张像片的像空间坐标系不统一，这给计算带来困难。为此，需要建立一种相对统一的坐标系，称为像空间辅助坐标系，用 S-XYZ 表示，如图 14-21 所示。此坐标系的原点仍选在摄影中心 S，坐标轴系的选择视需要而定，通常有三种选取方法：一是铅垂方向为 Z 轴，航向为 X 轴，构成右手直角坐标系；二是以每条航线内第一张像片的像空间坐标系作为像空间辅助坐标系；三是以每个像片对的左片摄影中心为坐标原点，摄影基线方向为 X 轴，以摄影基线及左片主光轴构成的面为 XZ 平面，构成右手直角坐标系。

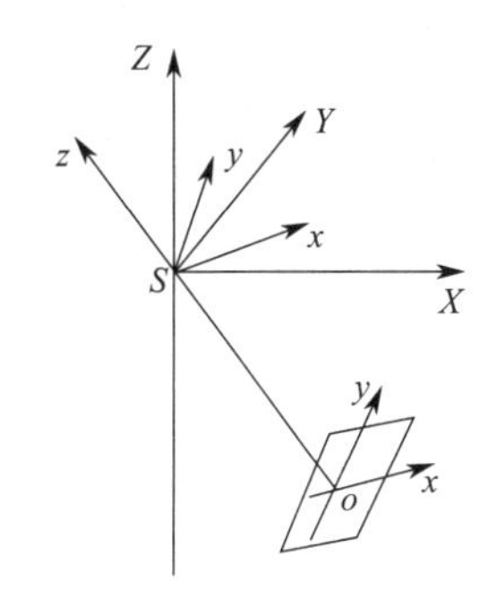

图 14-21　像空间辅助坐标系

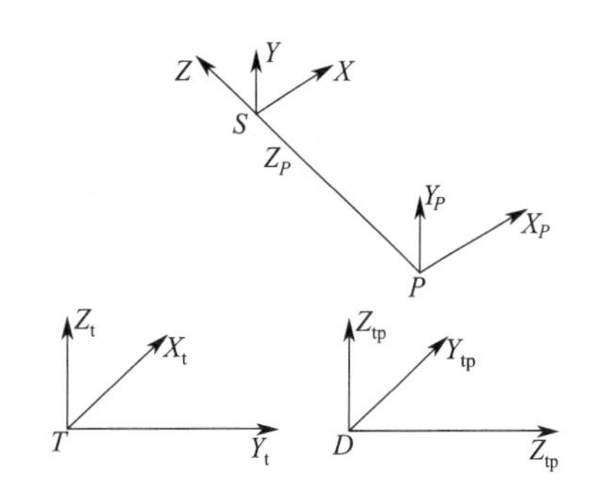

图 14-22　物方空间坐标系

② 物方空间坐标系

物方空间坐标系用于描述地面点在物方空间的位置，如图 14-22 所示。物方空间坐标系包括以下三种坐标系。

a. 摄影测量坐标系。将像空间辅助坐标系 S-XYZ 沿着 Z 轴反方向平移至地面点 P，得到的坐标系 P-$X_PY_PZ_P$ 称为摄影测量坐标系。由于它与像空间辅助坐标系平行，因此很容易由像点的像空间辅助坐标求得相应的地面点的摄影测量坐标。

b. 地面测量坐标系。地面测量坐标系通常指地图投影坐标系，也就是国家测图所采用的高斯-克吕格 3°带或 6°带投影的平面直角坐标系和高程系，两者组成的空间直角坐标系是左手系，用 T-$X_tY_tZ_t$，表示。摄影测量方法求得的地面点坐标最后要以此坐标形式提供给用户使用。

c. 地面摄影测量坐标系。由于摄影测量坐标系采用的是右手系，而地面测量坐标系采用的是左手系，这给由摄影测量坐标系到地面测量坐标系的转换带来了困难。为此，在摄影测量坐标系与地面测量坐标系之间建立一种过渡性的坐标系，称为地面摄影测量坐标系，用 D-$X_{tp}Y_{tp}Z_{tp}$ 表示，其坐标原点在测区内某一个地面点上，主轴方向大致一致，但为水平，轴铅垂，构成右手直角坐标系。摄影测量中，首先将摄影测量坐标系转换成地面摄影测量坐标系，最后再转换成地面测量坐标系。

③ 像点坐标在不同坐标系中的变换

为了利用像点坐标计算相应的地面点坐标，首先需要建立像点在不同的空间直角坐标系之间的坐标变换关系。

a. 像点平面坐标变换。像点的平面坐标系常以像主点 O 为原点，但坐标轴有不同的选择，像点 a 在两个不同坐标系中坐标的变换，可以采用正交变换完成，如果原点的位置也有不同，加入原点的坐标平移量就可以了。

b. 像点空间坐标变换。像点空间坐标的变换通常是指像空间坐标系和像空间辅助坐标系之间坐标的变换。它可以看作是一个坐标系按照三个角元素顺次地旋转至另一个坐标系。

设像点 a 在像空间坐标系的坐标为 $(x, y, -f)$，而在像空间辅助坐标系的坐标为 (X, Y, Z)，当这两个坐标系方向余弦确定后，像点坐标变换关系式为

$$\begin{bmatrix} X \\ Y \\ Z \end{bmatrix} = \begin{bmatrix} a_1 & a_2 & a_3 \\ b_1 & b_2 & b_3 \\ c_1 & c_2 & c_3 \end{bmatrix} \begin{bmatrix} x \\ y \\ -f \end{bmatrix} = \boldsymbol{R} \begin{bmatrix} x \\ y \\ -f \end{bmatrix} \tag{14-24}$$

式中，a_i，b_i，c_i $(i=1,2,3)$ 是方向余弦，$\boldsymbol{R}$ 是由 9 个方向余弦组成的矩阵，称为旋转矩阵。

转换的关键就在于方向余弦的确定，对于 φ-ω-κ 系统，其方向余弦为（推导过程略）。

$$\left.\begin{aligned} a_1 &= \cos\varphi\cos\kappa - \sin\varphi\sin\omega\sin\kappa \\ -a_2 &= \cos\varphi\sin\kappa - \sin\varphi\sin\omega\sin\kappa \\ a_3 &= \sin\varphi\cos\omega \\ b_1 &= \cos\omega\sin\kappa \\ b_2 &= \cos\omega\sin\kappa \\ b_3 &= \sin\omega \\ c_1 &= \sin\varphi\cos\kappa + \cos\varphi\sin\omega\sin\kappa \\ c_2 &= \sin\varphi\sin\kappa + \cos\varphi\sin\omega\sin\kappa \\ c_3 &= \cos\varphi\cos\omega \end{aligned}\right\} \tag{14-25}$$

对于同一张像片在同一坐标系中，当选取不同旋角系统的三个角度计算方向余弦时，其表达式不同，但相应的方向余弦值是彼此相等的，其旋转矩阵的值也是相等的，即 $\boldsymbol{R}_1 = \boldsymbol{R}_2 = \boldsymbol{R}_3$，即由不同旋角系统的角度计算的旋转矩阵是唯一的。假若两个坐标轴系已确定了，那么不论采用何种转角系统，坐标轴之间的方向余弦也是确定不变的，其旋转矩阵也是相等的。

（4）解析摄影测量

① 单张像片解析

摄影测量与遥感的实质是根据被测物体的影像反演其几何和物理属性。从几何角度，即根据影像空间的像点位置重建物体在目标空间的几何模型，在单张像片上，物体的构像规律以及物体与影像之间的几何和数学关系是传统摄影测量学的理论基础，并可以间接地应用于其他传感器的遥感图像，只需要按照各种传感器自身的成像特点对相应的数学模型作适当的修改。

在前面我们介绍了摄影测量常用的坐标系及其转换方法，这些都是单张像片解析的基础。我们也了解了航摄像片是地面景物的中心投影，地图则是地面景物的正射投影，可以通过共线方程式完成像点与地面点的转化，可是只有在地面水平且航摄像片也水平的时候，中心投影才能与正射投影等效。而当航摄像片有倾角或地面有高差时，所摄的像片与上述理想情况有差异。这种差异反映为一个地面点在地面水平的水平像片上的构像与地面起伏时或倾斜像片上构像的点位不同，这种点位的差异称为像点位移，它包括像片倾斜引起的位移和地形起伏引起的位移，其结果是使像片上的几何图形与地面上的几何图形产生变形以及像片上影像比例尺处处不同。通过对因为像片倾斜所引起的像点位移的规律研究可以发现，因为像片倾斜引起的位移表现为水平的地平面上任意一正方形在倾斜像片上的构像变为任意四边形；反之，像片上的一正方形影像对应于地面上的景物不一定是正方形，摄影测量中对这种变形的改正称为像片纠正。通过对因为地形起伏所引起的像点位移的规律研究可以发现，像片上任意一点都存在像点位移，且位移的大小随点位的不同而不同，由此导致一张像片上不同点位的比例尺不相等。摄影测量中将因为地形起伏引起的像点位移称为投影差。

引起像点位移的因素还有很多，例如摄影物镜的畸变差、大气折光、地球曲率、底片变形等等，但这些因素引起的像点位移对每张像片的影响都有相同的规律，属于系统误差。

了解了单张像片的解析，就了解了整个摄影测量的基础，同时，也了解了制作正射影像图（DOM）时需要改正的误差和需要的条件，了解了影响正射影像图制作精度的原因和其提高途径。

② 双像解析摄影测量

通过上面的介绍可知，单张像片只能确定地面点的方向，不能确定地面点的三维坐标，而有了立体像对，则可以构成模型，解求地面点的空间位置。立体模型是双像解析摄影测量的基础，用数学或模拟的方法重建地面立体模型，从而获取地面的三维信息，是摄影测量的主要任务。

当我们用双眼观察空间远近不同的 2 个点 A、B 的时候，双眼内产生生理视差，得到立体视觉，从而可以判断 2 个点的远近。如果我们在双眼前各放置一块玻璃片，如图 14-23 中的 P 和 P'，则 A 和 B 两点分别得到影像 a、b 和 a'、b'。如果玻璃上有感光材料，则景物分别记录在 P 和 P'片上。当移开实物 A、B 后，各眼观看各自玻璃上的构像，仍能看到与实物一样的空间景物，这就是人造立体视觉。用上述方法观察到的立体与实物相似，称为正立体效应。如果把左右像片对调，或者把像对在原位各转 180°，这样产生的生理视差就改变了符号，导致观察到的立体远近正好与实际景物相反，称为反立体效应。

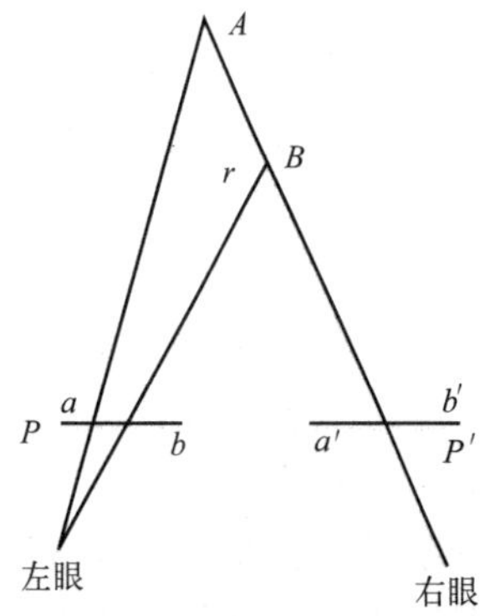

图 14-23 人造立体视觉像主点

人造视觉必须符合自然界立体观察的四个条件：

a. 两张像片必须是在两个不同位置对同一景物摄取的立体像对；

b. 每只眼睛必须只能观察像对的一张像片；

c. 两张像片上相同景物的连线与眼基线应大致水平；

d. 两张像片的比例尺相近（差别小于 15%），否则需要通过 ZOOM 系统进行调节。

根据人造立体视觉原理，在摄影测量中，规定摄影时保持 60%以上的像片重叠度，保证同一地面景物在相邻的两张像片上都有影像，利用相邻像片组成的像对，进行双眼观察

(左眼看左片，右眼看右片)，同样可以获得所摄地面的立体模型，并进行量测，这样就奠定了立体摄影测量的基础，也是双像解析摄影测量量取像点坐标的依据。

人造立体视觉必须满足的四个条件中，第 a.、c.、d. 三个条件都比较好满足，关键是如何满足条件 b.。常用的方法有立体镜观测、叠映影像、双目镜观测光路。在现代的数字摄影测量中，常用的是叠映影像的立体观察，它是将两张像片叠映在同一个承影面上，然后通过某种方式使得观察者左、右眼分别只能看到一张像片的影像，从而得到立体效应。常用的方法有红绿互补法、光闸法、偏振光法和液晶闪闭法。现代摄影测量广泛应用的是液晶闪闭法，它主要由液晶眼镜和红外发生器组成，红外发生器的一端与图形显示卡相连，图像显示软件按照一定的频率交替显示左、右图像，红外发生器则同步地发射红外线，控制液晶眼镜的左、右镜片交替地闪闭，从而达到左、右眼睛各看一张像片的目的。

当完成了人造立体视觉后，就可以借助测量的测标和量测计算工具来进行立体量测。如图 14-24 所示，通过两张已安置好的像对，眼睛可以清晰地观察到立体，在两张像片上放置两个相同的标志作为测标，如图中的 T 字形。两测标可在像片上作 x 和 y 方向的共同移动和相对移动，借助两测标在 x，y 方向的共同移动，使得其中的左测标对准左像片上某一像点 a，然后左测标保持不动，使右测标在 x，y 方向作相对移动，达到对准右像片上的同名像点 a'。这样，在立体观察下，能看出一个空间的测标切于立体模型 A 点上。此时，记录下左、右像点的坐标 (x_1, y_1)，(x_2, y_2) 得到像点坐标量测值。其中，同名像点的两坐标之差 x_1-x_2 和 y_1-y_2 分别称为左右视差和上下视差，分别用 p、q 表示。这时如果左右移动右测标，可观察到空间测标相对于立体模型表面作升降运动，或沉入立体模型内部，或浮于模型上方。因此，立体坐标量测就是要使左、右测标同时对准左、右同名像点，使测标切准模型点的表面，这就是摄影测量中的像点坐标立体量测的原理。

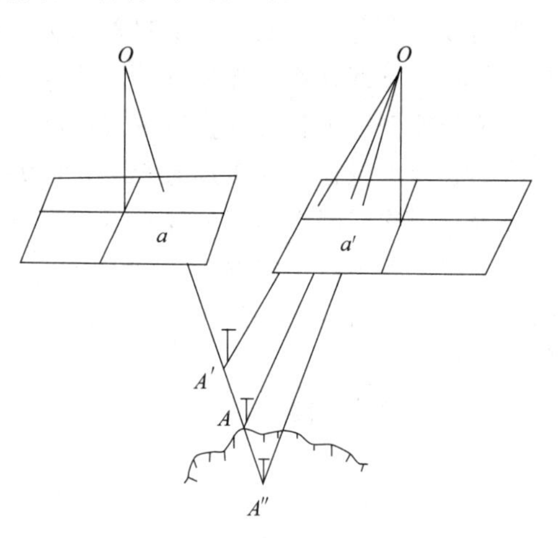

图 14-24 立体坐标量测

③ 数字摄影测量的关键技术介绍

前面已经介绍了数字摄影测量的定义与发展，它是基于数字影像与摄影测量的基本原理，应用计算机技术、数字影像处理、影像匹配、模式识别等多学科的理论与方法，提取所摄对象用数学方式表达的几何与物理信息的摄影测量分支学科。数字摄影测量除了能够完成模拟以及解析摄影测量的一切任务外，还可以完成影像位移的去除，任意方式的纠正，反差的扩展，附加参数、系统误差的改正等多种有利于改善摄影测量精度的功能，同时可以完成多幅影像的比较分析、图像识别、影像数字相关、数字正射影像、数字高程模型的生成以及数据库管理等独特的功能，正是这些新的发展，将数字摄影测量带入了一个崭新的应用领域。

目前数字摄影测量系统仍然处于发展的时期，其自动化功能仅限于几何处理，即可以进行自动内定向、相对定向，自动建立数字高程模型、制作数字正射影像图等，但是有很多工作还是采用半自动或人工的方式进行，特别是地物的测绘，目前全部是人工交互的方式，虽然在道路、房屋等人工地物的自动、半自动提取方面有一些可喜的进展，但距离实用化还有很长的一段距离。因此加强和提高目标的自动提取方法研究，提高数字摄影测量的自动化程度，是未来努力的方向。

14.4.3 数字摄影测量的设计与实施

数字摄影测量广泛应用于国民经济社会发展的诸多领域，特别是在国家基础测绘和空间数据库建立方面发挥着不可替代的作用。其产品概括来讲主要有数字栅格地图（DRG）、数字线画图（DLG）、数字正射影像图（DOM）、数字高程模型（DEM）等。一般情况下，一个完整的摄影测量流程总体上包括航空摄影、航空摄影测量外业、航空摄影测量内业三个工序。

（1）数字摄影测量的设计

① 数字摄影测量技术设计

数字摄影测量技术设计主要包括两个方面，一个是由用户单位根据对航摄资料的使用要求，选择和确定航摄技术要求参数；另一个是航摄单位根据自身的技术力量和物质条件，在确认可以完成用户单位所提出的所有技术要求后，进行航摄技术计算。

a. 划定航摄区域的范围和计算摄区面积。根据任务的要求，在图上标出摄区范围或给出相应的坐标。一般情况下，当摄区范围较小时，可根据地形图上的公里格网计算摄区面积；当摄区面积较大时，利用现有的绘图软件直接在计算机上进行量测。

b. 规定航空摄影比例尺。根据成图比例尺的大小选择摄影比例尺，在保证满足使用要求的前提下，尽可能缩小航摄比例尺，以便提高经济效益，降低航摄经费。

c. 规定航摄仪型号和焦距。航摄仪的选择主要考虑像幅的大小以及是否需要像移补偿装置。在条件许可的情况下，应尽可能采用像移补偿装置和23cm×23cm像幅的航摄仪。航摄仪焦距的选择主要考虑成图方法和测区的地形特征。

d. 规定航摄胶片的型号。使用几何变形小、稳定性强、伸缩率低、颗粒分解力高、曝光的宽度大、色调分明、解译效果好的航摄胶片。随着数码航空摄影技术的发展，是否采用数码航空摄影也需要在技术设计的时候进行规定。

e. 规定对重叠度的要求。一般规定航向重叠度应该控制在60%～65%之间，旁向重叠度控制在30%左右。

f. 规定冲洗条件。根据任务的要求，结合航摄单位的实际情况选定冲洗条件。

g. 提供航摄资料的名称和数量。一般情况下，应提供的航摄资料有全套航摄负片、航摄像片（根据用户单位的需要提供1～2套）、像片索引图（主要用于在后续的摄影测量工作中查找资料，目前主要以绘图软件制作为主，一般数量为1套）、航摄质量鉴定表（一般为1份）、航摄仪鉴定数据表（一般为1份）。

② 数字摄影测量技术计算

a. 划分摄影分区和选定航线方向。当航摄区域的面积较大、航线较长或摄区内地形变化较大时，应将摄区划分成若干个摄影分区。摄影航线的方向原则上均沿东西方向敷设，因为航线方向与图廓线平行，有利于航测作业。在特殊情况下，如线路、河流、过境线、海岛、特殊地形条件等，也可按南北或任意方向敷设航线。划分摄影分区时还应注意航摄分区的界限应与成图轮廓相一致；当航摄比例尺小于1∶7000时，航摄分区内的地形高差不得大于1/4航高；当航线比例尺大于或等于1∶7000时，航摄分区内的地形高差不得大于1/6航高。

b. 计算航高。由于确定航高的起算平面不同，飞机的飞行高度可以用相对航高（飞机相对于飞机场的航高)、摄影航高(飞机相对于摄影分区平均平面，即基准面的高度)、绝对航高(飞机相对于海平面的高度)、真实航高(飞机在一瞬间相对于实际地面的高度)表示。在航摄技术计算中，首先计算摄影航高，其次计算摄影分区平均基准面的高程(在大比例尺城市航空摄影时，要特别注意建筑物、高压线和烟囱等的高度)，最后计算绝对航高。航摄时，驾驶员一般是根据绝对航高进行飞行的，相对航高和真实航高在一般情况下无须计算。

c. 计算重叠度。在重叠度计算中，应考虑地形改正数，防止航线之间产生航空漏洞。

d. 计算摄影基线 B_x 和航线间隔 B_y 的长度。

e. 计算每条航线的像片数。由于像片数不可能有小数，因此计算时每逢余数都自动进行取整。

f. 计算摄影分区的航线数。航摄技术计算工作结束后，应将航摄数据及航线图一并递交给领航员，以便为航摄领航做好充分的准备。

(2) 数字摄影测量的实施

数字摄影测量的实施中主要涉及三个单位：用户单位、航摄单位和当地航空主管部门。

① 提出技术要求

在航摄规范中，对大部分技术要求都有明确规定，但对其中的个别项目，用户单位应根据本单位的实际条件和对资料的使用要求进行仔细的分析，这是用户单位在向航摄单位要求航摄任务前必须认真考虑的问题。一般用户单位应在以下 8 个方面提出具体的要求：

a. 划定摄区范围，并在“航摄计划用图”上用框线标出；

b. 规定航摄比例尺；

c. 规定航摄仪型号和焦距；

d. 规定航摄胶片的型号；

e. 规定对重叠度的要求(航向重叠度 q_x 和旁向重叠度 q_y)；

f. 规定冲洗条件(手冲或机冲)；

g. 执行任务的季节和期限；

h. 所需提供航摄资料的名称和数量。

② 与航摄单位签订技术合同

用户单位在确定了技术方案后，应与航摄单位进行具体协商。确定各项技术指标与期限，航摄计划用图是航摄单位进行航摄技术计算的依据。如果用户单位希望提高技术指标而航摄单位又具有相应的技术力量和物质条件时，某些技术指标也可以进行调整。但是验收航摄资料时是根据合同进行的。

③ 申请升空权

用户单位和航摄单位签订合同后，航摄单位应向当地航空主管部门申请升空权。申请时应附有摄区略图，在略图上要标出经纬度。此外，在申请报告上还应说明摄影高度和航摄日期等具体数据。

④ 数字摄影测量实施

航摄准备工作结束后，按照实施航空摄影的规定日期，调机进驻摄区附近的机场，并等待良好的天气以便进行航空摄影。

航空摄影时，在飞机飞进摄区，航空达到规定的高度后，对每一条航线进行拍摄，直到整个摄区摄完为止。凡是摄区中没有被像片覆盖的区域称为“绝对漏洞”；虽被像片覆盖，但没有达到规定重叠度要求的区域称为“相对漏洞”。航摄中不允许产生任何形式的漏洞，一旦出现都必须进行返工。航摄完毕后，要在最短的时间内冲洗，以便检查航摄质量，确定是否需要返工。

⑤ 送审与资料验收

航摄工作完成后，航摄单位将负片送当地航空主管部门进行安全保密检查。之后，用户单位按合同进行资料验收，包括检查资料是否齐全，以及检查飞行质量和摄影质量。

14.4.4 几种常见的摄影仪

目前广泛用于生产的航摄仪有RC型、RMK型、LMK型光学航摄仪以及DMC系列、UC系列、ADS系列数码航摄仪。

对于各种类型的航摄仪都要求在整个相框内影像应具有清晰而精确的几何特性和良好的判读性能。要满足这一要求，物镜的分解力要求很高，最大畸变差应小于15μm，色差的校正范围要求在400～900nm之间，物镜透光率要强，焦面照度要分布均匀，为了保证光学影像的反差，镜筒的散光要消除到最低限度。

（1）ADS航摄仪

ADS数码航摄仪是瑞士徕卡公司生产的，该型号航摄仪采用三个全色线阵CCD传感器、四个多光谱线阵CCD传感器，其中全色传感器每个为2像素×12000像素，交错3.25μm，多光谱传感器每个为12000像素，像素尺寸为6.5μm。ADS摄影仪有64°，42°，26°三个视场角，数据率为45Mb/s，数据压缩率为2～20，仪器质量为70kg，输入电压为28V，耗电量为820～920W。中间线阵沿飞行方向单片成像是指ADS在飞行过程中，通过中间位置的线状探测器阵列进行数据采集，以实现对地面区域的成像。ADS系统使用一条沿飞行方向延伸的线状探测器阵列，这个阵列位于传感器的中心位置。这条线状阵列通过连续地捕捉地面的图像信息，完成对地物的观测和记录。由于采用了成像单元，使得ADS能够在整个航线上连续地获取地面的影像数据，从而实现无缝航线的成像，其宽覆盖可以节省航线、飞行时间，数据流程无须像片处理和扫描。其影像合成主要依赖于GPS加惯导系统，没有像移补偿，实际分辨率被限制在20cm。不适用于大比例尺测图和工程应用，适合于遥感应用、制作中等精度正射产品。

（2）RC航摄仪

RC航摄仪现在应用的主要有RC10、RC20和RC30等几种型号，这几种型号的光学系统基本上相同，但RC20和RC30具有像移补偿装置，像幅均为23cm×23cm。

RC航摄仪在结构上有一个重要特点，即座架、镜筒和控制器是基本部件，但镜箱体中不包括摄影物镜，暗盒和物镜筒都是可以替换的，此外，压片板不在暗盒上，而是设置在镜筒体上，因此，RC型航摄仪的暗盒对每一种型号而言都是通用的。

习题

1. 简述摄影测量的分类。
2. 简述摄影测量技术设计。
3. 解释概念：摄影比例尺、内方位元素、外方位元素。
4. 简述矿山测量的特点及作用。

第 15 章
地籍测量

本章导读

本章主要介绍了地籍测量，第一部分是地籍测量概述，其中包括地籍测量的任务及特点，坐标系统的选择；第二部分是地籍控制测量，包括平面控制网等级及布设；第三部分是地籍要素调查，包括地块的划分与编号及调查的内容与方法；第四部分是地籍要素测量，包括测量的内容与方法、测量的编号与精度和成果分析。

15.1 地籍测量概述

土地是最基本的生产资料。人类的生活和生产活动都离不开土地。目前，我国用占世界9%的耕地养活着占世界20%的人口，土地数量严重不足。随着我国人口的继续增长和人民生活水平的提高，非农业用地迅速增加，形势更为严峻。依法对土地实行管理，成为我国政府当前的紧迫任务和我国的长期基本国策。

土地管理是包含土地权属管理、土地利用管理、土地金融、土地税收、城市和农村土地利用规划、建设用地管理、生态环境保护等一系列工作的复杂的系统工程。土地权属管理是土地管理的核心。

15.1.1 地籍测量任务及特点

地籍测量是地籍调查的一部分工作内容，地籍调查包括土地权属调查和地籍测量。地籍调查是依照国家规定的法律程序，在土地登记申请的基础上，通过土地权属调查和地籍测量，查清每一宗土地的权属、界线、面积、用途和位置等情况，形成地籍调查的数据、图件等调查资料，为土地注册登记、核发证书作好技术准备的工作。

地籍测量是在土地权属调查基础上进行的。土地权属调查是在现场核实宗地的土地使用者、土地用途等，并通过本宗地与相邻宗地使用者的现场指界，标定宗地界址，丈量宗地界址边长，绘制宗地草图和填写地籍调查表的工作。在此基础上，依据权属调查资料开展地籍测量。地籍测量分为地籍控制测量和地籍细部测量两大部分，其任务是测绘每宗土地的权属界线形状、位置、地类等，绘制地籍图，量算面积等。

地籍测量是测绘技术与土地管理相结合的一项工作，它采用的测绘手段与城镇地形测量有相同之处，但由于服务对象、内容和要求不同，因此在空间性、精确性、连续性、法律性上有它自己的特点：

（1）地形测量测绘的对象是地物和地貌，地形图根据测图比例尺、地形特征和地表覆盖状况全部选取或综合选取相应内容。地籍测量测绘的对象是土地及其附属物，是通过测量与调查工作来确定土地及其附属物的权属、位置、数量、质量和用途等状况，地籍图主要选取对土地权属或土地利用划分有参考意义的地物和地貌，选取具有重要地理特征的地物（如水库、公路铁路河流等），其他地貌要素可择要表示。

（2）地籍图中地物点的精度要求与地形图的精度要求基本相同，但是界址点的精度要求较高，如一级界址点相对于邻近图根控制点的点位中误差不超过 0.05m。若用图解的方法，根本达不到精度要求，需采用解析法测定界址点。此外，面积量算的精度要求也较高。

（3）地籍测量的成果产品有地籍图、宗地图、界址点坐标册、面积量算表、各种地籍调查资料等，无论从数量上还是从产品的规格上，都比地形测量多。

（4）地形图的修测是定期的，周期较长。而地籍图变更较快，任何一宗地，当其权属、用途等发生变更时，应及时修测，以保持地籍资料的连续性和现实性。

（5）地籍测量成果经管理部门确认后，便具有法律效力，而地形测量成果无此作用。

15.1.2　坐标系统选择

一般规定，地籍平面控制测量采用国家统一坐标系统，投影为高斯-克吕格投影，按统一 3°带分带。

城镇地区地籍测量应尽可能沿用该地区已有的城市测量坐标系统，以充分利用现有的测绘成果资料，并使测绘成果统一，便于共享。若无法利用已有坐标系统或无坐标系统可供利用时，则可根据测区地理位置和平均高程自行确定坐标系统，包括选择补偿面或任意带投影坐标系统。原则是投影长度变形值不大于 2.5cm/km。

面积小于 $25km^2$ 的城镇和农村居民点可采用独立的平面直角坐标系统。凡采用独立坐标系的，有条件时均应和国家坐标系统进行联测。

15.2　平面控制网等级及布设

地籍测量的平面控制网包括基本控制网和地籍控制网。基本控制网采用国家一、二、三、四等网或城市二、三、四等网。在不得不布设新网时，新网的技术要求和规格应尽量符合上述网相应等级的技术要求。

在基本控制网下布设一、二、三级地籍控制网。

平面控制测量可根据具体情况选用三角测量、三边测量、导线测量、GPS 定位测量等方法，按《地籍测绘规范》（以下简称《规范》）组织施测。

对地籍控制点的要求有如下几点：

（1）一、二、三、四等平面控制网是单独进行布设和平差的，而一、二、三级地籍控制网有时是和地籍要素同时进行观测的，一、二、三级地籍控制网都应构成网状。注意对邻近控制点的联测并进行分级统一平差或整体平差。

（2）为保证地籍要素测量控制的需要，地籍控制点应有一定的密度。在通常情况下，地籍控制点的密度一般为：

① 城市城区：100～200m；

② 城市稀疏建筑区和郊区：200～400m；

③ 城市郊区和农村：400～500m；

即每平方公里有5～20个地籍控制点。

(3) 地籍控制点应埋设固定标志，有条件时宜设置保护点，保护点个数不少于三个。保护点除作检查和恢复控制点点位之用以外，也可作为测站点或连接点使用。地籍控制点和保护点之间的相对点位误差不超过±0.01m，本点到保护点之间的距离一般不大于20m。

(4) 地籍控制点应按《规范》要求绘制“点之记”。

(5) 地籍平面控制点相对于起算点的点位中误差不超过±0.05m。

15.3 地籍要素调查

15.3.1 地块的划分与编号

划分地块的原则应首先顾及法律上的产权状况，其次是要便于信息的采集、描述与管理，有利于不动产管理部门以及税收、规划、统计、环保等部门的使用和要求。

地块以地籍子区为单元划分。地籍区以市行政建制区的街道办事处或镇（乡）的行政区域范围为基础划定，当地籍区的范围过大时，在地籍区范围内可以街坊为基础再划分为若干地籍子区，在地籍子区内再划分地块。

地块编号按省、市、区（县）、地籍区、地籍子区、地块共六级进行编号，计15位数字。

编号的方法是：省、市、区（县）这三层的代码采用GB/T 2260—2007《中华人民共和国行政区划代码》规定的代码，每层两位数。地籍区和地籍子区均以两位自然数字从01～99依序编列；当未划分地籍子区时，相应的地籍子区编号用“00”表示，在此情况下地籍区也代表地籍子区。地块编号以地籍子区为编号区，采用5位自然数字从1～99999依序编列；以后新增地块接原编号顺序连续编列。表15-1所示为地块代码的组成。

表15-1 地块代码的组成

层数	第一层	第二层	第三层	第四层	第五层	第六层
代码名称	省（自治区、直辖市）	地区（市、州、盟）	县（市、市区、旗）	地籍区	地籍子区	地块
代码	两位数	两位数	两位数	两位数	两位数	五位数

15.3.2 调查的内容与方法

(1) 地块权属调查

地块权属是指地块所有权和使用权的归属。地块权属调查的内容包括：地块权属性质、权属主名称、地块坐落和四至以及行政区域界线和地理名称。另外，还应依据有关条件和法律文件，在实地对地块界址点、线进行判识。

(2) 土地利用类别调查

为了描述土地的利用类别，《规范》根据土地作用的差异，将城镇土地分为10个一级类和24个二级类（参见《规范》）。

土地利用类别调查依据《规范》调查登记到二级分类。调查以地块为单位调记一个主要利用类别。综合使用的楼房按地坪上第一层的主要利用类别调记，如第一层为车库，可按第二层利用类别调记。地块内如有 n 个土地利用类别时，以地类界符号标出分界线，分别调记利用类别。

（3）土地等级调查

土地等级标准执行当地有关部门制定的土地等级标准。

土地等级调查在地块内调记，地块内土地等级不同时，则按不同土地等级分别调记。对尚未制定土地等级标准的地区可先不调记。

（4）建筑物状况调查

调查内容包括：地块内建筑物的结构和层数。

建筑物的结构根据建筑物的梁、柱、墙等主要承重构件的建筑材料划分类别。建筑物的层数是指建筑物的自然层数，从室内地坪以上计算，采光窗在地坪以上的半地下室且高度在2.2m以上的计算层数。地下室、假层、附层（夹层）、假楼（暗楼）、装饰性塔楼不算层数。

15.4　地籍要素测量

15.4.1　测量的内容与方法

（1）测量内容

① 界址点、界址线；

② 建筑物和重要的构筑物；

③ 重要的界标地物；

④ 行政区域和地籍区、地籍子区的界线；

⑤ 地类界和保护区的界线。

（2）测量方法

① 极坐标法（Polar Coordinate Method）

此方法由平面控制网的一个已知点或自由设站的测站点，通过测量方向和距离来测定目标点的位置。

极坐标法测量可用全站型电子速测仪，也可用经纬仪配以光电测距仪或其他符合精度要求的测量设备进行施测。

② 正交法（Orthogonal Method）

正交法亦称直角坐标法，它是借助测线和短边支距测定目标点的方法。

正交法施测时，可使用钢尺丈量距离配以直角棱镜进行作业。支距长度不应超过一个尺长。《规范》规定，不论使用何种钢卷尺量距，测站点到三目标的距离均不应超过50m。

③ 航测法（Aerial Photogrammetry Method）

航测法适用于大面积的地籍测绘工作。航测法的优点是外业工作量小，可得到数字地籍图，是实现自动化测绘不动产图的一种方法。缺点是为测定地籍要素点，要在地面布设大量的标志，有些界址点上还不易设置航摄标志，而且航摄受季节和气候影响较大，还要实地测量房檐宽度，测量精度和经济效益都受到很大的限制，故在航测之前应进行实地勘察和核算，以选择有效的测绘方法。

15.4.2 测量的编号与精度

(1) 测量的编号

为方便地存储和调用地籍要素的测量成果，对地籍控制点、界址点和需要测定坐标的建筑角点均加以编号，编号均以高斯-克吕格坐标的整公里格网为编号区。点的编号以一个编号区为单元，在单元内从1～99999依序顺编，点号的完整编号由编号区代码、点的类别代码和点号三部分组成，即点的完整编号由15位数字组成，如表15-2，其中：

编号区的代码由9位数字构成，以编号区（公里格网）西南角的横纵坐标的坐标数值表示，横坐标在前，纵坐标在后。例如“375”的“5”为横坐标的100km坐标数值，“37”为3°带的带号；“38”为纵坐标的100km坐标数值；“46”为横坐标的10km和1km的坐标数值；“62”为纵坐标的10km和1km的坐标数值。

表15-2 点编码

名称	编号区代码	点的类别代码	点的编号
码长	9位数	1位数	5位数
例	375384662	3	00029

点的类别代码由一位数表示，它的代码为：

1——基本控制点，包括一、二、三、四等平面控制点；

2——地籍控制点，包括一、二、三级地籍平面控制点；

3——界址点，包括一、二、三级界址点；

4——建筑物角点，包括各级精度测定坐标的建筑物角点。

点的编号由5位数组成，从1～99999依序顺编。

在此，建筑物角点的编号方法除点的类别代码外其余均与界址点相同。

(2) 测量的精度

① 界址点的精度

界址点的精度分三级，等级的选用应根据土地价值、开发利用程序和规划的长远需要而定。各级界址点相对于邻近控制点的点位误差和间距超过50m的相邻界址点间的间距误差不超过表15-3的规定，间距未超过50m的界址点间的间距误差限差应小于式(15-1)的计算结果。

表15-3 限差规定

界址点的等级	界址点相对于邻近控制点点位误差和相邻界址点间的间距误差限差	
	限差/m	中误差/m
一	±0.10	±0.05
二	±0.20	±0.10
三	±0.30	±0.15

$$\Delta D=\pm(m_j+0.02m_jD) \tag{15-1}$$

式中 m_j——相应等级界址点规定的点位中误差，m；

D——相邻界址点间的距离，m；

ΔD——界址点坐标计算的边长与实量边长较差的限差，m。

② 建筑物角点的精度

当需要测定建筑物角点坐标时，建筑物角点坐标的精度等级和限差执行与界址点相同的标准。不需要测定建筑物角点坐标时，应将建筑物的轮廓线按地籍图上地物点的精度要求表示于地籍图上。

15.4.3 成果分析

地籍成果包括地籍图、地籍数据集和地籍簿册。本节主要叙述地籍图的绘制。

(1) 地籍图的比例尺和用色

城镇地区地籍图的比例尺一般采用1∶1000，郊区地籍图的比例尺一般采用1∶2000，复杂地区或特殊需要地区采用1∶500。

地籍图采用单色成图。

(2) 地籍图的分幅与编号

地籍图分幅形式的幅面规格采用50cm×50cm，其图廓以高斯-克吕格坐标格网线为界。1∶2000图幅以整公里格网线为图廓线，1∶1000和1∶500地籍图在1∶2000地籍图中划分，即1∶500与1∶1000和1∶2000三种比例尺地籍图依次分别为1∶4比例关系。

地籍图的编号采用数码形式的编号方法，编号代码由两部分组成，即由编号区编码加图幅编码构成。地籍图编号以高斯-克吕格坐标的整公里格网为编号区，编号区代码以公里格网西南角的横、纵公里坐标值表示，下面以带晕线图幅为例说明之，参见图15-1。

图示编号中，37为所在高斯投影带3°带的带号；5为横坐标100km坐标数值，38为纵坐标100km坐标数值；46为横坐标10km和1km坐标数值；62为纵坐标10km和1km坐标数值；图幅编号按图15-1中所示的编码表示。

在地籍图上标注地籍图编号时可采用简略编号。简略编号略去编号区代码中的百公里和百公里以前的数值。

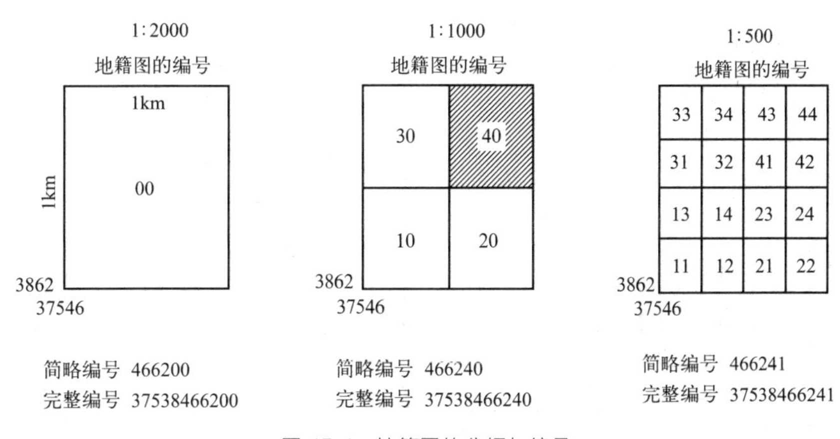

图15-1 地籍图的分幅与编号

(3) 地籍图(图15-2)应表示的基本内容

① 界址点、界址线；

② 地块及其编号；

③ 地籍区、地籍子区编号；地籍区名称；

④ 土地利用类别；

⑤ 地籍区与地籍子区界；

⑥ 行政区域界；

⑦ 永久性的建筑物和构筑物；

⑧ 平面控制点；

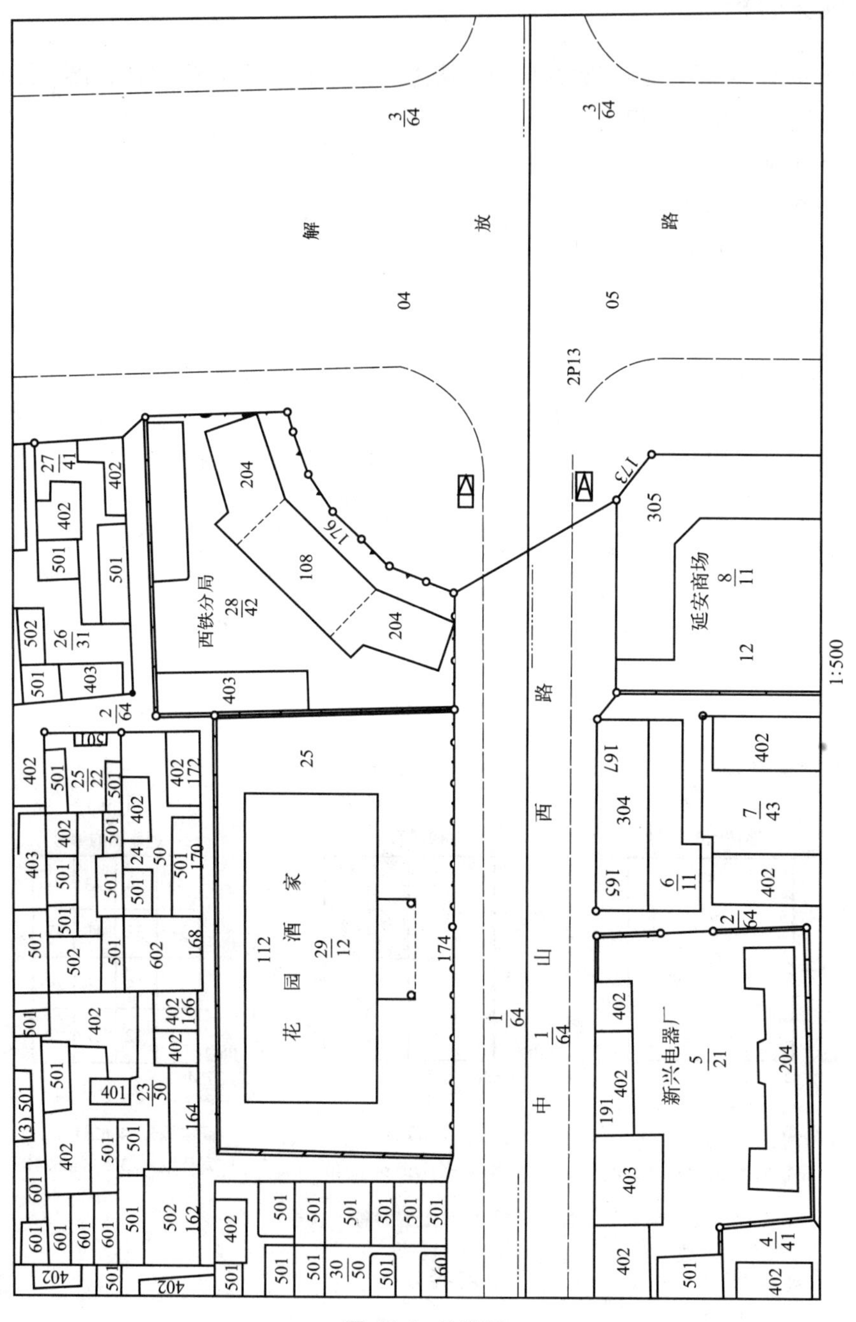

图 15-2 地籍图

⑨ 有关地理名称及重要单位名称；

⑩ 道路和水域。

地籍图上表示的应该是基本的主要地籍要素，除了上述《规范》规定的内容以外，其他内容一般可以不表示，以尽量保持地籍图图面的简明和清晰，并且主次分明。目的是使地籍图上既有准确完整的必不可少的基本地籍要素，又要使图面尽量空留较多的空间，以便用户可以根据图上已有的准确的基本要素去增补新的内容，从而满足多用途地籍的需要。

（4）地籍图的绘制方法

① 数字化制图

数字化制图是将在实地或在室内通过航空摄影测量资料采集的数据，通过自动数据处理，获取数字化地籍图的一种方法。

由于用数字方式能使地籍图与有关信息之间联系得更好，并且不受测图比例尺的限制。当需要时，可显示绘制、打印所需图形及其他信息资料，而且更有利于地籍测量成果资料的及时更新与检索。因此，数字化制图为建立自动化地籍系统和土地信息系统创造了更有利的条件。

② 利用地籍测量草图绘制地籍图

本方法是指依据地籍测量草图和有关数据，用制图方法绘制地籍图。

③ 编绘法成图

此方法是根据测量草图和有关数据，在原有的符合精度要求的地形图上填补地籍要素来绘制地籍图。

以上是测绘地籍图的三种基本方法，当地籍图的内容不能完全由测量草图和有关成果绘出，且允许建筑物角点及其他地物点不同于界址点的精度要求时，也可采用其他绘制方法，但精度需满足《规范》规定的精度要求。

（5）地籍图的精度

地籍图的精度应优于相同比例尺地形图的精度。《规范》规定：地籍图上坐标点的最大展点误差不超过图上±0.1mm；其他地物点相对于邻近控制点的点位中误差不超过图上±0.5mm；相邻地物点之间的间距中误差不超过图上±0.4mm。

习题

1. 术语解释：地籍、地籍测量的坐标系统、地籍要素调查、地籍要素测量、地籍要素测量精度、地籍成果。

2. 地籍测量的任务及主要工作有什么？

3. 简述地籍控制网的等级及施测方法步骤。

4. 简述地籍要素的内容和方法。

5. 简述如何绘制地籍图。

第16章 GNSS测量技术

本章导读

本章主要介绍GNSS测量技术。第一部分是GPS卫星定位测量，包括GPS的概述、GPS定位的基本原理、GPS接收机基本类型、GPS网的布设；第二部分是高精度系统应用，包括大比例尺数字测图系统、北斗卫星导航系统；第三部分是CORS技术概述，包括CORS的概念、CORS的构成、CORS的技术优势。

16.1 GPS卫星定位测量

全球定位系统GPS（Global Positioning System），于1973年由美国组织研制，1993年全部建成。全球定位系统GPS最初的主要目的是为海陆空三军提供实时、全天候和全球性的导航服务。GPS定位技术的高度自动化及所达到的高精度和巨大的应用潜力，引起了测绘科技界的极大兴趣，现已应用于民用导航、测速、时间比对和大地测量、工程勘测、地壳监测、航空与卫星遥感、地籍测量等众多领域。它的问世导致了测绘行业一场深刻的技术革命，并使测量科学进入一个崭新的时代。

在我国，GPS的应用起步较晚，但发展速度很快，广大测绘工作者在GPS应用基础研究和实用软件开发等方面取得了大量的成果，全国许多省市都利用GPS定位技术建立了GPS控制网，在大地测量（西沙群岛的大地基准联测）、南极长城站精确定位和西北地区的石油勘探等方面显示出GPS定位技术的无比优越性和应用前景。

16.1.1 GPS的概述

（1）GPS的组成

GPS主要由三部分组成：由GPS卫星组成的空间部分，由若干地面站组成的控制部分和以接收机为主体的广大用户部分。三者既有独立的功能和作用，但又是有机配合而缺一不可的整体系统。图16-1为GPS的三个组成部分及其配合的情况。

① 空间部分。空间部分由24颗（21＋3）GPS卫星组成，均匀分布在倾角为55°的6个轨道上，覆盖全球上空，保证在地球各处能时时观测到高度角15°以上的4颗卫星。

② 控制部分。控制部分负责监控全球定位系统的工作，它包括主控站（1个）、监控站（5个）和注入站（3个）。

③ 用户部分。用户部分包括GPS接收机硬件、数据处理软件和微处理机及其终端设备等。

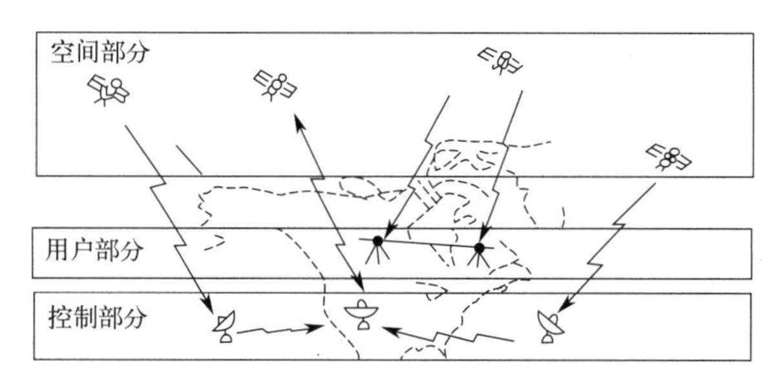

图 16-1　GPS 的空间、控制和用户部分示意图

GPS 接收机是用户部分的核心，一般由主机、天线和电源三部分组成。其主要功能是跟踪接收 GPS 卫星发射的信号并进行变换、放大和处理，以便测量出 GPS 卫星信号从卫星到接收机天线的传播时间；解释导航电文，实时地计算出测站的三维位置，甚至三维速度和时间。GPS 接收机的基本类型分导航型和大地型。大地型接收机的类型分单频（L_1）型和双频（L_1,L_2）型，而双频型接收机又有 C/A 码相关和 C/A 码、P 码相关两种。

在精密定位测量工作中，一般采用大地型双频接收机或单频接收机。单频接收机适用于 10km 左右或更短距离的精密定位测量，其相对精度能达到$\pm(5\text{mm}+1\times10^{-6}D)$，$D$ 为基线长度。而双频接收机由于能同时接收卫星发射的两种频率（L_1,L_2）的载波信号，故可进行长距离的精密定位测量，其相对精度可优于$\pm$（$5\text{mm}+1\times10^{-6}D$）。

（2）GPS 的应用特点

纵观多年来的 GPS 应用实践，GPS 定位技术的应用特点可归纳为以下几点：

① 用途广泛。用 GPS 信号可以进行海空导航、车辆引行、导弹制导、精密定位、动态观测、设备安装、传递时间、速度测量等，现将在测绘工程中的应用列于表 16-1。

表 16-1　GPS 定位技术应用一览表

全球性 ↓ GPS ↑ 全天候 （24h）	1. 地籍测量
	2. 大地网加密
	3. 高精度飞机定位
	4. 无地面控制的摄影测量
	5. 变形监测
	6. 海道、水文测量
	7. GPS 全站仪测量和主动控制站
	8. 全球或区域性高精度三维网
	9. 地面高精度测量
	10. 海陆空导航

② 自动化程度高。GPS 定位技术大大减少野外作业时间和劳动强度。用 GPS 接收机进行测量时，只要将天线准确安置在测站上，主机可放在测站不远处（亦可放在室内），通过专用通信线与天线连接，接通电源，启动接收机仪器即自动开始工作。结束测量时，仅需关闭电源，取下接收机，便完成野外数据采集任务。通过数据通信方式，将所采集的 GPS 定位数据传递到数据处理中心，实现全自动化的 GPS 测量与计算。

③ 观测速度快。用 GPS 接收机作静态相对定位（边长小于 15km）时，采集数据的时间可缩短到 1h 左右，即可获得基线向量，精度为$\pm(5\text{mm}+1\times10^{-6}D)$；如果采用快速定位软件，对于双频接收机，仅需采集 5min 左右；对于单频接收机，只要能观测到 5 颗卫星，也仅需 15min 左右便可达到上述同样的精度。作业速度快，一般能比常规手段建立控制网（包括造标）快 2～5 倍。

④ 定位精度高。大量实践和试验表明，GPS 卫星相对定位测量精度高，定位计算的内

符合与外符合精度均符合±（5mm+1×$10^{-6}D$）的标称精度，二维平面位置都相当好，仅高差方面稍逊一些。据多年来国内外众多试验与研究表明：GPS相对定位，若方法合适、软件精良，则短距离（15km以内）精度可达厘米级或以下，中、长距离（几十千米至几千千米）相对精度可达到10^{-7}～10^{-8}表明定位精度很高。

⑤ 节省经费和效益高。用GPS定位技术建立大地控制网，要比常规大地测星技术节省70%～80%的外业费用，这主要由于GPS卫星定位不要求站间通视，不用建造测站标志，节省大量经费。同时，由于作业速度快，使工期大大缩短，所以经济效益显著。

16.1.2 GPS定位的基本原理

GPS进行定位的方法，根据用户接收机天线在测量中所处的状态来分，可分为静态定位和动态定位；若按定位的结果进行分类，则可分为绝对定位和相对定位；各种定位的方法还可有不同的组合，如静态相对定位、动态绝对定位、静态绝对定位或动态相对定位等。在测绘工程中，静态定位方法是常用的方法。

所谓静态定位，指的是将接收机静置于测站上数分钟至一小时或更长的时间进行观测，以确定一个点在WGS-84坐标系中的三维坐标（绝对定位），或两个点之间的相对位置（相对定位）。由此可见，GPS定位的基本原理是以GPS卫星和用户接收机天线之间距离（或距离差）的观测量为基础的，显然其关键在于如何测定GPS卫星至用户接收机天线之间的距离。GPS静态定位方法有伪距法、载波相位测量法和射电干涉测量法等，此处仅简介伪距法基本定位原理。

（1）伪距概念及伪距测量

由GPS卫星发射的测距信号，经过一定传播时间后，到达测站接收机天线。则上述信号传播时间Δt乘以光速C，即为卫星至接收机天线的空间几何距离ρ，即

$$\rho=\Delta tC$$

实际上，由于传播时间Δt中包含有卫星钟差和接收机钟差，以及测距码在大气传播中的延迟误差等等，由此求得的距离值并非真正的卫星至测站间的几何距离，习惯称为“伪距”，用ρ'表示，与之相对应的定位方法称为伪距法。

为了测定GPS卫星信号的传播时间，需要在用户接收机内复制测距码信号，并通过接收机内的可调延时器进行相移，使得复制的信号码与接收到的相应信号码达到最大相关。此时，所调整的相移量便是卫星发射的测距信号到达接收机天线的传播时间，即时间延退。

假设在某一标准时刻T_a卫星发出一个信号，该瞬间卫星钟的时刻为t_a；该信号在标准时刻T_b到达接收机天线，此时相应接收机时钟的读数为t_b，则传播时间伪距ρ'为

$$\rho'=\tau C=(t_b-t_a)C \tag{16-1}$$

由于卫星钟和接收机时钟与标准时间存在着误差，设信号发射和接收时刻的卫星和接收机钟差改正数分别为V_a和V_b，则有

$$\left.\begin{aligned}t_a+V_a=T_a\\t_b+V_b=T_b\end{aligned}\right\} \tag{16-2}$$

将式(16-2)代入式(16-1)，可得

$$\rho'=(T_b-T_a)C+(V_a-V_b)C \tag{16-3}$$

式中，T_a-T_b为测距码从卫星到接收机天线的实际传播时间ΔT。可见在ΔT中已对

钟差进行了改正，但由 ΔTC 所求得的距离中，仍包含有测距码在大气中传播的延迟误差，必须加以改正。设定位测量时，大气中电离层折射改正数为 $\delta_{\rho 1}$，对流层折射改正数为 $\delta_{\rho T}$，则所求 GPS 卫星至接收机天线的真正空间几何距离 ρ 应为

$$\rho = \Delta TC + \delta_{\rho 1} + \delta_{\rho T} \tag{16-4}$$

将式(16-3) 代入式(16-4)，就得到实际距离 ρ 与伪距 ρ' 之间的关系式：

$$\rho = \rho' + \delta_{\rho 1} + \delta_{\rho T} - CV_{\mathrm{a}} + CV_{\mathrm{b}} \tag{16-5}$$

式(16-5) 为伪距定位测量的基本观测方程。

伪距定位测量的精度与测距码的波长及其与接收机复制码的对齐精度有关。目前，上述伪距测量的精度不高，对 P 码而言测量精度约为 30cm，对 C/A 码而言则为 3m 左右，难以满足高精度测量定位工作的要求。只有采用载波相位测量相对定位的方法进行定位测量，才可得到很高的定位精度（厘米级或以下），读者可参阅有关书籍。

（2）单点定位

单点定位又称 GPS 绝对定位，它仅用一台接收机即可独立确定待求点（测站）的绝对坐标，观测方便，速度快，数据处理简单，但精度较低，只能达到米级的定位精度。

在伪距测量的基本观测方程中，若 V_{a} 和 V_{b} 已知，同时 $\delta_{\rho 1}$ 和 $\delta_{\rho T}$ 也能精确求得，那么测定伪距 ρ' 就等于测定了站星之间的真正几何距离 ρ，而 ρ 与卫星坐标（$x_{\mathrm{s}}, y_{\mathrm{s}}, z_{\mathrm{s}}$）和接收机天线相位中心坐标（$x, y, z$）之间有如下关系：

$$\rho = \sqrt{(x_{\mathrm{s}} - x)^2 + (y_{\mathrm{s}} - y)^2 + (z_{\mathrm{s}} - z)^2} \tag{16-6}$$

卫星瞬时坐标（$x_{\mathrm{s}}, y_{\mathrm{s}}, z_{\mathrm{s}}$）可根据接收到的卫星导航电文求得，故式(16-6) 中仅有三个未知数 x、y、z，如果接收机同时对三颗卫星进行伪距测量，从理论上讲，就能从列出的三个观测方程中联合解出接收机天线相位中心的位置（x, y, z）。因此，GPS 伪距法单点定位的实质，就是空间距离后方交会。实际上，在伪距测量观测方程中，用户接收机仅配有一般的石英钟，在接收信号的瞬间，接收机的钟差改正数 V_{b} 不可能预先精确求得。因此，在伪距法定位中，把 V_{b} 也当作一个未知数，与待定点（测站）坐标一起进行数据处理，这样在实际伪距法单点定位工作中，至少需要四个同步伪距观测值，即至少必须同时观测四颗卫星，从而在一个测站上实时求解四个未知数 x、y、z 和 V_{b}。

综合式(16-5) 和式(16-6)，可得伪距法单点定位原理的数学模型：

$$\sqrt{(x_{si} - x)^2 + (y_{si} - y)^2 + (z_{si} - z)^2} - CV_{\mathrm{b}} = \rho' + (\delta_{\rho 1})_i + (\delta_{\rho T})_i - CV_{\mathrm{a}}$$

式中，$i = 1, 2, 3, 4 \cdots$

16.1.3 GPS 接收机基本类型

GPS 信号接收及信号处理系统包括信号接收机和相应的数据处理软件。信号接收机一般包括接收天线、主机和电源。近十几年来，随着电子技术的高速发展，信号接收机已经高度集成化和智能化，实现了天线、主机和电源一体化，全部制作在天线内部。

GPS 信号接收机的任务是捕获卫星信号，跟踪并锁定卫星，对接收到的信号进行处理，计算出测距信号从卫星传到地面接收机天线的时间间隔，译出卫星广播的导航电文，实时计算出接收机天线的三维坐标、移动速度和时间。

GPS 接收机的分类形式很多，按用途不同，常分为两种：导航型和测地型。

导航型接收机结构简单，体积小，价格便宜，采用 C/A 码伪距接收技术，定位精度一般可达 20～100m，最高可达 1～3m。若采用 P 码接收技术，达到的精度将更高。

测地型接收机结构复杂、精度高，测量基线的精度比导航型接收机高许多数量级，但价格昂贵。单频接收机适用于10km左右或更短距离的精密定位工作，其相对定位的精度能达 $5\text{mm} \pm 1\times10^{-6}D$（$D$ 为基线长度，以km计）。双频接收机由于能同时接收到卫星发射的两种频率（L_1 和 L_2）的载波信号，故可进行长距离的精密定位工作，其相对定位的精度可优于 $5\text{mm} \pm 1\times10^{-6}\text{D}$。

目前GPS测地型接收机主要品牌有Trimble、Sokkia、Leica、Topcon、NovAtel及中国南方等，不同品牌其外形、大小等不尽相同。图16-2所示为中国南方NGS9600GPS信号接收机。

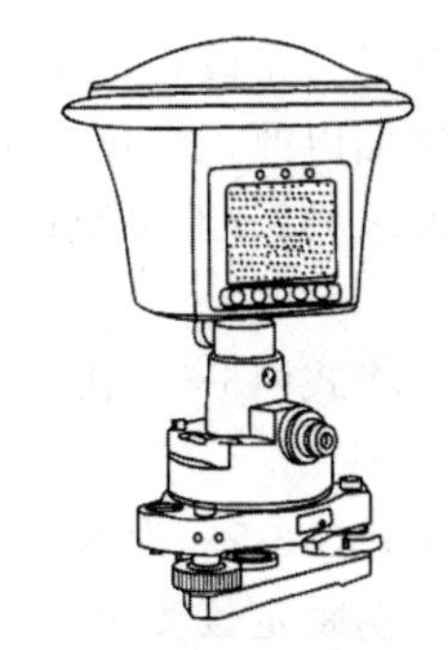

图16-2 NGS9600GPS信号接收机

16.1.4 GPS网的布设

我国《全球定位系统（GPS）测量规范》将GPS网依其精度分为A至E共5个等级。其精度和密度标准如表16-2所示。

表16-2 不同等级GPS网的精度标准

精度等级	A	B	C	D	E
固定误差/mm	≤10	≤10	≤10	≤10	≤10
比例误差系数	≤2	≤5	≤10	≤20	≤40
相邻点最小距离/km	100	15	5	2	1
相邻点最大距离/km	1000	250	40	15	10
相邻点平均距离/km	300	70	15～10	10～5	5～2

（1）布网特点

GPS网与传统的控制网布设之间存在很大区别：

① GPS网大大淡化了“分级布网”“逐级控制”的布设原则，不同等级间依赖关系不明显。高级网对低级网只起定位和定向作用，不再发挥整体控制作用。

② GPS网中各控制点是彼此独立直接测定的，因此网中各起算元素、观测元素和推算元素无依赖关系。

③ GPS网对点的位置和图形结构没有特别要求，不强求各点间通视。

④ 各接收机采集的是从卫星发出的各种信息数据，而不是常规方法获得的角度、距离、高差等观测数据。

（2）布网原则

① 新布设的GPS网应尽量与已有平面控制网联测，至少要联测2个已有控制点；

② 应利用已有水准点联测GPS点高程；

③ GPS网应构成闭合图形，以便进行检核；

④ 当用常规测量方法进行加密控制时，GPS网内各点尚需考虑通视问题。

16.2 高精度系统应用

本节介绍北斗卫星导航系统。

（1）“北斗一号”双星定位系统

为了满足我国国民经济和国防建设的需要并结合我国国情，1983年，陈芳允院士提出了建设双星卫星导航系统的构想。经过十多年的论证，我国于 1994 年开始研发具有自主知识产权的卫星导航系统——“北斗一号”卫星导航试验系统。从 2000 年 10 月至 2003 年 5 月，我国的长征火箭分别将 3 颗“北斗一号”导航系统的试验卫星送入太空。2003 年第三颗北斗卫星的发射升空，标志着我国成为继美国全球卫星定位系统（GPS）和俄罗斯的全球导航卫星系统（GLONASS）后，在世界上第三个建立了完善卫星导航系统的国家。

“北斗一号”卫星定位系统是利用地球同步卫星为用户提供全天候、区域性的卫星定位系统。与其他卫星导航系统一样，“北斗”双星定位系统也是由空间、地面和用户三部分组成的。“北斗一号”卫星系统具有定位、授时和短报文通信三大功能。“北斗一号”卫星导航系统在 2008 年的汶川地震抗震救灾中发挥了重要作用。地震发生后，中国卫星导航应用管理中心为救援部队紧急配备了 1000 多台“北斗一号”终端机，实现了各点位之间、点位与北京之间的直线联络。救灾部队携带的“北斗一号”终端机不断从前线发回各类灾情报告，为指挥部指挥抗震救灾提供了重要的信息支援。

“北斗一号”是我国自主研发的、具有完全独立自主性的区域卫星导航系统，它的研制成功标志着我国打破了美、俄在此领域的垄断地位。

（2）北斗卫星导航系统应用与前景

北斗卫星导航系统在各个领域的应用越来越广泛，对经济社会发展起到了积极的推动作用。以下是北斗卫星导航系统的一些主要应用领域和前景展望。

交通运输领域：北斗卫星导航系统在航空、航海、铁路和公路等交通运输领域具备重要的应用价值。例如，在航空领域，北斗系统可以为飞行员提供导航和定位信息，确保飞行安全和航线精确；在航海领域，北斗系统可实现船舶导航、自动舵控和船舶监控等功能，提高航行效率和安全性；在公路领域，北斗系统可以为汽车提供准确的导航、交通状况监测和车辆管理服务。

农业领域：北斗卫星导航系统可以提供土壤肥力、水分含量和气象等信息，帮助农民合理决策和实施农业生产。通过北斗系统，农民可以实现精确定位、智能播种、精准施肥和远程监控等功能，提高农业生产效率和质量。

公共安全领域：北斗卫星导航系统在公共安全领域具有重要的应用前景。例如，在紧急救援中，北斗系统可以提供被困人员和救援队的位置信息，实现快速定位和救援；在灾害监测和预警中，北斗系统可以通过数据分析和传输，提供准确的地质灾害和气象灾害等信息，帮助实施及时有效的应对措施。

物流和运输领域：北斗卫星导航系统在物流和运输领域的应用，可以实现物资追踪、货物配送路线规划和车辆调度等功能。通过北斗系统，可以提高物流和运输的效率，降低成本，实现智能化的物流管理。

科研和探索领域：北斗卫星导航系统还可以用于科学研究和探索领域。例如，在极地科考中，北斗系统可以提供极地区域的导航和定位服务，帮助科考队伍实现准确定位和科学观测；在太空探索中，北斗系统可以为航天器提供导航和定位支持，保证其准确进入预定轨道并执行任务。

展望未来，随着北斗卫星导航系统的不断完善和发展，其应用领域将进一步拓展。同时，北斗系统还可以与其他领域的技术相结合，如人工智能、物联网等，共同推动这些领域的创新和发展。北斗卫星导航系统的建设和应用，将为我国经济社会发展提供有力支撑，并对相关行业的发展产生深远影响。

16.3 CORS技术概述

16.3.1 CORS的概念

连续运行参考站系统（Continuous Operational Reference System，简称CORS）是基于现代GNSS技术、计算机网络技术、网络化实时定位服务技术、现代移动通信技术的大型定位与导航综合服务网络。CORS可以实时地向不同类型、不同需求、不同层次的用户自动地提供经过检验的不同类型的GPS观测值（载波相位或伪距）、各种改正数、状态信息以及其他有关GPS服务项目。

CORS很好地解决了长距离、大规模的厘米级高精度实时定位的问题，CORS在测量中扩大了覆盖范围，降低了作业成本，提高了定位精度，减少了用户定位的初始化时间。CORS的出现将为测绘行业带来深刻变革，而且也将为现代社会带来新的位置、时间信息的服务模式，可以满足各类行业用户对精密定位，快速和实时定位、导航的要求。该系统的出现可满足城市规划、国土测绘、地籍管理、城乡建设、环境监测、防灾减灾、船舶、车辆导航、交通监控等多种现代信息化管理的社会需求。

16.3.2 CORS的构成

CORS主要由以下几个子系统构成：控制中心、固定参考站、数据通信部分和用户部分。

（1）控制中心。控制中心是整个系统的核心，既是通信控制中心，也是数据处理中心。它通过通信线（光缆、ISDN、电话线等）与所有的固定参考站通信；通过无线网络（GSM、CDMA、GPRS等）与移动用户通信。由计算机实时系统控制整个系统的运行，所以控制中心的软件既是数据处理软件，也是系统管理软件。

（2）固定参考站。固定参考站是固定的GPS接收系统，分布在整个网络中，一个CORS网络可包括无数个站，但最少要3个站，站与站之间的距离一般为20～60km。固定站与控制中心之间有通信线相连，数据实时地传送到控制中心。

（3）数据通信部分。CORS的数据通信包括固定参考站到控制中心的通信，控制中心到用户的通信。参考站控制中心的通信网络负责将参考站的数据实时地传输给控制中心，控制中心和用户之间的通信网络负责将网络校正数据从控制中心传送给用户。

（4）用户部分。用户部分就是用户的接收机，加上无线通信的调制解调器及相关设备。

CORS的工作原理图如图16-3所示。

16.3.3 CORS的技术优势

（1）可以大大提高测绘精度、速度与效率。采用CORS技术可以降低测绘劳动强度和成本，省去测量标志保护与修复的费用，节省各项测绘工程实施过程中约30%的控制测量费用。由于城市建设速度加快，对C、D、E级GPS控制点破坏较大，一般在5～8年需重新布设，造成了人力、物力、财力的大量浪费。而CORS能够全年365天，每天24小时连续不间断地运行，全面取代常规大地测量控制网，全天候地支持各种类型的GNSS测量。用户只需一台GNSS接收机即可进行毫米级/厘米级/分米级的实时/准实时的快速定位或事

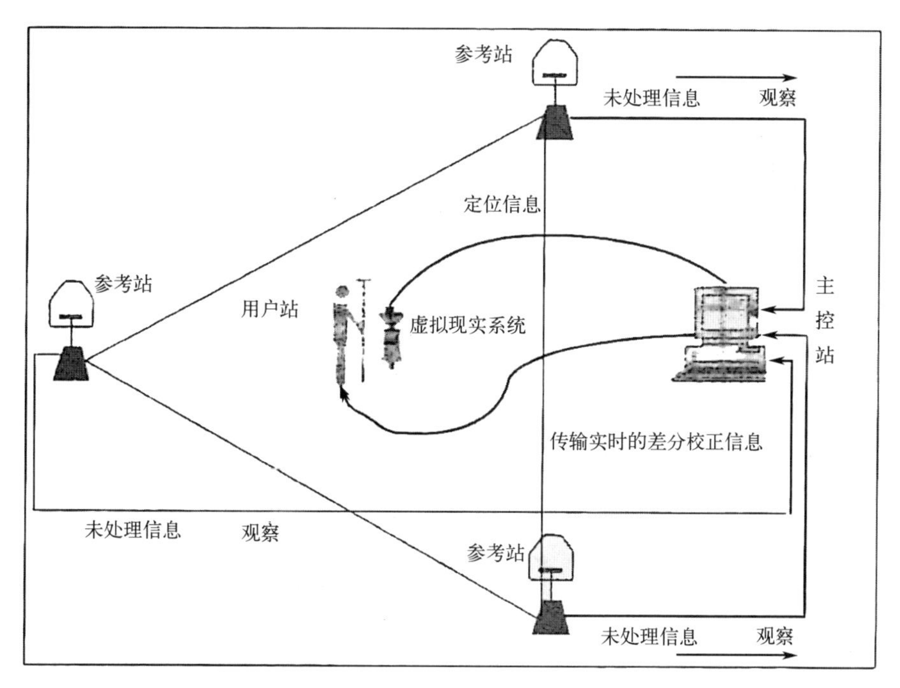

图 16-3　CORS 的工作原理

后定位，其经济效益显著。

（2）可以对工程建设进行实时、有效、长期的变形监测，对灾害进行快速预报。CORS 项目将为城市诸多领域如气象、车船导航定位、物体跟踪、公安消防、测绘、GIS 应用等提供精度达厘米级的动态实时 GPS 定位服务，将极大地加快该城市基础地理信息的建设。

（3）CORS 将是城市信息化的重要组成部分，并由此建立起城市空间基础设施的三维、动态、地心坐标参考框架，从而从实时的空间位置信息面上实现城市真正的数字化。能使更多的部门和更多的人使用 GPS 高精度服务，必将在城市经济建设中发挥重要作用，带来巨大的社会效益和经济效益。

习题

1. 大比例尺数字测图有哪两种模式？试分别简述。
2. GPS 全球定位系统由几部分组成？
3. 什么是静态定位？GPS 单点定位时为什么要至少同时观测四颗卫星？
4. 简述我国建设北斗第二代卫星导航系统的背景和意义。
5. 简述 CORS 的技术优势及其应用展望。

参考文献

[1] 顾孝烈，鲍峰，程效军．测量学 [M]．4 版．上海：同济大学出版社，2011.

[2] 邹永廉．土木工程测量 [M]．北京：高等教育出版社，2004.

[3] 覃辉，马超，朱茂栋．南方 MSMT 道路桥梁隧道施工测量 [M]．上海：同济大学出版社，2018.

[4] 李青岳，陈永奇．工程测量学 [M]．3 版．北京：测绘出版社，2008.

[5] 高成发，胡伍生．卫星导航定位原理与应用 [M]．北京：人民交通出版社，2011.

[6] 杨德麟，大比例尺数字测图的原理方法与应用 [M]．北京：清华大学出版社，1998.

[7] 中华人民共和国住房和城乡建设部．建筑变形测量规范：JGJ 8—2016 [S]．北京：中国建筑工业出版社，2016.

[8] 中华人民共和国国家质量监督检验检疫总局，中国国家标准化管理委员会．国家基本比例尺地形图分幅和编号：GB/T 13989—2012 [S]．北京：中国标准出版社，2012.

[9] 陈社杰．测量学与矿山测量 [M]．北京：冶金工业出版社，2007.

[10] 李生平．建筑工程测量学 [M]．北京：高等教育出版社，2002.

[11] 许能生，吴清海．工程测量 [M]．北京：科学出版社，2004.

[12] 何沛锋．矿山测量 [M]．徐州：中国矿业大学出版社，2005.

[13] 张国良．矿山测量学 [M]．徐州：中国矿业大学出版社，2001.

[14] 中华人民共和国国家质量监督检验检疫总局，中国国家标准化管理委员会．全球定位系统（GPS）测量规范：GB/T 18314—2009 [S]．北京：中国标准出版社，2009.

[15] 刘福臻．数字化测图教程 [M]．成都：西南交通大学出版社，2008.

[16] 岳建平，张序，赵显富，等．工程测量 [M]．北京：科学出版社，2006.

[17] 李天和．地形测量 [M]．郑州：黄河水利出版社，2012.

[18] 李战宏．矿山测量技术 [M]．北京：煤炭工业出版社，2008.

[19] 杨正饶．测量学 [M]．北京：化学工业出版社，2005.

[20] 郭玉社．矿井测量与矿图 [M]．北京：化学工业出版社，2005.

[21] 陶昆，姬婧．矿图 [M]．徐州：中国矿业大学出版社，2004.

[22] 吴贵才．工程测量 [M]．徐州：中国矿业大学出版社，2011.

[23] 中华人民共和国国家质量监督检验检疫总局，中国国家标准化管理委员会．测绘基本术语：GB/T 14911—2008 [S]．北京：中国标准出版社，2008.

[24] 中华人民共和国住房和城乡建设部．工程测量标准：GB 50026—2020 [S]．北京：中国计划出版社，2021.

[25] 张正禄．工程测量学 [M]．武汉：武汉大学出版社，2006.

[26] 中华人民共和国国家质量监督检验检疫总局，中国国家标准化管理委员会．国家基本比例尺地图图式 第 1 部分：1∶500 1∶1000 1∶2000 地形图图式：GB/T 20257.1—2017 [S]．北京：中国标准出版社，2017.

[27] 王家贵，王佩贤．测绘学基础 [M]．北京：教育科学出版社，2003.